国家科技支撑计划课题（2012BAB16B02）研究成果
海洋公益性行业科研专项（20134180009 –3）研究成果
浙江省海域海岛管理利用项目研究成果
浙江海洋大学学术著作出版基金资助

海岛估价理论与实践

王晓慧　崔旺来　著

海洋出版社

2015年 · 北京

图书在版编目（CIP）数据

海岛估价理论与实践/王晓慧，崔旺来著．—北京：海洋出版社，2015.12
ISBN 978－7－5027－9317－3

Ⅰ．①海…　Ⅱ．①王…②崔…　Ⅲ．①岛－海洋资源－估价－中国　Ⅳ．①P74

中国版本图书馆 CIP 数据核字（2015）第 298596 号

责任编辑：赵　娟
责任印制：赵麟苏
海洋出版社　**出版发行**

http://www.oceanpress.com.cn
北京市海淀区大慧寺路 8 号　邮编：100081
北京朝阳印刷厂有限责任公司印刷　　新华书店北京发行所经销
2015 年 12 月第 1 版　2015 年 12 月第 1 次印刷
开本：787 mm×1092 mm　1/16　印张：23.25
字数：500 千字　定价：86.00 元
发行部：62147016　邮购部：68038093　总编室：62114335
海洋版图书印、装错误可随时退换

前 言

21 世纪是海洋世纪，加强海洋资源的开发利用，关系到国家经济的长远发展和国际竞争地位。党的“十八大”报告中明确提出了“提高海洋资源开发能力，发展海洋经济，保护海洋生态环境，坚决维护国家海洋权益，建设海洋强国”的战略部署和宏伟目标，标志着海洋经济将成为未来中国经济的新增长点。海洋经济的发展离不开海洋资源的开发利用，而无居民海岛作为国家基础性海洋自然资源，其经济价值和战略意义都十分突出。

自 2009 年国家公布《中华人民共和国海岛保护法》以来，海岛管理工作走向法治化轨道，各级政府对海岛管理越来越重视，社会各界对海岛开发利用的关注度不断提高。尤其是无居民海岛开发利用上升为国家战略后，沿海地区对海岛的开发热情急速升温，也为沿海各省海洋经济发展注入了新的活力和动力。为了规范无居民海岛开发利用活动，确保国有资源的保值增值，国家公布了《无居民海岛保护和利用指导意见》《无居民海岛使用申请审批试行办法》《无居民海岛使用金征收使用管理办法》等一系列规章制度。特别是《无居民海岛使用金征收使用管理办法》的出台，标志着我国的海岛开始从无偿使用到有偿使用的制度转变，也是我国海岛公共资源市场化管理的开始。

所谓无居民海岛市场化配置，就是利用市场竞争机制和价值规律，通过政府公开招标、拍卖、挂牌等形式决定无居民海岛的配置结果。大力加快无居民海岛市场化配置进程，有利于维护无居民海岛国家所有权益和使用权人的合法权益，促进无居民海岛资源的合理配置，调动社会资源开发利用无居民海岛的积极性。

市场化配置的前提是无居民海岛使用权价格的评估和确定，没有无居民海岛估价，招、拍、挂的底价就没有了依据和参考。将无居民海岛评估价格作为招、拍、挂的底价有利于体现无居民海岛资源的市场价值，完善无居民海岛的市场优化配置制度，促进无居民海岛使用权市场化交易进程，有效实现国有资产的保值增值。但国内目前尚未有明确的无居民海岛评估管理制度，给无居民海岛使用权价格评估活动带来极大的障碍，也影响了无居民海岛使用权交易的市场化进程。因此，现阶段如何对无居民海岛价格的评估方法、评估程序、评估报告以及评估机构和人员资质、法律责任、职业道德等方面做出统一的规范，为无居民海岛使用权有偿使用提供估价技术层面的支持和保障，显得尤为迫切和重要。

全书共分九章。

第一章为绪论。从海岛的基本概况和属性入手，探讨了我国海岛的权属关系和权能构成，阐述了海岛产权价值的形成原理和实现途径，描述了我国海岛价格评估实践活动的发展进程和现状，分析了海岛价格评估的本质内涵和现实意义。

第二章为海岛估价理论。全面梳理了海岛估价相关理论的基本思想和发展脉络，探讨了相关理论在各种评估领域的应用现状和趋势，论证了各种相关理论在海岛价格评估中的借鉴意义和指导作用，比较分析了海岛估价与土地、海域等类似资源价格评估的共性和区别，提出了海岛估价的原则性要求和技术途径。

第三章为海岛价值体系。梳理了国内外关于海岛资源价值体系的研究成果，评价了现有研究中存在的不足，根据我国无居民海岛的地质特征和分布特点，从海岛资源的经济价值、生态服务功能和社会文化作用三个方面提出了海岛价值的构成体系。

第四章为海岛估价影响因素。围绕海岛价格构成体系，分析了无居民海岛价格影响因素，分别构建了不同类型无居民海岛估价指标体系，详细阐释了海岛估价指标的内涵，提出了定性、定量结合的海岛估价指标权重确定方法，并对这些方法的原理、应用程序、优缺点以及局限性进行了讨论。

第五章为海岛估价基本方法。阐述了收益还原法、市场比较法、剩余法和成本逼近法四种传统估价方法的经济学原理，明确了传统估价方法的基本公式和估价步骤，分析了各种估价方法的特点和适用范围，并应用传统方法对各类无居民海岛价格进行了实例评估。

第六章为海岛估价创新方法。创新性地提出了邻地比价法、使用金参照法两种海岛估价方法，并尝试将条件价值法、实物期权法两种方法首次应用到海岛估价领域。在研究了创新方法经济学原理的基础上，从理论上论证了运用四种创新方法进行海岛估价的可行性，构建了邻地比价法、使用金参照法的海岛估价模型，选择了条件价值法、实物期权法的海岛估价模型，提出了四种方法的海岛估价步骤，阐述了创新方法的适应范围和局限性，并通过无居民海岛估价实证分析，验证了四种方法的可操作性。

第七章为海岛估价程序。在对国内外资产评估领域、资源估价领域的估价程序模式比较分析基础上，构建了海岛估价程序框架，提出了海岛估价具体程序和执行要求，研究了海岛估价程序的工具性价值和目的性价值。

第八章海岛估价报告。根据海岛估价的特点，提出了海岛估价报告的基本结构和主要内容，明确了海岛估价报告的质量要求，并通过分析海岛估价报告质量的影响因素，提出了具有较强可操作性的海岛估价报告质量控制措施。

第九章为海岛估价管理。通过回顾海岛估价理论研究与实践进程，详尽分析了海岛估价管理现存问题，从评估制度、评估理论、评估技术三方面构建了海岛估价体系框架，提出了海岛估价机构设立运行、估价人员培训教育、估价协会建设管理等一整套完善估价管理机制的构想。

尽管作者力图全面地总结无居民海岛估价的研究成果，并尽可能以准确、清晰、易懂的方式将它们表述出来，但限于作者的眼界和水平，本书在许多方面仍难尽人意。真诚欢迎读者对此书中存在的问题提出宝贵意见，以进一步推进我国无居民海岛估价理论与实践的研究。

作者

2015 年 8 月 31 日于舟山

目　次

第一章 绪 论

我国拥有面积大于500 m^2 的海岛7 300多个，海岛陆域总面积近 8×10^4 km^2，海岛岸线总长超过14 000 km。按海区分布统计，渤海区内海岛数量占总数的4%，黄海区占5%，东海区占66%，南海区占25%。按离岸距离统计，距大陆岸线10 km之内的海岛数量占总数的70%，10～100 km的占27%，100 km之外的占3%。我国海岛广布温带、亚热带和热带海域，生物种类繁多，不同区域海岛的岛体、海岸线、沙滩、植被、淡水和周边海域的各种生物群落和非生物环境共同形成了各具特色、相对独立的海岛生态系统，一些海岛还具有红树林、珊瑚礁等特殊生境；海岛及其周边海域自然资源丰富，有港口、渔业、旅游、油气、生物、海水、海洋能等优势资源和潜在资源。①

21世纪是海洋世纪。《中共中央关于制定国民经济和社会发展第十二个五年规划的建议》将海洋经济第一次提到战略高度，海洋已经成为参与全球竞争的“本垒”，成为沿海国家之间竞争的主要体现②。海岛是国家国土的重要地理单元和重要组成部分，也是拓展海洋经济发展空间的重要依托，同时还是维护国家海洋权益、保障国防安全的战略前沿，具有特殊的地位，不仅本身具有特有的开发利用价值和巨大潜力，而且还是海洋开发的基地和向海洋进军的桥头堡，是经济发展、国家安全、生态环保的宝贵财富。近年来，随着我国海洋经济的快速发展，海岛对国民经济的贡献率不断提升，为了更好地开发利用海岛资源，首先应当了解海岛、明确海岛产权归属以及权能构成，通过对海岛产权价值实现原理的分析，对现阶段海岛估价活动的本质和意义有个清晰的认识。

---

① 国家海洋局，《全国海岛保护规划》，2012年4月。

② 此观点引自：崔旺来，周达军，汪立，等. 浙江省海洋科技支撑力分析与评价. 中国软科学，2011，(2)：91－100。

第一节　海岛概况

我国是海洋大国，海岛众多，有些岛屿上有常住居民，而有些岛屿虽在我国管辖海域范围内，但因为交通不便和基础设施欠缺等原因，并不作为常住户口居住地。这些不属于居民户籍管理的住址登记地海岛被称为无居民海岛，在我国海岛中，有94%属于无居民海岛。它们大多面积狭小，地域结构简单，环境相对封闭，生态系统构成也较为单一，而且生物多样性指数小，稳定性差。

一、海岛的概念

海岛的概念在不同学科中的定义不同，不同国家的界定也有所差异。国际上一直以来存在争议，经过各国长期实践并经过历次海洋法律会议多次修改逐渐形成目前比较公认的定义。

（一）地质学定义

《简明不列颠百科全书》第二卷中将“海岛”界定为“比大陆面积小并完全被水包围的陆地”①；《中国大百科全书》简明版中将“海岛”界定为“海洋、湖泊和河流中四面环水的陆地”②；《辞海》缩印本中将“海岛”界定为“散处在海洋、河流或湖泊中的小块陆地”③。

目前，我国主要依照国家标准《海洋学术语 海洋地质学 GB/T 18190—2000》：“海岛指散布于海洋中面积不小于500 m^2 的小块陆地。”④

（二）法学定义

在国际法和有关国际条约中，往往不称“海岛”，而使用“岛屿”一词。1958年《领海及毗连区公约》第十条规定：“岛屿是指四面环水并在高潮时高于水面的自然形成的陆地。”1982年《联合国海洋法公约》第一百二十一条规定：“岛屿是四面环水并在高潮时高于水面的自然形成的陆地区域。”比较而言，两者对岛屿定义的界定在范围上略有区别：前者规定的岛屿仅指岛陆本身，不包括与岛陆相关的其他环境要素；后者规定岛屿是“陆地区域”，不仅包括岛陆本身，还包括岛陆的上空、周围一定宽度的海域及其底土。现在通常引用1982年《联合国海洋法公约》中的海岛定义。

---

① 中美联合编审委员会．简明不列颠百科全书（第2卷）．北京：中国大百科全书出版社，1985。

② 中国大百科全书编委会．中国大百科全书（第二版简明版）．北京：中国大百科全书出版社，2011。

③ 辞海（缩印本）．上海：上海辞书出版社，1999。

④ GB/T 18190—2000. 海洋学术语海洋地质学．北京：中华人民共和国国家质量监督检验检疫总局，中国国家标准化管理委员会，2000。

我国在2009年12月26日第十一届全国人民代表大会常务委员会第十二次会议上通过的《海岛保护法》第二条规定："海岛，是指四面环海水并在高潮时高于水面的自然形成的陆地区域，包括有居民海岛和无居民海岛。"

可以看出，法学意义上的海岛具有以下性质。

① 海岛是自然形成的陆地区域。它不包括人工岛屿。

② 海岛是在高潮时高于水面的陆地区域，那些仅在低潮时露出水面的低潮高地，不具有陆地领土的性质。

③ 海岛是四面环水的陆地区域，如果是一面、两面，甚至三面环水，都不能称其为岛屿，而应将其划入半岛之列。

④ 海岛的特殊性就在于它是位于海洋里的陆地区域，江河湖泊中的陆地区域不能成为海岛。

⑤ 海岛区域包括本岛的岛陆、周围一定宽度的海域及其上空和底土。

二、海岛的分类

我国海岛数量多，分布范围广，类型齐全，包括了世界海岛分类的所有类型。根据我国海岛的区位条件、生态环境和自然资源状况，从其形成原因、分布形态、物质组成、离岸距离、面积大小和所处位置等方面，可以对海岛进行不同的分类。

（一）按自然特性分类

按海岛成因，可分为大陆岛、海洋岛和冲积岛三大类。

按海岛分布的形状和构成的状态，可分为群岛、列岛和岛三大类。

按海岛的物质组成，可分为基岩岛、沙泥岛和珊瑚岛三大类。

按海岛离岸距离，可分为陆连岛、沿岸岛、近岸岛和远岸岛四大类。

按海岛面积大小，可分为特大岛（面积大于2 500 km^2）、大岛（面积在100～2 500 km^2之间）、中岛（面积在5～99 km^2之间）和小岛（面积在500 m^2～4.9 km^2之间）四大类。

按海岛所处位置，可分为河口岛、湾内岛、海内岛和海外岛四种类型。

（二）按管理属性分类

为加强海岛管理和开发利用，国家行政管理部门通常按照有无常住人口，将海岛分为有居民海岛和无居民海岛两大类。这种划分具有重要法律意义，直接关系到海岛所有权和海岛使用权的不同归属。我国有居民海岛如海南岛、舟山群岛、厦门岛等有行政建制和行政区划的海岛，管理模式与陆地相同，其海岛所有权方式也与陆地一致，既包括国家所有制形式，又包括集体所有制的形式；而无居民海岛往往远离大陆，面积狭小，生态脆弱，海洋属性十分突出，其所有权方式应当属于国家所有。

2008年12月，由十一届全国人大环资委报送全国人大常委会的《中华人民共和国海岛保护法（草案）》第七章（附则）中，对有居民海岛和无居民海岛的定义为："有居民海岛，是指在我国领域及管辖的其他海域内有公民户籍所在地的海岛。无居民海岛，是指在我国领域及管辖的其他海域内无公民户籍所在地的海岛。”《无居民海岛保护与利用管理规定》（国海发〔2003〕10号）中规定：“无居民海岛，指在我国管辖海域内不作为常住户口居住地的岛屿、岩礁和低潮高地等。”

（三）按功能用途分类

这类分类体系仅适用于无居民海岛。根据无居民海岛的功能用途分为开发性海岛、保护性海岛，其中保护性海岛包括特殊用途海岛。

开发性用岛是指以开发利用无居民海岛资源为目的的用岛活动。即在无居民海岛及其附近海域建设建筑物和其他附着物，包括旅游娱乐用岛、交通运输用岛、工业用岛、渔业用岛等类型的所有开发建设用岛活动。

保护性用岛指不改变所用无居民岛自然属性的用岛活动。保护性用岛多为公益性用岛，其中的特殊用途海岛包括领海基点所在海岛、国防用途海岛、海洋自然保护区内的海岛等具有特殊用途或者特殊保护价值的海岛，对这类无居民海岛国家实行特别的保护措施。

这种分类有利于加强分类管理，控制用岛对环境的影响。开发性用岛对环境的破坏程度远远大于保护性用岛，所以，应对这类无居民海岛开发建设性用岛行为采取更为严格、更为规范的管理举措。

三、海岛的属性

海岛是海洋中的小块陆地，同样包含森林、草原、山岭等多种自然资源，具有与大陆类似的一般土地属性；同时，海岛特别是无居民海岛，由于地理位置独特，具有与陆地明显不同的地理、环境、资源特征，具有区别于一般陆地的特殊性。从自然地理角度看，海岛具有位置固定、面积有限、相对封闭、生态脆弱和不可替代等基本特征。关于海岛的基本属性，从不同的角度可以归纳出不同的结论。

（一）海岛的自然属性

1. 独立性

海岛面积狭小，地域结构简单，四周被海水包围，每个海岛都相对成为一个独立的生态环境地域小单元，都具有特殊的生物群落，保存了一批珍稀物种；由于海岛远离大陆，物种来源受限制，生物多样性相对较少，加之海岛的成因、形态、气候、水文、生物、地质地貌等条件各有差异，因而构成了各不相同而又相对独立的生态系统。

2. 完整性

海岛与其周围海域构成一个既独立又完整的生态系统，特别是面积大的海岛完整性更为明显，主要表现在地带分布上的完整性、经济和社会发展的完整性和管理上的完整性三个方面。

3. 脆弱性

海岛的自然环境和生态系统都具有脆弱性。海岛陆域一般面积较小，生存条件严酷，土层较薄，土壤贫瘠，陆域植被种类贫乏且组成单一，易受破坏；海岛陆域地形坡度相对较大，水土流失严重，裸露岩石砾地较多，生态环境恶化；单个岛屿的生物物种相对较少，稳定性较差，生态系统十分脆弱，不仅易遭受破坏，而且破坏后很难恢复。

（二）海岛的社会属性

1. 维护海洋权益

1982 年《联合国海洋法公约》建立了包括岛屿、专属经济区和大陆架在内的一系列国际海洋法律新制度，公约中规定的领海界限确定原则，进一步明确了岛屿在确定国家海域管辖范围上的重要性。按照公约规定，一个岛屿或者岩礁就可以确定约 43×10^4 km^2 的管辖海域。因此，海岛特别是领海基点岛屿对我国与周边国家的海上划界至关重要，保护好领海基点岛屿，严禁一切可能改变其形状、地貌特征的开发活动，防止领海基点标志遭到破坏，是维护我国海洋权益的重中之重。

2. 保障国家安全

海岛是一个国家的海防前哨，是连接海洋和内陆的纽带。从军事价值来看，沿我国大陆岸线由海岛形成的岛弧或岛链，是我国万里海疆中永不沉没的“航空母舰”，是国家安全的重要屏障。没有巩固、稳定的海防，就不可能有整个国家的稳定与发展。

3. 促进经济发展

海岛既是我国扩大对外开放，走向世界的“桥头堡”，也是世界各国从海上通向我国中西部内陆腹地的“岛桥”，在海洋经济和沿海地区社会经济的发展中具有重要的地位。就其经济价值来说，岛屿岸线曲折，基岩临海，港阔水深，且临近国际航线，具有得天独厚的区位优势。良好的港口条件可带动海岛外向型经济和高技术产业发展，成为海洋经济带的龙头。

（三）海岛的法律属性

海岛的法律属性突出体现在海岛所具有的特殊法律地位上，这也是国际海洋法中一个长期争议的问题，其焦点是海岛是否同大陆陆地领土一样划定所属的海洋区域，即海岛是否可以拥有领海、毗连区、专属经济区和大陆架。

《联合国海洋法公约》第一百二十一条第二款明确规定：“除第三款另有规定外，岛屿的领海、毗连区、专属经济区和大陆架应按照本公约适用于其他陆地领土的规定加以确定。”可见，除公约第三款另有规定外，即除“不能维持人类居住或其本身的经济生活的岩礁，不应有专属经济区和大陆架”以外，岛屿具有与其他陆地领土一样的法律地位，岛屿的领海、毗连区、专属经济区和大陆架应按照本公约适用于其他陆地领土的规定加以确定。

但公约未对“岩礁”予以明确界定①，岩礁与普通岛屿是有区别的，其本质区别在于是否能够“维持人类居住或其本身的经济生活”，按照公约规定，能够“维持人类居住或其本身的经济生活”的岩礁，无论其面积大小，其领海、毗连区、专属经济区和大陆架应按照本公约适用于其他陆地领土的规定加以确定。如果“不能维持人类居住或其本身的经济生活的岩礁，不应有专属经济区和大陆架”。

关于低潮高地的法律地位问题国际上也有规定。根据《联合国海洋法公约》规定，如果低潮高地全部或者一部与大陆或岛屿的距离不超过领海的宽度，该高地的低潮线可以作为测算领海宽度的基线。如果低潮高地全部或者一部与大陆或岛屿的距离超过领海的宽度，则该高地没有自己的领海。可见，低潮高地既不同于岛屿，也不同于岩礁，它们具有各自不同的法律地位。

第二节　海岛产权

海岛的地理概念已被社会接受，但随着社会经济的发展，人类对海岛开发利用需求增加，人类与海岛之间便产生了一定的社会关系，这种社会关系一旦被法律所调整，即成为一种法律关系，在这种法律关系中，海岛属于所有权客体。但由于人们在理论上和实践中对海岛权属的认识较为混乱，常常混淆有居民海岛和无居民海岛的权利属性，甚至有些地方认为海岛可以由个人来行使所有权，导致海岛产权不清、开发无序等问题。错误的确权不仅侵害了国家的海岛所有权制度，还影响海岛的开发利用。因此，以产权理论作为理论支撑，明确海岛权属关系，是海岛管理、开发、保护的前提和基础。

一、海岛产权属性的理论依据

海岛产权属性即海岛物权的归属。海岛既具有土地等资源的一般属性，又具有一定的独特性，海岛物权与传统民法意义上纯粹和单一的物权种类相比，也有其特殊性。海岛是一个总体概念，不同的海岛情况千差万别，海岛物权也成为一个较为复杂的集合概念。

（一）产权理论

1991 年诺贝尔经济学奖得主科斯是现代产权理论的奠基者和主要代表，被西方经济学家认为是产权理论的创始人，他通过对经济运行背后财产权利结构即运行的制度

---

① 美国国务院已故地理专家罗伯特 · D. 霍奇森认为，岩礁是指面积小于 0.001 km^2 的小岛。国际水文地理局认为，岩礁是指面积小于 1 km^2 的小岛。两者的面积标准相差 1 000 倍。

基础研究，阐明了产权理论的基本内涵以及产权的重要意义。

产权是一种通过社会强制而实现的对某种经济物品的多种用途进行选择的权利。它作为一种具有可交易性的社会工具，能通过清晰的安排确定每个人相应与物时的行为规范，可能获得的利益以及必须承担的成本，帮助一个人形成与其他人进行交易时的合理预期，从而提高稀缺性资源的利用效率。因此，产权是经济所有制关系的法律表现形式，是指由法律加以维护的对生产资源或生产要素的所有权、使用权、收益权和处置权。在市场经济条件下，产权的属性主要表现在三个方面：产权具有经济实体性、产权具有可分离性、产权流动具有独立性。产权的功能包括激励功能、约束功能、资源配置功能、协调功能。以法权形式体现所有制关系的科学合理的产权制度，是用来巩固和规范商品经济中的财产关系，约束人的经济行为，维护商品经济秩序，保证商品经济顺利运行的法权工具。

（二）法学理论

从传统民法学的物权理论角度看，海岛属于当然的物。追溯到古罗马时代，海洋被认为与空气、阳光一样，为“万民共有物”，系指归全人类共同使用的物。从民法学中对于“物”的定义看，作为物权客体的物一般应具备以下条件：须为特定物、须为独立物、不限于有体物、须存在于人体外部。这些条件海岛完全符合。而如果进一步从自然地理角度看，由岛陆、岛礁、岛基及周围的海域共同组成的海岛，不仅是民法上的物，而且符合不动产的法律特征。

构成所有权客体的物，应具有客观实在性、有用性、能够为人力所支配，且能够独立为一体。从自然条件讲，海岛是独立的地理单元，具有地理构成上的完整性。“海岛”是各种资源的集合体，包括岛陆及其周围一定范围内的水面及其上空、水体、海床和底土，能独立成为一体。海岛客观存在，且能满足人们的不同需求，因此海岛已经具有法理上物的特征。从这个意义上讲，海岛物权的性质就是以海岛为客体的基本不动产物权，应当包括海岛所有权和海岛使用权。

无居民海岛具备上述传统民法理论中物权客体的基本特征，这是无居民海岛所有权理论的基本支撑。无居民海岛远离大陆、四周环海，是特定的、独立的地理单元，有完整的生态系统；无居民海岛包括岛上陆地以及周围海域的各种资源，能够为人们所支配利用，为人类生产生活提供基本要素。因此将无居民海岛视为所有权客体并不存在技术上的障碍。

二、海岛权属及其权能构成

海岛按有无常住人口所划分出的有居民海岛和无居民海岛，由于其众多不同而使海岛产权界定及其权能构成有很大差别，突出表现在：有居民海岛往往面积较大，陆地属性突出，大陆上的法律制度和物权形式均在岛上沿用；而无居民海岛由于其远离大陆，海洋属性突出，种种特殊性使其物权形式与有居民海岛大相径庭，其权能构成受到立法限制较为明显，需由专门立法加以确认。因此，应当对有居民海岛和无居民海岛分别界定其产权所属及其权能构成，相关的法律依据主要有《中华人民共和国宪法》（以下简称《宪法》）、《中华人民共和国物权法》（以下简称《物权法》）、《中华人民共和国海岛保护法》（以下简称《海岛保护法》）。

（一）海岛所有权

所有权制度是调整关于财产归属关系的制度，海岛所有权是指海岛所有人依法对海岛所享有的占有、使用、收益和处分的权利。

1. 有居民海岛所有权

有居民海岛权属在国家各项法律法规中未见直接规定。有居民海岛包括土地资源，还包括森林、山岭、滩涂、草原、荒地等类型资源，理论上与实践中都很难把有居民海岛视为一种独立的自然资源种类。依据最新修正后的《宪法》第九条、第十条的规定，城市的土地属于国家所有；农村和城市郊区的土地，除由法律规定属于国家所有的以外，属于集体所有；宅基地和自留地、自留山，也属于集体所有；矿藏、水流、森林、山岭、草原、荒地、滩涂等自然资源，都属于国家所有，即全民所有；由法律规定属于集体所有的森林和山岭、草原、荒地、滩涂除外。我国《物权法》的规定与《宪法》完全一致。《物权法》第四十六条、第四十七条、第四十八条、第五十八条规定：矿藏、水流、海域属于国家所有；城市的土地，属于国家所有。法律规定属于国家所有的农村和城市郊区的土地，属于国家所有；森林、山岭、草原、荒地、滩涂等自然资源，属于国家所有，但法律规定属于集体所有的除外；集体所有的不动产和动产包括：法律规定属于集体所有的土地和森林、山岭、草原、荒地、滩涂等。

由此可以得知，有居民海岛存在国家所有和集体所有两种形式。具体而言：① 具备城市级别的有居民海岛土地资源所有权，属于国家所有；② 农村和城市郊区级别的有居民海岛土地资源所有权，需要有一个“由法律规定属于国家所有的”前提条件，其他的均为集体所有；③ 有居民海岛上的森林、山岭、滩涂、草原、荒地等自然资源，也包括国家所有和集体所有两种形式，但集体所有需要有一个“由法律规定属于集体所有的”前提条件，其他的均为国家所有。也就是说，对于有居民海岛，在我国现行管理体制中视同陆地，因此包括国家所有制和集体所有制两种形式。

有居民海岛所有权的客体是指有居民海岛上能够为人力所支配和控制的，能够满足人们某种需要的财产，包括岛上陆地、岛上其他自然资源和周围海域，是多种资源的集合。有居民海岛所有权的客体既包括国家所有权客体，又包括集体所有权客体。

2. 无居民海岛所有权

无居民海岛所有权国家法律已有明确规定。我国 2010 年 3 月 1 日起正式施行的《海岛保护法》中第一章第四条明确规定：“无居民海岛属于国家所有，国务院代表国家行使无居民海岛所有权。”

从法理来讲，无居民海岛应该被视作无主地，适用无主地归国家所有的大陆法系规则；从上位法律制度来讲，无居民海岛是独立于土地资源的一种新型资源，应当归于《宪法》所规定属于国家所有的“等自然资源”的行列；从历史上看，无居民海岛是没有户籍管理且大多数是无人居住的海岛，也一直没被规定为集体所有，不适合私有制；从现实来看，多数情况下个人或集体不具备开发无居民海岛的实力，无序开发也会造成资源枯竭和环境破坏，同时很多无居民海岛往往事关国家重大的政治、经济和国防利益，对无居民海岛的利用将会受到大量的禁止性规定和义务性规范的限制，只能由国家出于公共利益的考虑，对无居民海岛进行统一规划和长远建设。可见，对无居民海岛而言，国家所有权制度是一种比集体所有权制度更为合理的制度选择。确立无居民海岛的国家所有权，才能将其公共利益、社会价值、经济属性有机结合，对其开发才会走“保护模式”，做到开发利用和管理保护的统筹安排，才能保障无居民海岛资源开发的科学性、合理性。由国家享有无居民海岛的所有权，不仅具有法理依据，也是现实所需。

无居民海岛所有权的客体是指无居民海岛上能够为人力所支配和控制的，能够满足人们某种需要的财产，包括岛上陆地、岛上其他自然资源和周围海域，与有居民海岛相同，也是多种资源的集合。无居民海岛所有权的客体只包括国家所有权的客体。

3. 海岛所有权特征

（1）有居民海岛所有权特征

从资源权属上来看，有居民海岛所有权特征与土地相似。

① 权利主体的特定性。所有权的权利主体只能是国家或农民集体，其他任何单位或个人都不享有有居民海岛所有权。这是由我国实行土地的社会主义公有制决定的。

② 交易的限制性。有居民海岛土地等资源依照《土地管理法》规定：“任何单位和个人不得侵占、买卖或者以其他形式非法转让土地。”其所有权的买卖、赠与、互易和以土地所有权作为投资，均属非法，在民法上应视作无效。

③ 权属的单向转移性。有居民海岛集体所有权可能因国家的征收等强制手段归于消灭，实现集体所有权向国家所有权的转移，而有居民海岛国家所有权处于高度稳定的状态。

④ 权能的分散性。有居民海岛权属中的部分集体所有权主体分散，并且只能由农民集体享有。

（2）无居民海岛所有权特征

① 无居民海岛所有权客体具有整体性。无居民海岛是一个多种资源并存的经济综合体，包括岛上陆地及其周围一定范围内的海域，各种资源相互影响、彼此牵制，形成一个整体，具有独立的生态系统。片面地割裂出其中任何一部分或几部分，都会损害无居民海岛的综合利用价值，影响其合理开发利用与保护。

② 无居民海岛所有权经济价值的可控性。国家作为无居民海岛所有权的唯一主体，对该项权利具有垄断性，有排斥他人对无居民海岛的权利。当有非自然因素妨碍无居

民海岛所有者行使自己的所有权时，无须向他人请求，不必由法院出面，自己有排除妨碍的权利。同时，对于我国现有的无居民海岛岛屿的开发许可权归国家所有，只有经国家审批公布的可开发利用无居民海岛，才具备开发经营、创造经济价值的条件和资格。我国国家海洋局于2011年4月公布了中国首批176个可以开发利用的无居民海岛名录，涉及辽宁、山东、江苏、浙江、福建、广东、广西、海南8个省区，共计176个无居民海岛。其中，辽宁11个、山东5个、江苏2个、浙江31个、福建50个、广东60个、广西11个、海南6个。海岛开发主导用途涉及旅游娱乐、交通运输、工业、仓储、渔业、农林牧业、可再生能源、城乡建设、公共服务等多个领域，这些岛屿中只有经营性用岛才具有巨大的经济价值。因此，国家有权根据经济发展需要，适时公布开发利用的无居民海岛名录，控制无居民海岛的开发程度和功能，进而控制无居民海岛所有权经济价值。

③ 无居民海岛所有权的恒久性。无居民海岛所有权的存在没有一定的存续期限，无限期的由所有者保有。因此，无居民海岛所有者即使将海岛闲置不用，其所有权也不会因此灭失。只有发生社会革命，对无居民海岛所有权制度进行改革时，才有可能终止。而无居民海岛所有权的买卖，只不过是权利主体的更替而已。

④ 无居民海岛所有权的归一性。无居民海岛所有者可以在该海岛上为他人设定使用权、租赁权、抵押权等其他权利。无居民海岛所有者拥有最终的统一支配权，一旦这些设定的派生权利到期灭失，无居民海岛的权利便又复归到原来的初始状态，由所有者重新行使无居民海岛所有权，即重新安排其他权利。

（二）海岛使用权

1. 有居民海岛使用权

有居民海岛本质功能与陆地土地相近，有居民海岛使用权与陆地上的土地使用权是同一类型的权利，适用土地使用权制度。在土地使用权制度中包括国有土地和集体土地两种使用权制度规范。

国有土地使用权是指国有土地的使用人依法利用土地并取得收益的权利。国有土地使用权的取得方式有划拨、出让、出租、入股等。有偿取得的国有土地使用权可以依法转让、出租、抵押和继承。划拨土地使用权在补办出让手续、补缴或抵交土地使用权出让金之后，才可以转让、出租、抵押。

农民集体土地使用权是指农民集体土地的使用人依法利用土地并取得收益的权利。农民集体土地使用权可分为农用土地使用权、宅基地使用权和建设用地使用权。农用地使用权是指农村集体经济组织的成员或者农村集体经济组织以外的单位和个人从事种植业、林业、畜牧业、渔业生产的土地使用权。宅基地使用权是指农村村民住宅用地的使用权。建设用地使用权是指农村集体经济组织兴办乡（镇）企业和乡（镇）村公共设施、公益事业建设用地的使用权。按照《土地管理法》的规定，农用地使用权通过发包方与承包方订立承包合同取得。宅基地使用权和建设用地使用权通过土地使用者申请，县级以上人民政府依法批准取得。

具体而言，有居民海岛使用权没有独立的概念，参照土地使用权，有居民海岛使用权应当包括单位或者个人依法或依约而定，对国有或集体土地及其他资源所享有的占有、使用、收益和有限处分的权利。有居民海岛使用权包括对海岛土地的用益权、在海岛上进行耕作、畜牧的永佃权、在海岛上兴建建筑物、工作物或种植植物而使用海岛的地上权、这些权利在民法上可归属于用益物权。此外，有居民海岛使用权还包括取水权、采矿权与狩猎权等准物权。

2. 无居民海岛使用权

从用益物权的法学理论角度可以解释无居民海岛使用权，也可以使无居民海岛使用权的概念从土地使用权概念中得到延伸。无居民海岛使用权可以定义为：是从无居民海岛所有权中派生出来的并排斥他人干涉的对无居民海岛占有、使用、收益以及部分处分的权能。无居民海岛使用权是依据无居民海岛所有权的存在而存在，没有无居民海岛所有权也就没有无居民海岛使用权。因此，无居民海岛使用者可以行使占有权、开发权、使用权和收益权等权能，但不具有完全处分权。

（1）无居民海岛使用权的特征

无居民海岛使用权的主体为通过法定程序取得使用权的单位和个人，客体是作为不动产的特定无居民海岛，其内容是基于特定目的对取得使用权的特定无居民海岛进行的排他性支配的权利。无居民海岛使用权是在不改变所有权归属的前提下直接支配他人之物的权利，无居民海岛使用权利用的是其使用价值，其设立、变更、废止都属于私法行为。与一般民事权利相比，无居民海岛使用权具有以下几个特征。

① 派生性。无居民海岛使用权由无居民海岛的国家所有权派生而来，是无居民海岛使用权申请人依法按程序从无居民海岛所有权人即国家处获得的权利。无居民海岛使用权派生后即成为相对独立权利，在法律规定的条件下不受其他单位和个人的非法干涉。

② 排他性。无居民海岛使用权一旦取得，任何单位和个人包括所有权人——国家都不得非法妨碍其权利的正当行使。依据一物一权原则，同一无居民海岛上不允许相同类型和内容的权利同时存在，也就是说，在特定无居民海岛上一旦设立无居民海岛使用权，就不允许再设立另外一个海域使用权或有相同内容的其他类型用益物权。

③ 受限性。无居民海岛使用权是对特定无居民海岛的支配，不同于无居民海岛所有权人对无居民海岛的支配。前者是一定范围内的支配；后者是全面支配。无居民海岛使用权对无居民海岛的支配是有期限的、受限制的、非全面的支配。由于无居民海岛的特殊性，无居民海岛使用权的设定必须符合全国海岛规划，使用权行使过程中通常受到行政机关的直接管理和监督，不得擅自改变经批准的无居民海岛用途，并负有依法保护无居民海岛生态的义务。若有违法行为发生，行政机关可以根据法律规定直接行使处罚权。《无居民海岛保护与利用管理规定》第三条规定：“无居民海岛属于国

家所有。国家实行无居民海岛功能区划和保护与利用规划制度。国家鼓励无居民海岛的合理开发利用和保护，严格限制炸岛、岛上采挖砂石、实体坝连岛工程等损害无居民海岛及其周围海域生态环境和自然景观的活动。”

④ 有期限性。无居民海岛使用权设立具有时效性，不是永久性的。其使用期限应当按照不同的使用用途分类确定。《无居民海岛保护与利用管理规定》第十五条规定：“无居民海岛利用期限最长不得超过50年。”

⑤ 公示公信性。为保护使用权人的合法权益，防止他人对无居民海岛使用权的侵害，明确无居民海岛开发利用的法律现状，无居民海岛使用权的权利变动状况，应以一种可辨识的方式为社会公众所知晓，并赋予法律外观公信效力，保护交易安全，减少交易成本。目前根据国家无居民海岛使用权制度，无居民海岛使用权的取得、变更、终止等均由国务院及各级政府行政主管部门进行登记。《无居民海岛使用权登记办法》第四条规定：无居民海岛使用权按照审批权限实行分级登记。国家海洋局和省、自治区、直辖市人民政府海洋主管部门是无居民海岛使用权登记机关（以下简称“登记机关”），负责无居民海岛使用权登记。第九条规定：“登记机关应当在无居民海岛使用权登记后进行公告。但是涉及国家秘密的除外。”依法登记的无居民海岛使用权受法律保护。

（2）无居民海岛使用权的设立

国家是无居民海岛的唯一所有者，享有对无居民海岛占有、使用、收益并处分的绝对排他的权力，但是我国无居民海岛数量众多、分布广泛，国家实际上并不能有效地行使其所有权，造成无居民海岛的空置，因此有必要将无居民海岛使用权从所有权中分离出来，使其可以在二级市场中依法流转，这样才能最大限度地实现其使用价值。无居民海岛使用权的产生及变动应包括使用权设立、流转、消灭等内容。

按照所有权的权能分离理论，无居民海岛使用权的设立是所有权权能分离的结果，它是无居民海岛使用权的第一次产生。根据无居民海岛使用权的目的和形式，可以将其分为经营性无居民海岛使用权和非经营性无居民海岛使用权、有偿取得使用权和无偿取得使用权。无居民海岛使用权的首次取得方式直接取决于无居民海岛的利用情况。以此为条件，所有权人将无居民海岛使用权的设立分为以下四种方式。

① 划拨。划拨无居民海岛使用权是指因生态保护、国防安全、公共利益的需要，经有权机关批准，无居民海岛使用者无偿取得没有使用期限的无居民海岛使用权。县级以上人民政府依法批准，在无居民海岛使用者支付补偿、安置等费用后，将无居民海岛交付其使用，或者将无居民海岛使用权无偿交付给无居民海岛使用者使用。目前无居民海岛使用实践中，对于出于军事、公务、环境保护、防灾减灾等公益性目的的需要而使用无居民海岛的，由国家将无居民海岛划拨给使用人，并且不收取使用金。通过划拨方式取得的无居民海岛使用权不得以营利为目的使用无居民海岛，无居民海岛使用权的流通受到极大限制。

② 申请审批。申请无居民海岛使用权是民事主体为取得特定无居民海岛的使用权，

如因教学、科研等非经营性活动利用无居民海岛的需要，向国家无居民海岛所有权的代表机关提出书面申请，就无居民海岛使用金、无居民海岛使用目的、无居民海岛使用方式等达成的合意，并提交符合法律规定的材料，经有权机关审查批准后，无居民海岛使用者无偿或有偿取得有使用期限的无居民海岛使用权。无居民海岛使用申请，可以由省、自治区、直辖市人民政府海洋主管部门直接受理，也可以委托县级、市级海洋主管部门受理。

③ 出让。出于经营目的如因旅游、娱乐、矿山开采、项目建设等经营性活动需要使用无居民海岛的，国家实行有偿使用制度，且无居民海岛使用权出让实行最低价即无居民海岛使用金限制制度。由国家在收取无居民海岛使用金后将海岛出让给使用人，使用人在缴纳使用金后根据所约定的期限和所批准的用途使用无居民海岛，有偿取得有使用期限的无居民海岛使用权，并对其使用权进行登记，其权利受法律保护。对一些特殊的无居民海岛用于经营性活动，有关部门必须通过召开论证会、听证会等形式广泛听取社会各界的意见。

在财政部和国家海洋局 2010 年颁布的《无居民海岛使用金征收使用管理办法》中，对无居民海岛有偿使用的方式进行了明确规定："旅游、娱乐、工业等经营性用岛有两个及两个以上意向者的，一律通过招标、拍卖、挂牌的方式出让。"所谓招标出让无居民海岛使用权，是指国家无居民海岛所有权的代表机关（以下简称出让人）发布招标公告，邀请特定或者不特定的自然人、法人和其他组织参加无居民海岛使用权投标，根据投标结果确定无居民海岛使用权人的行为。拍卖出让无居民海岛使用权，是指出让人发布拍卖公告，由竞买人在指定时间、地点进行公开竞价，根据出价结果确定无居民海岛用使用权人的行为。挂牌出让无居民海岛使用权，是指出让人发布挂牌公告，按公告规定的期限将拟出让某宗无居民海岛的交易条件，在指定的交易场所挂牌公布，接受竞买人的报价申请并更新挂牌价格，根据挂牌期限截止时的出价结果或者现场竞价结果确定无居民海岛使用权人的行为。这种方式主要用于营利性开发利用无居民海岛使用权的取得。

④ 出租。是指国家将无居民海岛出租给使用者使用，由使用者和海洋主管部门签订一定年限的无居民海岛租赁合同，并支付租金的行为，无居民海岛出租也是国家实现其所有权的一种方式，是出让方式的补充。

（3）无居民海岛使用权的流转

无居民海岛使用权的流转主要是指无居民海岛使用权的转让、出租和质押。

① 无居民海岛使用权的转让。无居民海岛使用权作为一种新型用益物权，具有独立的私法性质，权利人有权通过民事行为将其转让，具体可以通过买卖、互易和赠与等方式将无居民海岛使用权以合同方式再转移。但是转让也要受到一定的限制，无居民海岛具有相对独立的生态系统，其环境价值、经济价值、军事价值都是不可估量的，因此转让时一定要经过所有权人，也就是国家的同意方可，同时还不得任意改变海岛用途，这也符合传统物权法理论。《无居民海岛使用金征收使用管理办法》第三条规

定："未经批准，无居民海岛使用者不得转让、出租和抵押无居民海岛使用权，不得改变海岛用途和用岛性质。"

此外，如果是通过划拨或申请取得的无偿使用的无居民海岛使用权，在转让时应当借鉴土地管理法律相关规定，首先将其转化为有偿使用然后再出让，重新按照有偿使用程序缴纳无居民海岛使用金并履行报批手续。同时，以出让或出租等方式有偿取得的无居民海岛使用权虽然可以转让，但是一定要制定完善的法律法规体系，严格管理控制，避免出现炒作的现象。海岛使用人在海岛上的投入，对海岛升值的部分，使用人应能分享，但"炒海岛"是未做开发或只象征性投入，海岛升值是基于海岛的短缺或周边环境的变化，应属海岛所有权权益的范畴。

② 流转领域无居民海岛使用权的出租。前文"无居民海岛使用权的设立"中提到的无居民海岛出租，是国家作为所有者设立无居民海岛使用权的一种方式，与这里的"流转领域无居民海岛使用权的出租"有本质区别。前者的出租方是无居民海岛的所有权人即国家，承租方是无居民海岛的使用权人，即用岛的单位或个人，并且出租行为发生在无居民海岛的一级市场；后者的出租方则是无居民海岛的原使用权人，承租方是无居民海岛的新使用权人，出租行为发生在无居民海岛的二级市场。流转领域中无居民海岛使用权的出租是指无居民海岛使用者将海岛土地及其附属设施、周围海域租赁给承租人使用，并收取租金的行为。承租人享有的租赁权是基于租赁合同产生的债权，适用债权相关制度解决纠纷。出租者与承租者应该按照国家法律规定签订租赁合同，约定权利义务，同时实行登记制度，将登记视为无居民海岛使用权租赁合同的生效条件，这样做有利于严格标准，统一管理，促进无居民海岛科学合理有序的开发利用。

③ 无居民海岛使用权的抵押。无居民海岛使用权的抵押是指抵押人以其依法拥有的无居民海岛使用权向抵押权人提供债务履行担保的行为，债务人不履行债务时，抵押权人有权依法从抵押的无居民海岛使用权拍卖所得的价款中优先受偿。无居民海岛使用权可以流转就说明其有一定的经济价值，也就可以成为抵押的标的，并且只有设定了其抵押权才能更好地融通资金，实现资源优化配置，促进经济发展。

无居民海岛使用权的抵押标的不是无居民海岛本身，而是对无居民海岛的占有、使用和收益权利，此种权利已经与无居民海岛所有权相分离，形成一种独立的物权。抵押人不能履行债务时，抵押权人申请拍卖的是无居民海岛使用权而非无居民海岛所有权，抵押权的实现并不影响国家对无居民海岛的所有权。因此，无居民海岛使用权抵押并不是实物抵押而是具有权利抵押的性质。无居民海岛使用权是以整体无居民海岛资源作为客体，是各种资源的集合体，包括岛上的建筑物、构筑物、土壤、砂石、动物、植被、淡水以及海岛周围海域等。基于无居民海岛使用权内容的这一特点，在设定无居民海岛使用权的抵押时，应考虑将对岛上的建筑物、构筑物、土壤、砂石、动物、植被、淡水以及海岛周围海域等资源的使用权一并抵押。需要指出的是：当抵押人不能履行债务时，抵押权人可以申请拍卖无居民海岛使用权，并就所得价款优先受偿，但抵押权的实现并不影响无居民海岛的国家所有权属性，国家仍然是唯一的所有权主体。

关于无居民海岛使用权在设定抵押后是否可以转让的问题，应依据我国《担保法》的相关规定确定。依据我国《担保法》第四十九条第一款规定："抵押期间，抵押人转让已办理登记的抵押物的，应当通知抵押权人并告知受让人转让物已经抵押的情况；抵押人未通知抵押权人或者未告知受让人的，转让行为无效。"这一规定同样适用于无居民海岛使用权的抵押。据此，我国《担保法》是允许在抵押期间转让无居民海岛使用权的，只不过是在转让时应及时通知抵押权人，并应向受让人告知无居民海岛使用权已设置抵押的情况，否则，转让行为无效。

（4）无居民海岛使用权的终止

无居民海岛使用权的终止分为两类：绝对终止和相对终止。绝对终止是指无居民海岛因自然或人为原因而消失，导致无居民海岛使用权实际上无法行使。这种情况一般不会发生，但是由于地球环境持续恶化、气候变化不定、冰川融化、海水上涨，对无居民海岛都是一种潜在的威胁，因此也应制定相应法律规则，将《合同法》中不可抗力规则引入，以平衡双方权利与义务，解决纠纷。还有一种情况就是围海造地，海岛与大陆之间海域完全变成土地，此时也应该撤销无居民海岛使用权证书，并以土地使用权证书取而代之。

相对终止是指原无居民海岛使用权人不再享有使用权。主要包括以下三种情况：① 使用权人放弃使用权或期限届满未能续期，此时应该申请发证机关注销登记；② 因违法行为被有关部门撤销，发证机关应该吊销其使用权证，并不需赔偿；③ 因公共利益或国家安全需要而被国家依法收回，应做出书面说明并给予相应补偿。

第三节　海岛估价

海岛估价仅针对无居民海岛而言。有居民海岛的资源属性与土地资源类似，其管理体制有着与大陆地区相同的行政区域管理特征，有居民海岛不可能作为独立的自然资源，整体在市场上划拨或交易，无须估算其价格。而无居民海岛无人居住，自然禀赋丰富，作为独立的资源要素供社会、经济领域开发、使用，但我国无居民海岛数量众多，分布广泛，国家实际上并不能很有效地行使其所有权，需要借鉴土地制度中的土地使用权概念，在确保无居民海岛国家所有的前提下，派生出一种可以流转的无居民海岛使用权，即建立无居民海岛使用权市场化配置制度，而估价体系则是其市场化配置制度的前提和基础，也就是说，无论是作为生产要素还是公共服务要素，无论是采用划拨还是出让、转让等方式，所有权主体均需明确无居民海岛的使用权价值，因此需要对无居民海岛使用权进行估价。

一、海岛估价的本质

无居民海岛作为一种自然资源，为社会提供生产要素、公共服务，或具备政治、军事等其他功能，本身具有一定的价值，这种价值是通过所有权向使用权转化过程中体现出来的，因此所谓的“海岛估价”实际上是指无居民海岛使用权的价格或价值的评估，即对经营性用岛使用权的价格评估以及对非经营性用岛使用权的价值评估。

（一）所有权的经济性

国家作为无居民海岛的所有者，具有对海岛的行政管理职能，无法以营利为目的开展经营活动。我国大量无居民海岛长期闲置，经济价值无法转化。随着国土资源市场化的充分深入发展，在建立无居民海岛使用权有偿有期限流转制度的基础上，无居民海岛所有权的经济价值可以通过市场化流转得以实现，无居民海岛使用权流转过程就是其所有权经济价值的实现过程，这是所有权经济性实现的最公平、最有效途径。所有权人可以在保留无居民海岛所有权的情形下，通过设定无居民海岛使用权，转移对无居民海岛占有、使用、收益的权利并获得相应的对价，实现所有者的利益，从而保护了国家的利益。

（二）使用权的收益性

虽然我国无居民海岛流转制度尚未成熟，但所有权与使用权的分离已成必然。两权（所有权和使用权）分离以后，民事主体依法取得无居民海岛使用权，其作为无居民海岛使用者的地位从法律上得到了确认，无居民海岛的确权使得海岛的经济价值明显化，市场化运作流程使得海岛资源配置公平合理，独立排他的无居民海岛使用权可以使民事主体在有限、有偿使用的前提下，自主经营，自负盈亏，具有了自主决策权，积极性得到调动，有利于其有效地开发利用无居民海岛，使其资源发挥出更好的效益，从而提高无居民海岛开发利用的总体水平。事实上，从经营性用岛的海岛资源配置来看，使用权人是将通过合法程序取得的无居民海岛作为生产要素，投入到开发利用过程中，并从中取得收益，更明显体现出海岛估价实质上是对无居民海岛使用权的收益能力的评估。

二、海岛估价的意义

国家已有明确规定，无居民海岛属于国家所有，单位和个人可以依法取得无居民海岛的使用权，并从开发利用海岛中得到经济收益。为了维护无居民海岛国家所有权和用岛单位使用权的利益，客观上要求具有中介立场的评估单位，采用统一的评估原则、程序、方法，公开、公正地评估无居民海岛价值，有效地维护利益双方的合法权益。

（一）海岛估价的背景

近年来，我国海洋经济快速发展，部分社会资本由陆域向海洋转移，海域、海岛等海洋资源价值日益受到关注。尤其是无居民海岛开发利用上升为国家战略后，沿海地区对海岛的开发热情急速升温，也为沿海各省海洋经济发展注入了新的活力和动力。无居民海岛是一种重要的国有资源，所有权属于国家，因此无居民海岛的开发利用应当依法取得使用权。随着我国市场化进程的不断深入，各地政府纷纷尝试无居民海岛使用权出让由审批制向市场化方式过渡，招标、拍卖、挂牌等市场化运作方式备受关注。通过招标、拍卖或挂牌等方式有偿出让海岛使用权的前提是评估海岛价格，确定科学合理的“招、拍、挂”底价有利于体现海岛资源的市场价值，完善海岛稀缺资源的市场优化配置制度，促进海岛使用权市场化交易进程，有效实现国有资产保值增值。因此，现阶段如何建立健全无居民海岛使用权价格评估（以下简称“无居民海岛估价”）体系、制定适当可行的评估技术标准及规范，为无居民海岛使用权有偿出让提供估价技术层面的支持和保障，显得尤为迫切和重要。

（二）海岛估价的意义

无居民海岛的价值确认是一切海岛开发利用活动的前提。国内目前已有的评价、评估和有关技术导则，如环境影响评价、海域使用论证、海洋自然保护区管理技术规范等，均不能套用于海岛评估，必须根据海岛生态系统的特殊性，依照海岛的特点和国情实际编制适宜的海岛评估体系。

1. 无居民海岛估价是海岛市场管理的基础

无居民海岛是发展海洋经济的重要生产要素之一，对无居民海岛资产市场的管理，首先必须掌握反映市场状况的价格水平，必须对无居民海岛的市场价格有科学的评判，只有这样才能做到有效科学的市场管理并促进无居民海岛市场的正常发育。无居民海岛估价工作可以使价格明确化、公开化，并在此基础上通过市场管理措施逐步将应归国家的无居民海岛收益归还给国家。随着我国沿海改革开放的不断深入，沿海地区对无居民海岛使用权的出让问题越来越关注，但各地无居民海岛价格却有很大差别，个别地方出现竞相压价问题，价格成为关注的焦点。实践上迫切需要建立起一套完整的无居民海岛价格评估体系，尤其对出让面积大、时间长的无居民海岛就更为重要了。

2. 无居民海岛估价是实施有偿使用制度的要求

合理征收无居民海岛使用费用是国家增加财政收入的重要手段。《海岛保护法》实施前，大部分无居民海岛是无偿或者抵偿使用，无居民海岛未能实现其经济价值，造成了国有资源型资产流失。《海岛保护法》实施后，国家实行了无居民海岛有偿使用制度。有偿使用无居民海岛，有利于建立海洋资源资产观念。资产在使用、流通过程中要追求保值增值，利用无居民海岛进行生产经营活动，按标准缴纳的使用金上交国库，不仅增加了国家的财政收入，实现了资源的价值补偿，而且保证了国家有足够资金返用于无居民海岛资源的再生产过程，不断增加社会投入，促进无居民海岛资源的新陈代谢，使无居民海岛管理步入良性循环轨道。

无居民海岛使用单位或个人可以按照法定程序申请使用权，缴纳使用金，但现阶段，我国无居民海岛使用权出让金征收不尽合理，不是偏高或偏低就是被无限期无偿占有和使用。大量超额利润被海岛使用者无偿占有会致使国有资产绝对流失。另一方面，没有海岛使用权出让金的调控，使用者会漠视珍贵的海岛资源，造成对国有资产的低效率利用。收费标准合理与否，必然依赖于一个合理的价格评估体系和标准，因此，实践上迫切需要建立合理的海岛使用权价格评估方法，通过科学手段合理确定无居民海岛使用金额度，为海岛使用权出让金的征收和海岛使用权交易市场的建立提供科学依据。随着我国经济体制改革的逐步深入，评估获得日益广泛的应用，并在确保国家对自然资源的所有权、对自然资源有效管理方面发挥着日益重大的作用。开展无居民海岛评估是合理、公正确定使用金的有效手段，是实行有偿使用制度的需要，同时也是实现无居民海岛价值，促进国有资源的保值增值的需要。

3. 无居民海岛估价是实现市场交易的前提

长期以来，陆地国土观始终占据主导地位，人们对海洋的开发利用不够重视，海洋观念模糊，海洋权益混淆，海洋法制淡漠。人们实行“谁占有、谁使用、谁收益”的管理方法，奉行“拿来主义”，从而导致资源利用出现“自由化”。《海岛法》实施后，任何使用者都必须依法缴纳海岛使用金，并经审批登记后方可依法取得使用权，实现资源的“有偿”使用。同时，海岛市场的不完整性、海岛位置的固定性、市场中交易价格低和人们参与交易的几率小等因素，造成交易者对市场行情不了解。建立一个科学合理的海岛使用评估理论体系，成立专业机构对海岛进行估价，可为交易者提供一个参考标准，减少海岛市场交易的盲目性。

一级市场出让的无居民海岛使用权可以采用转让、出租、抵押和入股等形式流转，这种流转是使用权人之间的交易行为。对于各种流转形式，交易双方都需要一个比较合理的、客观公正的参考价格。没有公正、合理的交易价格，无居民海岛很难实现市场交易。由于无居民海岛的个体差异性很大，没有统一的或者规范的标价，其交易价格通过无居民海岛评估确定较为合适。因此，无居民海岛估价是实现市场交易、推动无居民海岛二级市场发育的前提。

4. 无居民海岛估价是维护国家和用岛单位权益的需要

资产是国家、企业或个人拥有和控制的能够用货币计量，并能够带来收益的资源。中国管辖范围内的一切自然资源，都是极为宝贵的国家财富，是维持国民经济持续发展的物质基础，能带来巨大的社会、经济和环境效益，已作为资源性资产列入国有资源资产体系。资产的主要特征是能给所有者带来收益，无居民海岛作为一种重要的资产，它不但应当在数量上，而且在价值上得以明确核资。我国海域辽阔，无居民海岛资源丰富，近两年全国范围内进行的海岛调查是为了对无居民海岛的数量进行清查，与此同时还应该对无居民海岛的价值进行核算，海岛价格评估可以帮助进一步完善我国的国民经济统计和核算体系。因此，明确掌握国家无居民海岛资产数量，加强对无居民海岛价格评估的研究，同其他国有资产一并进行核算，规范无居民海岛使用金征收管理，是明确资产产权、建立市场经济的基础工作，有利于避免国有资产流失，在经济上体现国家对无居民海岛的所有权并实现无居民海岛资源性资产的保值增值。

5. 无居民海岛估价是保护海岛资源生态的屏障

无居民海岛价格评估结果可以揭示海岛内在质量、区位和使用效益上的差异性，从宏观上指导海岛开发利用活动。由于无居民海岛有偿使用管理制度尚未完善，近年来，海岛开发活动呈现高强度态势，尤其是民营资本对无居民海岛开发表现出了相当程度的冲动，造成了有限的海岛资源被乱占滥用，海岛及其周围海域生物多样性的丧失和毗邻海域环境的严重破坏。通过建立无居民海岛有偿使用制度，评估无居民海岛使用权价格，可以发挥价格的调控作用，调整无居民海岛环境保护与开发利用之间的矛盾，提高无居民海岛资源的使用效益，更好地保护海岛生态，实现海岛资源的可持续利用。一方面，无居民海岛从无偿使用到有偿使用可以促使海岛使用者重视海岛的开发，遏制无居民海岛无度开发，无序利用的现状，防止盲目占用海岛；另一方面，无居民海岛价格评估结果的高低也表征着无居民海岛资源价值的高低，价格这只无形的手能调控无居民海岛开发者的开发行为和海岛利用方式，促使使用者考虑投入产出比，选择科学的开发方式，尽量保持资源原有的属性和特征，减少对无居民海岛的破坏，向无居民海岛要效益，实现无居民海岛资源的合理配置和最佳利用。

第二章　海岛估价理论

自2009年国家公布《中华人民共和国海岛保护法》以来，海岛管理工作走向法制化轨道，各级政府对海岛管理越来越重视，社会各界对海岛开发利用的关注度不断提高。尤其是无居民海岛开发利用上升为国家战略后，沿海地区对海岛的开发热情急速升温，也为沿海各省海洋经济发展注入了新的活力和动力。为了规范无居民海岛开发利用活动，确保国有资源的保值、增值，国家公布了《无居民海岛保护和利用指导意见》《无居民海岛使用申请审批试行办法》《无居民海岛使用金征收使用管理办法》等一系列规章制度。尤其是《无居民海岛使用金征收使用管理方法》的颁布，为我国海岛有偿使用制度的实施奠定了基础，加速了海岛公共资源的市场化进程。

在海洋资源的开发利用过程中，海岛特别是无居民海岛的资源价值日益显现。2011年国家公布首批176个可以开发利用的无居民海岛名录，无居民海岛开发逐渐成为公众关注的热点，如何通过价格管理引导无居民海岛科学合理开发以及防止生态破坏也成了政府管理部门需要迫切解决的新课题。无居民海岛估价作为无居民海岛有偿使用制度的前提和可持续利用的基础，已成为我国无居民海岛管理的核心，无居民海岛估价理论的研究已引起学术界的广泛重视。

第一节　海岛价格内涵

价值和价格既相联系又相互区别。一般认为价值内在相对客观和稳定，是价格波动的中心；价格是价值的外在表现，随着供需变化，围绕着价值上下波动。有关无居民海岛的价格和价值的区别学术争议很大。通常来讲，所谓“海岛估价”是对无居民海岛使用权价格的评估，而无居民海岛的价值是无居民海岛价格的计价基础，是价格评估的重要依据；对于经营性用岛而言，无居民海岛的价格应当反映其存在价值和使用价值的综合价值量化水平，并考虑供求关系，最终体现市场可能的交易价格；对于公益性用岛而言，因不存在市场交易行为，无须考虑供求关系，无居民海岛的价格应当仅反映其存在价值的量化水平。

一、海岛价值

无居民海岛无论是否被开发利用，其本身都存在一定的价值，即具有一定的有用性。但其价值构成和表现较为复杂，具有种类多样性、内涵多层性以及价值量可变性等特征，从价值本源、价值性质、价值内容以及贡献形式等不同的角度构成了无居民海岛的价值分类体系。

（一）无居民海岛价值的本质

马克思把价值定义为：价值是凝结在商品中的无差别的人类劳动。即由抽象性的劳动所凝结。劳动价值论把价值定义为一种人类劳动，价值是一个商品经济范畴。从这个意义上讲，无居民海岛在开发前属于自然物，而非人类劳动创造，不包含人类的劳动价值，因而无居民海岛在开发前也就没有劳动价值。但资源是一种财富形式，财富具有价值，因而资源具有财富价值。

这是从资源的有用性出发来分析资源的价值，将资源的价值等同于资源的经济价值即使用价值。由于海岛是一种垄断资源性财产，本身具有稀缺性和满足人类需要的特殊使用价值，同时，伴随着无居民海岛开发利用活动的展开，海岛建设过程中凝聚了人类的一般劳动，也使得无居民海岛具有了一般意义上的使用价值，因此，无居民海岛的价值不是普通商品价值的概念，它包含了能够满足人类生存和发展需要的使用价值与存在价值。

（二）无居民海岛价值的特征

1. 自然资源的基本特征

① 自然性。自然资源是天然物品，与人工合成品具有本质区别。多数自然资源是经过漫长的历史过程自然形成的。

② 可用性。所谓可用性，就是指可以被人们所利用，这是自然资源的基本属性。自然资源通常具有多种用途，也就是多功能性。自然资源的可用性与稀缺性有极密切的关系。

③ 稀缺性。地球上自然资源的储量是有限的。对非生态资源而言，随着人类消耗量的增加，资源储量会逐渐减少直至完全耗尽（如石油）；对生态资源而言，如果人类的利用速度超过其更新速度，也会导致枯竭（如森林）。

④ 整体性。各种自然资源不是孤立存在的，而是相互联系、相互影响、相互制约的复杂系统，不少自然资源从物质形态上也是不可割裂的，如奔腾的江河、广阔的海洋、无法固定的环流大气等。在这个系统中，每种资源既彼此独立存在，又互相依存，共同构成完整的资源系统，对任何一种资源的开发利用必然对其他资源产生影响，并进而导致整个资源系统的变化。

⑤ 空间分布的不均匀性和严格的区域性。由于地带性因素的影响，同类自然资源

的分布是不均衡的，不同区域资源组合和匹配都不一样，类型、储量、质量也有很大差别，因地制宜是自然资源利用的一项基本原则。

除了上述特点外，各类自然资源还有各自的特点，如生物资源的可再生性，水资源的可循环性和可流动性，土地资源有生产能力和位置的固定性，气候资源有明显的季节性，矿产资源具有不可更新性和隐含性等。

2. 无居民海岛资源价值属性

不同的无居民海岛有不同的独立功能，与有居民海岛不同，无居民海岛具有资源性、立体性及专属性等特点，可以作为整体资源进行价值评估，甚至交易。同时无居民海岛是一种与陆地资源相对应的自然资源，海岛及周边海域蕴藏有不同种类对人类有使用价值的物质、能量和空间资源，如岛上有旅游、港口资源、森林、能源、矿产资源等，周边海域中有生物、海水资源等。

无居民海岛资源不但呈现鲜明的海洋资源特色，也同时具有土地资源的特性，用途十分广泛，具有较高的经济价值，同时也具有一定的社会和生态环境价值。无居民海岛是我国资源性资产的一部分，自然、经济和法律属性并存。其自然属性包括天然性、生态性和区域性等，其有限性与稀缺性决定了获取它必须付出一定的代价；经济属性是指其具有使用价值，海岛使用人可将海岛土地、港口、森林等资源作为生产要素使用并在未来获得一定的经济收益，这也是无居民海岛资源价值的本质所在；而法律属性则是指无居民海岛产权在法律上具有一定的独立性，是国家所拥有的资产，由国务院代表国家行使无居民海岛所有权，任何单位和个人只能依法取得使用权，不能取得所有权，这从根本上理顺国家与集体、个人之间在无居民海岛的所有与使用上的权属关系，维护了国家的所有者权益，但无居民海岛使用权可以依法交易。另外，从存在形态上来看，无居民海岛资产既包括有形的物质，也包括无形的经济权，无居民海岛资产价值是能够用货币尺度或实物等对其进行计量的。

综上所述，可以看出，无居民海岛具有资源性资产的价值特征，人类对无居民海岛资源的开发和利用，使其所具有的使用价值和物质效用更加完善；同时也使其呈现出资源消耗和递减。无居民海岛同其他任何资源一样是有限的，而人类的生产、生活对资源的需求又是无限的，要让有限的资源来最大限度地满足人们的生产和生活的需要，就必须对开发利用无居民海岛的各种人类活动进行规范和管理。

（三）无居民海岛价值分类体系

1. 按照价值来源可分为天然价值、劳动价值和稀缺价值

从功能价值论、劳动价值论、边际效用价值论及供求论等角度来看，无居民海岛资源性资产的价值主要由三部分构成，即海岛资产的天然价值、劳动价值和稀缺价值。所谓天然价值，是指海岛本身所具有的、未经人类劳动参与的价值，这是由无居民海岛的使用价值和稀缺性所决定的；海岛资产的劳动价值，是人类劳动附加在海岛上所产生的那部分价值，包括开发与利用海岛所投入的人力和资金；海岛的稀缺价值则完全

是由海岛市场供求状况所决定。

2. 按性质可分为内在价值和外在价值

无居民海岛的内在价值在于它具有形成经济资源的本质功能和属性，即对人类社会具有使用价值和物质效用的特性。它是人类一切活动尤其是社会经济活动的前提和基础。能够成为人类活动的生产资料和生活资料。人类劳动的投入，也仅仅是在遵从自然规律与生态规律的前提下，通过对海岛资源的利用和加工改造，使其成为更具使用价值和物质效用的资产。正是这种功能和属性，才是海岛资源形成和转化成为经济资源的根本，是海岛资源具备重要价值的内在因素。

无居民海岛的外在价值是指人类在开发利用资源过程中表现出来的有限性和稀缺性。无居民海岛对人类有效用是因为它能够满足人类的某种功能或需要，所以对人类来说它是有价值的。但是由于人口增加，社会经济发展，所耗用的资源数量与日俱增，使得可开发利用的无居民海岛资源数量日益减少以至于枯竭，如果再加之人类对海岛资源的不科学、不合理或过度性开发，会加剧无居民海岛的品质下降甚至劣变，导致海岛资源生态环境的破坏，这些都将损害和降低无居民海岛的外在价值。

3. 按内容构成可分为经济价值、社会价值、生态服务价值

无居民海岛不仅具有空间资源所提供的使用价值，既具有经济有用性，也具有社会和生态功能服务价值。无居民海岛空间资源的经济价值是指其用于开发利用活动所能获得的价值，主要体现在将其作为生产与生活资料所获得的价值，是海岛资源价值在经济上的具体体现和价值转换；社会价值主要指海岛开发活动所能提供的就业机会、维护社会稳定及满足人们精神文化、娱乐等方面的价值；功能服务价值则指通过海洋生态系统的海岛资源自然属性所能提供的调节气候、净化与美化环境、维持生物多样性等方面的价值。

4. 按贡献形式可分为直接使用价值、间接使用价值、选择价值、遗传价值和存在价值

从现代生态经济学视角出发，无居民海岛价值可以分为直接使用价值、间接使用价值、选择价值、遗传价值和存在价值。直接使用价值是指无居民海岛直接进入当前的消费和生产活动中的那部分价值，具有市场价格；间接使用价值是指无居民海岛的价值并非直接用于生产和消费的经济价值，没有直接的市场价格，其价值只能间接地表现出来；选择价值是指人类为了保护或保存某一无居民海岛，而愿意做出的预先支付；存在价值是以天然方式存在时表现出来的价值；遗传价值是人们愿意支付一定的货币，以便把无居民海岛作为遗产留给子孙后代。

二、海岛价格

基于价格原理，价格是商品的交换价值在流通过程中所取得的转化形式。无居民

海岛的价格应当是由海岛供给与海岛需求之间的互相影响、平衡产生的，能够实现无居民海岛价值转换的货币量，是无居民海岛内在价值的外在体现。

（一）无居民海岛价格的本质

价格是一种从属于价值并由价值决定的货币表现形式。价值的变动是价格变动的内在的、支配性的因素，是价格形成的基础。在微观经济学之中，资源在需求和供应者之间重新分配的过程中，价格是重要的变数之一。但同时马克思也认为：特定生产关系下的“交换”反映的是“价格”，并不一定需要价值在量上相等，甚至可以根本没有价值。而无居民海岛的使用价值表现是所有权垄断产生的“绝对地租”——初始状态的无居民海岛本身没有价值，但具有使用价值，其交换的使用价值的本质是无居民海岛的价格。

无居民海岛能向人类永续提供产品和服务，即在一定的劳动条件下，无居民海岛资源本身能产生纯收益，谁拥有了无居民海岛资源，谁就拥有了海岛纯收益，即海岛岛租。由于海岛功能的永久性，这种海岛岛租也是一种永恒的收益流。随着无居民海岛使用权的转移，这种收益流的归宿也发生转移。购买无居民海岛的使用权，实际上是购买一定时期的海岛收益。因而，海岛收益现值的总和即一定年期无居民海岛使用权价格及其附属设施和岛上构筑物价格的总和，就表现为海岛价格。可见，无居民海岛价格的内涵是若干年的海岛纯收益即海岛岛租贴现值的总和。它具体包括海岛所有权垄断而产生的绝对岛租以及由海岛的生产条件好坏而产生的级差岛租。

无居民海岛经过人类的长期开发，各个时期都凝结着人类的劳动。在现实经济运行中，海岛在交换活动发生之前，海岛所有者或开发商首先需要对海岛土地及其空间资源进行开发。为改造海岛功能进行的投资就转化为海岛资本，它属于固定资本的范畴。这些固定资本投入必然要回收，从而以折旧和利息的形式得到体现。因此，海岛价格无非是出租海岛的资本化的收入。

综上所述，无居民海岛的价格反映的是无居民海岛使用权价格，具有资源价格的属性，从本质上来讲，无居民海岛价格应当包括自然资源效用和稀缺性价值，即使用者为使用无居民海岛本身支付的租金（含绝对岛租和级差岛租）、各种构成固定成本的资源投资折旧以及资源投资利息三部分之和的资本化。

（二）无居民海岛价格的特征

1. 无居民海岛价格体现一定的时效性

无居民海岛的价格是法定最高使用年期的使用权价格，是反映取得各类海岛长期使用权应付出代价的平均水平的价格。由于各用岛单位实际取得使用权的期限不一致，在进行价格确定或比较时，需要按照各类不同用途海岛的样点资料统一换算为可比的使用期限上，这个可比的使用期限就是《无居民海岛保护与利用管理规定》中所规定的各类海岛最高使用年限。特别是二次开发转让的无居民海岛，应根据剩余使用年限调整成为评估基准日的价格。我国现行的《无居民海岛保护与利用管理规定》中明确了无居民海岛利用期限最长不得超过50年。因此，无居民海岛的价格是体现在一定的使用期限内的价格。

2. 无居民海岛价格体现有限性的资源价格

资源价格是人们为了获得一定数量、质量的自然资源所有权或使用权而向其所有者支付的货币额。资源从本质意义上看不是劳动产品，它的价格完全取决于稀缺性所限定的资源生产力的边际。对于有限的资源来说，资源的利用边际是有成本界限的。这种成本对资源利用（或生产力）的边际限定，是资源定价的客观条件。另一方面，正是由于资源的稀缺与不同地区的资源禀赋不同，即使是同种资源，在不同的条件下，其利用的边际生产率与边际成本也是不等的。而在既定的社会经济制度（包括市场运行体制）下，一些利用条件好的部门或区域，必然获得资源超额利润。从资源的意义上看无居民海岛价格，体现海岛资源有限性的资源价格特征。

效用论认为价值反映物质对人的功效，自然资源在人类生存和发展之中必不可少，因而是有价值的。稀缺论认为凡是稀缺的有用物品都有价值，稀缺性和独占性对自然资源的价格有重要影响。资源价格是由资源的效用和稀缺性双重特征决定的价格。无居民海岛上有许多丰富的自然资源是天然形成的，不是人工劳动的产物，本身没有价值却是人类需要的物质要素。无居民海岛的自然资源主要包括陆域资源、滩涂资源、水域资源、气候资源和空间资源，有些资源更是不同于大陆国土的特殊优势资源。无居民海岛的自然资源本身具有效用和稀缺性及所有权的垄断性，因此使用者需要为购买其使用权支付相应的货币额。

3. 无居民海岛价格既包括有形资产价格又包括无形资产价格

无居民海岛的有形资产价格体现在海岛本身的实物形态，包括岛陆、岛基、岛滩、环岛海域以及海岛自身的自然资源，如森林植被、自然景观、园林草地等资源性的资产，这些资产的稀缺性、有用性形成了无居民海岛的有形资产价格。

无形资产价格反映的是使用权价格。无居民海岛使用权价格是在产权运行意义上对海岛价格的高度抽象，是使用权转让的经济补偿，也是海岛自然资源在未来可能产生的资源收益（租金）的资本化。这种长期使用无居民海岛的权利构成使用人的权利性无形资产，因此无居民海岛价格包括了无形资产价格。

（三）无居民海岛价格的分类体系

1. 根据交易市场级别划分

可分为一级市场价和二级市场价。

一级市场价是指海岛所有权人第一次将海岛使用权出让给受让方的市场价格。

二级市场价是指海岛使用者将经过开发建设的海岛转让、出租、转包、抵押、买卖等市场行为产生的市场价格，一般指无居民海岛进入流通领域进行交易而形成的市场价格。

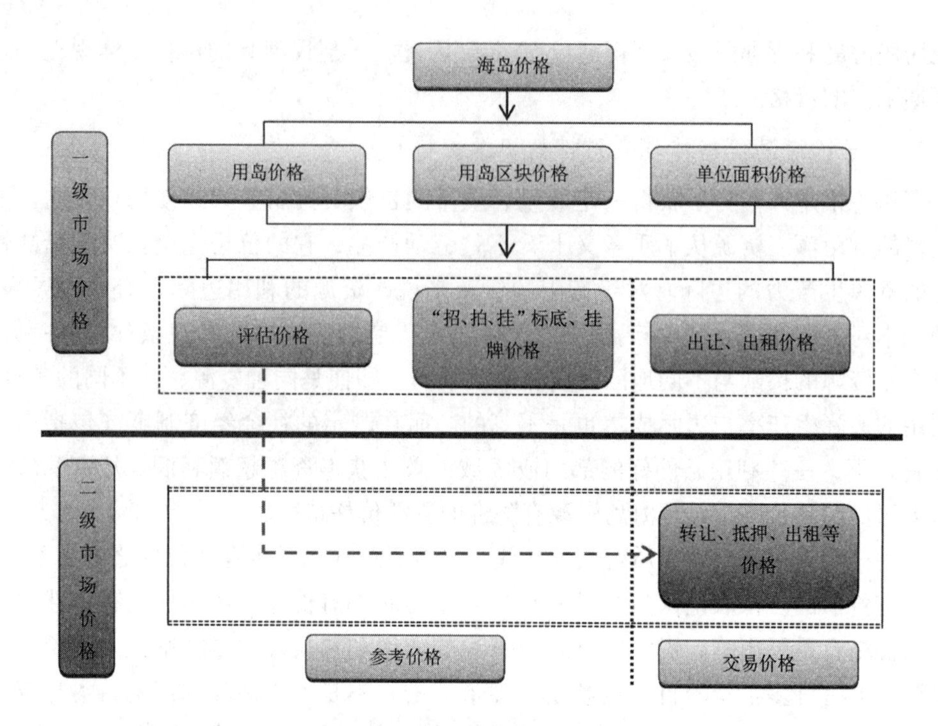

图 2－1　无居民海岛价格分类体系

2. 根据交易目的划分

可分为出让价、转让价、出租价、抵押价、转包价。

① 出让价是指政府以海岛所有者的身份在一定年限内出让无居民海岛使用权时，受让方需要向出让方缴纳的无居民海岛有偿使用费用，也就是无居民海岛在进入交易市场前在出让方与受让方之间发生交易行为的一种价格形式。海岛物权的目的就是将海岛使用权从海岛所有权中分离出来，海岛使用者通过出让方式取得海岛使用权，在出让期间内享有使用权、转让权、抵押权等民事权利。其他单位、组织和个人包括所有者均不得非法干预。海岛使用权的出让只能由国家执行。出让价也是一级市场价。

② 转让价是指海岛使用权人依法将其海岛使用权转移给第三方发生的市场交易价格。转让行为是海岛使用权的一种处分方式。海岛使用权转让可分为买卖、交换、赠与和继承。

海岛使用权买卖是海岛使用权人以获取价款为目的将海岛使用权转移给第三方，后者获得海岛使用权并支付价款的行为。

海岛使用权交换是海岛使用权人将自己直接支配的海岛使用权换取另一当事人所有的海岛使用权。交换的基本特征是以物易物，双方既是转让人又是受让人。

海岛使用权赠与是指海岛使用权受让人自愿将自己的海岛使用权无偿转移给第三方的行为。

海岛使用权继承是指海岛使用权受让人死亡后，由其合法继承人或指定继承人继承海岛使用权的行为。海岛使用权继承的年限应为海岛使用权出让合同约定的年限减去受让人死亡前该海岛使用后的剩余年限。海岛使用权出让期满后，继承人应依法交回海岛使用权或办理相应手续后继续使用。

③ 出租价是指海岛所有权人或受让方作为出租人将海岛使用权随同岛上建筑物、其他附着物租赁给承租人使用，由承租人向出租人支付租金的价格。

④ 抵押价是指债务人或者第三人不转移无居民海岛财产的占有，将无居民海岛作为债权担保时发生的价格。

⑤ 转包价是指单位、个人或其他经济组织向海岛使用权受让方在一定期限内承包其所拥有的海岛进行生产经营活动时发生的价格。

3. 根据价格形成方式划分

可分为评估价格、“招、拍、挂”底价、交易价格。

① 评估价格是海岛估价人员根据海岛估价程序和方法，评定估算的海岛价格，它是交易价格的基础。

②“招、拍、挂”底价是指招标底价以及挂牌、拍卖的保留价，即招标、拍卖、挂牌出让的最低控制价格。

③ 交易价格是通过二级市场交易形成的海岛成交价。

评估价格在一级市场中通常作为政府采用招标、拍卖、挂牌方式出让海岛时的参考底价。二级市场中，海岛在进行交易前，一般要对海岛进行价格评估，得出评估价，然后交易双方根据各自的评估价在市场中讨价还价，最后成交。因而，同一海岛可能因不同评估人员采用的不同评估方法，得出评估价格也不同，交易价格与评估价格也可能相同或不同。

4. 根据海岛利用面积划分

可分为用岛价格、用岛区块价格、单价（单位用岛面积价格）。

① 用岛价格是指以权属界线组成的、封闭的、用岛范围以内的无居民海岛使用权价格。

② 用岛区块价格是指用岛范围内，按不同用岛类型划分的若干区域的无居民海岛使用权价格。

③ 单价是指单位用岛面积或用岛区块面积的价格。

值得注意的是，与土地价格、海域价格不同，由于无居民海岛空间分布分散，海岛个体差异明显，同一个区域的无居民海岛数量极其有限，区域平均价格无实际意义，因此，在无居民海岛价格体系中不存在海岛基准价的概念，只有某一宗的用岛或用岛区块的价格。

第二节　海岛估价理论

无居民海岛的价格实质上是资源价格，价格高低反映了海岛的资源丰度差异。无居民海岛和土地、海域类似，具有位置固定性、区位差异性等，但自身特征也很明显，价格和价值的形成机理极其复杂，涉及众多学科和领域，因此其价格评估应当综合考虑各学科理论的影响，以自然资源价值理论、地租地价理论、区位理论、生产要素分配理论、动态供求理论、协同效应理论、生态系统服务价值理论以及外部性理论等相关理论作为建立估价原则、选择估价途径和估价方法的主要依据。

一、自然资源价值理论

自然资源的价值包括效用价值和附加的人工价值（即劳动价值），其中效用价值又包括资源的天然价值和稀缺价值。国外对资源价值的理论研究始于福利经济学派，我国在 20 世纪 90 年代后逐步深化资源价值的理论研究。无居民海岛的自然资源特征明显，资源价值也应当包括效用价值和由于人类劳动投入产生的价值。

（一）理论追溯

自然资源是指为人类提供生存和发展所需的自然物质与自然条件及其相互作用而形成的自然生态系统，诸如阳光、空气、水、森林、土地、矿藏、空间、自然界的动植物等。无居民海岛是集上述各种类型的自然资源为一体的独立单元，具备所有自然资源的基本特征，因而无居民海岛应当属于自然资源。资源价值关乎经济发展中资源的有偿使用，正确衡量资源价值是合理保护与利用资源的前提。自然资源价值理论是研究自然资源价值属性、特征、源泉及其价值体系构成、衡量等相关问题的理论。

由于在人类社会发展的不同历史时期，人类对自然资源开发和利用范围的了解程度有很大的差别，从而对自然资源价值认识也经历了从“资源无价”到“资源有价”的阶段。这也是随着人们对资源开发和利用的理解日益加深而不断变化的。

1. 劳动价值论

自然资源无价值的代表观点是劳动价值论。其代表人物有英国古典政治经济学家创始人威廉·配第、亚当·斯密、大卫·李嘉图和卡尔·马克思等。由威廉·配第于 1662 年在他的“赋税论”中提出的，经过亚当·斯密的继承和发展，由马克思进一步发展。劳动价值论的基本思想是商品的价值由生产商品所耗费的劳动时间决定。据此，马克思指出：“一个物可以有使用价值而不是价值。在这个物不是由于劳动而对人有用的情况下就是这样。例如，空气、处女地、天然草地、野生林等等。”这说明未经人类劳动加工开发的原生的自然资源不存在抽象劳动创造的价值。然而，人们一旦对原生自然资源进行利用，它就应该是价值和使用价值的统一体。人们要利用自然资源，首先就得占有资源，无论以何种手段为人所用，都一定是劳动过程，所以自然资源上的劳动凝结形成了自然资源的价值，这是符合劳动创造价值基本原理的。

长期以来由于对马克思劳动价值论的片面理解，认为自然资源是自然物，基于其自然属性对人类具有有用性，具有使用价值，自然资源不是人类劳动物化的结果，因此没有价值。没有价值的东西，任何人都可以任意使用。这种“资源无价”的不合理认识，导致对资源的无偿占有、掠夺性开发和浪费使用，加速了资源的破坏和短缺。

应澄清的是自然资源是否有价值不应成为其无价格的依据，资源无价不能归咎于马克思的劳动价值论。随着资源稀缺的凸显，人们才意识到应该重新建立自然资源价值观，自然资源有价的价值观得到哲学、生态学、经济学、伦理学等领域科学家以及各国政府、公众的广泛共识。

2. 效用价值论

西方经济学的效用价值论是自然资源有价值的理论基础。效用价值论是在17—18世纪上半期由资产阶级经济学家提出的。英国早期经济学家N. 巴本（1640—1698）是最早明确表述效用价值观点的思想家之一。他认为，一切物品的价值都来自它们的效用；无用之物，便无价值；物品效用在于满足人的欲望和需求；一切物品能满足人类天生的肉体和精神欲望，才成为有用的东西，从而才有价值。

效用价值论认为人的欲望及满足是一切经济活动的出发点也是包括价值论在内的一切经济分析的出发点。效用是物品满足人的欲望的能力。价值则是人对物品满足自己欲望的能力的一种主观评价。另外，只有与人的欲望相比稀缺的物品才会引起人们的重视，才是有价值的。因此边际效用价值论的出发点是商品的有用性和稀缺性：有用性是价值的基础，稀缺性是价值的必要条件，而边际效用递减规律是一般的规律，价值由边际效用决定。

根据效用价值论的观点，自然资源显然具有能够满足人的欲望的能力，其数量的有限对人类需要的无限性是稀缺的，因而自然资源必存在价值，而资源的合理配置及资源的价格也自然成为西方经济学关注的焦点。由此可见，西方经济学中关于自然资源价值的理论是以效用价值论为基础的，定价理论主要是供求平衡基础上的边际成本定价。

3. 两种价值论的对比

按照马克思的劳动价值论，不属于劳动产品的自然资源没有价值，或者认为当前的大多自然资源都印有人类劳动的痕迹，具有价值这些说法未免有些牵强且与可持续发展的要求不协调。事实上，马克思劳动价值论的出发点是研究为了交换的商品经济，这里的“价值”是一个与商品经济相伴随的经济学概念，它反映了人与人之间交换劳动的经济关系。而自然资源价值更多涉及的是人与自然之间的关系，我们不能套用反映人与人之间经济关系的价值理论。况且分析商品的理论方法也不能完全适用于自然资源的价值分析上。

按照效用价值论自然资源的价值取决于人们对其的主观评价——效用价值，这在一定程度上反映了人与物之间的关系，但自然资源作为一种客观存在，必然具有客观的内在价值，而不仅仅具备所谓人们心理的满足而赋予的虚幻的价值。另外，效用价值论是微观经济学的基础，其研究的对象是市场中单个的经济人行为。由于自然资源功能的整体不可分割性，使得很多自然资源不能像一般商品那样进入市场，所以我们只能在一定程度上运用微观经济学的手段分析自然资源问题。

综上所述，效用价值论和劳动价值论虽各有其合理之处但都不能独立，并完整地解释自然资源价值的本质问题和自然资源价格决定问题。因此，应结合两种论点，全面、完整地理解自然资源价值属性。

（二）自然资源价值理论的应用

1. 自然资源价格的影响因素

当自然资源作为商品进行交换时，通常具有两个方面的属性：一是它的使用价值；二是它的交换价值。使用价值关系到它的自然属性，即能够满足人类社会的需要和生物需要的能力。客观存在本身不可能用单一的数量来衡量，它作为交换价值则表现为一种使用价值同另一种使用价值相交换的量的关系及比例，它所体现的是一种社会属性，交换价值的货币表现形式就是价格。传统意义上自然资源价格形成中的决定与影响因素有以下几个方面。

① 质量因素。是指内在质量对自然价格的影响，即资源本身的种类、质量、数量。如某一矿产资源的内在因素包括储量、品位、有益和有害伴生矿、可选性、矿层厚度与倾斜度、矿床周围岩体性质与水文地质等方面。森林资源的内在因素包括木材蓄积量、木材质量、木材生长速度等要素。各要素对资源质量的影响有大小之分，但在具体评价时都不应忽略。自然资源的内在质量与其使用价值成正比例，种类丰富，质量越好，数量越多，资源的内在质量越高，价值越大。

② 区位因素。自然资源的区位特征反映着自然资源所处地域的区位差异，自然资源都是存在于具体地域内，它的分布使其具有区域性特征。同一地域内不同区位的自然资源，在其开发、利用过程中，必然会产生不尽相同的区位价格。自然资源的区位价格，既要顾及自然资源本身的地域区位分布，又要考虑人类利用自然资源时其活动场所的区位性，距离加工消费地的远近和运输条件的优劣等。总之，影响自然资源价格的各种区位因素必须综合考虑。

③ 成本因素。自然资源的取得和开发利用是需要付出代价的，也同时提升了自然资源的价值，因此，自然资源的成本包括取得成本和开发成本。获得自然资源的成本，是其定价的主要因素之一，特别是权属归属国家所有的自然资源如土地、海域、海岛等，使用人在取得这些资源使用权时必须支付一定金额。在开发利用自然资源过程中，将消耗社会劳动，产生了劳动价值，从而影响资源价格。

④ 环境因素。自然资源与生态环境是密不可分的，节约资源与保护环境是相辅相成的。自然资源系统是一个有机体，具有一定的承载力极限。在自然承载力之内，系统对外来的冲击有调节、修补和自我更新的能力，但超过极限，系统的稳定性就会遭到破坏，导致整体结构和功能的紊乱，势必需要人为进行修复，进而影响自然资源的价值重构。

⑤ 供给因素。市场上自然资源供给的数量也是定价的主要因素之一。市场上的供给并不总是和需求量相吻合，这就导致了自然资源价格对价值的偏离。有很多因素可以影响市场供给，从而影响其价格的制定，如资源稀缺性、技术程度等。自然资源越稀缺，可替代程度往往越低，其价格越高。自然资源的稀缺性还使人类对其开发、保护的成本不断递增，随着价值量转化为价格，自然资源价格必然呈现上升趋势。但是现代科学技术的发展，为人类不断扩展和开辟新的自然资源领域提供了基础，技术程度决定了自然资源替代品的开发程度，而替代资源越丰富，自然资源的价格越低。因此根据发现、开发和获取替代自然资源的费用（成本）来确定自然资源的价格，这是符合社会经济运行规律和价格经济学原则要求的。

⑥ 需求因素。自然资源的需求对价格的影响，实际上是与其供给量紧密联系在一起的。当市场上的需求量与供给量保持同比例变动时，价格通常不会变动，当需求量与供给量发生偏差，价格就会产生变动。

⑦ 信息因素。在对产品所包含的信息的掌握上，存在着信息不对称。资源供给方和资源需求方处在完全不平等的地位。

⑧ 其他因素。主要包括政策、法律等因素。自然资源价格除受上述因素影响外，资源的开发、使用亦受国家政策管制，就如我国沿海地区的开放优势，如果没有开放政策，这种区位资源将不能实现。自然资源价格的形成过程中，国家还可以通过税收、信贷、利率、汇率等经济杠杆进行调节，影响自然资源的价格。

在上述因素中，因素①、因素②属于自然资源价值的内在影响因素；因素③属于自然资源价值的人为影响因素；因素④属于自然资源价值的生态环境影响因素；因素⑤至因素⑦属于自然资源价值的社会影响因素；因素⑧属于自然资源价值的宏观影响因素。

2. 自然资源价格构成及量定

自然资源的有用性、稀缺性、人类劳动投入是构成自然资源价格的重要组成部分。自然资源的价值和价格一方面来源于自然资源本身对人类所具有和提供的有用性；另一方面来源于人类认识并利用自然、改造自然和保护自然所花费的劳动耗费，前者决定于自然资源满足人类需要的程度大小，后者取决于人类与自然资源相关的劳动耗费的多少。

（1）质能

自然禀赋的内在质量构成自然资源价格的质能价值。所谓“质能”，也就是客观的、潜在的可用能量在客体（自然资源）的凝结。自然资源其本质就是自然能量符合需求满足的结晶。现代科学的研究成果已经表明，其实一切物质的运动与发展都是资源的能量转换。纯自然赐予，是自然能量的结晶；劳动创造则是物化劳动与自然能量的转换。而无论是自然价值还是由人类所发展的非自然价值，都是自然界能量的不同形式转换。自然界有着它客观内在的属性，自然界中物质构成、物质储存、矿化过程物质与能量的积聚等，存在着人类无法介入的自然结果，并集中表现为物质转化能力，构成各种自然资源（包括环境与生命）。自然资源具有的内在属性，它所体现的“质能”价值，则是自然资源经济学“价值”形成中的内生因素，决定着自然资源的经济学“价值”本质。用符号表示为 M_e。

（2）耗能

耗能是指自然资源在被人类认识、改造、利用过程中消耗的投入，包括人力、物力、资本等要素的投资量。经过人类劳动作用于原生的自然资源的基础上，所消耗的劳动物化在自然资源中，形成自然资源的经济学“价值”。“耗能”体现了自然资源的生产成本，构成自然资源价格组成成分。

自然资源的生产成本构成：一是人类认识自然的劳动耗费，是在资源利用之前，需要进行研究和全面考察其价值的存在性而发生的代价支付。这种认识自然的前期劳动耗费应是构成资源价值实体的组成部分，称之为 C_1；二是人类改造、利用自然资源的劳动耗费，如勘察、改造、采集、交通运输等方面的成本，称之为 C_2；三是人类保护自然资源的劳动耗费，包括维持自然资源数量和质量等方面的成本，称之为 C_3；四是因为其他原因，人类必须分配于自然资源上的劳动消耗，称之为 C_4。

$$\text{自然资源的总耗能 } C_e = C_1 + C_2 + C_3 + C_4 = \sum C$$

其中，每种费用都是由当期的社会必要劳动时间决定的。一种或多种劳动消耗可以等于0，但不能同时为0。这里的劳动耗费，并不仅仅是当期的活劳动，还应该包括工具和原料、燃料等的物化劳动消耗。

（3）权能

自然资源的权能，是指在国家行政管控制度下，对自然资源的获取、使用所必须支付的使用权和相关税费的权利费用总和。这种费用具有法定责任和义务。包括权利寻租和资源税费。

权利寻租：自然资源价格成本构成要素中有权利寻租行为。国家自然资源可分为两种：一种是可经营性（有获利预期）的资源，如土地、矿产、森林、部分无居民海岛等；另一种是消费性、公益福利性（非经营性）的资源，如生态环境等。对于可经营性自然资源，国家将通过出让或出租使用权的方式，允许他人合法经营利用。这种产权制度的作用下，在自然资源的价格构成中，经营权体现为“租”的形式，也是自然资源价格的构成因素。“租”作为自然资源所有权在经济上的实现，反映国家、企业、个人对超额利润的分配关系。自然资源所有权垄断产生绝对地租；自然资源经营权垄断产生级差地租；对特殊条件自然资源所有权的垄断产生垄断地租。用符号表示

为 z。

资源税费：管理行为形成自然资源价格中的税费。国家或政府管理公共事务需要有补偿成本，为体现“公平”，提高“效率”，这种公共事务的管理成本的补偿，也就是“费”的征收，它是国家政府机关因向自然资源所有者、使用者提供特定服务而获得的补偿。资源税是对自然资源征税的税种的总称。其中级差资源税是国家对开发和利用自然资源的单位和个人，由于资源条件的差别所取得的级差收入课征的一种税。一般资源税就是国家对国有资源，如我国宪法规定的城市土地、矿藏、水流、森林、山岭、草原、荒地、滩涂等，根据国家的需要，对使用某种自然资源的单位和个人，为取得应税资源的使用权而征收的一种税。用符号表示为 g。

$$\text{自然资源的总权能 } L_e = z + g$$

（4）效能

效能是自然资源有用性的价值体现。所有自然资源自身均具有物质实体属性，也包括物理、化学的和生物的属性，其功能是与其他物体相互作用的效用所具有的能量，并具有能满足人类需要的有用性特征。自然资源的使用价值，也就是自然资源的功能对人类的作用和有用性。人们之所以愿意付出一定的价值（表现为货币）去购买商品，是因为它们能够满足人们的需要，具有使用价值。而且，使用价值越大，人们往往愿意付出的价值也越多。自然资源的效用包括以下几个方面：① 经济效用（U_1），是指自然资源能够为人类提供生产要素，并创造经济价值的能力；② 生态效用或环境效用（U_2），是指自然资源在生态环境中的作用价值；③ 社会效用（U_3）。主要指与自然资源相关的，提供就业保障、粮食安全、维护社会稳定等方面的效用；④ 选择效用（U_4），主要指自然资源的潜在效用，包括当前自然资源利用者对未来自然资源利用的潜在效用、后代人或其他人利用该自然资源的潜在效用；⑤ 精神效用（U_5），包括认识效用、道德效用和审美效用；⑥ 存在效用（U_6），指自然生态系统对人类的存在具有特殊意义，一旦失去就将不复存在。这种效用独立于物质效用和精神效用之外，体现为二者的综合。

$$\text{自然资源的总效能 } U_e = U_1 + U_2 + U_3 + U_4 + U_5 + U_6 = \sum U$$

其中，一种或几种效用可以等于0，但不能都等于0；不同种类的效用之间可存在包容关系，并且一种效用的获得可能会影响其他效用的存在，所以，效用最大化需要不同效用的合理组合。需要说明的是，这里的效能 U_i 表示的是相关效能的程度，是作为“质能与价能”的“乘数因素”而存在的，即效能系数。由于效能的存在提升了自然资源质能和耗能的价值。

（5）技术

不同时期的技术水平，对自然资源的经济学“价值”有决定性影响。自然资源的“质能”和“耗能”在一定的时间、一定的环境里，是基本固定的，但是作为一种潜在的可用能量，它们也会随着科技水平的提高而提高，逐步体现为在自然资源的经济学“价值”构成中的提高。同时，技术水平的变化会带来某些自然资源“替代品”的出现，这些“替代品”可以替代某些自然资源的“功能价值”，从而导致原有自然资源价值和价格下降。用符号表示为T。

(6) 丰度

自然资源的丰度是指自然界中，自然资源的丰富程度，体现了自然资源的稀缺性价值。随着人类活动和科技水平的发展，自然资源越来越稀缺，资源供需矛盾越来越紧张，凸显自然资源的稀缺性。稀缺性是自然资源经济学“价值”的基础，也是市场价格形成的根本条件。不可再生自然资源或者可再生自然资源的再生能力，不能满足人类持久的开发利用需要。但自然资源的稀缺性又是一个相对的概念，在某个地区或某一时间稀缺的物种，在不同的地区和时间可能并不稀缺，这样就可能导致自然资源价值量的不同。丰度用符号表示为r。

3. 自然资源价值计量模型

自然资源的使用价值，西方主流派经济学家也称之为效用，是相对于人的需要而言的。例如，土地的使用价值是能为人类提供食物和居住条件，水的使用价值在于水能满足人止渴的需要，山水景观的使用价值在于其满足人感官需要。正是因为使用价值是在自然资源满足人的需要的关系中产生的，所以，它就只有在这种关系即开发利用中才能得到实现。使用价值从内容上看是自然资源满足人类需要的效用，从自然资源的性质上看表现为自然资源的有用性，从形式上看是人类在开发利用自然资源时对人类满足需要的主观感受，从本质上看是人类与自然资源之间的使用与被使用的关系。

综上所述，自然资源价值表现为质能价值、耗能价值、权能价值及效能价值的函数，与稀缺性呈正比，自然资源价格在价值基础上还受供求关系的影响。即：

$$V = \frac{T \times f(M_{e'} C_{e'} L_{e'} U_e)}{r}$$

式中，V为自然资源价值；$M_{e'}$、$C_{e'}$、$L_{e'}$、U_e分别为质能、耗能、权能、效能。T为技术水平系数；r为自然资源丰度，其值一般为1，也可以无限大，或小于1。如果r为∞时，$V=0$。

在上述自然资源价值计量模型中，质能、耗能、权能、效能之间的函数关系体现了自然资源总体的功能价值。所谓的自然资源功能是指自然资源具有的满足人类某种需要的功能状态，是自然资源的质量、效用、能力和有用性等因素的组合。功能作为自然资源的内在能量，是作用于人类产生使用价值的直接因素，也是构成使用价值的重要自然资源因素。自然资源对人类的效用，主要表现为自然资源属性与功能对人类的效用和有用性。

自然资源在被开发利用的过程中，其物理的、化学的、生物的性质都可能发生变化，即遭到不同程度的污染和折损，资源的质量因之下降，功能因之减退。这实质上是资源的价值降低，即资源在功能方面的损失。我国学者通过研究提出了功能定价模型，它是根据自然资源的质量和功能的变化，并通过分析质量折损和功能效用的关系来确定出其价值的理论。根据该模型，自然资源的功能价值，也就是人类在使用资源过程中使资源从某一功能状况（某一质地水平）下完全丧失该功能时所获得的效用（使用价值）。在一定范围内，自然资源的质量越好，则功能越大，满足人类需要的能力越强，其使用价值越高；反之，使用价值越低，其相互关系如图2-2所示。

当不考虑其他因素或其他因素可忽略不计时，可以把某资源的某一功能作为其质量的函数。在资源数量一定的情况下，资源的功能与质量之间的关系如图2-2所示。图2-2中横坐标表示自然资源的质量；纵坐标表示自然资源的功能，一般随自然资源的质量变坏，功能减退。当质量为 C_m 时，对应的资源功能为 F_m。在这一点上的切线 K_m 即可认为是在（C_m，F_m）状态下的资源功能价值。

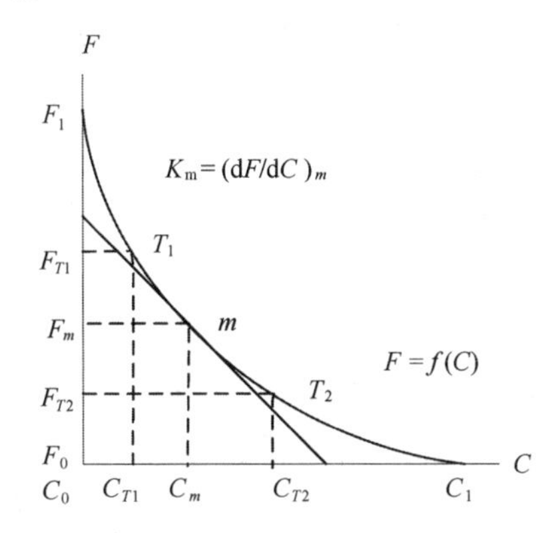

图2-2 自然资源功能价值与自然资源质量关系

用公式表示为：

$$K = \frac{b}{Q}\left(-\frac{\mathrm{d}F}{\mathrm{d}C}\right)$$

式中，K 为资源的功能价值；F 为资源的功能；C 为资源的质量；b 为资源的功能参数；Q 为资源的数量。当资源从状态 T_1 变化到状态 T_2 时，资源的功能降低值或功能损失为：

$$\Delta F = -\int_{T_1}^{T_2}\frac{Q}{b}K\mathrm{d}C$$

式中，ΔF 为资源的功能降低值或功能损失值；F_{T_1} 为资源在状态 T_1 的功能值；F_{T_2} 为资源在状态 T_2 的功能值；b 是由特定的资源功能和质量确定的转换系数，且有确定的转换量纲。

但实际中，b 和 K 的确定所需数据有限。通过对有限的 $F=f(C)$ 曲线的外推可以求得（C_m，F_m）状态下的 K 值，即为自然资源的价值。

（三）自然资源价值理论对海岛估价的启示

无居民海岛具有自然资源属性，因此具有自然资源所应有的一切价值，这是无居民海岛估价的基础。与其他自然资源的价值组成类似，无居民海岛的资源价值包括其天然价值和由人类劳动投入产生的价值。对无居民海岛而言，尚未开发利用的无居民海岛附加的人工价值相当小甚至没有，资源价值主要体现在其天然价值上。随着开发利用活动的不断增加，无居民海岛的建设将产生巨大的劳动成本，增加附加的人工价值。无居民海岛的主要经济资源分为两种：一种是能直接利用的资源，如动植物资源、港口资源、矿产资源、水产资源；另一种是间接利用的资源，即可再生能源和淡水资源。无居民海岛的资源价值包括以下四个方面的特征。

① 原始状态的无居民海岛没有经过开发、使用、加工等人工活动，但其本身仍然具有生态价值、社会价值和经济价值，并可以以货币表征。无居民海岛的自然资源包括陆域资源、森林资源、水域资源、滩涂资源、气候资源等。

② 无居民海岛是客观存在的一种自然资源，它是土地向海洋延伸的部分，是可度量并且不可再生的。

③ 海岛资源的价值可以经过人们的物化劳动以货币表征。

④ 海岛资源价值的一部分是由于海岛开发利用产生的纯收益，另一部分是海岛的生态保护、科学研究等方面的价值。①

由于海岛具有以上的特征，因此在评估其价格时要关注并体现出海岛自然资源的价值。在无居民海岛价格评估时，可参考前述的自然资源价值计量模型，考虑供求关系和时间因素的影响，无居民海岛价格评估模型为：

$$P = \frac{a \times T \times f(M_e, C_e, L_e, U_e)(1+i)^t}{r} \times \frac{Q_d}{Q_s} \times \frac{E_d}{E_s}$$

式中，a 为弹性系数，其数值在 0～1 之间，用于修正计算偏差及其潜在因素的影响；Q_d 为无居民海岛的需求量；Q_s 为无居民海岛供给量；E_d 需求弹性系数；E_s 供给弹性系数；i 为贴现利率；t 为无居民海岛开采的年度。

由于不同用岛方式对海岛属性的改变程度不同，海岛功能价值的损失程度不同，可根据不同用岛类型对海岛自然属性的改变程度确定一个系数，确定每类用岛的功能价值损失量。

$$F_i = X_i \times P_i$$

式中，F_i 为 i 类用岛的海岛自然属性功能价值损失值；P_i 为 i 类用岛的海岛自然属性功能价值；X_i 为 i 类用岛的海岛自然属性改变程度系数。

根据 $F=f(C)$ 曲线，可推出（P_i，F_i）状态下的 K 值。

二、地租地价理论

地租地价理论是西方经济学和马克思主义政治经济学中的一个庞大理论体系，最早应用在土地地租和地价的关系及变化规律研究中。土地是经济发展的重要生产要素，地租地价是调节土地使用的重要经济杠杆。随着海洋经济的快速发展，与土地类似的海域、海岛等生产要素逐步参与到海洋经济的生产与贡献中来，这些要素资源的定价

---

① 此观点引自：于连生，等. 自然资源功能价值论初探. 环境科学，1995。

同样适用地租地价理论的支撑。

（一）理论追溯

1. 西方经济学的地租地价理论

① 古典经济学地租地价理论产生和发展于18世纪至19世纪30年代。在西方古典经济学家中，威廉·配第为级差地租理论奠定了初步的基础；亚当·斯密已在实际上肯定绝对地租的存在，只是未明确提出绝对地租的概念；大卫·李嘉图运用劳动价值论研究地租，对级差地租理论做出了突出的贡献。但他错误地否定绝对地租的存在。

早在17世纪后期，英国重商主义学派的代表人物、资产阶级古典政治经济学的创始人威廉·配第在其名著《赋税论》中首次提出关于级差地租的最初概念及对土地使用权总价值的独到见解。英国资产阶级古典政治经济学主要代表人物和创始人之一亚当·斯密，在其1776年出版的《国富论》中系统地研究了地租：谷物地租决定其他耕地地租。他认为，地租是使用土地的代价，是为使用土地而支付给地主的价格，其来源是工人的无偿劳动。英国古典政治经济学的杰出代表和理论完成者大卫·李嘉图，运用劳动价值论研究了地租，他在1817年发表的《政治经济学与赋税原理》一书中，集中地阐述了他的地租理论。他认为，土地的占有产生地租，地租是为使用土地而付给土地所有者的产品，是由劳动创造的。地租是由农业经营者从利润中扣除并付给土地所有者的部分。

② 西方庸俗经济学地租地价理论产生和发展于19世纪30年代至20世纪30年代。地租地价理论的代表人物主要有让·巴蒂斯特·萨伊、托马斯·罗伯特·马尔萨斯。

法国资产阶级经济学家、法国资产阶级庸俗政治经济学的创始人让·巴蒂斯特·萨伊关于地租地价理论的主要观点：理论基础是“生产三要素论”，目的是想证明地租来自土地的作用，而不是工人的剩余劳动。1803年他在著作《政治经济学概论》中，提出了“生产三要素论”，成为地租理论的基础，认为生产出来的产品是劳动、资本和土地共同发挥作用的结果。正如工资是对劳动服务的补偿和收入，利息是对资本服务的补偿和收入一样，地租是对土地服务的补偿和收入。这一理论成为我国在土地级差估价法中测定土地级差收益的基本方法之一。英国人口学家和政治经济学家托马斯·罗伯特·马尔萨斯关于地租地价理论反映在1815年发表的《关于地租之性质及其进步的研究》中，地租的概念即剩余部分产生的原因。他代表土地贵族的利益，否认地租是土地所有权垄断的结果，认为地租是“自然对人类的赠与”。他认为劣等地不能提供地租，因而他根本否认绝对地租的存在。

③ 西方新古典主义城市地租地价理论产生和发展于20世纪30年代以后。

现代西方经济学的地租理论继承了庸俗经济学的地租观点，继续回避地租所反映的社会经济关系的本质，主要在影响地租的因素及地租量的决定方面进行研究。同时也应看到，如果单就地租研究的方法来说，现代西方经济学地租理论的很多方面，对我们研究社会主义地租问题具有一定的借鉴意义。

英国最著名的经济学家，新古典学派的创始人阿尔弗雷德·马歇尔认为，生产要素有土地、劳动和资本，土地是一种特定形式的资本，凡是不依靠劳动而来的有用物质都可归入土地。地租水平原则上应根据供求论，地租理论不过是供求理论中特定的一种主要应用而已。土地供给受自然条件的限制，供给量是固定不变的，它没有生产费用，因而也没有供给价格。因此，地租只受土地需求的影响，土地需求价格则决定于土地的边际收益产量。

现代资产阶级经济学的权威代表人物之一保罗·A. 萨缪尔森认为，地租是为使用土地所付的代价，土地供给数量是固定的，因而地租量完全取决于土地需求者的竞争。他认为，可利用地租和生产要素的价格来分配稀缺资源，对稀缺资源征收地租是取得资源的一种更有效率的配置方式。

美国经济学家、新古典地租理论的开创者威廉·阿隆索，建立了农业地租的投标曲线、住户的地租模型、厂商地租模型和相应的投标曲线，利用数学模型揭示了各行业的地租成因，把地租的研究推向了更广阔的领域。阿隆索利用所谓的地租结构分析了不同作物的竞标，将众多的作物投标曲线同时都显示在二维坐标系中，便可决定不同作物的分布和区位地租，揭示了杜能环的形成机制。阿隆索利用地租结构，揭示了城市土地市场出租价格的空间分布特点。

在西方经济学中对地租地价的理论则主要采用边际分析、供求分析等数量分析的方法，其理论基础是效用价值论、生产费用论和供求论。他们认为，地租是土地生产要素对产品及其价值所做的贡献的报酬或认为地租是一种“经济盈余”，是产品价格同工资、利息等生产费用之间的余额，而由于地租和地价一样，其存在的基础是土地的效用，即土地具有能满足人类的需要、进行各种生产和消费活动的能力，因此从需求角度讲，地租越来越被认为是地价的基础，而地价最终还取决于土地市场的供求状况。又如“影子价格”理论认为，地价是土地资源得到合理配置的“预期价格”。它是从土地有限性出发，在一定的资源约束条件下，求出每增加一个单位土地资源可得到的最大经济效益。这种方法主要是分析土地的机会成本，选择最大效益的机会成本来确定土地价格。它一方面反映土地的劳动消耗；另一方面反映土地的稀缺程度（供求关系）。

2. 马克思地租地价理论

(1) 地租理论

马克思主义认为，地租是土地使用者由于使用土地而缴给土地所有者的超过平均利润以上的那部分剩余价值，地租理论是土地经济学最基础的理论和核心部分。马克思按照地租产生的原因和条件的不同，将地租分为三类：级差地租、绝对地租和垄断地租。前两类地租是资本主义地租的普遍形式，后一类地租（垄断地租）仅是个别条件下产生的资本主义地租的特殊形式。无论地租的性质、内容和形式有何不同，都是土地所有权在经济上的实现。

级差地租：马克思认为资本主义的级差地租是经营较优土地的农业资本家所获得的，并最终归土地所有者占有的超额利润。级差地租来源于农业工人创造的剩余价值，即超额利润，它不过是由农业资本家手中转到土地所有者手中了。马克思按级差地租形成的条件不同，将级差地租分为两种形式：级差地租第一形态（即级差地租Ⅰ）和级差地租第二形态（即级差地租Ⅱ）。级差地租Ⅰ，是指农业工人因利用肥沃程度和位置较好的土地所创造的超额利润而转化为地租；级差地租Ⅱ，是指对同一地块上的连续追加投资，由各次投资的生产率不同而产生的超额利润转化为地租。

绝对地租：是指土地所有者凭借土地所有权垄断所取得的地租。绝对地租既不是农业产品的社会生产价格与其个别生产价格之差，也不是各级土地与劣等土地之间社会生产价格之差，而是个别农业部门产品价值与生产价格之差。因此，农业资本有机构成低于社会平均资本有机构成是绝对地租形成的条件，而土地所有权的垄断才是绝对地租形成的根本原因。绝对地租的实质和来源是农业工人创造的剩余价值。

垄断地租：是指由产品的垄断价格带来的超额利润而转化成的地租。垄断地租不是来自农业雇用工人创造的剩余价值，而是来自社会其他部门工人创造的价值。

（2）地价理论

土地价格的实质是地租的资本化。事实上，地价理论和地租理论是相互补充、密不可分的。所不同的是地租理论对地产评估的过程起着定性化的指导作用，而地价理论则是使地产评估工作更接近模型化与定量化的基础。具体地说，土地虽然不是劳动产品，没有价值，但却有使用价值。在土地所有权垄断的条件下，地租的占有是土地所有权借以实现的经济形式。正是因为有地租，才会产生土地价格。但这里的土地价格不是土地的购买价格，而是土地所提供的地租的购买价格，即土地价格的实质不过是按一定利率还原的地租。用公式表示为：

$$地价 = 地租/利息率$$

这里的地租是广义的地租，即包括真正的地租（为使用土地本身而支付的货币额）、土地资本折旧和利息等部分在内的租金。因此，只有理解了马克思的价值理论和生产价格理论，才能理解地租的本质、来源和存在条件；只有理解生息资本和利息，才能理解地价。具体地说，马克思的地租、地价理论是以科学的劳动价值论、剩余价值论和生产价格论为基础，同时又是剩余价值理论的有机组成部分。

由此可见，西方地租、地价理论侧重于对地租、地价量及其影响因素的分析，而忽视或避免从本质上分析地租、地价。马克思的地价理论则阐明了其本质、来源及所反映的经济关系，两者存在根本的区别。但同时两者又有相同之处，如对土地的使用价值、地租和地价的关系等问题的认识有很多的相似点。

（二）地租地价理论的应用

1. 地租地价理论在土地估价中的应用

在社会主义市场经济原则和西方经济学发展观的共同作用下，我国地租的表现形式既有马克思对资本主义的划分方式的社会主义属性体现，又有西方经济学划分的具体存在。

（1）资本化的地租表现为土地价格

由于社会平均利润率长期呈下降趋势，导致地价从长远看呈现上升趋势。地价是地租的资本化的这一观点，已被我国土地评估界广泛接受。国家质量监督检验检疫总局发布的国家标准《城镇土地估价规程》把土地价格定义为“在正常市场条件下一定年期的土地使用权未来收益的现值总和”。由于我国城镇土地属国家所有，土地价格即指土地使用权价格，土地价格公式为：

$$P = \frac{a}{r}\left[1 - \frac{1}{(1+r)^n}\right]$$

式中，P 为土地使用权价格；a 为土地纯收益；r 为资本化率；n 为土地使用年期。

公式表示的含义是：在土地纯收益和资本化率不变的条件下，使用期为 n 年的土地使用权价格为 P。

（2）绝对地租是土地价格存在的根源

在我国城市中，因存在土地国家所有权的垄断和使用者对土地使用权的占有，实际上两权分离，所有权必然要求在经济上实现，因而我国的城市经济生活中存在绝对地租形态。城市土地绝对地租的来源是城市工业部门总利润的扣除。由于土地在城市中提供地理空间的独特作用，因而从量上讲，为了取得一定的土地空间进行一定的经营活动而必须支付的最低代价，就是绝对地租。我国绝对地租主要表现为第二产业凭借土地经营权所取得的产业利润率，营业利润是其货币表现。

（3）级差地租的存在是决定土地价格高低的主要因素

目前，级差地租在我国明显分为两块四个层次——农业与非农业；一线、二线、三线及四线城市。农业与非农业的划分标准很清晰，农业种植利润率远不如工业和服务业，政府对其进行收购然后出售也符合经济发展的需要，其差价逐步构成当地财政的主要收入，只是获得的收入是否真正用于经济的良性发展只能由地方领导决定。也正因此，不同城市的级差地租在货币高发、财政困难、经济增长等的压力下普遍水涨船高，但不同执政理念下的城市发展随时间变化呈现出巨大差异。

城市的土地空间，即包括自然地理位置、经济地理位置和交通地理位置交织在土地上的现实形态，提供了一切城市经济活动的基础，并直接影响着经济活动的效果。城市空间由许多微小的土地区位段组成，并由各使用单位和个人的经营活动来发挥土地空间的效益。土地利用的区位效益就构成级差地租的实体，因而，城市级差地租形成的条件是土地区位的优劣——土地的质量等级，级差地租产生的原因是土地的有限性引起的土地经营垄断，城市级差地租的来源是城市土地经营所获得的超额利润，城市土地空间位置的差异主要取决于城市土地所处位置的商业繁华程度、商业网点密度、城市基础设施状况、公交运输便利程度、人口密度、各业集聚情况以及生态环境状况等。

在当前我国的经济体系中，长期的农村支持城市发展模式使得农村资本利润率远低于城市资本利润率，因此在经济中级差地租主要表现为由国家代表人民占有的各地之间的地价差异。形成级差地租的三个条件，即土地肥沃程度的差别、土地位置的差别和在同一地块上连续投资产生的劳动生产率的差别，对应国内不同地区农业用地的土壤差别（即第一产业利润率）、全国城乡土地价值差异和不同省份的城市土地价值差距。

（4）垄断地租是导致特殊地段土地价格高的主要原因

垄断地租相对比较简单，主要存在各种垄断行业中，以服务业为主的第三产业虽然貌似竞争，但实际仍然属于垄断行业。它们通过垄断地位获得远超过劳动价值的货币收入，通过职位区别获得相同行业中的不同货币回报，通过货币形式使用其他部门工人创造的劳动价值。长期过度地垄断地租是经济发展中的毒瘤，但适度地垄断地租是经济发展的催化剂，倘若大多群体达到或接近这个标准，这也将成为社会的稳定剂。

2. 地租地价理论在海域估价中的应用

随着海洋经济的发展和海域有偿使用制度的实行，海域的市场化经营日渐规范化，目前的海域使用权市场正处于初步发展阶段。在我国海域实行国有制条件下，海域使用单位和个人为取得海域使用权需要申请审批取得，还可通过参与拍卖、招标等海域市场交易活动取得。我国海域至今通过发证确权用海的比例逐年增加，独立的海域市场交易活动虽然数量不多，但近年来也有递增的趋势，因此国家对海域使用权出让金（即海域价格）的评估也越来越重视。为完善海域评估制度，规范海域评估行为，健全海域资源市场化配置机制，根据《海域使用管理法》有关规定，国家海洋局组织编制了《海域评估技术指引》，对宗海价格评估和沿海地方政府管辖海域基准价格评估的原则、方法、程序进行了规范，其中体现了对地租地价理论的应用。

（1）海域租金的资本化

在海域市场化条件下，宗海价格等于为取得海域使用权缴纳的租金的资本化。在当前我国海域租赁市场不成熟的情况下，可首先利用生产要素贡献法分离出海域纯收益，代替海域租金。可根据预期海域使用期逐年海域纯收益折现值的总和，来评估宗海价格。海域使用金，在本质上就是使用海域应缴的海租，但海域使用金的表现形式与一般地租相比，有着许多不同，具有多层面性。地租，无论农业还是建筑占地，都采取按一定地表面积计租的形式，而海域使用金的计算，却存在着按占用海底面积（如采砂用海、投石或沉箱养殖用海等）、占用水面面积（如浅海筏式养殖、网箱养殖用海等）、用海水量（如海水综合利用）等不同层面的计算。还有些用海方式，不仅占用海域面积，还占有相当大的深度，如港口航运、采油平台等，有的还明确规定用海的排他性。因此海域的评估比土地评估更为复杂。

（2）海域经营中的绝对收益、级差收益和垄断收益①

海域的收益结构明显地体现了地租形成规律。不同海域因与城镇距离不同，交通通达度和运费不同，生产率有差别。在相同投资、相同售价的情况下，进行同种产品生产会有收益差别，形成级差收益Ⅰ。而当海域使用者追加投资或采用先进使用方式带来更多超额利润时，即形成级差收益Ⅱ。级差收益Ⅱ应在国家（海域所有者）和海域使用者之间合理分配。一般说来，海域使用者在用海期限内追加投资的增值应归使用者，而由于国家投资带来的海域增值可通过调整海域级别、使用金标准反映，用以作为国家投资的补偿。能提供最低使用金的海域收益，在实质上就是绝对地租。在个别海域，由于条件优越，所产生的产品质量较高或品种稀少，卖价也高，由此产生的超额利润即具有垄断地租性质。应用马克思地租理论分析海域使用收益，现以表2－1说明绝对地租、级差地租Ⅰ、级差地租Ⅱ等收益形态的形成。

表2－1　海域绝对收益、级差收益的形成

海域编号	养殖面积（hm^2）	生产收入（元）	生产费用（元）	毛利润（元）	利息（元）	纯收益（元）	绝对收益（元）	级差收益	
								Ⅰ	Ⅱ
A	1	10 000	8 000	2 000	400	1 600	1 600	0	0
B	1	15 000	8 000	7 000	400	6 600	1 600	5 000	0
C	1	20 000	8 000	12 000	400	11 600	1 600	10 000	0
C*	1	36 000	16 000	20 000	800	19 200	1 600	10 000	7 600

注：C*表示追加了生产费用后的海域C。

由表2－1可知，海域B、C的生产率均高于A，分别比海域A多出5 000元、10 000元的超额利润，形成级差收益Ⅰ。当海域C的使用者为充分发挥海域效益将生产费用由8 000元提高了一倍，达到16 000元，在存在报酬递减的情况下，仍有36 000元高收入和20 000元利润，在扣除多付的利息800元之后，纯收入达到19 200元，其中除绝对收益1 600元，级差收益Ⅰ10 000元外，还有级差收益Ⅱ7 600元，它是追加的8 000元投资在海域C所获得的超额利润。由于这样的增值是对优质海域C所进一步利用的成效，因此，级差地租Ⅱ7 600元是以级差地租Ⅰ为基础的。由此可见，海域收益的产生反映了地租形成的本质和规律。

（三）地租地价理论对海岛估价的启示

地租理论可部分适用于海岛价格的评估，但海岛除了与土地一样具有位置的固定

① 此观点引自：于青松，齐连明．海域评估理论研究．北京：海洋出版社，2006：120－121。

性、数量的有限性以外，还有自身的特点。因此，海租理论更符合海岛实际。海租理论指海岛所有者，通常是国家，凭借海岛所有权按照法定方式将海岛出让给单位和个人使用而获得的收入。另外，由于海租的国有化属性以及海岛特有的生态功能和资源价值，海租的内涵除了海岛使用的收益和剩余价值，还应包含对海岛属性价值损失的赔偿。无居民海岛开发所造成的生态环境的破坏程度评价和造成的价值损失将会引起更多的关注，而这一点在土地利用过程中表现得相对微弱。

（1）无居民海岛的使用金制度

我国《宪法》和《海岛保护法》明确规定，无居民海岛完全属于国家所有。同时，为了促进无居民海岛的有效保护和合理开发利用，国家制定了《无居民海岛使用金征收使用管理办法》，明确了国家实行无居民海岛有偿使用制度。单位和个人利用无居民海岛，应当经国务院或者沿海省、自治区、直辖市人民政府依法批准，并按照相关规定缴纳无居民海岛使用金。

因此，从无居民海岛使用金的形式和内容看，实际上它与土地经营者向土地所有者缴纳的地租和海域使用者向海域所有者缴纳的海域使用金一样，无居民海岛使用者向无居民海岛所有者——国家缴纳的海岛使用金，也是一种地租形式，可以将其称之为岛租。因此，岛租可以定义为："无居民海岛所有者——国家，凭借无居民海岛所有权按照法定方式将无居民海岛出让给单位和个人使用而获得的收入。它是无居民海岛所有权在经济上的实现形式。"同时，由于无居民海岛属性特有的功能环境和资源价值以及岛租的国有化特征，岛租的内涵除了无居民海岛使用的收益和剩余价值外，还包括无居民海岛使用者在使用海岛时，由于对海岛属性进行不同程度改变导致其海岛属性价值损失的补偿，而这种属性改变发生的补偿在土地利用过程中表现得相对微弱。

与地租的资本化形成地价类似，岛租的资本化也将形成无居民海岛价格。鉴于我国无居民海岛的国家所有特征，海岛的市场化经营只能是海岛使用权的市场化。在市场化经营过程中，无居民海岛使用出让金可视为无居民海岛使用权价格。可以用无居民海岛使用金根据预期海岛使用期逐年折现值的总和，来测算海岛使用权价格。随着无居民海岛有偿使用制度的实施和不断深化以及海洋经济的飞速发展，无居民海岛使用单位和个人通过申请审批取得海岛使用权的方式将越来越少，而通过招标、拍卖、挂牌等市场交易方式取得海岛使用权的方式将逐步成为主流。我国的海岛使用权市场正处于起步阶段。

（2）无居民海岛的绝对收益、级差收益和垄断收益

根据地租的形成规律，能提供最低使用金的海岛收益，在实质上就是无居民海岛的绝对地租。不同无居民海岛因质量不同，不同的区位，如因与市场距离不同，交通通达度和运费不同，生产率有差别；在相同投资、相同售价的情况下，进行相同项目开发也会存在收益差别，形成级差收益Ⅰ。而当海岛使用者追加投资或采用先进使用方式带来更多超额利润时，即形成级差收益Ⅱ。对个别无居民海岛，由于条件优越，所产生的项目收益也高，由此产生的超额利润即具有垄断地租性质。

三、功能区位理论

区位理论是经济地理学以及区域经济学的核心基础理论之一，它能够解释人类经济活动的空间分布。区位理论发展与现实经济发展密切相关。从理论角度来看，某种意义上说区位理论发展就是传统区位理论假设的缓解过程。无居民海岛的功能和区位是价值和价格的重要影响因素，在海岛估价中需根据功能区位理论正确予以评估。

（一）理论追溯

1. 区位理论

区位理论是研究特定区域内关于人类经济活动与社会、自然等其他事物和要素间的相互内在联系和空间分布规律的理论，解释了经济活动的地理方位、空间分布及其空间中相互关系，是经济地理学、区域经济学、空间经济学的核心基础理论之一，是经济与地理学科理论不可或缺的组成部分。德国经济地理学家约翰·海因里希·冯·杜能于1826年发表的著作《孤立国同农业和国民经济的关系》，奠定了农业区位理论的基础，被称为“区位论之父”。区位理论包括杜能的农业区位论、韦柏的工业区位论、克里斯泰勒的中心地理论、廖什的市场区位论等。

杜能的农业区位论：农业土地利用类型和农业土地经营集约化程度，不仅取决于土地的自然特性，而且更重要的是依赖于其经济状况，其中特别取决于它到农产品消费地（市场）之间的距离。杜能从农业土地利用角度阐述了对农业生产的区位选择问题。在此基础上，杜能为了阐述农业生产地到农产品消费地的距离对土地利用类型产生的影响，提出了著名的“孤立国”模式，证明市场（城市）周围土地的利用类型以及农业集约化程度（方式）都是以城市为中心，呈圈层分布的，即“杜能圈”。杜能的区位论对土地的利用及其规划起着十分重要的作用。

韦柏的工业区位论：伴随着工业化的迅猛发展，1909年韦柏的工业区位论问世。韦柏的工业区位论中排除了社会文化方面的区位因素，只考虑原材料费用及其地区差异纳入运费之中，因此，“孤立的工业生产”的区位就取决于运输费用和劳动力费用，并从两项因素的相互作用分析中，推导出工业区位分布的基础网，继而根据聚集因素，对基础网做进一步的位置变换。韦柏在以上分析中首次运用“区位因素”这一概念，把对运费的分析作为理论推导的重点，首次提出并运用等费线（费用等值线）方法进行分析。

克里斯泰勒（W. Christaller）的中心地理论：克里斯泰勒吸取杜能、韦柏两区位论的基本特点，于20世纪30年代初提出“中心地理论”，即“城市区位论”，深刻地揭示了城市、中心居民点发展的区域等级——规模的空间关系，为城市规划和区域规划提供了重要的方法依据。克里斯泰勒认为，空间中的事物从中心向外扩散，区域的中心地点即区域核心，就是城镇。大多数情况是：一个国家或地区，如果从大到小对城市进行分级，各种等级的城市均有，规模最小的那一级城镇的数量最大，等级愈高，数量愈小。

奥古斯特·廖什（August Losch）的市场区位理论：以市场需求作为空间变量对市场区位体系的解释。廖什在杜能、韦柏等的区位理论的基础上，提出关于工业企业配置的总体区位方程，当方程的约束条件得到满足，解出方程以后，也就确定了整个区域总体平衡的配置点。廖什的市场区位理论把市场需求作为空间变量来研究区位理论，进而探讨了市场区位体系和工业企业最大利润的区位，形成了市场区位理论。市场区位理论将空间均衡的思想引入区位分析，研究了市场规模和市场需求结构对区位选择和产业配置的影响。这是廖什对工业区位理论研究的贡献之一。

2. 区位的特征

区位既是一个地理学概念，它以自然地理位置为依托；又是经济学概念，它以人类经济活动、经济联系以及人类对经济活动选择和设计为内容。具有以下特征。

① 区位的综合性是指区位的组成要素众多，主要包括自然资源、地理位置，以及社会、经济、科技、管理、政治、政策、文化、教育、旅游等方面，可分为自然区位和社会区位两大类。自然区位又可分为天文区位和自然地理区位，天文区位是指反映某一事物的经纬度位置；自然地理区位是指反映某一事物与山、江、河、湖、海等生态环境要素的相互关系的区位。社会区位又可分为经济区位、交通区位、文化区位、政治区位等。经济区位也称为经济地理区位，是指反映某一事物与经济实体的相互关系的区位；交通区位也称交通地理区位，是指某地在交通位置方面的优劣，如公路、铁路、民航、内河、海运等；文化区位也称为文化地理区位，是指反映某一事物与文化环境的相互关系的区位；政治区位也称为政治地理区位、地缘政治区，是指反映某一事物与政治中心、政治边界等政治要素的相互关系的区位。

② 区位的历史性是指区位的形成变迁的结果，即地理环境的变化引起区位的历史变迁。沙漠扩张、海岸升降、河流改道、港口淤塞等，均可引起自然地理区位的变更。交通技术革新、交通网络扩展、行政区划变更等，会引起经济地理位置的变化。区位的历史性是城市迁移和兴衰的重要原因。

③ 区位的确定性是指自然区位的方位和距离决定区位的唯一性。方位和距离规定了某一自然区域的确切位置。这是自然界形成加之认为定义的结果。

④ 区位的动态性是指经济区位随着人类活动而改变。区位的自然地理位置是固定不变的，但是区位由于具有经济学内涵而处于动态变化之中，构成区位的经济性因子（如交通）一直处于变化之中。经济区位的影响因素随着人类的活动可能发生改变。比如，位于偏僻小镇的工厂由于铁路、公路等交通干线的修筑而使区位特征改变、区位等级提高，区位质量也可得到明显改善等。

⑤ 区位的层次性是指区位可以用不同的距离尺度表述。从区位的选择与设计的内涵出发，可以将区位分为宏观区位和微观区位。宏观区位是指某项经济活动从宏观区域尺度上看，应当选择在哪个地方。如房地产商在选择哪个城市作为发展的基地时，

他实际上是在做宏观区位的选择与设计。微观区位是指某经济活动拟在选定的区域或城市中的哪个地段展开。如房地产商若选定武汉市作为房地产开发事业的基地，他下一步面临的问题就是选择武汉的哪个城区或地段作为投资的具体地点，这是其微观区位决策问题。

⑥ 区位的级差性是指区位质量的等级性或差异性。区位质量是指某一区位对特定经济活动带来的社会经济效益的高低，是一个相对概念。区位质量的优劣往往由区位效益来衡量。区位效益则是指区位因素为某项经济活动带来的直接和间接的经济效果，是区位对经济活动的贡献，其实质是经济活动对该区位所拥有的资源，包括土地、资本、劳力、技术、管理、信息等要素的利用效果。

区位级差反映了区位质量高低呈现出因地点不同而不同的差异性，反映了区位效益的好坏。对于商业区位而言，随着与市中心的距离由近至远的变化，区位质量一般会发生由高向低的递次降低。

⑦ 区位的稀缺性是指对某一类经济活动或是不同的经济活动而言，对优良区位的供给总是小于对它的需求，使区位体现出稀缺性。区位的稀缺性是导致区位需求者之间进行激烈的区位竞争的根本原因，对商业区位来说尤其如此。

⑧ 区位的相对性是指当衡量标准发生变化时，对区位质量的判断呈相对性。对某一类经济活动有利的所谓优良区位，随时间的推移或因其他更好的区位而发生区位质量判断结果的变化，因而是相对的；同一区位会因区位经济活动类型的差异而产生不同的区位效益，因而区位质量的好坏亦具有相对性。如位于城市郊区风景优美的山地是别墅式住宅开发的优良区位，但对商业活动而言却是一个劣等区位。

（二）区位理论的应用

1. 区位理论与土地开发利用

人类活动空间是土地，因而可以说，区位理论的产生和发展的整个过程，就是土地资源区位利用不断深化的理论体系。城市土地利用的实质即是对土地区位的利用，土地利用规划实践必须全面系统地应用区位理论作为指导，合理地确定土地利用方向和结构，根据区域发展的需要，将一定数量的土地资源科学地分配给农业、工业、交通运输业、建筑业、商业和金融业以及文化卫生教育部门，以谋求在一定量投入的情况下获得尽可能高的产出。在具体组织土地利用时不仅要依据地段的地形、气候、土壤、水利、交通等条件状况，确定适宜作为农业、工业、交通、建筑、水利等的用地，而且要从土地利用的纯经济关系入手，探讨土地利用最佳的空间结构。

由于城市具有复杂的社会经济因素，在空间上形成了复杂的土地区位利用格局。一般来说，城市中的重要商业企业总是占据城市的最优经济区位，但同时商业企业的布局又在很大程度上决定土地区位的优劣。经济区位和环境区位都是由土地区位派生的，它们分别从不同的角度反映土地区位情况：当以经济效益指标衡量土地区位时，区位反映的是土地的经济区位；当以环境效益为指标衡量土地区位时，区位反映的是土地的环境区位。土地区位的优劣，具体体现在土地的生产力方面，从而直接影响级差地租，同时对地产的评估价格起决定性的作用。

2. 区位理论与土地估价

区位理论是研究特定区域内关于人类经济活动与社会、自然等其他事物和要素间的相互内在联系和空间分布规律的理论。当把土地作为区位理论研究的客体，而把各种已有的地理要素和社会经济活动的空间配置作为区位条件，分析研究这些条件在土地上的分布和变化特点，以及它们相互组合对土地发生的综合影响和作用，就可以揭示出城镇土地的空间变化规律及其数量特征，根据土地区位条件造成的区位空间差异，评估出土地价格。

（1）区位是决定城市土地利用价值的重要因素

从区位理论来看，区位对城市土地起着极其重要的作用。在城市，由于土地区位不同，产生不同的使用价值和价值，使得同类行业在不同的区位上获得的经济效益会相差很大，不同行业在同一位置上经济收益也相差很大。

（2）区位是衡量地租、地价的主要标尺

它促使土地使用者在选用土地时，必须把自己所能在该土地上获得的区位收益与所需支付的区位地租进行比较，然后选择与其经济水平相适应的地段，从而使土地利用在地租、地价这一经济杠杆的自发调节下，不断进行用途置换，最终形成土地收益和租金都趋向于最佳用途水平的合理的空间结构。

因此，以区位理论作指导，从区位条件入手，用因果关系的推理思路，根据各种条件下形成的区位类型（自然、经济、交通）对不同区位土地产生的影响，及其在空间上表现出的不同的使用价值和价值及市场交易形成的地价和土地收益，就能准确地评估出土地价格。

（三）区位理论对海岛估价的启示

同陆地上的地块一样，无居民海岛的价值也受到其区位的影响。离岸距离、经纬度、海水质量等表征海岛的自然地理区位，毗邻地区经济发展水平表征海岛的经济地理区位，毗邻陆地地区的交通条件、周围海上交通条件等表征海岛的交通区位。

区位理论在海岛价格评估中最重要的影响在于对海岛的等别确定上。无论是无居民海岛使用金的确定还是交易价格评估，必须以海岛所在等别为基础，海岛等别的差异，对海岛价格影响巨大。海岛等别划分应主要选择有重大影响，能体现各等别海岛间综合差异的经济、社会和自然条件等各类因素。通常情况下，离岸距离越小、毗邻土地等级越高、经纬度所在自然地理位置天文气象越温和、海岛周边海域海水质量越高，海岛等别应越高，海岛的价值和价格也会越高；无居民海岛毗邻地区经济发展水平越高，衍生出的对海岛旅游、海岛工业及其他各种用途的需求就会越高，海岛利用能力和利用收益越高，说明海岛经济地理区位越优越，海岛等别越高，海岛的价值和价格也会越高；交通条件及周围海上交通条件越好，海岛与外界的交通通达性越好，对海岛资源进行利用则会越便利，表明海岛的交通区位优势越大，海岛等别应越高，海岛价值和价格也会越高。

在运用区位理论进行海岛区位等别综合评估时，必须针对海岛最佳使用类型，分析反映海岛质量和生产潜力的各种自然、社会、经济因素，并选择反映各因素状况的具体指标，对各因素的作用强度、范围进行测定，并设计与指标值对应的作用分值计算公式，对各因素作用分值进行评定，在此基础上计算多因素综合作用分，作为海岛等级划分的依据。对于不同类型的海岛其考虑的区位因素有所不同，即便相同的影响因素，在不同类型用岛中的影响程度也应有所区别。工业建筑、港口码头、仓储建筑等用途的海岛应将区域经济发展水平、离岸距离、交通条件等作为重点因素考虑；渔农业种养殖、林业、房屋建设、旅游等用途的海岛应将经纬度所在自然地理区位表征的气候气象等天文条件、周边海域质量作为重点考虑因素。

总体来说，区位条件好的海岛，其等别和价值无疑越大，海岛价格也越高。地理区位条件相近的海岛价格评估时，由于资源稀缺程度、海岛自然条件等方面的不同，海岛价格有高低之分。海岛价格受区位理论的控制，是开展海岛价格评估的依据。

四、生产要素分配理论

生产要素分配理论主要是研究生产要素的价格问题。价值是由各种生产要素创造出来的，生产要素创造的价值形成了各自所有者收入的源泉和分配的份额。生产要素所创造的价值就等于他们各自本身的价格。具体来说，工人提供劳动而获得工资，资本家提供资本而获得利息；土地拥有者提供土地而获得地租；企业家经营管理而获得利润。所以，微观经济学中的分配理论实际上就是解决生产要素的价格问题。无居民海岛作为一种资源，参与经济主体的开发活动，是必不可少的生产要素，其作用大于或等于土地要素的作用。

（一）理论追溯

经济学家配第在其经济著作选集中提出：“土地为财富之母，而劳动则为财富之父。”在此之后，经济学家亚当·斯密又将资本列为生产要素之一，并在他的代表作《国富论》中提出“无论在什么社会，商品的价格归根结底都分解成为这三个部分（即劳动、资本和土地）”，形成了“生产要素三元论”。后来的经济学家逐渐将组织、技术、信息列入生产要素中，发展成为“生产要素六元论”。无论生产要素理论如何变化和发展，一般都将土地作为生产要素之一。

生产要素分配理论要求劳动成果按生产要素分配，各种生产要素要通过商品和劳务生产过程中的投入比例和贡献大小来获得报酬，即生产要素所有者凭借要素所有权，从生产要素使用者那里获得报酬的经济行为。生产要素按贡献参与分配，就是在社会必要劳动创造的价值的基础上，按各种生产要素在价值形成中所做的贡献进行分配。由于劳动、资本、土地等生产要素在价值形成中都发挥着各自的作用，所以，工资、利息和地租，不过是根据劳动、资本、土地等生产要素所做的贡献而给予这些要素所有者的报酬。

著名的柯布－道格拉斯（Cobb Douglas）生产函数模型就是根据经验假说对各要素作用的模拟，它假定社会总产品是资产、劳动和其他生产要素共同作用的结果，建立的生产函数模型计算公式为：

$$Q = A \times L^{\alpha} K^{\beta}$$

该公式表示总产品 Q 与劳动投入量 L、资本投入量 K 的关系。在式中 A 是常数，α 和 β 表示劳动量和资产量这两种影响总产品的要素投入量的份额，$\alpha + \beta = 1$。这一模型在经济学上广泛应用。

（二）生产要素分配理论的应用

市场经济条件下，需要通过竞争性的价格机制，实现对资源的优化配置。对社会生产所需的生产要素而言，就是要求它们必须进入市场，成为商品，从而通过它们的价格波动来实现自身的有效配置。按生产要素分配理论，一切进入市场的生产要素都有价格。这就意味着，对于它们的使用不能再像以前那样是“公有公用”，无偿使用，而是有偿的。这也是我国继土地、农用地、森林、矿产、海域等资源实行有偿使用制度以后，无居民海岛也建立了有偿使用制度的原因。这不仅大大提高了企业的生产经营效率，也提高了资源的利用效率，有效地避免了随意浪费资源、不合理使用资源（尤其是稀缺资源）的现象，有利于促进经济的可持续发展。

在土地利用过程中土地使用者在土地上投入大量生产要素，包括土地的使用权、资本、劳动力、技术等，从而获得相应的收益，在这一过程中形成土地的价格。我国市场经济快速发展，土地交易市场业已成熟，在土地估价过程中，考虑各项生产要素的贡献值，包括土地的自身条件以及大量生产要素在土地上的投入，用于权益价值的分配，体现了生产要素分配理论的应用，也是收益还原法和剩余法估价的理论基础。

具体而言，在我国土地评估实践中，利用生产要素分配理论，采用从土地经营总收益中剥离非土地要素贡献，从而测算土地纯收益的方法。通常采用级差收益模型测算和经营情况调整资料分析两种方法。计算公式为：

$$\text{土地纯收益} = \text{企业利润} - \text{企业资产} \times \text{资产平均利润率}$$

根据获得的土地纯收益，采用指数回归、线性回归或者多元回归方法，得到各土地的级差收益。

（三）生产要素分配理论对海岛估价的启示

无居民海岛作为社会生产要素的组成部分，具有与土地、海域等自然资源一样的要素功能，是参与海洋产业生产经营和创造效益必不可少的生产要素，不同用途的无居民海岛在开发利用过程中提供了不同的生产要素。如港口码头用岛提供了适宜港口码头建设的生产要素；旅游娱乐用岛以景观、游览设施、滨海沙滩参与旅游项目用岛的开发经营；仓储建筑用岛则以宽阔的岛陆土地要素生产经营；等等。但由于海岛资源的系统性、完整性以及不可分割的自然属性，使得无居民海岛开发利用产生的经济收益是海岛整体系统提供的收益，是多种生产要素有机结合运作的综合成果，其中包括海岛土地资产、空间植被资源、周边海域资源以及劳动、技术、管理、信息等多种因素的贡献。海岛经营项目的价值取决于项目开发经营中所包含的人类劳动，包括物化劳动和活劳动。在无居民海岛有偿使用制度下，无居民海岛的经营开发利益的分配是按照海岛项目经营者获得利润、劳动者获得工资、海岛所有者获得租金的体制分配的。无居民海岛的所有者，凭借对海岛的所有权可以从海岛开发经营中取得一部分收益，即海岛的纯收益。而要确定无居民海岛的纯收益，就必须采用一定的数学模型（即可参考“柯布－道格拉斯”生产函数模型）确定各生产要素对海岛经营的共同作用下取得的总收益，再从总收益中扣除对非海岛要素，如森林、海域等的费用补偿后，才能确定无居民海岛的纯收益。

无论何种用岛类型的海岛开发经营，海岛产业的收益都将取决于海岛土地、植被、海域以及资本、劳动、技术、质量、区位等综合要素的影响。利用生产要素贡献分配理论，把海岛作为参与海洋产业产品的形成因素之一，通过积累各种要素社会平均消耗定额，在总产品收益中扣除非海岛因素的贡献份额，即准确确定无居民海岛的纯收益。

在无居民海岛价格评估中运用该理论，需要注意的是以下几方面。

① 非海岛生产要素的贡献，除了当年投入的资金外，还要考虑投资周期较长项目在经营和开发过程中累计投资的经济回报。

② 非海岛生产要素的贡献，特别是经营者的投资，应该在行业平均投资回报率的基础上，综合考虑海岛生产经营高风险的影响。对于一些非海岛生产要素的贡献难以剥离的项目，可以通过采用以海岛资产的价值与经营者的投资之间的比例来确定一个合适的利润分配系数。

③ 生产要素贡献分配应着眼于海岛经营项目总收益的分配，鉴于无居民海岛的分布分散，且数量稀少，当采用级差收益模型模拟生产要素的贡献有难度时，建议采用经营统计资料分析生产要素的贡献，且确保其总收益与各要素贡献总和要保持一致。

五、供求关系理论

供求关系与商品价格密切相关，无论是普通商品还是土地、海域以及无居民海岛等资源，只要存在交易，其交易价格必定受到供求关系的影响，影响程度可随着供求关系的变化而变化。供求关系理论的发展非常成熟，是资产评估的重要理论依据，在无居民海岛交易价格评估过程中起着重要的指导作用。

（一）理论追溯

供求关系是指在商品经济条件下，商品供给和需求之间的相互联系、相互制约的关系，它同时也是生产和消费之间的关系在市场上的反映。庸俗供求论是资产阶级庸俗经济学的一个流派，主要代表人物是英国的马尔萨斯（1766—1834）。新古典学派在古典经济学庸俗供求论基础上发展了供求理论，不但把供求理论发展成为“均衡价值论”，还把供求关系数量化、数学化。马克思从经济本质关系的角度对供求关系进行了分析，指出了供求关系的性质、相互联系及其与其他经济范畴的关系，并明确了供求关系在经济关系中的重要地位，即供求关系是商品经济的基本关系。

均衡价值论在20世纪成为现代经济学的理论基础之一，是经济学的核心。里昂·瓦尔拉最早建立了均衡模型。瓦尔拉认为，商品的价值就是它的实际市场价格，决定于市场供需关系。他运用数学方程式分析了商品交换的比例问题，建立了“一般均衡理论”。该理论认为，商品的价格是相互联系、相互影响的，一种商品供给和需求的变动不仅影响该商品价格的变化，而且还会影响其他商品价格的变化。当所有商品的价格使得所有商品的供给和需求相等时，市场就处于均衡状态，这时的价格就是均衡价格，即商品的价值。

阿尔弗雷德·马歇尔把传统经济的供给（生产费用）决定论和边际学派的需求（效用）决定论结合起来，以英国古典经济学中生产费用论为基础，吸收边际分析和心理概念，论述价格的供给一方；又以边际效用学派中的边际效用递减规律为基础，对其进行修改，论述价格的需求一方。他认为，商品的市场价格决定于供需双方的力量均衡，需求和供给二者都是价值决定的因素，二者相互作用，在供给和需求达到均衡状态时，最终形成均衡价格。通过对需求和供给的分析，马歇尔提出了他的均衡价格论。

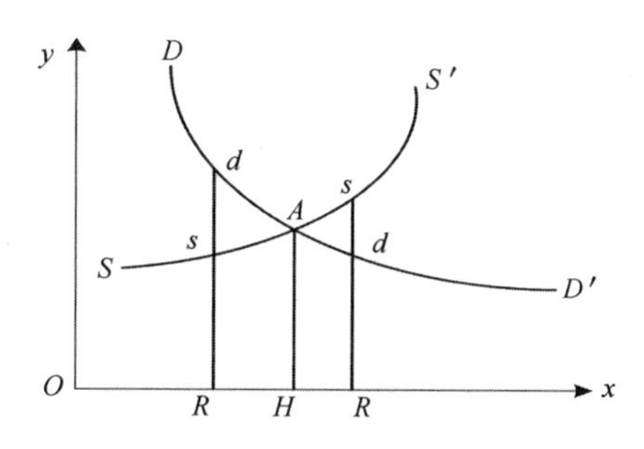

图2－3　供需平衡关系

图2－3中横坐标 Ox 表示商品数量即供给量，纵坐标 Oy 表示商品的价格，DD'表示需求曲线，SS'表示供给曲线。假定实际产量为 OR，当需求价格 Rd 大于供给价格 Rs 时，产量增加，产量指针 R 将向右移动。反之，当需求价格 Rd 小于供给价格 Rs 时，对生产不利，供给将减少，R 将向左移动。在供求关系的变动下，如果 Rd 等于 Rs，也就是说，如果 R 正位于供求曲线的交点 A 时，则供求呈现均衡状态，OH 为均衡产量，AH 为供求均衡的均衡价格。马歇尔认为，如果市场价格和均衡价格相背离，会通过需求和供给的调整，自行恢复到均衡点。

（二）供求关系理论的应用

供求关系理论在我国土地价格评估领域广泛应用。土地供求关系是指土地经济供给与人们对某些土地用途需求之间的关系。因为自然供给是无弹性的，土地资源的总供给是受限制的，总供给量有一个极限值。但由于土地用途具有多样性，且可以相互转换，人们可以通过改变土地用途来增加某种用途的土地供给，以适应人们对这种用途的土地需求，这种经济供给可以扩大或减少（有弹性），但最终受限于总的自然供给量。

土地的供求关系与一般商品的供求关系一样，在自由竞争情况下，供求关系决定土地的价格，土地价格影响土地的供求关系。在一般情况下，土地交易也遵循一般商品的供求规律：地价上升，则供给增加，而需求下降；地价下降，则供给减少，需求增加。但由于土地具有的自然特性和经济特性，使得土地的这种供求关系具有自身的特殊性。它的特殊性表现在：其位置固定不变，自然供给不变，经济供给弹性有限，买卖双方不能自行决定土地位置和用途，土地价格受社会和政治局势以及经济繁荣程度影响大，所以工业、商业和住宅用地有时又表现出供给的特殊性。特殊的土地供给是由于土地自然供给总量是有限度的，超过这个限度无论价格如何上涨，也不能再增加土地的供给。

此外，耕地的供求关系，其基点在于人口对粮食的需求及满足程度。由于耕地买卖频率很低，对于耕地供求关系的研究，主要从实物形态入手。耕地供求的变化主要受到人均占有粮食数量的影响。如果人均占有粮食数量超过其需求，则耕地的供给就有可能减少。

随着我国城市化和经济发展，工业、商业和住宅用地的需求会不断增加，但这类土地供给非常有限，最终必然导致这类土地在高价位下的供求平衡。从实践看，土地供不应求是绝对的、普遍的，而供过于求是暂时的、个别的。当然，对于土地这种特殊资源而言，供求关系与国家宏观经济政策也有密切关系。

（三）供求关系理论对海岛估价的启示

供求关系理论认为，基于资源的稀缺性，资源的价格随供求关系上下波动：供给大于需求时，商品价格下降；供给小于需求时，商品价格上升。供求关系虽然对商品的价值没有决定作用，但却影响交易价格。根据供求关系理论，从短期看，由于陆地土地资源和港口、旅游资源尚未穷尽，海岛开发成本非常高，商业资本对海岛的开发利用热情不高，无居民海岛供给大于需求，海岛价格会低于价值；从长远看，无居民海岛属于稀缺资源，随着陆地相关资源越来越少，如果政府对无居民海岛能够进行一定程度的基础开发，将调动商业资本对海岛开发利用的积极性，出现供大于求的市场需求，海岛价格上升。当然，政府也可以通过适时审批可开发利用无居民海岛的数量来调控市场上该资源的供给量，进而平衡供求关系。由于无居民海岛资源开发利用的长期性、可控性以及资源稀缺性等特点，这种供求关系将体现出动态演变趋势。

可见，由于无居民海岛是稀缺性生产要素，海岛的价格受到其资源价值影响的同时，也受到外部市场的影响，并随着供求关系变化而波动。从市场的供给角度看，海岛价格的期望水平取决于海岛预期能够产生的收益的大小，因此，海岛的价格在一级市场和二级市场交易转让时价格会有一定程度的波动。在短期内海岛供给缺乏弹性，而从长期来看，海岛供给具有一定的弹性。当海岛的供给大于需求时，海岛出现供过于求的现象，受价值规律的支配，海岛价格下降；相反，当海岛的供给小于需求时，海岛出现供不应求的情况，受价值规律的支配，海岛价格上升。

图2－4、图2－5中，曲线D、D'为海岛需求曲线，是表示海岛价格与需求数量之间关系。曲线S、S'为海岛供给曲线，表示海岛价格与供给数量之间关系。供给曲线与需求曲线相交点E（E_1）所对应的数量QE（Q_1E_1）为海岛供给量与需求量相等均衡数量，点E（E_1）对应的价格P（P_1）为海岛均衡价格。根据经济学中的供求理论，需求函数的变化会引起供给量、需求量的改变。如图2－4所示，当海岛需求曲线从D变为D'时，相应引起海岛供给量从Q_E点到Q_{E1}点的移动，海岛均衡价格也从P变成了P_1。如图2－5，当海岛供给曲线从S变为S'时，会引起海岛价格上涨，使市场有效需求减少，需求Q_E点减少到Q_{E1}，均衡点由E变为E_1，海岛均衡价格从P变成P_1。可见海岛供给曲线的移动与需求曲线的移动都会改变海岛均衡价格。

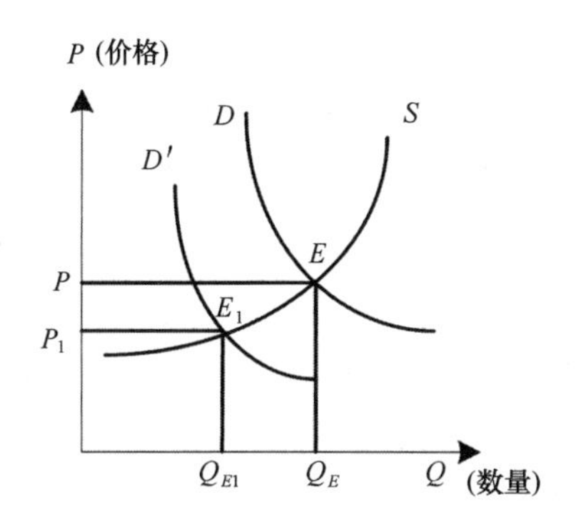

图2－4 无居民海岛需求曲线偏移

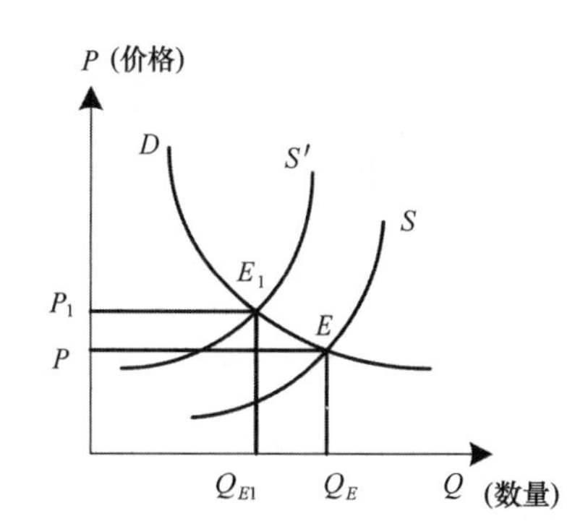

图2－5 无居民海岛供给曲线偏移

由于海岛的供给和需求环境是非开放的，在国家计划控制下，供给相对稳定，因此短时期内市场总量下的供求关系对海岛价格并不起到决定性的影响，但在资源的稀缺性上，如果开发利用的无居民海岛具有特色景观资源、海上交通要道的港口码头资源等，只要需求数量大于稀缺性资源的供给数量，仍然会引起价格波动。从长期看，如果海岛交易市场活跃、成熟，海岛交易价格应当遵循供求关系平衡理论。

六、协同效应理论

协同效应是基于协同理论的各种资源有机结合发挥整体效应的最大贡献。由于无居民海岛资源类型种类多，各类资源在陆地上都存在独立的价值，但在海岛上，这些资源无法分割，构成海岛资源总体，在各自发挥功能作用的同时，因相互协调，彼此依赖，这就使得无居民海岛整体效应增值。因此在无居民海岛价格评估过程中，应当以协同效应理论为指导，考虑这种增值效应。

（一）理论追溯

协同效应理论是科学家海尔曼·哈肯（H. Haken）创立的一门跨学科理论，它研究由完全不同性质的大量子系统所构成的各种系统是通过怎样的协作配合在宏观尺度上产生空间、时间或功能结构的。协同是指系统中不同类型的要素或性质不同的子系统为了达到系统的总体目标而相互配合协作，各取所需，不断在互动中求统一。因此，协同是系统中各要素、各子系统不断在互动中求同的过程。在这个过程中，系统原本相对独立的要素相互作用产生无规则运动，打破系统原有的平衡状态。为了达到系统整体目标，各要素动态交互并发生质变，使系统从无序转化为有序达到新的平衡，从而优化系统整体功能获得更大效益。可见，协同论为研究复杂系统、处理复杂问题提供了新的思路。资源系统可以看作一个复合的协作系统，它既包括了各子系统内部要素之间的协同，又包括了子系统之间的协同。

协同效应是协同理论的重要研究内容，是指由于协同作用而产生的结果，是指复杂开放系统中大量子系统相互作用而产生的整体效应或集体效应。协同效应又称增效作用，即两种或两种以上的组分相加或调配在一起，所产生的作用大于各种组分单独应用时作用的总和，经常被表述为“1 +1 >2”或“2 +2 =5”。协同效应是系统形成有序结构的内在驱动力，产生于复杂开放系统中大量子系统动态交互作用过程，是一种整体效应或集体效益。协同作用作为系统有序结构形成的一种内在驱动力，存在于各种自然系统或社会系统中，无论是简单还是复杂的系统都能在外来能量的作用下产生协同作用。不同性质的子系统在不断求同过程中使系统逼近不稳定点并打破原有平衡而产生新质，随之产生的协同效应使系统形成新的空间、时间和功能有序结构。

（二）协同效应理论的应用

1. 协同效应理论的应用范围

协同效应理论主要应用在企业管理领域。20 世纪 60 年代美国战略管理学家伊戈尔·安索夫（H. Igor Ansoff）将协同的理念引入企业管理领域，协同理论成为企业采取多元化战略的理论基础和重要依据。伊戈尔·安索夫（1965）首次向公司经理们提出了协同战略的理念，他认为协同就是企业通过识别自身能力与机遇的匹配关系来成功拓展新的事业，协同战略可以像纽带一样把公司多元化的业务联结起来，即企业通过寻求合理的销售、运营、投资与管理战略安排，可以有效地配置生产要素、业务单元与环境条件，实现一种类似报酬递增的协同效应，从而使公司得以更充分地利用现有优势，并开拓新的发展空间。

企业并购的主要动机是获取并购产生的协同效应，同时并购企业也以此来确定并购交易价格，并购的成败在很大程度上取决于并购企业支付并购溢价的高低。通过并购，可以获得经营、管理和财务等协同作用，并购者拥有的资源、能力与目标公司的资源、能力能够有效加以整合，创造出新的超出原来两个公司新的竞争优势，即产生“1+1>2”的效果，这一点正是并购的关键动因所在，可以比通过内部发展节省时间和减少某些风险，可以绕过政策限制和市场壁垒等。

从以上学者的研究可以看出，协同效应强调两个企业合并之后的整体效益大于并购前作为单独企业的两个企业的效益之和，其价值就是并购后企业整体效益减去并购前两个独立企业效益之和的差额。

2. 协同效应的计量

协同效应的计量可采用整体评估的方法来确定。协同效应的整体评估是指利用并购方和被并购方的过去、目前和预测的兼并后企业未来发展的数据，从协同效应的定义出发，在定性分析的基础上，分别评估合并后联合企业的价值、并购方和目标方企业各自独立经营的价值，其差额则为并购产生的协同效应。这种评估方法以并购的最终效果，即企业价值增值为出发点，并不涉及协同效应发挥作用的中间环节和过程，因此称为协同效应的整体评估。在协同效应的整体评估中，其基本方法就是企业价值评估的方法，用公式表示为：

$$V_{SYN} = V_{AB} - (V_A + V_B)$$

式中，V_{SYN}为协同效应，V_{AB}、V_A、V_B分别为并购后联合企业的价值、并购前A企业的价值和并购前B企业的价值。即V_{AB}、V_A、V_B分别确定之后，运用公式即可估算出企业并购的协同效应价值。

对并购企业价值的计算，可采用收益法，收益法比市场法或资产法更适用于计算兼并收购的价值。并购企业目前的投资是为了获得未来净现金流，但是这种不确定的净现金流是蕴含风险的。而收益法方便地量化了价值的关键变量，更便于买卖双方计算企业的独立公平价值及对一个或多个战略购买方的投资价值。通过这种清晰的判断，双方易于明确协同效应，并据此做出决策。

在具体测算并购企业价值时，可根据协同效应的来源来计算：营业收入的增加（ΔR），产品成本的降低（ΔC_0），税收的减少（ΔT）和资本需求的减少（ΔC_N），协同效应的增量现金流可表示为：

$$\Delta CF = \Delta R - \Delta C_0 - \Delta T - \Delta C_N$$

以净增加现金流的现值计算出的协同效应值为：

$$V_{SYN} = \sum_{i=1}^{n} \frac{\Delta CF_i}{(1+r)^i} = \sum_{i=1}^{n} \frac{\Delta R_i - \Delta C_{0i} - \Delta T_i - \Delta C_{Ni}}{(1+r)^i}$$

式中，“i”为第 i 年的各变量值；n 为协同效应寿命期。

（三）协同效应理论对海岛估价的启示

无居民海岛是由岛陆、岛基、岛滩及环岛海域组成的自然生态，系统内的独立自然资源存在依存和共生关系，相互影响、相互作用，不停地与外界进行能量、信息和物质的交换。每一种独立的资源要素综合在一起，使整个系统的功能要素发挥其固有的最大潜能，从而带来“1+1>2”的效果，这就是无居民海岛各组成要素资源的协同效应价值。海岛资源协同的经济价值涵盖了海岛土地、岛上森林植被、旅游景观、避风港湾、环岛滩涂等各种资源综合创造的价值，这些资源具有独立存在并创造价值的功能，但由于自然历史原因形成目前的海岛生态整体，共同创造价值。这是利用协同理论指导海岛资源整合协同并创造价值的本质。

无居民海岛各组成要素资源的协同效应主要表现为以下几个方面的特征。

① 构成无居民海岛的各种资源以海岛土地为依托，岛陆提供了各种自然资源类聚、整合、互补的空间生存基础，各种自然资源在空间范围内整合于海岛整体生态系统之中。

② 海岛上类似的自然资源在大陆地存在各自的价格评估系统，如土地估价、农用地估价、森林估价、海域估价、海洋生态资本评估、矿产评估、房地产评估等，这些自然资源存在独立估价的可行性。

③ 海岛自然资源系统在排除人为干扰的情况下，不存在负的协同效应，由功能各异的自然资源联盟而结成的整体海岛空间资源价值，应大于各类型资源的独立价值之和。

各种自然资源整合后的海岛估价可参考协同效应计算公式。

海岛整体价格

$$P = s \times (P_A + P_B + \cdots + P_N) = s\sum_{i=1}^{n} P_i$$

式中，s 为协同效应系数；P_i 为组成海岛的各种能够独立估价的自然资源。

协同效应系数是资源整合后的价值与原各资源独立价值合计数之比，计算公式如下：

$$s = \frac{V}{\sum_{i=1}^{n} V_i} = V_{SYN} + \sum_{i=1}^{n} \frac{V_i}{\sum_{i=1}^{n} V_i} = 1 + \frac{V_{SYN}}{\sum_{i=1}^{n} V_i}$$

$$s = 1 + \frac{\sum_{i=1}^{n} \frac{\Delta R_i - \Delta C_{0i} - \Delta T_i - \Delta C_{Ni}}{(1+r)^i}}{\sum_{i=1}^{n} V_i}$$

因此，在评估无居民海岛价格时，可以依据协同效应理论，首先将各种自然资源如海岛土地、森林、环岛海域等资源按照各自价格评估系统，即土地估价、森林估价、海域估价体系分别予以评估，然后再取得协同效应系数，就可以估算出无居民海岛的整体价格。

七、生态系统服务价值理论

生态系统本身具有自我调节和维持平衡状态的能力，但社会、经济过程对生态系统服务功能需求的日益增加，人类活动导致生态系统功能提供服务的能力持续降低。自然资源消耗、生态环境破坏严重影响一个国家或地区经济社会的增长和发展。生态系统服务价值的货币化评价在联系人类活动与自然生态系统之间起到重要作用。无居民海岛是生态系统的重要组成部分，具有服务价值，估价时需以生态系统服务价值理论作为理论依据。

（一）理论追溯

1. 生态系统服务功能价值的理论基础

生态系统服务（Ecosystem services）是指生态系统为人类提供生存发展所需的物质和环境的效能服务，生态系统具有整体性和开放性特征，生态系统服务同样具有整体性和开放性特征。生态服务价值是以价值形态直观表达生态系统对人类生产生活的功能效用。

随着自然价值中经济学概念的引入，1971 年美国麻省理工学院首先提出了“生态需求指标”（ERI）；1972 年，诺贝尔经济学奖获得者托宾（James Tobin）和诺德豪斯（William Nordhaus）提出净经济福利指标（Net Economic Welfare）；1990 年世界银行资深经济学家戴利（Herman Daly）和科布（John B. Cobb）提出可持续经济福利指标（Index of Sustainable Economic Welfare）；他们试图测算经济增长和发展与全球资源环境的对应关系。直到 1993 年联合国统计委员会推出新的国民经济核算体系（SNA1993），即：现有的 GDP 中要扣除以自然资源消耗、生态环境破坏为基础的直接经济增长以及为保持生态平衡而必须支付的经济投资，从而形成了环境与经济综合核算体系。

1980 年我国著名经济学家许涤新率先开展生态经济学的研究，首次将生态因素与经济因素结合起来考虑。1984 年，马世骏先生发表了名为《社会经济自然复合生态系统》的文章，标志着生态学家开始涉足经济学领域。1991 年李金昌的《资源核算论》和侯元兆的《中国森林资源核算研究》系统地阐述了自然资源价值核算的方法和理论。1995 年王金南的《环境经济学》和张兰生的《实用环境经济学》体现了环境经济学理论的发展和方法研究的进展。1999 年欧阳志云、王如松等对生态系统服务功能及其生态经济价值评价理论与方法做了分析。

人类直接或间接从生态系统得到的利益，主要包括向经济社会系统输入有用物质和能量、接受和转化来自经济社会系统的废弃物，以及直接向人类社会成员提供服务（如人们普遍享用洁净空气、水等舒适性资源）。生态系统服务以长期服务流的形式出现，能够带来这些服务流的生态系统是自然资本，它们对人类的总价值是无限大的，有意义的是生态系统服务和自然资本评价是对它们变动情况的评价。

2. 生态系统服务功能价值评价方法

对生态环境资产为人类提供的物品或服务经济价值进行确定或定量评估是生态、环境经济、生态经济学研究的前沿和难点。由于绝大多数环境物品或生态服务具有公共物品特征以及外部性，使得对环境物品和生态价值的估计不能用常规方法解决，其价值的评价需要运用非市场的评估技术。

根据生态经济学、资源经济学、环境经济学等学科的研究成果，生态系统服务功能的经济价值评价方法主要包括：通过推算生态环境质量改善或破坏所带来的经济影响来评价生态系统服务价值的市场价值法；利用计算旅游过程中产生的一切交通、食宿、门票、购物等费用确定服务功能的消费者剩余，并将消费者剩余作为计算该项生态系统服务功能价值的旅游费用法；用牺牲的另一种功能的效益最大化表示此项功能价值的机会成本法；通过寻找其他可以市场化的技术或工程替代的生态系统服务功能，用替换的技术或工程所花费的价值估算生态系统服务功能的影子法；通过计算为防止生态系统退化采取的技术工程措施花费的价值，作为生态系统服务功能价值的费用分析法；通过调查人们对生态系统服务功能的支付意愿等相关信息评价该项服务价值的条件价值法。

（二）生态系统服务价值理论的应用

20 世纪 60 年代末生态系统服务的概念被提出，随着人们对生态系统结构和功能的认识和了解，其研究应用越来越广。英国的《自然》杂志发表的《全球生态系统服务和自然资本的价值》一文，对海洋和陆地的各类生态系统的价值进行了评估和比较，使以往人们感到难以把握的自然生态系统的价值得到了量化的估算。海洋和陆地不只是作为生产资料时被看作资产具有价值，而且其生态功能，包括自然界提供的无偿的资源，阳光、沙滩、雨露等，以及为人类提供的环境功能、宜人的气候、多样的生物，同样是人类的福祉，必须而且可能予以评估。

量化评估的结果能够揭示海洋对全球生态价值的巨大贡献。尽管海洋并非人居环境，人类经营的产业绝大部分以陆地为依托，但人类对海洋生态功能的依赖巨大，生态价值比人类经济活动的价值更高，由此可见海洋生态价值评估的重要意义。生态服务价值的评估并非一成不变，随着海洋事业的发展，海洋不仅作为生产要素的作用被强化，而且其生态功能与人类生活的关系也会更加密切，生态服务价值在全球区域间的配置也会发生变动。

我国的生态系统服务价值评价工作源于20 世纪80 年代初开始的森林资源价值核算工作。从研究方法上看，主要采用了费用分析法、旅游费用法及条件价值法等非市场价值评估方法，从研究内容上看，包括对森林类型生态系统的间接价值和总价值、自然保护区生物多样性旅游价值和总价值、生态系统的净化价值以及草地、农田、湿地等主要陆地生态系统的服务功能价值评估。

此外，我国国家质量监督检验检疫总局和国家标准化管理委员会于2012年发布了国家标准《海洋生态资本评估技术导则》（GB/T 28058—2011）标志着海洋生态资本评估进入了规范化阶段。海洋生态资本价值的结构要素包括海洋生态资源存量价值和海洋生态系统服务价值。海洋生态资源存量价值由海洋生物资源存量价值与海洋环境资源存量价值构成。海洋生态系统服务价值由海洋供给服务价值、海洋调节服务价值、海洋文化服务价值和海洋支持服务价值构成。通过海洋生态资源和服务系统的物质量及价值量评估，掌握海洋生态资本的现状及其变化趋势，深入认识海洋生态资源对于社会经济发展的重要价值，为实施海洋生态资源的有偿使用与资本化管理、生态损害补偿赔偿政策提供科学的技术手段，并为政府部门制定海洋管理政策、海洋产业和海洋经济发展规划提供基础信息。

（三）生态系统服务价值理论对海岛估价的启示

无居民海岛是海洋生态系统中的重要组成部分，提供调节气候、承受降水、消解污染等无偿的资源服务，特别是有些无居民海岛还是珍稀植被、生物等动植物生长、栖息之地，承载着保护海洋生态环境的功能作用，具有一定的生态服务价值。这些价值虽未记入海洋产业产品价值中，但其对相关产业产品的贡献不容忽视。生态系统服务价值评估在海岛领域的应用，有利于维持无居民海岛生态系统的完整性和海岛资源开发利用的持续性，有利于控制和改善无居民海岛及其海域生态环境的恶化趋势，使无居民海岛及其海域的生物资源衰退趋势有望得到遏制，使具有特色的海岛自然、人文景观得到切实保护，使无居民海岛开发与利用健康发展。

值得注意的是，无居民海岛生态系统中的各服务功能是相互依存或相互制约的，并非独立存在。以岛上森林系统为例，它的调节功能和信息传递功能的发挥，相互限制程度较小，有时甚至会提高森林的存在质量，加强其承载功能和生产功能；但承载功能和生产功能的发挥，相互影响程度较大，有时会导致森林不同程度的破坏，削弱或毁灭其他功能。因此，在进行无居民海岛生态资源的价值定量研究中，必须考虑功能之间的不同性质的相互影响。

无居民海岛造福于人类，支持地球生命，在海岛估价过程中应包括其生态系统服务价值的评估，应重视对海岛生态功能的研究和保护，对因人类活动导致无居民海岛性质改变或生态功能减退的海岛应予必要的补偿，但同时由于人类对海岛的开发利用还不充分，真正的海洋产业产值比重还很低，对海岛使用的管理工作还比较落后，无居民海岛尚未形成产业活动高度密集的区域，海岛的使用效益，尤其是作为生产要素在经济发展中的贡献尚未充分发挥出来，对无居民海岛价值、价格的估量不可过高。具体而言，无居民海岛生态服务价值应根据各类用途用岛对生态环境的不同影响分别评估。如填海连岛用岛、土石开采用岛等，由于海岛性质的改变，将导致海洋的生态功能在某海域中全部或部分的丧失，因此，生态服务价值构成这类海岛评估价格的一部分；在完全不改变海岛属性的用岛评估中，生态服务价值虽然构成海岛价值的一部分，但对海岛使用者来说，海岛的使用金或海岛出让金只需反映海岛作为生产要素对海洋产业的贡献，对生态服务价值可以不评估；还有一些无居民海岛，经过开发利用以后，提升和改善了其生态价值，如旅游用岛、林业用岛等，应适当考虑新增的生态服务价值对无居民海岛价格的影响。

无居民海岛生态系统服务价值评估的难点在于价值的量化评定方法的选择和评估结果的准确性。在传统经济学中生态系统服务功能很难获得适当价值衡量，生态系统服务价值中只有生产功能和娱乐功能两方面可以直接用传统经济学理论进行价值评估，而其他功能，尤其是调节功能，由于其价值的难确定性，目前的对其诸多研究中多以定性评价为主，少有定量分析，即使有定量分析也主要以主观打分为主，得出的价值量往往比实际价值少很多，二者相差较大。因此，正确评价无居民海岛生态系统服务功能价值的重点是对其科学合理的量化，这样也是遏制无居民海岛生态系统服务价值评价过低，避免无居民海岛生态系统服务价值认识不够、资源利用不当、资源浪费等问题的关键。

八、外部性理论

简单地说，外部性是指经济主体的经济活动对其他主体或社会产生的正面或负面的影响。无居民海岛使用主体在开发海岛的过程中，其经济行为将对海岛附近他人或社会产生一定影响，其他主体根据自身福利受益或受损程度产生相应的支持或反对意愿，这种意愿可以通过一定方法量化，由此估算无居民海岛开发使用的价值。在无居民海岛使用权交易市场化初期，传统评估方法因资料不完整无法采用，有必要利用外部性理论，结合实际情况，采用非市场方法适度评估无居民海岛价值。

（一）理论追溯

1. 外部性理论的起源和发展

英国经济学家阿尔弗雷德·马歇尔（Marshall A.）在考察工业组织与作业效率的关系，具体研究货物生产规模时提出外部性这一概念，并于1890年在《经济学原理》一书中提出扩大生产时经济形态的两种分类：外部经济和内部经济。庇古（Pigou A. C.）首次用现代经济学的方法从福利经济学的角度系统地研究了外部性问题，发展了马歇尔的外部经济理论，并在正式出版《福利经济学》一书中提出“内部不经济”和“外部不经济”的概念，大大丰富和完善了外部性理论。庇古对外部性理论的贡献主要表现在他提出了“外部性”有正、负之分，他把生产者的某种生产活动带给社会的有利影响，称作“边际社会收益”；把生产者的某种生产活动带给社会的不利影响，称作“边际社会成本”。外部性实际上就是边际私人成本与边际社会成本、边际私人收益与边际社会收益的不一致。庇古认为，通过征税和补贴，就可以实现外部效应的内部化，被称为“庇古税”。

科斯是新制度经济学的奠基人，他的《社会成本问题》的理论认为：外部效应往往不是一方侵害另一方的单向问题，而是具有相互性；在交易费用为零的情况下，庇古税根本没有必要；在交易费用不为零的情况下，解决外部效应的内部化问题要通过各种政策手段的成本—收益的权衡比较才能确定。也就是说，庇古税可能是有效的制度安排，也可能是低效的制度安排。如果交易费用为零，无论权利如何界定，都可以通过市场交易和自愿协商达到资源的最优配置；如果交易费用不为零，制度安排与选择是重要的。这就是说，解决外部性问题可能可以用市场交易形式即自愿协商替代庇古税手段。这就是著名的科斯定理。

2. 外部性的概念表达

外部性亦称外部成本、外部效应（Externality）或溢出效应（Spillover Effect）。外部性可以分为正外部性（或称外部经济、正外部经济效应）和负外部性（或称外部不经济、负外部经济效应）。在外部性概念的表述上，不同的经济学家对外部性给出了不同的定义，但其基本的内涵是相同的。归结起来不外乎两类定义：一类是从外部性的产生主体角度来定义；另一类是从外部性的接受主体来定义。前者如萨缪尔森和诺德豪斯的定义："外部性是指那些生产或消费对其他团体强征了不可补偿的成本或给予了无需补偿的收益的情形。"后者如兰德尔的定义：外部性是用来表示"当一个行动的某些效益或成本不在决策者的考虑范围内的时候所产生的一些低效率现象；也就是某些效益被给予，或某些成本被强加给没有参加这一决策的人"。用数学语言来表述，所谓外部效应就是某经济主体的福利函数的自变量中包含了他人的行为，而该经济主体又没有向他人提供报酬或索取补偿。即：

$$F_j = F_j(X_{1j}, X_{2j}, \cdots, X_{nj}, X_{mk}), j \neq k$$

式中，j 和 k 是指不同的个人（或厂商）；F_j 表示 j 的福利函数；X_i（$i = 1, 2, \cdots, n, m$）是指经济活动。这函数表明，只要某个经济主体 F_j 的福利受到他自己所控制的经济活动 X_i 的影响外，同时也受到另外一个 k 所控制的某一经济活动 X_m 的影响，就存在外部效应。

上述两种不同的定义，本质上是一致的。即外部性是某个经济主体对另一个经济主体产生的一种外部影响，可以理解为在经济活动中，对经济活动参与者之外的他人或社会所产生的影响，这种外部影响又不能通过市场价格进行买卖。外部性可能是有益的，也可能是有害的，也正因为此，外部性是导致"市场失灵"的主要原因之一。仅靠市场机制往往不能实现资源的最优配置和社会福利的最大化。前述两类定义的差别在于考察的角度不同。大多数经济学文献是按照萨缪尔森的定义来理解的。

正外部性对旁观者的影响是有利的，一些市场活动会给旁观者带来价值；负外部性对旁观者的影响是不利的。这就是说，一些市场活动会给旁观者带来成本。

（二）外部性理论的应用

外部性理论在各行各业已得到广泛认可，特别是在资源开发领域，外部性问题日益突出，生态破坏、环境污染、资源枯竭、淡水短缺等问题越来越严重，庇古税在经济活动中得到广泛的应用。在基础设施建设领域采用的“谁受益，谁投资”的政策、环境保护领域采用的“谁污染，谁治理”的政策，都是庇古理论的具体应用。目前，排污收费制度已经成为世界各国环境保护的重要经济手段，其理论基础也是庇古税。在我国，自然资源的有效利用是我国经济持续健康发展的关键，森林资源、矿产资源以及其他领域的资源开发和各种环境治理工作均涉及外部性效应。所谓外部性正影响又叫正外部性，即行为人实施的行为对他人或公共的环境利益有溢出效应，但其他经济人不必为此向带来福利的人支付任何费用，无偿地享受福利。

矿产资源是我国丰富的自然资源，矿产资源开发对地区经济的外部性正影响是毋庸置疑的。矿产资源开发的正外部性就是指矿产资源开发在实现自身的经济价值的同时，对社会产生了溢出价值。表现在：矿产资源开发带来了巨大的经济效益，让当地经济实现了跨越式发展；破解了一些传统产业的瓶颈问题，对其下游产业和相关产业起到了很好的拉动效应。但我国资源开采企业在价格弹性限制、成本限制和产权不清晰等因素约束下的短期行为产生的生产外部性，导致资源在开采阶段的严重浪费。这种生产外部性给社会福利带来了损失，显现出其负外部性，如长期看矿产资源本身的有限性抑制了其他产业的发展，当资源枯竭时，出现大量失业，经济长期低迷；矿产资源开发给环境造成巨大隐性成本，在矿产资源开发的审批和环境评估方面时常忽视环境效益和生态效益，导致政府制约制度和手段时灵时不灵。

林业是以木材、林产品生产和保护性环境资源经营并以资源经营为基础的具有双重职能的产业。生态公益林的主要功能是维护和改善生态环境，保持生态平衡，满足人类社会的生态需要和国民经济可持续发展。就商品林而言，经营者虽然从有形产品中获得收益，但其生态效益却被社会其他成员无偿享用。因此，林业产品从本质上讲，应当属于社会公共产品的范畴。公共产品同时具备的共享性和非排他性的特征决定了公共产品具有不可避免的外部性。

林业经济正外部性体现在其作为生态效能的外部价值上，如林业生产或森林环境资源给社会带来多种生态效能，如涵养水源、保持水土、纳碳吐氧、提供游憩和保护生物多样性等；林业经济负外部性体现在森林环境资源生态效能的丧失，如在木材及其他林产品的开发利用中，造成的生态环境破坏及成本却转嫁给其他消费者，同样形成了环境福利的损失与不公平分担及森林资源的低效率配置，它是一种与工业污染性质相同的、典型的市场失灵。

（三）外部性理论对海岛估价的启示

无居民海岛属于自然资源，良性适度的开发会改善海岛周围居民的生存环境，带来正外部性效应，但其承载力或自净力是有限的，利用海岛资源的厂商都力求使自己的眼前利益最大化。从环境资源的情况看，海岛开发活动会增加一定的排污量，给环境带来某种损害，但这一损害是由生活在环境中的全体人民来分担。甚至最终会导致资源的退化，资源退化治理的成本也是由全体人民来承担。无论是正外部性还是负外部性，都会使私人收益与社会收益、私人成本与社会成本不一致，导致资源配置的无效率。如图2－6所示，C_0表示海岛开发活动增加的边际成本曲线；C_1表示外部效应导致正外部性时的社会边际成本曲线；C_2表示外部效应导致负外部性的社会边际成本曲线。$C_0 > C_1$意味着私人活动给社会带来的福利大于成本，从而导致社会成本低于私人成本，C_1与D所确定的交点Q_1是社会的最佳产出。同理，当社会成本高于私人成本，也就是存在负外部的条件下，Q_2为社会的最佳产出，即在海岛资源开发利用中，如果资源价值能够在开发中得到充分的反映，其资源需求均衡点在Q_0，但是由于存在负外部性，即人们利用资源不必付费或者付相当少的费用，Q_2则为海岛资源利用的真正均衡点，$Q_0 \sim Q_2$则表示对无居民海岛资源的过度利用，而对这种利用所带来的损害不必支付任何成本。因此，当存在负外部性时，对海岛资源产生利用不当的情形，将导致市场有效配置资源的功能失灵。

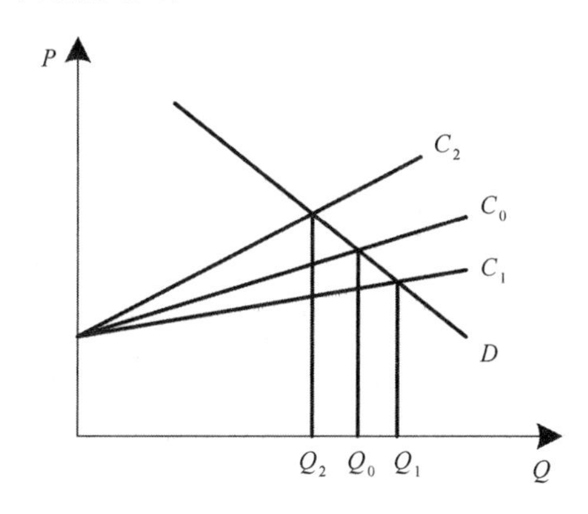

图2－6　存在外部性的资源配置

改善无居民海岛开发利用的外部性，必须在产权的界定明晰、市场机制完善的前提下选择经济组织形式来实现外部性的内部化，提高资源的配置效率。我国产权制度已经明确了无居民海岛的国家所有权属性，而要发挥市场机制在海洋资源配置中的基础性作用，就必须培育和发展市场体系。当前，应着重发展生产要素市场，加速生产要素价格的市场化进程。在市场经济条件下，海岛资源既是资产也是商品，灵活的价格机制能及时反映资源的稀缺程度，从而使经济规律较好地作用于资源开发利用。如果形成合理的定价体系和规范化的产权交易市场，就会有更多的人投资无居民海岛资源开发，这样的投入产出良性循环将使自然生态的潜力得到更好地释放，生态环境得到不断改善。

第三节　海岛估价基础

无居民海岛与土地、海域、矿藏、草原、森林等资源一样，都是自然界的产物，对人类具有使用价值，能够为拥有者、控制者带来收益。它们都不是人类劳动的产品，但当作为劳动对象、生产资料使用时，又能影响劳动生产率，同时它们的性质也在人类的开发利用中发生变化，通常被称作资源性资产。无居民海岛估价与土地、农用地、海域估价相比，既有相似性，又有显著区别，需依据相关理论体系，确定符合无居民海岛特色的估价原则，选择正确的估价技术途径，才能提高无居民海岛估价结果的科学性、准确性和可靠性。

一、同业估价比较

资源领域的估价以土地最为成熟，其次矿产资源、森林资源以及农用地的价格评估体系伴随着各自领域的经济发展也迅速建立和不断完善，目前在大力发展海洋经济的前提和背景下，海域资源的估价体系正在逐步完善中，无居民海岛的估价体系尚未建立，在当前海洋资源有偿使用和市场化配置进程中，参考土地、海域等资源性资产的评估经验，建立健全无居民海岛的估价制度，创新无居民海岛的估价技术，显得尤为重要。

（一）海岛估价与土地、海域估价的共性

由于无居民海岛本身兼具土地和海域的特性，无居民海岛与土地、海域的共同性较多，因此，土地和海域的估价理论和方法可以适用于无居民海岛评估。此外，海岛与土地、海域均属于自然资源性资产，在我国均归属国家的国土资源部门管理。

1. 评估所依据的理论基础相近

由于无居民海岛与土地和海域都具有自然生产能力和其他方面的利用潜力，都具有资源性资产的共同属性和本质特征，特别是在自然资源价值理论、地租（海租）理论、生产要素等的评估理论依据方面，有很多的共同之处。

2. 主要评估技术基本相近

无居民海岛估价的基本方法与基本程序与土地估价、海域估价有很多相似之处。无论是海岛还是土地、海域，人们均可以把握它们的自然生产能力和其他方面利用潜力，从质的方面评价它们的适宜性或使用功能，从量的方面评价它们针对某种用途的适宜程度、限制程度和预期收入产出，可以根据对它们经营使用获得的收益，测算地租（海租）或岛租，因此均可采用收益资本化方法进行估价；对于新开发的海岛，如果能够测算开发成本、费用、利润及增值价值，也可以采用成本逼近法进行海岛估价；

对于有成熟交易市场比较案例的待估海岛，可采用市场比较法进行海岛估价；对于能够准确预测开发完成价格的待估海岛，可采用假设开发法进行海岛估价。这些方法与土地、海域估价的常规方法基本相同，只是在评估的关键技术细节上有一定的区别。此外，海岛与土地、海域的估价程序基本相同，如明确评估目的、收集资料、评定估算、完成评估报告等程序总体一致。评估结果均以评估报告的形式提供给相关的需求方。

3. 评估管理机关相同

海岛与土地、海域的管理及评估在国家层面上均由国土资源部门管理。中华人民共和国国土资源部承担保护与合理利用土地资源、矿产资源、海洋资源等自然资源的责任，其下设的土地利用管理司是国土资源部负责指导和管理全国城乡建设用地的开发利用、土地市场、土地价格和土地资产工作的职能部门。而国土资源部下设的国家海洋局承担规范管辖海域使用秩序的责任，依法进行海域使用的监督管理，实施海域有偿使用制度，组织实施海域使用论证、评估和海域界线的勘定和管理以及承担海岛生态保护和无居民海岛合法使用的责任，包括组织实施无居民海岛的使用管理，发布海岛对外开放和保护名录等。

地方的土地、海域、海岛的管理权限设置不同。各省级（市、县）土地管理权归属省级国土资源厅（国土资源局），负责全省（本市、县）土地、矿产等自然资源的保护与合理利用，其中包括组织实施土地使用权出让、租赁、作价出资、转让等管理办法，建立基准地价、标定地价等政府公示地价制度，加强地价监管等责任。而海域、海岛的管理权限归属省级（市、县）海洋与渔业局，综合管理、协调和指导海洋开发利用和保护，其中包括组织实施海域使用权属管理，按规定实施海域有偿使用制度，监督管理海域使用论证、评估以及按规定和职责分工负责海岛使用管理，承担海岛生态保护和无居民海岛合法使用等责任。

（二）海岛估价的特殊性

无居民海岛与土地、海域的评估虽然有一定的相似性，但由于海岛具有许多自身固有的特点，使土地、海域及其他资源性资产评估的理论和方法不能直接应用在无居民海岛评估活动中。主要体现在以下几个方面。

1. 评估内容立体化

无居民海岛资源不但兼具土地和海域的资源特点，还具有极强的立体化空间资源的特征。虽然土地也具有立体利用的性质，但土地的立体性，首先反映在地表的起伏，由此影响到地表气候、植被、土被、水文等要素的变化，形成土地的垂直分异；其次也表现在地表以下的地质构造，矿藏、组成物质、地层等的差异上。而海域的立体性，首先反映在海域底层的深度、组成物质、构造和上覆水体的分层物理、化学、生物性质的变化，而海域表层则是相对均质、流动的水层，海域资源的立体性更多地表现为无形性。无居民海岛除同时具有土地和海域资源的立体属性外，还包括岛陆地表上的森林植被、景观风光资源等资源，因此要认识无居民海岛全部资源价值的难度更大。

无居民海岛资源内容丰富、完整，使得无居民海岛评估活动面对的评估内容非常复杂且综合，同时无居民海岛评估不仅包括岛上各种资源个体评估及整体性评估，也包括生态价值的评估。在目前现有的资产评估中，房地产、土地、矿业和森林等资产评估，都是针对单一评估对象进行评估的。而且，在现有的各种专业评估中，除森林资产评估外尚未涉及生态评估，这也使无居民海岛评估内容明显有别于其他资源资产的评估。森林资产评估的对象——森林、林木、林地和森林景观资产，具有生态特性，随时间的变化不断变化，仅与无居民海岛生态系统中的植被有相似之处。海域资源虽然需考虑生态价值评估和生态服务功能损害补偿，但因海域评估尚属刚刚起步阶段，还没有提供有价值的参考。

2. 评估对象个性化

土地评估，尤其是农业土地评估，与自然综合区划关系十分密切；对海域的评估，由于海域水平差异的大尺度和海域表层的均质性造成的海域类型划分的困难，使海域的评估难以借助自然类型研究成果作为评估的基础，难以从自然综合区划取得借鉴。无居民海岛分布广泛且分散，同一区域的海岛资源数量极少，同一区域相同类型或功能的海岛更少，加之不同海岛的自然面貌极具差异化、个性化，更加无法以自然综合区划为基础进行评估。因此无居民海岛不存在基准价评估，只能一岛一评。

3. 评估技术涉及多学科知识结构

无居民海岛资源内容涉及土地、森林、海域、环境等方面，增加了评估的技术难度。无居民海岛估价是一项技术性相当强的工作，评估人员不仅要掌握一般资产评估的理论和技术方法，而且还要了解无居民海岛的自然属性、资源和生态环境特点等知识，其知识结构涉及评估学、管理学、财务学、海洋学、环境学、生态学、地质学、测量学、经济学、法学等多方面的综合知识，要求多学科的协同工作，相应的需要评估人员具备全方位的多学科知识结构。

4. 评估方法有待创新

现有资产评估中，比较成熟且通用的方法有四种：收益还原法、市场比较法、成本逼近法和假设开发法。由于海岛资源类型复杂，集约化开发程度较高，投资金额巨大，建设周期长，整体开发利用活动的不确定因素多，风险大，项目收益、成本、费用、利润、还原利率等参数难以准确掌握；同时无居民海岛上的单一资源及资源整体无相对稳定、统一的市场价格，小尺度区域范围内比较实例较少，增加了比较实例选取和因素修正的难度，很难保证海岛评估的准确性。因此上述方法的应用都有一定局限性。此外，无居民海岛交易的市场尚未建立，现有的资产评估中常用的几种方法在无居民海岛评估中不完全适用，无居民海岛评估需要根据无居民海岛的特点，创新或改进评估方法。

5. 需要专业的作业设备

开展无居民海岛评估，必须对无居民海岛资源生态情况进行现场调查。现场调查需要专门的海上调查设备和生态环境监测设备等，同时需要船舶、潜水装备等辅助调查设施。因此，无居民海岛评估需要评估团队掌握海上调查技术，熟练操作调查设备，具有海上作业的基本常识和经验。而现有的各专业资产评估机构都不具备无居民海岛评估前期调查需要的基础条件。

综上分析，由于无居民海岛使用类型较多，不同类型对海岛的区位、自然、资源、环境及周边社会经济的要求差异性很大，选取影响海岛质量与价格主导因素指标的范围与具体要求不同于土地、海域等其他资产评估，无居民海岛评估具有一定的独特性与相对的独立性，是其他评估所不能包容与取代的。现有的各评估专业的评估方法在无居民海岛评估领域不完全适用，现有的各评估专业机构和人员不具备独立开展无居民海岛评估的基础条件，因此，需要建立适宜无居民海岛特性的评估体系，同时加强海岛评估机构与其他专业机构的联系，在适当的范围内，允许以其他专业机构的报告作为无居民海岛评估的基础资料，提高无居民海岛评估活动的可行性。

二、海岛估价的原则

无居民海岛评估的首要目的是其评估结果可作为政府决策、市场交易的参考依据；推动无居民海岛有偿使用制度改革，促进无居民海岛市场发育，完善海岛稀缺资源的市场优化配置制度；提高无居民海岛的使用效益，体现有限自然资源的内在价值，确保国有资产的保值增值。其次是为了维护无居民海岛国家所有权和用岛单位使用权的利益，强化国家运用经济手段进行海岛资源管理，保证国家海岛所有权在经济上实现；规范和引导无居民海岛适度有序开发，促使无居民海岛使用者充分考虑投入和产出，理性约束开发行为，更好地保护海岛生态，实现海岛资源的可持续利用。根据国家相关法律法规以及无居民海岛估价理论基础，评估活动应遵循评估领域的基本规定和原则，包括三个方面：基本原则、技术原则和风险原则。

（一）基本原则

为保证无居民海岛价格评估活动的规范性和系统性而应遵循的总体原则，具体包括合法性原则、独立性原则、真实性原则、客观性原则、公平性原则、可行性原则、科学性原则等基本原则。

1. 合法性原则

合法性原则是指评估委托人、评估机构和评估人员必须严格遵守国家法律、法规，应当按照与海岛评估有关的法律、法规的规定和要求开展海岛评估活动。合法性原则是判断评估过程与结果是否合法和评估结论是否真实可靠的前提，这一原则在无居民海岛评估过程中主要体现为包括主体合法、程序合法、行为合法、资料合法、结果合法。主体合法，作为受托方的从事海岛评估的机构必须是按法律、法规、部门规章规定，经过国家审批，取得无居民海岛价格评估权的法定机构，从事海岛评估机构和评估人员必须具有法定能力与评估资格；程序合法，即无论是委托方还是评估机构，都应当严格按照有关法律、法规及规范性文件所规定的评估程序、条件进行评估活动，从接受委托、拟订计划、选择方法、实地调查、收集资料、评定估算到完成评估报告等各个环节必须符合法律法规和部门规章的规定；行为合法，指委托方和受托方以及第三方都应当按照法律、行政法规等规范性文件的规定，约束和规范自己的行为，不能违反法律的强制性规范；资料合法，主要指评估机构和评估人员应当依法取得评估所需相关资料，即获取资料的内容、来源、手段符合法律规定，非法途径获取的资料无效；结果合法，表现为评估报告的合法性，评估报告必须具备法律规定的文书格式和必备的各项内容。违反操作的海岛评估行为及其结果，不具有法律效力；做出违法行为的当事人应当承担行政责任；情节特别严重，构成犯罪的，应当承担刑事责任。

2. 独立性原则

独立性原则是指评估机构和注册资产评估师在执业过程中不受利害关系影响、不受外界干扰的执业原则。独立性原则要求从事海岛评估的机构以及具体进行评估事务的评估人员应当凭借自己的评估技术知识和水平，独立的进行评估，不受外界的各种影响，尤其是不应受到聘请或委托进行海岛评估的当事人的不正当影响。

评估机构和评估人员应当恪守独立性理念，遵循评估业务对独立性的要求，采取相应措施，保证独立性原则得到有效遵守；应当执行必要程序，使拥有相关充分信息的理性第三方能够据此认为评估机构和评估人员在执业过程中遵守了独立性原则；执行无居民海岛评估业务的评估人员，应当独立进行分析、估算并形成专业意见，不受委托方或者相关当事方的不利影响，不得以预先设定的价值作为评估结论；在评估程序执行过程中，应当保持必要的职业审慎态度，识别可能影响独立性的情形，合理判断其对独立性的影响，采取恰当措施保证在评估过程中保持独立性。

可能影响独立性的情形通常包括评估机构、评估人员与委托方或者相关当事方之间存在经济利益关联、人员关联或者业务关联，评估机构和注册资产评估师应当识别和判断这些关联及其带来的不利影响，并能采取措施消除不利影响。例如，海岛评估机构及评估人员不应当接受委托方酬金之外的其他不法“馈赠”，不应当因外界的威胁、利诱或上级行政部门的命令等而丧失独立的立场，做虚假评估等。独立性原则与客观性原则是保证评估报告真实性的基础。

3. 真实性原则

真实性原则是指在评估过程中，本着一切从实际出发的原则，在充分获取资料的基础上，通过调查研究和定量定性分析，借助于科学的评估方法和指标体系，得出真实的评估结论。真实性原则要求海岛评估机构及评估人员确保提出评估的资产必须是真实的，并以真实的资料、文件、数据和认真负责的态度对海岛进行评估，最后得出的结论应当能够反映真实情况。评估人员应当对海岛的经济价值、生态价值、权益价值等方面进行实地调查，真实反映海岛的实际价值。这也要求在评估人员取证的过程中，所涉及的各相关机构提供的基础资料真实可靠，以保证无居民海岛评估得出真实的结论。

4. 客观性原则

客观性原则要求无居民海岛评估应以充分的事实为依据，评估人员在评估过程中以公正、客观的态度收集有关数据与资料，并要求评估过程中的预测、推算等主观判断建立在市场与现实的基础之上。无居民海岛评估的机构及人员应当严格按照评估目的、评估程序以及事先设计的评估方案进行评估，不能任意偏离或者变更；同时应当根据海岛实地调查取得的相关数据、资料等作为评估的客观依据，不能以主观判断代替客观评估行为。同时，评估人员在评估过程中应当尽可能地排除自己主观上的偏见，更不能凭一己之见预设结论，影响评估的真实性。自有自估行为不具有法律效力。为了保证评估的公正、客观性，按照国际惯例，资产评估机构收取的劳务费用应该只与工作量相关，不与被评估资产的价值挂钩。

5. 公平性原则

公平性原则是指在无居民海岛评估过程中，评估机构和评估人员必须站在公正的立场上，以掌握的资料为依据，尊重客观事实，不带有主观随意性，不受被评估对象各方当事人利益的影响，也不迁就任何单位或个人的片面要求。无居民海岛评估的结果，直接关系到不同经济主体的经济利益。因此，评估人员在无居民海岛评估工作中，必须坚持公平性原则，客观真实地表达专业观点和态度。

6. 可行性原则

可行性原则要求海岛评估机构在评估过程中，应当根据海岛的实际情况采取科学可行的评估方法、评估手段、评估方案等，以保证海岛评估工作能够得以顺利完成，从而得出符合海岛真实状况的结论。

7. 科学性原则

科学性原则是指在无居民海岛评估过程中，应依据评估的目的和不同的评估对象，采用科学的定性和定量分析方法，制订符合客观实际的评估方案，从而使评估的方法和结果具有一致性，使其准确合理。为此，评估人员要进行深入的调查研究，掌握大量的第一手资料，一丝不苟地进行工作，凡是能做到定量分析的，都要在取得大量数据的基础上进行定量分析；不能进行定量分析的，也要在客观实际的基础上，本着科学求实的精神，进行定性评价并做出结论。

（二）技术原则

为保证无居民海岛价格评估质量在评估技术层面给予的指导性原则。

1. 预期收益现值原则

预期收益现值原则是指无居民海岛价格取决于其所创造的未来收益的现值，评估时必须充分了解资源过去的收益情况，并对市场状况、发展趋势、各种影响因素进行细致地分析和预测，准确地评估资源现在和未来的获利能力。评估必须以客观有效的预期收益为依据，选择适当的贴现率，合理预测待估海岛正常开发利用条件下的预期收益及其现值。

对于价格的评估，重要的不是过去，而是未来。过去收益的意义仅在于协助解释当前的市场预期，为推测未来收益变化趋势提供依据。因此，在不动产市场上，不动产的当前价值通常不是依据其历史价格或生产成本而定，相反，价值决定于市场参与者对未来收益的预期。无居民海岛具有不动产特征，其价值主要取决于未来预期利益、有用性及拥有和占有的乐趣，它的价格也受预期收益形成因素的影响。所以，无居民海岛的投资者是在预测该海岛开发项目将来所能产生的收益或效用后进行投资的。因此，评估人员必须了解过去的收益状况，并对海岛市场状况、发展趋势、政治经济形势及政策规定对海岛市场的影响进行细致分析和预测，判断能影响买卖双方观念及未来期望的市场趋势，准确预测该海岛现在及未来能给权利人带来的利润总和，即收益价格。

预期收益现值原则的估算必须是客观合理的，它要求评估人员对价格的形成因素认真分析，并对将来的变动趋势做出客观合理的预测，排除脱离现实或因投机及违法使用海岛所获收益的预测。遵循预期收益现值原则对海岛估价时，地区分析、交易实例价格的获取、纯收益及还原利率的确定非常重要。在无居民海岛评估实践中，收益还原法和假设开发法都是预期收益原则的具体应用。

2. 可比性原则

从现实的经济行为上来看，任何经济主体都是要以最小的费用（或代价、投入）取得最大的收益（或效用、产出），他们在购买物品时，都要选择效用大而价格低的商品。这样，在同一市场中，类似商品（包括有形的货物和无形的劳务）的价格将通过相互比较，相互影响、相互牵制，价格最终彼此接近，这即是可比性原则。依据可比性原则，海岛购买者为取得某一无居民海岛所支付的价格，将以具有可比性的另一海岛价格作为参比对象。

由于无居民海岛的个体化差异巨大，在交易市场中，与待估海岛各方面属性、功能、条件完全相同的其他海岛几乎不可能存在，因此无居民海岛购买者和出售者均无法选择可替代的海岛进行交易，而只能选择与待估海岛属性、功能、条件相类似的海岛价格作为比较对象，进而估算待估海岛价格。在假定没有因迟延而产生不当成本的条件下，海岛取得成本可能是购买相同效用海岛的成本，此为成本逼近法的基础。另一方面，在假定没有因迟延而产生不当成本的条件下，海岛取得成本是可能为购买相同效用海岛所支付的价格，此为市场比较法的基础。

在无居民海岛评估实践中，区域位置相邻、用岛类型相同、自然条件相似的海岛资源价值应该比较接近，可遵循可比性原则，相互参照比较其预期收益、开发成本或评估价格，再结合待估海岛的特殊属性予以修正。可比性原则要求无居民海岛评估结果不得明显偏离类似性质海岛在同等条件下的正常价格。

3. 贡献分配原则

贡献分配原则是指单项资产或资产的某一构成部分的价值，取决于它对其他相关的资产或资产整体价值的贡献，而不是孤立地根据其自身的价值来确定评估值；也可以根据当缺少该资产时，对相关资产或资产价值整体下降的影响程度来确定其评估值。也就是说，按经济学中的边际收益原则，衡量各生产要素的价值大小，可依据其对总收益的贡献大小来决定。对于海岛估价，这一原则是指海岛、岛上建筑物及其周围海域构成一个独立完整的生态环境系统，海岛、岛上建筑物（构筑物）与周围海域资源相互作用、相互影响，海岛的总收益是由海岛、岛上建筑物（构筑物）与海域等构成因素共同作用的结果。其中某一部分带来的收益，对总收益而言，是部分与整体之间的关系，进行海岛评估工作时，应结合贡献原则确定海岛本身的贡献价值大小。

海岛总收益是海岛土地资源、岛上建筑物（构筑物）与环岛海域资源要素共同作用的结果（包括协同效益），而建筑物（构筑物）及海域资源都有独立的评估规范体系，海岛总收益应在海岛土地资源与环岛海域资源之间合理分配，以便最终确定无居民海岛价格。

就海岛部分的贡献而言，由于海岛本身是在生产经营活动之前优先支付的，故海岛的贡献具有优先性和特殊性，评估时应特别考虑。估价时，可以利用收益还原法分别估算海岛、岛上建筑物（构筑物）、海域价格，进而评估整个不动产价格；也可根据整个不动产价格及其他构成部分的价格，采用假设开发法估算海岛价格。因此，贡献原则是关于部分收益递增递减原则的应用，也是收益还原法和假设开发法估价的基础。

4. 市场供需原则

在完全的自由市场中，一般商品的价格，取决于需求与供给关系的均衡点。需求超过供给，价格随之提高；反之，供给超过需求，价格随之下降，这就是供求均衡法则。其成立条件是：① 供给者与需求者各为同质的商品而进行竞争；② 同质的商品随价格变动而自由调节其供给量。无居民海岛的价格也是由需求与供给的互相关系而定。但因为无居民海岛不同于一般商品，具有一些人文与自然特性，使得它除了遵循上述供求均衡以外，也遵循其特有的供求规律。

无居民海岛具有位置的固定性、数量的不增性、收益的级差性、利用的个别性等自然特性，使其供给与需求都限于局部海区，供给量在国家的控制下极为有限，竞争主要在需求方面。即海岛不能实行完全竞争，其价格的独占倾向性较强。因此，无居民海岛不能仅根据均衡法则来决定价格。尤其在我国无居民海岛属国家所有，市场中能够流动的仅是有限年期的无居民海岛使用权，无居民海岛供方主要由国家控制，国家根据经济发展需要不定期公布允许开发利用的无居民海岛名录，这对无居民海岛价格具有至关重要的影响。在进行无居民海岛估价时，应充分了解无居民海岛市场的上述特性。此外，在进行供求分析时，应考虑时间因素，做动态分析。因为现在的供求状况，常常是在考虑将来发展状况而形成的，即从现在思考将来，因此供需原则是以预期收益原则及变动原则为基础的。这就要求评估人员进行海岛评估时要以市场供需决定海岛价格为依据，并充分考虑海岛供需的特殊性和海岛市场的区域性。

5. 最佳使用原则

所谓最佳使用，一是指海岛自然资源、资本、劳动力、经营管理等生产要素的内部均衡配置；二是指无居民海岛的使用类型和使用方式要适合海岛自身条件，即要根据海岛的区位条件和收益能力合理布局海洋产业。无居民海岛使用价格应视其最有效使用类型与获取最佳效益的利用方式进行评估。

可见，最佳使用原则要求无居民海岛价格评估应以评估对象的最佳使用为前提进行。即无居民海岛在合理的且可能的范围内合法使用，在实体上可能，在市场获得适当支撑，在财务上可行，并且形成最高价值。

待估海岛通常可具有多种用途，同一海岛在不同用途下的效用和收益会有差别。最佳使用原则要求：① 海岛的使用类型和利用方式符合海岛自身条件，符合海岛功能区划；② 在海岛经营中，对海岛各种生产要素合理组合，实现最有效利用价值和经济、社会、环境效益的协调发展。无居民海岛价格评估应以国家批准的主导用途为最佳使用。评估人员应对海岛的现状用途和未来用途是否是最佳使用做出判断，并在估价报告中说明。

6. 动态原则

通常资产价格是随着构成价格因素的变化而发生变动的，无居民海岛价格同样是各种价格因素相互作用的结果，而这些价格因素经常处于变动之中，因此海岛价格是在这些因素相互作用及其组合的变动过程中形成的。

在宏观影响因素中，社会、经济、行政和环境力量的动态属性足以影响无居民海岛价格的变动。由于社会、经济、行政和环境因素都处在持续的转变之中，这些变动会影响无居民海岛的需求和供给，进而影响个别无居民海岛的价格，因此，评估人员必须努力确认会影响无居民海岛当前价格的眼前和预期变动。但由于变动经常无法预测，价格估计只有在评估报告中特别说明的估价日期之后相当短期间内才是有效的。

在个体影响因素中，无居民海岛也经常具有退化性损失，无法迅速地适应新投资人的偏好。人们观察到海岛各种资源随时间的推移而出现了实体、功能和经济的损害等折旧现象，这就要求评估人员在进行无居民海岛评估时要考虑这种损失。

因此，无居民海岛是在长期的自然力的作用下形成的，其承载的各种资源的物质量随着生态环境的变化也在不断发生变化，同时受外部宏观环境的影响，其价值和价格在不断变化，评估人员应准确把握海岛价格影响因素及价格的动态变化规律，对采用的评估资料，按照变动原则修正到估价期日的标准水平，科学合理地评估无居民海岛价格。

7. 评估时点原则

评估时点原则是指在评估活动中，必须假定市场情况停止于某一时点，所有评估资料的分析及运用均应以该时点为基准。即估价时点原则要求无居民海岛评估结果应是评估对象在估价时点时的客观合理价格。

评估时点也被称为评估基准日，它是指决定评估对象估价额时的具体日期，通常以年、月、日表示。通常资产的价格具有很强的时间性，每一个价格都对应着一个时间。在无居民海岛评估上若不以估价时点为基准日，则因市场的变动会出现很多混乱，如供求状况分析、价格影响因素分析、区域因素分析、个别因素分析以及对无居民海岛的用途是否合理的分析和无居民海岛投资或改造的合理性分析等。因此，坚持评估时点原则不仅是保证评估活动顺利进行的前提，也是遵循无居民海岛价格的客观法则如供求法则、变动法则的保证之一。

因此，要求无居民海岛评估结果必须是评估对象在评估时点的客观合理价格或价值，评估结果具有时间相关性和时效性。

8. 协同效应原则

协同效应又称增效作用，是指两种或两种以上的组分相加或调配在一起，所产生的作用大于各种组分单独应用时作用的总和，就是“1 +1 >2”的效应。无居民海岛是由岛陆、岛基、岛滩及环岛海域组成的完整且独立的生态地域系统，虽然评估对象是海岛土地资源价格，但由于海岛的特殊属性决定了其价格与组成海岛的其他要素密不可分。单独的岛陆土地有如大陆上相同土质、土壤等条件的土地价值，岛上森林植被、景观资源也可能与存在于大陆上的同质同品的森林、景观价值相同，但基于海岛整体生态系统而言，岛上土地与森林植被、景观资源相互协调、相互搭配，共同作用，使海岛整体价值提升，就产生了增效作用，提高了海岛创造收益的能力。因此要求评估人员系统考虑海岛各要素的协同效应，综合考虑海岛土地资源、森林植被资源、港口岸线、滩涂水域资源、景观资源等各种资源的共同作用价值，合理评估无居民海岛价格。

9. 外部性原则

外部性是指资源性资产的外在环境因素对其价值可能产生正面或负面的效应。例如，一项重要设施或服务会影响大多数人，进而影响资源性资产的价格，这就是正面的外部性。相反，资源开发项目违反环保法规倾倒有害废物，却又企图逃避责任而增加他人的清理成本，则会对资源性资产所有人产生负面的外部性。资源性资产因其实体不可移动，更易受多种外部性的影响。外部性可能是指标的资源的使用或实体特征，也可能是指影响标的资源所在竞争市场的经济条件。评估人员应该熟悉可能影响资源价值的各层次的外部性事件，必须观察和分析外部性如何影响评估对象。

无居民海岛作为资源性资产，具有典型的外部性特征。由于无居民海岛的自然属性以及由此导致的政府规划功能用途，使无居民海岛在开发利用活动中得以建设甚至改变，这种开发活动可能对周边环境，甚至人类社会带来影响，产生一定的外部性效应。如种养殖用岛、旅游用岛的开发活动，起到了对环境的改善和保护作用，可能产生正面的外部性；而仓储用岛（石油储罐等）、工业用岛、港口用岛、土石开采用岛等开发活动可能破坏海岛和水域环境，因此而产生负面的外部性。因此，要求评估人员考虑并合理预测这些外部性对无居民海岛价格带来的改变，通过外部性定量化的测算来估算海岛价格。

10. 个性化原则

无居民海岛数量众多且分布广泛，不同区域间的海岛经济条件、区位条件、自然条件、资源属性等方面存在很大差异，即便同一区域内的海岛地质地貌、风光景观也存在着显著差异，每一个无居民海岛都是单一的、特定的，没有相对稳定或者统一的市场价格，除在一定范围内遵循可比性原则外，其他情况下均应根据每个海岛的个性品质做到一岛一评估。

11. 定价适度原则

定价适度原则是指对无居民海岛的价格评估，应在遵循客观、公正、科学原则的基础上，适当考虑海岛市场的发展阶段，确定合理价格的原则。无居民海岛的开发利用目前尚处于起步阶段，评估结果的高低对海洋资源、环境利用和保护影响很大。评估价格过高，会挫伤使用者的积极性，造成无居民海岛资源的闲弃和荒废；评估值过低，会导致使用者盲目、过度开发，不珍惜海岛资源，粗放经营，海岛资源得不到充分利用，造成无居民海岛生态环境和资源的破坏。因此，评估时应遵循定价适度的原则。

12. 综合性与主导性相结合原则

综合性与主导性相结合原则是指在确定分析价格影响因素过程中，既要考虑影响因素的全面性，又要突出重点影响因素的原则。影响海岛价格的因素很多，影响程度的差异也较大。根据海岛的使用类型，既要对影响海岛使用效益的各种经济、社会、自然因素进行全面、综合的分析，还应着重分析影响海岛使用效益的主导因素，突出主导因素对海岛价格的影响。

（三）风险原则

风险原则是指为防范评估风险应遵循的控制性原则。

1. 谨慎性原则

谨慎性原则是指无居民海岛评估工作应根据实际情况，充分考虑诸多不确定因素的影响及存在的风险，审慎性地选择恰当的方法与标准，以利于做出正确的评估结果。

无居民海岛价格评估是一项政策性、业务性和技术性都很强的工作，直接关系国家、海岛使用人的权利和利益。在价格评估时，只有遵循谨慎性原则才能做到不虚增不虚减评估对象的价格，防止国有资产流失，使海岛所有者和使用人的利益得到公正、真实、科学、合理地维护。无居民海岛价格评估工作除了必须依据有关法律法规外，还应在充分考虑市场风险的前提之下，从评估方法、评估参数、评估结果等方面遵循谨慎性原则。

首先，在市场环境不完善的情况下，评估人员应区别不同的用岛类型和用岛区块，谨慎地选择适合待估海岛开发功能和交易目的的恰当评估方法进行评估，使评估结果能够真实反映海岛价值；其次，在评估过程中审慎选择参数标准，包括谨慎利用其他专家报告，确保估算价格的相关参数科学、合理、有效；最后，由于无居民海岛价格的形成因素多样、形成机制复杂，海岛交易市场发育不完善，评估涉及范围广，技术难度大，一种评估方法往往不能客观科学地反映海岛价值，为做到海岛价格评估结果的可信、可用，要求评估人员根据评估目的、海岛特点和资料掌握情况，选择多种方法评估，互相校核、验证，综合确定无居民海岛价格，以免过度单一依赖某一种方法导致评估值严重偏离市场价格，给国家或海岛使用人造成重大损失。同时，需要清楚地了解各种方法评估的优缺点，防止把评估过程变成各种方法的简单拼凑和无效堆砌。

2. 制度化原则

制度化原则是指在无居民海岛评估工作中建立完善的风险防范制度，并严格执行。评估风险是指由于各种不确定因素的影响使评估结果严重偏离资产真实价值或客观价值，误导交易方而引发纠纷的可能性。由于无居民海岛评估工作的风险存在于评估管理、评估执业、评估结果使用等各个环节，因此要求评估机构建立健全风险控制制度，在接受评估业务委托阶段，要加强自我保护意识，建立正式签约前对评估对象进行充分了解和审查制度；在评估前期准备阶段建立评估人员选派制度，根据业务难度和性质，选择能够胜任的评估人员；在评估实施阶段，建立指导、监督、复核制度，降低评估技术带来的风险；在评估归档阶段，建立档案管理制度，加强资料、底稿的归纳整理，杜绝资料丢失。

无居民海岛评估是一项极具复杂性、综合性的工作，其中的每一环节中都存在着潜在的风险，对操作程序进行控制是防范评估风险的关键之一。只有风险防控措施制度化，才能有效控制评估工作中各个环节的风险，提高和保证评估质量。

三、海岛估价的技术途径

无居民海岛价格评估技术途径是判断海岛资产价格的技术思路，实际上是人们模拟市场定价机理和规则所设计出来的若干资产价格评估基本模型。专业评估人员应当根据评估目的、评估对象、价值类型、资料收集情况等相关条件，适当选择收益、市场、成本等技术途径对经营性无居民海岛价格进行评估，选择非市场途径对公益性无居民海岛价值进行评估。

（一）收益途径

收益途径是基于预期收益原则和效用原则，通过计算待估无居民海岛开发利用项目所获得预期收益的现值，估算待估无居民海岛价格的技术路径。选择收益途径进行无居民海岛价格评估应满足以下前提条件。

① 被评估资产的未来预期收益可以预测并可以用货币衡量。

② 资产拥有者获得预期收益所承担的风险也可以预测并可以用货币衡量。

③ 被评估资产预期收益年限可以预测或确定。

收益途径是收益类型评估方法的总称。收益途径评估方法包括收益还原法、假设开发法、实物期权评估法。

（二）市场途径

市场途径是指根据可比性原则，通过分析、比较评估对象与市场上已有相同或相似的交易事项异同，或根据其他市场因素，间接估算待估海岛价格的技术路径。选择市场途径进行无居民海岛价格评估应满足以下前提条件。

① 可以找到相似的参照物，且参照物与评估对象在功能上具有可比性。

② 参照物的交易价格、技术指标能够在公开市场上获得，易于观察和处理。

③ 具有可比量化的指标、技术经济参数等资料。

市场途径是市场类型评估方法的总称。市场途径评估方法包括市场比较法、使用金参照法、邻地比价法。

（三）成本途径

成本途径是指基于贡献原则和重置成本的原理，即现时成本贡献于价值的原理，以成本反映价值的技术路径。选择成本途径进行无居民海岛价格评估应满足以下前提条件。

① 应当具备可以利用的相关历史资料，尤其是会计核算资料。

② 相关要素的重置成本、现行价格可获得。

成本途径是成本类型评估方法的总称。成本途径评估方法指成本逼近法。

（四）非市场途径

非市场途径是指基于外部性原则、特征价值理论以及福利经济学原理，对不具备市场交易条件和价格资料的公共物品或环境资源的评估技术路径，主要包括两大类：揭示偏好法和陈述偏好法。揭示偏好法是利用个人在实际市场的行为来推导所评估物品的价值。陈述偏好法是通过构建假想市场来调查消费者支付意愿来评估公共物品的价值。

比较典型的揭示偏好法包括特征价值法和旅行费用法。特征价值法起源于特征价值理论，是通过观察人们在市场的行为可以推断被观察者对资源的某种功能（如生态景观价值）的评价。旅行费用法是通过人们的旅游消费行为来对非市场环境产品或服务进行价值评估。

陈述偏好法主要包括条件价值法和选择试验模型法。条件价值法利用效用最大化原理，通过假想的交易市场，利用问卷调查方式询问受访者对特定禀赋的资源环境变化量的最大支付意愿或最小受偿意愿对公共物品的价值进行计量的一种方法。选择试验模型法是基于随机效用理论和效用最大化理论，根据公众在公共物品不同属性状态组合而成的选择集中的选择结果评估公共物品、资源价值的方法。

选择非市场途径进行无居民海岛价格评估应满足以下前提条件。

① 评估对象的重要组成部分不存在直接的市场交易而使其无法用市场价格来测量。

② 评估人员能够设计合理的调查问卷，并可以充分处理统计调查误差，以确保调查分析结果的可靠性。

非市场途径是非市场类型评估方法的总称。国内比较常用的是旅行费用法和条件价值法。

第三章　海岛价值体系

我国众多无居民海岛及其周围海域蕴藏着丰富的海洋资源，具有很大的开发潜力，对我国海洋经济发展、资源合理利用起着重要作用；同时，海岛又是海洋生态系统的重要组成部分，对于维持生态环境的平衡与协调发挥着不可替代的作用；有的海岛因其特殊的战略地位，还担负着维护国家海洋权益和国防安全的使命。在当前全球日益关注海洋开发和注重生态环境可持续发展的大背景下，加强对无居民海岛的管理，对于拓展发展空间、解决资源瓶颈、保护生态环境、维护国家权益和国防安全、实现可持续发展、建设海洋强国，都具有十分重要的现实意义。

无居民海岛自然禀赋的资源丰富，功能独立，资源的立体性和环境的复杂性决定了海岛天然作用具有多宜性和完整的价值体系。不同用途的无居民海岛的价值体系构成不同，但基本体现在海岛资源的经济价值、生态服务价值以及社会文化价值三大方面。深入研究无居民海岛价值体系的内容和特点，能够揭示无居民海岛价格影响因素，确保海岛估价内容的全面完整，有利于无居民海岛估价的准确性。无居民海岛开发是一种特殊的经济社会活动，是一项庞大、复杂的社会系统工程，必须全面了解和掌握各类海岛的功能价值。

第一节　海岛资源经济价值体系

对经营性用岛而言，海岛资源经济价值在海岛的总体价值中占有最大比重，也是无居民海岛价格的最重要组成部分。根据海岛的区位、自然禀赋、开发程度等因素条件，无居民海岛的主要经济资源包括土地资源、旅游资源、港口资源、森林资源、水产资源以及其他资源，这些资源的价值构成了无居民海岛的经济价值体系。

一、海岛资源经济价值研究述评

由于海岛经济起步较晚，国内外对无居民海岛资源经济价值的研究缺乏系统性和统一性，特别是国外，更加注重对海洋经济的宏观领域和海洋环境的研究。国内由于近年来海洋资源开发利用活动的快速发展，对海洋资源经济价值越来越关注，但对无居民海岛资源经济价值的研究刚刚起步，研究内容有待深入。

（一）国外研究综述

英国皇家学会会员艾伦科特雷尔教授指出：“无论什么样的社会制度形式，都必须承认有限的、会枯竭的资源都具有价值，因此，必须以这样或那样的形式给资源制定价格，以便限制消耗和给予保护和关心。”自然资源经济学的思想，可以追溯到 17 世纪的威廉·配第，随后 18 世纪到 20 世纪初，亚当·斯密、杰文斯、李嘉图、马歇尔等经济学家从自由市场的“稀缺”层面研究了经济与自然资源的关系，并得到了较一致的结论：自然资源的稀缺可以通过市场的价格机制得到解决。

国外关于涉海资源经济价值研究主要集中在海洋领域，以岸线资源价值研究为典型。20 世纪 70 年代，联合国经济社会理事会鉴于海岸带资源对沿岸国家经济社会发展的重要性以及海岸带资源环境的特殊性，就曾提醒各沿岸国家注意，海岸带资源是一项“宝贵的国家财富”。20 世纪 80 年代，西方许多学者都提出了保护有限但又非常宝贵的海岸带资源以及研究海岸带资源价值的主张。

但国外极少有针对海岛资源经济价值的研究，为我们参考和借鉴带来一定难度。

（二）国内研究综述

国内对涉海资源经济价值研究也同样从海洋资源开始。国内较早开展对海洋资源价值进行系统评估的研究，是许启望等（1994）开展的“海洋资源核算的初步研究”，研究了海洋资源的分类，主要包括海洋水产资源、可养殖滩涂和浅海资源、盐田资源、港址资源、旅游资源、大陆架油气资源和海滨砂资源，为建立海岸带资源价值评估奠定了理论基础。刘容子等的《我国无居民海岛价值体系研究》是近年来较为系统、全面地针对无居民海岛资源价值体系的研究，它对我国的无居民海岛进行了价值分类，详细地分析了影响我国无居民海岛价值的各项因素，建立了无居民海岛价值类型的判定标准和评价方法，为我国无居民海岛价值评估、无居民海岛的合理保护与开发利用提供了理论依据和技术支持，为强化海岛管理、促进海岛立法奠定了重要的研究基础。任淑华等的《舟山海岛旅游资源开发评价与旅游业可持续发展研究》在全面了解、剖析、评价旅游资源和舟山旅游业发展现状的基础上，寻求舟山旅游资源开发的优势、劣势、机遇与挑战，论证了海岛旅游业对舟山经济社会发展的贡献，提出了有别于大陆的海岛旅游开发基本思路和舟山海岛旅游发展规划。其他如森林资源、矿产资源、水资源、土地资源等自然资源经济价值的理论与实践都已非常成熟，相关资源的价值评估也相应归属各个资源主管部门管理。

（三）研究评价

以上研究成果为本研究奠定了重要基础。通过对以上国内外研究成果的分析和梳理，可以得出如下结论。

① 已有研究在森林资源、矿产资源、水资源、土地资源等自然资源价值、资产化

管理、资源资产流失及保值增值方面取得了进展，但都是针对生长或存在于大陆地的相关自然资源，对于无居民海岛具有的自然资源经济价值研究为数甚少，具有零散性和非系统性。

② 已有研究对某单一资源性资产的研究比较成熟，研究内容涉及海洋资源性资产，如海洋矿产资源、滨海旅游资源、岸线资源等，但却没有将海岛自然资源作为一个独立完整的系统进行综合研究。

③ 已有研究在海洋资源性资产化管理方面取得了一定的进展，但由于无居民海岛的开发与管理刚刚起步，其保值增值也是一项复杂的系统工程，需要从海洋宏观、中观和微观各方着手采取措施。

④ 已有研究在海洋资源的价值核算、资产化管理、保值增值相关内容等方面多为定性研究，定量研究较少，而无居民海岛的经济价值核算的研究，无论定性还是定量研究都非常少。

二、海岛资源经济价值体系构成

根据边际效用价值论原理，价值起源于效用，无居民海岛资源的有用性决定了其价值客观存在。无居民海岛的各类资源作为生产要素参与海岛使用者的生产经营活动，能够创造巨大经济价值，尤其是当某种资源属于稀缺资源时，将使海岛资源经济价值增值。无居民海岛经济资源主要包括海岛土地资源、旅游资源、港口资源、森林资源、水产资源以及海洋能源、海洋化学等各类资源。

（一）海岛土地资源

1. 海岛土地资源的界定依据

根据《海岛保护法》第二条的规定，海岛是指四面环海水并在高潮时高于水面的自然形成的陆地区域，包括有居民海岛和无居民海岛。根据该定义，可以得出以下两个结论：① 海岛四面环海水，处于海域之中；② 海岛属于陆地区域；即海岛是处于海域包围之中的陆地区域，在法律上应属于土地。而海岛周边干出线（即最低低潮线）与海岸线（即海面平均大潮高潮时的水陆分界线）之间的潮浸地带则应属于滩涂。即滩涂、海岛在自然属性上具有海陆交接或海陆交替的基本特征，滩涂、海岛与土地、海域之间的关系非常密切和复杂，需要在理论上和实践中予以正确和严格的区分。根据我国现行法律的规定，滩涂和海岛均应视为特殊类型的土地。因此，无居民海岛土地资源由岛屿土地及潮间带滩涂组成。

2. 海岛土地资源的要素及特征

（1）稀缺的岛屿土地资源

无居民海岛土地资源极其有限。国家批准第一批可开发利用的无居民海岛的数量仅为 176 个，数量非常有限。无居民海岛土地面积狭小，海岛体积相差悬殊，面积大的无居民海岛数量较少，但大岛面积占全国海岛总面积的比重较大，而中、小型海岛的数量很多，但面积占全国海岛总面积的比重较小。按照行政地区所属，无居民海岛在各省、市、自治区分布不均匀，浙江省最多，天津市最少，海岛面积最大的也是浙江省，最小的是天津市。无居民海岛周围被海水所包围，土地资源更显珍贵，而且海岛分散分布在海域中，意味着土地分散，多个海岛土地不能连片集中使用。

无居民海岛土地资源的生态环境脆弱。我国无居民海岛特别是基岩岛，它们的形态、面积、地质构造等受沿海大陆地质的影响，是在地球内、外应力综合作用下形成的，因此地质构造基本为沿海大陆的延伸，地层岩性和矿产资源与沿海大陆基本相似。但由于无居民海岛面积狭小，地域结构简单，地质环境的调节性、抗扰性十分有限。由于无居民海岛淡水资源短缺，土壤有机质含量少，造成大多数海岛土壤贫瘠，土地生产潜力和产出效益较差。海岛隆升地区普遍承受剥蚀作用，明显阻碍了土壤的发育和半干旱气候下森林、植被的生长，使岛上陆域生态系统呈现明显的脆弱性，生态系统十分脆弱、生态系统的生物多样性指数小，稳定性差，更难以抵御人类开发活动的干扰，而且，无居民海岛与大陆分离，是一个独立的生态系统，与外界进行的物质和能量交换有限，使海岛的生态环境脆弱，一旦受到破坏，难以修复。此外，无居民海岛水文地质与沿海大陆区别较大。我国无居民海岛分散孤立，降水量小于大陆地区，加之降水量季节分布不均，集水面积小，拦蓄条件差，地表水大量流失，有些海岛冬春季节雨量不足，干旱严重，加重了海岛缺水程度。因而海岛较丰富的水资源主要分布在拦蓄条件好的大岛上，大多数无居民海岛无论是地表水还是地下水都非常贫乏。

无居民海岛土地资源开发难度大。多数无居民海岛远离大陆，通达性较差，有些无居民海岛植被覆盖率低、缺少防护林，淡水资源不足，海岛土地的利用效率较低。特别是淡水资源短缺，使海岛的产业尤其是工业发展受到限制；更重要的是无居民海岛的交通不方便，使海岛土地资源开发利用增加了成本。无居民海岛土地资源位于海洋中，不可预见的因素多，土地用途比较单一，开发难度更大，等等。

（2）丰富的环岛滩涂资源

广义上的滩涂是指从低潮线以内的海域到高潮线的潮间带，但不同管理部门的界定略有区别：海洋行政主管部门将滩涂界定为平均高潮线以下低潮线以上的海域；国土资源管理部门将沿海滩涂界定为沿海大潮高潮位与低潮位之间的潮浸地带。能被人类改造利用的滩涂，称为滩涂资源。潮上带滩涂有着丰富的由潮间带群落附近陆地发展起来的海洋生物群落，特别是对物理干旱或生理干旱耐性强的生物群落；潮间带滩涂生物包括从潮下带群落标志生物的大型海藻繁殖上限到藤壶类着生上限的范围，如藤壶类（岩石海岸）、浪漂水虱类或沙蟹类（砂滨海岸），长蟹、砂蟹类（内湾、河口的泥地），以及与红树林相伴的其他动物类群（低纬度地方的泥地）等；潮下带滩涂区域水浅、阳光足、氧气丰、波浪作用频繁，从陆地及大陆架带来丰富的饵料，故海洋底栖生物发育良好，有大量鱼类、虾蟹、珊瑚、苔藓动物、棘皮动物、海绵类、腕足类及软体动物等，行光合作用的钙藻也大量繁殖。

3. 海岛土地和滩涂资源的经济价值

无居民海岛岛陆土地是海岛最基本的经济资源，海岛土地资源是指在目前的社会经济技术条件下可以被人类利用的海岛土地，是一个由海岛地形、土壤、植被、岩石和气候、水文等因素组成的自然综合体，是无居民海岛其他经济资源的载体，其他经济资源都将依存于海岛土地发挥其各自的资源作用和价值。

无居民海岛岛陆土地资源具有与大陆土地资源相同的功能，即指人类当前和可预见的将来有用的土地。土地资源具有一定的时空性，即在不同地区和不同历史时期的技术经济条件下，所包含的内容可能不一致。无居民海岛土地资源与陆域土地资源一样，包括自然因素及人类社会活动所赋予土地的自然属性和社会属性，只不过无居民海岛土地资源是经济和环境系统运行比较紧张的区域。无居民海岛岛陆土地资源与大陆土地资源相同之处还体现土地位置不能移动，土地交易并非实物交易，而是土地产权在使用权人之间的流动，不同地区、不同位置的土地资源需求、价格、开发难度等不同。典型的区别在于大陆土地面积是确定的，而海岛土地面积可能由于自然或人为因素的影响发生变化，如自然力作用或人类活动破坏造成的海岸线后退和海滩的下蚀。

海岛滩涂是无居民海岛特有的资源宝库，是海岛的后备土地资源，分布集中、资源丰富。海岛滩涂是一个处于动态变化中的海陆过渡地带。向陆方向发展，通过围垦、引淡洗盐，可以较快形成农牧渔业畜产用地；向海方向发展，可进一步成为开发海洋的前沿阵地。由于无居民海岛的滩涂资源类型多样，土层深厚，土壤肥力较高，水质营养丰富，适宜多种生物生长，农牧渔业综合开发潜力大，有利于发展海带、多种藻类、贝类的人工养殖场等海水增养殖业。同时弥补了无居民海岛陆域土地资源有限的缺憾，增加了无居民海岛土地资源的承载能力。

（二）海岛旅游资源

1. 海岛旅游资源概念和分类

海岛旅游资源的概念界定。迄今为止，对于海岛旅游资源的概念在学术上还没有统一的界定。国家标准《旅游资源分类、调查与评价》（GB/T 18972—2003）（以下简称“国标”）中的岛区旅游资源指的是小型岛屿上可供游览休憩的区段。这个规定完全把海岛的旅游价值局限于其内部的某一范围，而未将海岛整体在海洋旅游中的价值完整地表达出来。海岛作为海洋的一部分，具有海洋旅游资源共性的同时，兼有海岛自身的特殊性，根据卢昆提出的海岛旅游的定义“以特定的海岛地域空间为范围，凭借岛上特有的生态景观和人文面貌，以满足游客需要，同时促进海岛社会经济全面健康发展为目标而开展的旅游活动”，海岛旅游资源应当界定为：在海岛（包括岛陆、海滨、海面、海底等）空间范围内的能够满足旅游者休闲体验的需要并能被旅游业所开发和利用，产生经济和社会价值的各种事物和因素。

海岛旅游资源的分类研究。对海岛旅游资源的分类，也没有形成统一的标准。国内学者从不同角度对其进行了研究，提出了不同的分类体系，但大部分都是依据国家标准进行分类，即按照性质和成因、特点和功能、生成机理、资源结构、作用和表现形式以及资源动态六大系统分类。在实际应用中，按旅游资源的性质和成因分类，结合无居民海岛自身的特征，把海岛旅游资源分为自然海岛旅游资源和人文海岛旅游资源两大类，是应用较多的分类方法。

2. 海岛旅游资源的要素及特征

海岛自然旅游资源主要包括：地文景观、天象与气候景观、水域风光景观和生物景观等资源；海岛人文旅游资源主要包括：历史遗址、古建筑、宗教遗址、民风民俗、船体景观、环岛航行和节庆旅游等资源。海岛特有的自然和人文资源决定了海岛旅游不可替代的产业地位，历史发展背景也决定了海岛旅游同陆地旅游相比具有很大程度的不同，给人们不同于陆地的感官和视觉刺激。与陆地旅游资源相比，海岛旅游资源具有一些独特之处。

① 典型的海洋性。海岛地处海洋中央，具有典型的海洋性特征，特别是具有宜人的气候，海岛一般以温带海洋性气候为主，冬暖夏凉，气候宜人，光照充足，海洋性气候有利于度假旅游。与此相关的海岛人文旅游资源也在不同程度上受到海洋的影响，具有独特的海洋文化属性。

② 旅游产品多样化。与广袤的大陆相比，海岛旅游资源不但可以集大陆各种旅游资源因素于一体，如各种山石景观、滨海沙滩、森林植被及近海宽阔海域等风光，而且具有大陆没有的独特景观，如奇特礁石、海蚀地貌等，是相对综合且完整的旅游资源，提供海陆特色交融的旅游产品。

③ 景观差异性显著且独特。无居民海岛远离大陆，与大陆隔绝，工业相对落后，空气没有污染，清新的空气加上含量高的负氧离子，对疗养需求的游客具有很大吸引力，同时使岛上的旅游者从心理上有脱离世俗的感觉。地理位置不同，使海岛自然资源景观差异性显著，岛上生活形成了特有的渔家风俗、宗教信仰等文化；大多数海岛位处边疆，多为海防前线，具有独特的军事建筑和军事文化。

④ 较强的季节性。由于海岛所处气候带不同，海岛旅游发展具有显著的区域差异特征。我国无居民海岛跨越热带、亚热带和湿带，各海岛气候受到经纬度、大陆和海洋的影响，差异较大，海岛自然资源在不同季节差异显著。实践中，热带海岛旅游远比温寒带海岛旅游火爆，很大程度上就在于热带海岛全年的气候变化程度远不及温寒带海岛年度气候变化的那么强烈。

3. 海岛旅游资源的经济价值

随着体验经济时代来临，休闲度假等消费正在成为重要的消费方式。无居民海岛旅游资源具有优越自然禀赋，适度的开发建设，也将有助于大幅提升以旅游业为支柱产业的第三产业整体水平，推动海洋经济开放升级，促进海岛经济实现历史性跨越。与陆地相比，海岛具有相对完整的生态景观系统和独具特色的人文面貌，其特有的狭小地域空间更能给游客以完整、鲜明的印象感知。随着人们可支配收入水平的提高、空间交通条件的便捷，海岛旅游在世界范围内蓬勃发展。

无居民海岛具有独特的区位、宜人的气候、奇妙的气象、诱人的海洋风光、多样的生物物种、独特的岛屿地貌等得天独厚的自然环境；某些海岛拥有资源丰富的历史遗迹和宗教文化特色等。开发者如能充分考虑到与周边旅游景点的衔接，搞好无居民海岛旅游定位，依据其特色开发无居民海岛观光型、休疗康乐型、参与体验型、文化型和购物型旅游等多类型多层次的无居民海岛旅游项目，将创造巨大的旅游产业经济价值。

(三) 海岛港口资源

1. 海岛港口资源的价值依托

海岛港口资源主要依托区位理论产生价值和作用。区位论的最初目的是用来解释经济发展中生产活动的空间分布，在西方区位论的研究已经有一个半世纪以上的历史，其中前 100 年在经济学内，后 60 年逐渐向地理学扩张，直至它成为现代理论地理学、工业地理学的核心。19 世纪 40 年代初期德国学者高兹的《海港区位论》掀开了国外近代港口与区域相关研究的序幕。从港口建设的选址区位研究开始，国外港口与区域相关研究的范围不断拓展，港口被认为是现代综合交通网络的重要节点和区域系统的重要组成要素。1984 年霍伊尔和希林（Hilling）在他们共同编辑的《海港体系与空间变化》一书中对近现代港口与区域相关研究的内容加以概括与总结。2006 年，董洁霜、范炳全等将经济地理学的空间相互理论的“区位势”概念与模式运用到港口相关研究，建立港口区位理论模型，对港口与腹地的相互关系以及港口在区域系统中的地位和作用进行定量分析。张耀光（1995）对辽宁省海岛港口以及陆岛交通问题进行研究；栾维新、王海壮（2005）对长山群岛港口空间结构问题进行了定性分析。

2. 海岛港口资源的要素及特征

港口的生产要素包括港口本身的自然条件、硬件设施、人力资源和资本运作能力等。就港口的自然条件而言，应当包括地理位置、可建港的深水岸线长度、航道条件、锚地条件等。

① 地理位置，即无居民海岛的区位条件。我国无居民海岛在空间分布上处于我国港口、航道、锚地资源分布的前沿，以海岸带港口和港口城市开发为依托，在沿海港口航道开发中具有向陆和向海两个方向发展的空间利用优势。

② 深水岸线资源。岸线资源是指占用一定范围水域和陆域空间的国土资源，是水土结合的特殊资源。深水岸线指距岸 100～200 m，水深在 -10 m 以下的岸线。这类岸线能满足万吨级以上船舶航运、停泊的要求。我国无居民海岛大多为基岩岛，靠近大陆，多数又是群岛，形式分布于沿海，在岛陆和岛岛之间形成很多水深较大的水道和航门，水下岸坡较陡，深水区离岸较近；在大的无居民海岛上深水岸线后方一般有一定的纵深平原，可作为港城，其他中小无居民海岛只需填海造地就可满足港口用地需要。可见，我国无居民海岛的深水岸线资源丰富，能适应国际、国内经贸发展和船舶

大型化发展的大趋势。

③ 航道条件。航道是指在内河、湖泊、港湾等水域内供船舶安全航行的通道，由可通航水域、助航设施和水域条件组成。航道条件指的是一定规格的船舶能够不分季节、昼夜、安全迅速地进出港湾的条件。按形成原因分天然航道和人工航道，无居民海岛港口资源主要指天然航道。我国无居民海岛集中分布的地区，在潮流、泥沙和地形之间长期相互作用下，形成许多优良的航道，供各种类型的船舶航行。在岛陆和岛岛之间形成的内航道和外航道相通就形成了内外航道相连的整体。

④ 锚地条件。锚地是指港口中供船舶安全停泊、避风、海关边防检查、检疫、装卸货物和进行过驳编组作业的水域。其面积因锚泊方式、锚泊船舶的数量和尺度、风浪和流速大小等因素而定。作为锚地的水域要求水深适当，底质为泥质或砂质，有足够的锚位，不妨碍其他船舶的正常航行。在有天然掩护条件的港外锚地可进行部分减载的过驳作业，使吃水较深的船舶能够进入水深不足的港池。港内锚地一般设在有掩护的水域，主要供船舶等候靠泊码头或进行水上过驳作业用。我国沿海海运锚地多集中在群岛之间，锚地水深适宜，水域宽阔、海底平坦。锚地有一个至几个方向的岛屿作屏障，可避单向风或多向风，在被岛屿四周环抱的避风锚地也可以避台风。锚地浪小，水流缓、泊稳条件好，有些锚地可供开发水上作业。锚地的底质多为泥或泥沙质，锚抓力强。正因为沿海锚地有上述诸优点，成为国际、国内船舶的避风地，很多无居民海岛在其中起了极好的辅助作用。

3. 海岛港口资源的经济价值

海岛港口是海洋经济不可或缺的重要资源，不但促进经济增长，还能提供就业途径。海港是海洋经济与陆地经济的交通枢纽，随着经济全球化和区域经济一体化进程不断加快，对现代经济和社会发展起着愈来愈重要的作用。中国海岛大都是基岩岛，海岸线漫长曲折，避风条件良好的港湾众多，适宜建港的深水岸段长，天然锚地及深水航道多。

① 港口是海运和陆运的交接点。港口是水路、陆运的终端；货物在港口进行船舶与车辆（或其他船舶）之间进行换装，有利于国家进出口贸易的发展。

② 港口是工业活动基地。工业，尤其是对运输有较大依赖的制造业离不开高效率的港口；港口设施和工业用地的布局可以有机结合，提高运输、存储、加工的效率。

③ 港口是城市发展的增长极。工业在港区得到发展，经济活动加强，港区逐步形成城区；城区的消费增加，港口的货物吞吐量也随之增长，形成港口和城市相辅相成共同发展的趋势。

④ 港口具有社会发展促进效应。港口发展有利于降低货物运输成本增加就业机会、增加收入、提高生活水平、促进地区经济发展。

我国近岸的无居民海岛位于亚热带和温带，多数港口终年不冻、深水水域广阔，天然锚地及深水航道多。岸线曲折漫长，岬角和海湾相间，形成许多避风条件良好的港湾，可供建港的深水岸线长；许多基岩岛多海湾，港湾内淤积量小，宜建港的海岛港口资源丰富。[①] 很多无居民海岛分布在大陆附近，临近大的河口和海湾，或者靠近沿海经济发达地区，这样就使无居民海岛港口成为我国沿海港口的一部分，也是大陆沿岸大型港口航线必经之地，我国海上南、北航线都从海岛附近经过。我国的无居民海岛多半为群岛型星罗密布在近岸，不仅形成诸多的天然锚地，也因近岸潮流受岛陆和海岛的影响，形成众多深水水道，构成东西、南北交叉的海上交通网络。

港口经济是海岛型城镇发展的重要战略方向之一，区域中心海港对周边海岛型城镇的影响是全面的、深远的，海岛型城镇应该根据近域中心港口的性质和功能，有选择、有阶段地确定适合自身特色的发展战略。因此，无居民海岛的建港岸线、深水资源、避风港湾等与海洋鱼类、海洋景点、土地等资源一样，也是重要的自然资源，它的开发利用能为国家经济建设产生巨大的效益，创造经济价值，同时还具有特殊的战略意义。

（四）海岛森林资源

1. 森林资源内涵的界定

森林资源是林地和林地内的动植物以及林地环境的总称，以林木资源为主体。不同国家、不同国际组织确定的森林资源范围不尽一致。国务院2000年发布的《中华人民共和国森林法实施条例》中规定，森林资源包括森林、林木、林地以及依托森林、林木、林地生存的野生动物、植物和微生物。按照中华人民共和国林业部2004年发布的《全国森林资源连续清查主要技术规定》，凡疏密度（单位面积上林木实有木材蓄积量或断面积与当地同树种最大蓄积量或断面积之比）在0.3以上的天然林；南方3年以上，北方5年以上的人工林；南方5年以上，北方7年以上的飞机播种造林，生长稳定，每亩成活保存株数不低于合理造林株数的70%，或郁闭度（森林中树冠对林地的覆盖程度）达到0.4以上的林分，均构成森林资源。在联合国粮食及农业组织世界森林资源统计中，只包括疏密度在0.2以上的郁闭林，不包括疏林地和灌木林。

从经济学价值角度看，森林资源是自然资源的一种，是指在一定的空间范围内，构成森林生态系统的各要素以及以森林生态系统为条件而存在的，现在或将来采用相关技术，将其作为劳动对象投入到生产过程中去，为社会提供所需要的产品或服务的劳动对象的总和。

2. 海岛森林资源的要素及特征

森林资源按自然属性可划分为生物资源和非生物资源两大类。其中生物资源又可分为植物资源、动物资源和微生物资源三类：植物资源包括林木资源（乔木、灌木和竹子）和非林木资源（藻类、地衣、苔藓、蕨类和其他种子植物等）；动物资源主要包括哺乳动物、爬行动物、森林昆虫、鸟类和鱼类等；微生物主要包括各种菌类、支原

① 此观点引自：刘容子．我国无居民海岛价值体系研究．北京：海洋出版社，2006。

体、衣原体等。非生物资源主要是指支撑森林生物资源的林地土壤、水分等资源。可见森林是地球上一个丰富多彩的大资源库，而且它的主要部分森林生物资源部分，是可持续利用的可再生资源。

无居民海岛分布于大陆海岸线以外，四周被海洋所包围，由于它所处位置的特殊，在长期的地质变迁、岩性、气候、生物、潮汐和波浪等因素的综合作用下形成了特有的林业经营环境条件。

① 独特的地质地貌：以地质构造为基本骨架，基岩岩性为基本物质基础，在风化剥蚀、流水侵蚀与堆积、海水冲刷与淤积和风的吹扬作用等的长期影响下，造就了现在展示的海岛地貌。岩性对地貌的影响结果与森林立地质量的好坏关系密切。坡度较大的丘陵，山体较高，山顶尖削，抗风化能力较强；较平缓低矮的丘陵，山脊平缓，山顶呈浑圆状，抗风化剥蚀能力较弱。

② 较为严重的灾害性天气：无居民海岛常年风力较大，无论是发生次数，持续时间还是强度，都较大陆地区增多和强劲；近海岸岛屿暴雨日多，热带风暴雨量大，以严重雨灾为主；远海岸岛屿则以风灾和雾灾为主，是许多灾害性天气的高发区或特定发生区，对树木生长非常不利。海雾中含有细小的盐滴，对树木生长有害。灾害性天气的影响状况与海岛所处的纬度和距海岸的远近关系密切，由北向南灾害性天气的影响强度和次数呈递增趋势。

③ 特殊的成土条件和土壤类型：丘陵土壤，由于受到海雾、施鱼肥和垦殖的影响，在土壤形成过程中除了富铁铝化过程外，还具有复盐基过程。因此，土壤的盐基饱和度较高，特别是海拔较低的环海面土壤和有垦殖史的土壤，具有较大的林业经营价值。平原土壤，成土母质以海相沉积物为主，在形成过程中受到过海水的浸渍或地下水的海水渗透，因此土壤含盐量较高。

可见，由于无居民海岛特殊成因导致海岛造林与一般内陆造林不同。海岛特殊的生态环境对林木生长的影响是极为恶劣的，其许多特殊的立地因子都制约着海岛森林的生长发育。因此，海岛造林一般不易获得良好的效果，有必要在充分了解造林立地特性的基础上，选择相应的营林措施和造林树种，才能保证海岛森林的正常生长。

3. 海岛森林资源的经济价值

无居民海岛经营性林业资源身兼林业再生产的劳动对象和生产资料双重身份，是林业生产的物质基础，不断地给人类提供木材产品和林副产品。木材产品主要包括原木、锯材、纸浆材、人造板材等；林副产品主要包括森林植物的叶、花、果、茎、树皮、树脂、村胶、树液等和经济林以及森林动物与微生物提供的各种产品等，也可提供如森林旅游景观等服务性收入，总之满足工业生产、建筑建设及消费者的日常生活、休闲娱乐等多种需求，是国民经济的基础之一，同时也为经营者提供产出大于投入的森林资源经济价值。

因此，无居民海岛森林资源是经济资源的一种，是海岛森林资源在产权清晰的前提下，通过委托授权等方式所拥有的森林资源的总和。无居民海岛使用人在了解森林资源的种类、数量及其特征和开发的限制性因素基础上，以市场为中心，根据市场需求状况，结合特定的森林资源特点，经过森林资源开发项目的可行性论证后，对无居民海岛森林资源进行合理、适度的开发利用，将创造巨大的经济价值。

（五）海岛水产资源

1. 水产资源开发管理

水产渔业劳动一直是人类获得食物的主要途径之一，同时也为人类提供了丰厚的经济利益。渔业活动范围的不断扩大与捕捞效率的提升，使得世界渔获量增加迅猛，商业捕捞活动对海洋渔业的干扰程度进一步加深。目前，根据世界粮农组织（FAO）对海洋渔业资源评估显示，在200多种的世界主要渔业种类中，约35%已经过度开发，资源已开始出现衰退现象。渔业资源作为一种开放可流动性的生物资源，虽然可再生，但若不加以合理利用和管理，将难以避免衰退甚至枯竭的命运。国家为保护水产资源由国务院于1979年2月发布了《水产资源繁殖保护条例》，主要从保护范围和对象、采捕原则、禁渔区和禁渔期、渔具和渔法以及水域环境的维护等方面做了明确规范。《中华人民共和国渔业法》于1986年公布并实施，从法律层面对养殖业、捕捞业以及渔业资源的增殖和保护进行了法律约束，2004年对该法律进行了最新修订，在很大程度上遏制和缓解了水产资源过度开发的状况。

2. 海岛水产资源的要素及特征

海岛水产资源指已被利用或尚未开发利用但具有经济价值的海岛水生动植物资源，又称海岛渔业资源。

（1）海洋鱼类

鱼类是海洋水产资源的主体，也是海洋渔业生产的主要对象。无居民海岛岸线漫长而曲折，岬角海湾相间，形成许多避风良好的港湾，海洋面积辽阔，渔业资源种类丰富，为发展现代渔业提供良好的条件。在我国黄海、渤海、东海、南海及各海区，近岛海域鱼类的种类组成和数量分布诸方面都各具特色，热带近岸海域的鱼类种类较多，而种群数量一般较黄海、渤海及东海海区少。

渤海海区渔场。渤海位于我国北部，南北西三面被陆地环抱，东南以渤海海峡与黄海相连，辽河、滦河、海河和黄河流入，带来大量泥沙和有机物质，使沿海浮游生物丰富，天然饵料多，成为鱼类的天然产卵场所和重要渔场。有常见鱼类70多种，加上虾类、蟹类、贝类、藻类，共计170多种。主要水产有小黄鱼、带鱼、鳓鱼、对虾、毛虾及海蟹等。渤海水浅坡度缓，发展养殖业潜力很大，但因捕捞过于集中及污染等原因，资源日见衰退。

黄海海区渔场。黄海位于长江口北角至济州岛西角一线以北，渤海以东海域，全部属浅海大陆架。有各种鱼类200多种，是我国唯一有冷水性鳕鱼分布的海区。主要经济鱼类有大小黄鱼、带鱼、乌贼、鳕鱼、鱿、鳓等。黄海水产资源也有衰退趋势，现已采取措施，禁止滥捕，保护资源。

东海海区渔场。东海包括广东省南澳岛至台南鹅銮鼻一线以北、黄海以南的广大海域，地处亚热带，为热带、温带过渡地区，因而南北鱼类兼而有之，以温带性种类为主，有各类鱼种700多种，东海海区是我国最大的海洋渔业产区，主产全国四大经济鱼类即带鱼、大黄鱼、小黄鱼、墨鱼，已建有上海、舟山、宁波、镇江、温州、镇海、马尾和厦门等重要渔港。其中浙江的舟山渔场是全国最大的海洋渔业基地，商品鱼数量约占全国的1/2。

南海海区渔场。南海四周较浅，中间深陷，是一个深海盆地，海域十分辽阔，是我国海洋水产的第二大产区。鱼类种类众多，经济价值较高的有兰园参、沙丁鱼、海蛇等，还盛产金枪鱼、鲨鱼等大洋性鱼类，海龟、海参、玳瑁等是南海的特产。

（2）海珍品

我国众多无居民海岛及其周围的岩礁区，特别是南海海区的近岛珊瑚礁盘浅海水域环境条件十分优越，是诸多海珍品生物生长、繁殖的优良场所和进行人工养殖的重要基地。近岛海域的海珍品种类繁多，资源相当丰富。如仿刺参广布于东海及黄渤海区；海地瓜产于浙江沿岸海岛周围海域；一些多暖水性种类，主要分布于南海诸岛，西沙群岛产海参20余种，栖息于岩礁海藻丛生的砾砂底质区等。

（3）其他水产资源

无居民海岛及其周边海域分布着丰富的经济虾类、蟹类、贝类和经济藻类，具有很大的开发潜力。特别是海岛岩礁海岸的潮间带生物繁茂，有各种固着生物和不活动方式生物，如蓝藻、马尾藻、海带和墨角藻等海藻、多种海螺、小藤壶、贻贝、牡蛎、腹足类、软体动物和蟹；在热带海域广泛分布珊瑚礁；砂质海岸，由于底质的不稳定性和缺乏合适的附着基质，生物种类较少，主要有虾类、蟹类、蛤类及软体动物等；泥质海岸，大多形成广阔的泥滩，泥内富含有机质。其中潮上带在热带为红树林沼泽，温带为长有海草的盐沼滩；潮间带主要有软体动物（如泥蚶、乌蛤等）；潮下带有多种虾类及甲壳动物等；河口潮间带，生物具有广盐性、广温性、耐低氧性，并以碎屑食性为主。如美洲巨蛎、鳗鲡、锯缘青蟹及贻贝等。

3. 海岛水产资源的经济价值

海洋水产业就是对海洋中的鱼类、虾蟹类、贝类、藻类和海兽类等水产资源进行人工繁殖、合理捕捞和加工利用的生产事业。它包括了海洋捕捞业和海洋养殖业。目前我国以海洋捕捞业为主。在我国海洋水产品中，鱼类产量最大，约占3/4。

我国无居民海岛及其周边海域水产生物资源种类繁多、资源丰富。众多潮间带及近岛海域宽阔，水产资源环境条件优越，是多种鱼、虾、蟹、贝、藻的产卵、育仔、索饵和生长栖息场所，有着大量可供食用、药用和宜于增养殖的经济水产生物资源。小型中上层鱼类和大型海藻，尚具较大开发潜力，有待今后进行积极合理地开发。

海洋渔业产业的快速发展还将有效推动区域经济。中国的海洋渔业具有悠久的历史，从古至今始终是沿海地区经济的重要组成部分。自20世纪90年代以来，海洋渔业产值在整个国家农业总产值中所占的比重逐步提高。海洋捕捞和海水养殖范围的扩大、品种的增加、技术的进步以及国际间的合作交流，极大地推动了地区经济的发展。海岛渔业资源为我国大力发展渔业产业提供了坚实的基础，在市场需求逐年旺盛的环境下，将创造巨大的渔业经济价值，促进我国海洋经济的提升。

（六）海岛其他资源

除上述五种海岛资源外，无居民海岛还具有其他可开发利用的资源，如海洋能源（可再生能源）、海水化学（海盐、海化资源）、岛陆经济生物、淡水及矿产等资源。这些资源具备不同于大陆国土的可供开发利用的独特优势。

1. 海洋能源

海洋能源通常指海洋中所蕴藏的可再生的自然能源，主要为潮汐能、波浪能、潮流能、海水温差能和海水盐差能。更广义的海洋能源还包括海洋上空的风能、海洋表面的太阳能以及海洋生物质能等。究其成因，潮汐能和潮流能来源于太阳和月亮对地球的引力变化，其他均源于太阳辐射。海岛地处海洋之中，对海洋能源的利用方面相比大陆具有优势。

潮汐能。潮汐能是指海水潮涨和潮落形成的水的势能，其利用原理和水力发电相似。潮汐能的能量与潮量和潮差呈正比，即与潮差的平方和水库的面积呈正比。与水力发电相比，潮汐能的能量密度很低，相当于微水力发电的水平。世界上潮差的较大值为13～15 m，我国的最大值（杭州湾澉浦）为8.9 m。一般来说，平均潮差在3 m以上就有实际应用价值，浙江和福建沿海是我国潮汐能较丰富的地区。

波浪能。波浪能是指海洋表面波浪所具有的动能和势能。波浪的能量与波高的平方、波浪的运动周期以及迎波面的宽度呈正比。波浪能是海洋能源中能量最不稳定的一种能源。波浪能丰富的欧洲北海地区，其年平均波浪功率也仅为20～40 kW/m，中国海岸大部分的年平均波浪功率密度为2～7 kW/m^2。但由于不少海洋台站的观测地点处于内湾或风浪较小位置，故实际的沿海波浪功率要大于此值。其中浙江、福建、广东和台湾沿海是我国波能丰富的地区。

潮流能。潮流能是指海水流动的动能，主要是指海底水道和海峡中较为稳定的流动以及由于潮汐导致的有规律的海水流动。海流能的能量与流速的平方和流量呈正比。相对波浪而言，海流能的变化要平稳且有规律得多。一般来说，最大流速在2 m/s以上的水道，其海流能均有实际开发的价值。其中辽宁、山东、浙江、福建和台湾沿海的海流能较为丰富，不少水道的能量密度为15～30 kW/m^2，具有良好的开发价值。需要指出的是，中国是世界上海流能功率密度最大的地区之一，特别是浙江的舟山群岛的金塘、龟山和西堠门水道，平均功率密度在20 kW/m^2 以上，开发环境和条件很好。

温差能。温差能是指海洋表层海水和深层海水之间水温之差的热能。海洋的表面把太阳的辐射能的大部分转化成为热水并储存在海洋的上层。而接近冰点的海水大面积地在不到1 000 m的深度从极地缓慢地流向赤道。这样，就在许多热带或亚热带海域终年形成20℃以上的垂直海水温差。利用这一温差可以实现热力循环并发电。南海的表层水温年均在26℃以上，深层水温（800 m深处）常年保持在5℃，温差为20℃，属于温差能丰富区域。

盐差能。盐差能是指海水和淡水之间或两种含盐浓度不同的海水之间的化学电位差能。主要存在于河海交接处。同时，淡水丰富地区的盐湖和地下盐矿也可以利用盐差能。盐差能是海洋能中能量密度最大的一种可再生能源。利用水位差就可以直接由水轮发电机发电，主要集中在各大江河的出海处。同时，我国青海省等地还有不少内陆盐湖可以利用。

海洋风能。海洋风能是近海区域因空气流做功产生的一种可利用的能量。我国幅员辽阔，海岸线绵长，风能资源相对丰富。据《全国海岸带和海涂资源综合调查报告》，我国大陆沿岸浅海0～20 m等深线海域面积达15.7×10^4 km^2，按浅海10%～20%海面可利用风能计算，海上可布置1×10^8～2×10^8 kW的风机。可见，未来我国可开发的海洋风能储量潜力巨大。

海洋太阳能。太阳能一般是指太阳光的辐射能量，在现代一般用作发电。自地球形成生物就主要以太阳提供的热和光生存，而自古人类也懂得以阳光晒干物件，并作为保存食物的方法，如制盐和晒咸鱼等。但在化石燃料减少的情况下，才有意识地把太阳能进一步发展。太阳能的利用有被动式利用（光热转换）和光电转换两种太阳能利用方式。太阳能发电是一种新兴的可再生能源。

海洋生物质能。海洋生物质能是海洋植物利用光合作用将太阳能以化学能的形式储存的能量形式，海洋生物质的主要来源为海洋藻类，包括海洋微藻和大型海藻等。海洋藻类是石油、天然气等现代化石能源的古老贡献者，可以利用海洋、盐碱地等不适合粮食作物生产与林木种植的空间进行规模生产，成为当前生物质能研究领域的热点，已经引起了全球各界的广泛关注。

2. 海水化学资源

海岛周边海域的海水中的化学元素，除氢和氧以外，含量在1 mg以上的有氯化物、硫酸盐、碳酸氢盐、溴化物、硼酸盐、氟化物、钠、镁、钙、钾和锶等。这些被称为海水中的常量元素。由于其含量比较高，而且它们的介质——海水体积非常庞大，总储量十分惊人，又被称为“无限资源”。它们的总含量占海水化学元素的99%以上。含量在1 mg以下的还有60余种，称“微量元素”，有锂、铷、碘、钼、锌、铀、铅、钒、钡、铜、银和金等。微量元素中另有磷、氮、硅等几种，对海洋生物的生长具有重要意义，故被称为“营养盐类”。海水的平均盐度（每千克海水中的克数）约为35。人类对海水化学资源的利用已有悠久的历史。其中利用最早、数量最大的当是海水制盐（氯化钠），海盐是制造烧碱、纯碱、盐酸、肥皂、染料、塑料等不可缺少的原料。海洋中镁、溴、铀等化学元素则在重要的工业、农业、军事、国防和医学领域广泛应用。

3. 岛陆经济生物资源

红树林是由一群水生木本植物组成的海岸植物群落，具有特殊的生态地位和功能，是极为珍贵的湿地生态系统，对调节海洋气候和保护海岸生态环境起着重要作用，素有“护岸卫士、鸟类天堂、鱼虾粮仓”的美誉。全世界红树林树种共有24科30属83种。在我国，红树林主要分布在海南岛、广西、广东和福建众多岛屿上，淤泥沉积的热带亚热带海岸和海湾，或河流出口处的冲积盐土或含盐沙壤土，适于红树林的生长和发展。

经济植物。经济植物包括药用植物、用材林、防护林、纤维植物、油料植物、可食用植物及美化绿化环境植物等。如西沙群岛有植物资源283种，主要是食物和药用植物。山东省的大钦岛、大黑山岛和大竹山岛是重点药材保护区。

珍稀和濒危保护植物。我国无居民海岛植物资源普遍种类多、数量少，加之人类长期掠夺式开发，许多宝贵的经济植物遭到破坏，成为珍稀和濒危植物。据统计，浙江省境内4 000多种野生植物中，有200多种野生植物濒临灭绝。其中，天目铁木、百山祖冷杉、羊角槭等50多种野生植物已被列入国家保护名录。

此外还有经济动物、珍稀和濒危动物等资源。

4. 淡水资源

海岛丘陵区，无过境客水，淡水资源全靠降水补给，补给量很小；同时海岛地形陡峭、川流短促，集雨面积相当有限，且岛与岛之间存在差异，淡水资源状况各不相同。水资源的时空地域分布不均，进一步加剧了水资源的紧缺。

第二节　海岛生态服务价值体系

海岛是地球上极为丰富的自然资源，具有使用价值和生态服务价值两重性。无居民海岛一方面作为生产资料参与海洋产业的生产过程，具有使用价值，表现为海岛的空间使用价值；另一方面海岛提供无偿的生态服务，如气候调节、降水、环境净化等，具有生态服务价值，如果海岛的开发活动改变了海岛原有的自然属性，降低了其基本功能，则要交纳补偿金。因此海岛的功能价值是有生命周期的，从海岛开发利用开始，到海岛被破坏、海岛生态环境丧失服务功能结束，海岛生命周期的长短，取决于人类与海洋能否和谐共处，人类适度开发海岛资源，有利于延长海岛的生命周期。①

无居民海岛特殊的地理环境决定了其生态系统十分脆弱，稳定性差，易遭到损害。海岛生态系统兼具陆地生态系统和海洋生态系统的特征，但其功能不是岛陆子系统与近海子系统的简单叠加，而是具备岛陆子系统和近海子系统所不具有的特殊功能，结构复杂，资源独特，生物物种稀缺，且海岛与其周围近海构成独立的生态系统，使得无居民海岛生态系统的功能十分完整。无论是基于保护还是开发的目的，都必须重视无居民海岛的生态服务功能，这对于无居民海岛的生态系统维护和可持续发展是十分重要的。

一、海岛生态系统研究述评

海洋生态系统服务评估研究属于生态系统服务研究的新领域。从已有的文献来看，相关研究主要集中在特殊海洋生态系统的价值评估方面。作为特殊的海洋生态系统，无居民海岛生态系统服务及其价值评估研究尚不多见。由于海岛生态系统组成、结构复杂，各种生态服务功能表现为岛陆交错，难以分别计量。因此，目前的无居民海岛生态服务系统的价值评价模式和研究结论尚不能统一，但现有对海洋及岛屿生态系统的相关研究，为今后进行无居民海岛生态服务功能的深入研究提供了理论、方法和模式的借鉴。

（一）国外研究综述

国外在海岛生态系统研究方面开展的工作相对较少。达尔文首先注意到，生存在岛屿上的所有物种的数目比大陆上同样面积上生存的生物要少，且其中大部分又是本地所特有的种类。他提出的岛屿上特殊生物多样性变化为揭示生物进化理论提供了重要的依据，也可以视为海岛生态系统研究的开端。1973 年，联合国教科文组织（UNESCO）制订了有关海岛生态系统的合理利用与生态学的人与生物圈（MAB）计划，其中关于岛屿生态系统的合理利用与生态学研究，可以认为是国际上关于海岛生态系统研究的进一步发展。1992 年 6 月，在巴西里约热内卢召开的环境与发展会议通过了《21 世纪议程》，其中包括“小岛屿的可持续发展”。1994 年通过了《小岛屿发展中国家可持续发展行动纲领》，要求各国采取切实的行动措施，加强对岛屿资源开发的管理，为岛屿的可持续发展提供根本的保障。

国外专家学者自 20 世纪 90 年代以来对海岛生态系统的研究主要集中在海岛生态退化、海岛及周边海洋管理以及人为压力下海岛生态系统的响应等方面。Lean G 提出旅游开发使得小型海岛受到森林砍伐、土壤侵蚀、野生动物灭绝等威胁；Jon S. Hardling 等利用 GIS 技术对新西兰南岛生态区受人类活动的影响程度进行等级划分，为海岛开发规划提供可靠依据；S. Gossling 指出桑给巴尔岛上的旅游业加剧了淡水资源的匮乏程

① 此观点引自：Wang X H, Peng B. Determining the value of the port transport waters: based on improved topsis model by multiple regression weighting [J]. Ocean & Coastal Management, 2015, 107, 第 4.2.1 部分。

度，过度的地下水开采导致其地下水位明显下降、地面沉降、地下水质破坏、海水入侵等现象，破坏了海岛原有的生态环境。

20 世纪后期专家学者加强了海洋生态系统服务价值评估方面的研究，如 Moberg 和 Folke 分析了珊瑚礁产生的服务，认为珊瑚礁除了物质生产以外，还提供了海岸带保护等物理结构服务、生物服务、生物地球化学服务、气候变化记录等信息服务和休闲文化服务等；Moberg 和 Rfnnback 进一步总结了红树林、海草床和珊瑚礁等热带海洋景观的服务；Ledoux 和 Turner 评述了海洋和海岸带资源的不同价值评估方法及其相关问题。

（二）国内研究综述

我国的海岛生态系统研究起步较晚，研究工作与国外相比存在着一定的差距，比较系统的海岛研究主要集中在国家组织的几次全国性海岛海岸带调查。近几年来，国内陆续有学者对海岛生态旅游、港口和渔业资源开发、无居民海岛保护和管理以及海岛生态环境可持续发展等方面开展了相关的研究。《海岛保护法》以促进经济社会可持续发展为立法的最终目的，这一终极目的的实现是以保护海岛及其周边海域生态系统，合理开发利用海岛自然资源、维护国家海洋权益的目的实现为基础的。

近年来许多学者从各相关专业角度，如海岛土壤、植被、潮间带生物等方面对部分海岛进行了相关研究。杨文鹤（2000）系统和完整地对中国海岛的自然环境概况、开发利用现状、海岛的保护和管理等方面进行了详细的描述；李金克等（2004）对海岛可持续发展的评价指标体系的构建进行了初步尝试；在无居民海岛的生态保护与修复的研究方面，任海、李萍等指出海岛恢复的限制性因子是淡水、土壤、生物资源的缺乏以及严重的暴雨风害，在开展海岛恢复工作工程中，应改造生境并引入适宜的乡土种，注重退化海岛水分循环的恢复和维持；李杨帆等打破传统静态的、被动的自然保护模式，提出无居民海岛的生态保护应采用“生境更新”的方法，将生境看成一种可更新资源，通过增加自然生境的保护面积和恢复已破坏的生境两种方法，强化生境的自然更新机制。

国内对海洋生态系统服务价值评估领域的研究也逐渐展开。李金克等对海岛可持续发展的评价指标体系的构建进行了初步尝试；石洪华等初步构建了海洋生态系统服务功能分类体系，研究了海洋生态系统典型服务功能的价值评价方法，并选择庙岛群岛南五岛作为研究区域，研究了其生态系统服务，并进行了价值评估；赵晟、洪华生等应用能值理论，对中国红树林生态系统服务的能值货币价值进行评估；陈彬等从海岛生态状态及生态服务功能两个方面，探讨了海岛生态综合评价的指标和方法等。

（三）研究评价

现有国内外的生态服务价值研究具有极大的参考价值，但仍存在一些问题。

已有研究在森林资源生态系统、旅游生态系统、土地资源生态系统等方面取得了进展，但大都是针对陆地或海域生态系统服务价值的研究，对于无居民海岛生态系统服务价值的研究为数甚少，研究结论的科学性、规律性有待考察。

已有研究对某单一资源性资产的研究比较成熟，开展了包括水资源、土地资源、森林资源、草地资源、矿产资源等的价值核算工作，但却没有将海岛生态作为一个独立完整的系统进行综合研究。

无居民海岛生态系统服务价值体系非常复杂，即综合了森林、旅游、土地、海域、矿产、能源等众多资源的生态服务功能，又不是这些功能的简单叠加，具有独特的海岛生态系统服务价值体系和功能，相关研究涉及多学科交叉合作问题，不同研究者的学科侧重点和研究目标的不同，不同生态系统的主要服务功能的不同，以及研究尺度的不同，都会导致结果产生较大的差异。

由于无居民海岛生态系统的复杂性，以及现有科学条件的局限性，对于有些生态系统的服务功能还无法量化地分析研究。同时有些生态系统的服务功能，如支持功能等是依靠长时间产生的间接影响，这就使其可能在其他功能价值的计算中被重复计算，增加了研究的难度。

二、海岛资源生态价值体系构成

海岛生态系统就是指由海岛生物及其环境组成的生命支持系统。就单个海岛而言，它是由海岛陆地（岛陆）、海岛潮间带、海岛基底（岛基）和环岛浅海组成。海岛远离大陆，每个海岛都是一个相对独立而完整的生态环境地域，海岛的物种分布、物种形态和群落结构一般与大陆不同。有些海岛拥有典型的生态系统，如红树林生态系统、珊瑚礁生态系统、潟湖生态系统；有些海岛拥有极大的物种多样性，如南麂列岛；有的海岛为珍稀或濒危物种提供了生存和栖息场所，如西沙群岛的东岛上拥有大量的白鲣鸟等。

可见，海岛生态系统是一个集陆地、湿地和海洋三类生态系统的特征于一体的特殊系统，与其他生态系统相比，更加复杂，可按组成成分将其内部划分为若干子系统，每个子系统也是由若干组成成分构成，仍可继续划分。根据系统论中子系统划分应遵循的原则，即差异性、内聚性和相对独立性，海岛的岛陆、潮间带、近海各子系统功能明确，在生物构成、环境状况、地质、地貌等方面存在很大的差异。因此，海岛生态系统包括栖息于岛陆、潮间带、近海范围内的各类动物、植物和微生物系统。

（一）岛陆子系统

岛陆子系统是海岛生态系统中的陆地部分，岛陆面积一般较小，物种丰富不及大陆，生物种类主要为哺乳类、鸟类、昆虫、植物等，其生态系统的结构和功能比陆地更为简单，而且容易受自然灾害的干扰和破坏，生态系统较为脆弱，恢复力也比较弱。我国海岛岛陆土壤以溶盐土为主，经长期雨水淋溶逐渐脱盐，草本植物生长茂盛，继而滨海盐土可能变为潮土。我国海岛的植被以针叶林、草丛、农作物群落为主体，与同纬度大陆地区相比明显不同。因生境条件的差异，海岛的生物种类各具特色。岛陆的植物包括针叶林、经济林木、草丛、灌木以及农作物等；动物主要有鸟类、哺乳类动物、昆虫类、爬行类等，由于海水阻隔，大多数海岛缺少大型哺乳类动物。海岛地形地貌简单，生态环境条件严酷，植被建群种类贫乏，优势物种相对明显。部分无居民海岛已被人类开发，被开发的无居民海岛岛陆生态系统的生境类型一般还有林地、园地、农田、水域等多种。岛陆是人类生产、生活的主要区域，因此受人类干扰的影响最为显著。

无居民海岛土壤的生态服务价值。土壤提供生物生活所必需的矿物质元素和水分，是所有陆地生态系统的基础；控制侵蚀价值、涵养水源价值、土壤肥力保持价值、大气调节价值及生物多样性保护价值。土壤生态系统的功能主要表现在系统内的物质流和能量流的速度、强度及其循环和传递的方式。

无居民海岛岛陆植物的生态服务价值。森林植被是海岛岛陆生态系统的主体，是自然功能最完善、最强大的资源库、基因库和蓄水库，具有调节气候、涵养水源、保持水土、防风固沙、改良土壤、减少污染、美化环境、保持生物多样性等多种功能，对改善海岛生态环境、维护海岛生态平衡，起着决定性的作用。与直接经济效益比起来，海岛森林植被资源的生态作用是非常巨大的。

无居民海岛野生动物的生态服务价值。海岛野生动物在生态环境中起到充当食物、转换能量、清除生物垃圾、控制物种数量等作用，从而最终实现生态平衡。通过繁殖、进食与被进食维护系统的动态生态平衡。这种生态平衡表现为生物种类和数量的相对稳定，生物多样性越丰富，生态系统越稳定。

（二）潮间带子系统

海岛潮间带是一个特殊的生态环境区域，处于海陆交汇区域，交替地暴露于空气和淹没于水中。它既受岛陆的影响，又受海水水文规律的支配，处于一个水陆相互作用的地带，是岛陆生态系统和近海生态系统互相连接的纽带，既是缓冲区，又是脆弱区。绝大多数潮间带水流和水位是动态变化的，因此潮间带生态系统既有水体系统的某些特征，如厌氧环境的藻类、脊椎动物和无脊椎动物，也有微管束植物，其结构与陆地系统植物类似。尽管潮间带、岛陆与近海生态系统在功能和结构上具有某些相似性，但潮间带与其他类型的生态系统有明显的差异。由于该带介于陆、海间，交替地受到空气和海水淹没的影响，且常有明显的昼夜、月和年度的周期性变化，因而其生物具有两栖性（表现为广温性、广盐性、耐干旱性和耐缺氧性等）、节律性（一般生物的活动高峰与高潮期相一致）、分带性（因不同生物适应的干湿条件不同而引起的分带分布现象）等生态特征。潮间带区域的波浪、潮汐的冲刷作用很明显，底质也很复杂，潮间带生物资源丰富，不同类型的底质都栖息着与之相适应的生物，形成各具特色的生物群落。

潮间带子系统的生态服务价值。潮间带是一个开放的系统，碳的固定率几乎可以与热带雨林相比，是滩涂资源的生态基础，对保障生物多样性、生物生产力和生态平衡具有重要作用。潮间带初级生产力的主要提供者是底栖海藻和海洋种子植物，人类通过维持这些资源的生态过程间接受益，如潮间带可降低风能、为海滩添补海砂、保护海岸、防止或减缓海岸侵蚀等，因而对人类社会可持续发展来说，具有特殊的生态服务功能。

（三）近海子系统

海岛近海生态系统的范围是自潮下带向下至浅架海区边缘，由于受岛陆与潮间带子系统的影响，其盐度、温度和光照的变化比外海大。温度变化受岛陆的影响，且与纬度有关。总的来说，这些变化的程度从近岸向外海方向逐渐减弱。我国海岛周围海域受沿岸流、暖流和上升流的交汇作用，水体交换频繁。潮间带海水自净能力较强，有利于海水质量的稳定。近海由于靠近岛陆和营养盐较为丰富，初级生产力较高，有利于渔业资源的汇集，水生资源丰富多样，成为鱼类的理想栖息场所，可形成众多的渔场。

近海子系统的生态服务价值。通过水生动植物的繁殖、生长和死亡实现水产资源更替，并通过一定形式的调节反应来适应多变的环境，捕捞量和自然增长量之间的平衡关系将影响水产资源量，在正常的环境条件下，合理捕捞可使水产资源种群长期延续，持续为人类所利用；人类利用的鱼类和其他经济水生生物的营养层次一般都比陆地经济动物的高，但由于水域生态系统的食物关系比陆地生态系统复杂，在食物转换过程中能量损失较大，因此水域生态系统的生产潜力比陆地生态系统要小。此外，绝大多数水产动物都有游动习性和对环境的敏感性，人类的捕捞，往往可以引起种群数量的急剧变动，还可引起一个水域种类组成的变化，使资源数量不稳定，产生波动。

第三节　海岛社会文化价值体系

我国的大多数无居民海岛是大陆地块延伸到海底并露出海面而形成的大陆岛，有着大自然地理变迁的成因，但由于岛体相对封闭、单一、少干扰的生态环境和资源体系，较好地保存了历史发展长河的痕迹，如独特的地质地貌、人类活动遗迹等，并受到不同时期科技发展水平、交通工具、社会稳定程度、与大陆的距离、原生土著文化的反馈等人文和自然因素的影响，积累和沉淀了与大陆不同的海岛文化，为人类提供了重大的科学研究价值和文化传播意义。

一、海岛社会文化价值研究述评

对海岛社会文化的关注首先是源于海岛旅游业的发展，20 世纪 70 年代，很多学者开始关注海岛社会文化环境及其对旅游业的影响。20 世纪 90 年代，对海岛旅游发展中表现出的文化现象的研究进一步增多，但对无居民海岛社会文化的独立研究成果还较少，特别是对无居民海岛社会文化价值的货币量化研究尚未起步，有待进一步深入挖掘。

（一）国外研究综述

国外的专家学者较多地选择海岛作为案例地研究社会文化对于海岛旅游的影响，研究方法多以问卷调查为主，通过测度当地居民的感知来评价社会文化与海岛旅游的互动关系。以史密斯（V. Smith）主编的《主人和客人》为代表，通过大量案例研究，描述了旅游对目的地社会文化的多方面影响，如 Yorghos Apostolopoulos 主编的《海岛旅游与可持续性发展》基于大量来自加勒比海、太平洋、地中海海岛旅游开发的案例经验，从社会经济、文化政治等多视角分析了海岛旅游需要具备的诸多要素；Ron Ayres 在《海岛的文化旅游状况：矛盾与模糊》一文中指出：独特的本土民族文化具有的较强优势使本地人在海岛旅游业中获益颇多，并强调为了增加旅游产品的多样化，应该调整旅游战略向文化旅游方向发展等。

在国际学术刊物《Annals of Tourism Research》《Environmental Impact Assessment Review》中均有大量涉及旅游开发中有关海岛文化影响、变迁方面的内容。

（二）国内研究综述

国内的专家学者对海岛旅游的具体研究领域主要集中在海岛旅游资源的开发规划，海岛生态旅游，海岛旅游资源的可持续发展等问题，如刘家明分析了国内外海岛旅游兴起的历史过程及其原因，归纳了海岛旅游的旅游资源特点，在此基础上设计了海岛旅游康体休闲活动及服务设施的布局模式；陈烈运用生态景观学和旅游地理学的基础知识，以茂名市放鸡岛为例，探讨无居民海岛的生态旅游规划及其发展战略等。

海岛旅游的发展与社会文化的互动影响的研究相对较少，比较有代表性的是陈伟的《岛国文化》，对岛国文化的外源性、复合性的特征及文化冲突与融合的表现过程进行了阐述。但由于岛国文化是一个复杂的体系，人种民族、历史传统、政治制度、经济方式、社会结构、宗教信仰、民族风情等方面都存在着巨大的差异和极为复杂的关系，海岛文化的研究需要极强的综合性，对无居民海岛的社会文化的研究更是有待加强。

（三）研究评价

海洋文化及其文化遗产研究的细分领域不够深入。现有研究基本以海洋为研究背景，而海洋是相当宏大的自然和社会系统，不进行分支领域的细化研究，很难深刻揭示海洋文化及其遗产保护的规律。特别是对无居民海岛这样完整、独立的海洋系统，缺少专门的文化研究。

国内外学者对于海岛文化的研究侧重于旅游开发过程中出现的旅游发展与海岛文化之间影响关系方面，注重探讨旅游活动开展对海岛文化的影响以及海岛文化的保护与创新机制，但专门的海岛文化研究较少。

在实证研究方面，国内的研究以定性为主，宏观层面的对策较多，而国外案例研究在比较研究和方法研究中，是以案例的真实数据作为理论依据的，对生态保护实施了后期评估并注重发挥社区的力量，在研究过程中所使用的方法和结果都值得国内借鉴。

二、海岛社会文化价值体系构成

具有社会文化价值的海岛指具有历史遗迹和地质遗迹、典型的海岛景观等，可供人们旅游观光、运动休闲、考古及科学研究的海岛。主要包括：具有自然历史遗迹的海岛，如各种地貌景观；具有人类历史遗迹的海岛，如遗址、传说，宗教发源地；具有遗留的军事设施（可进行国防教育）；具有特殊航标等其他标志的海岛；具有海洋科普素材丰富的海岛，具有科学研究价值的海岛。

（一）自然历史遗迹

自然历史遗迹是大自然发展变化留下的具有特定科学文化价值的旧迹，主要包括海蚀海积地貌景观、地质地貌景观、典型地层剖面、地质构造形迹、岩石遗迹、矿床（产）遗迹、古生物化石遗迹、史前人类遗迹、典型地质火灾遗迹等。有由物质和生物结构或这类结构群组成的自然景观，如石林、溶洞等；有凸显地质和地貌结构以及明确划为受到威胁的动物和植物生息区，如典型的地质剖面、冰川遗迹、火山遗迹、大熊猫生长繁殖地等；也有天然名胜或明确划分的自然区域，如各种名山、古树名木等。对无居民海岛而言，自然历史遗迹通常包括海蚀、海积地貌，如庙岛群岛、长山列岛等；火山地貌，如灵山岛、涠洲岛、浪岗山列岛等；其他地质遗址，如大笔架山天桥等。

自然历史遗迹具有突出的文化价值，是文化环境的一个重要组成部分，也是我国环境保护法所列举的环境类别之一，保护自然遗迹对于科学研究和人类的文化发展有着重要意义和价值。

① 自然历史遗迹真实记录和反映了无居民海岛形成和演化的过程，是自然界历史的见证。海岛自然面貌的形成、发展与地壳运动密切相关，并以其特殊的地貌形态、地质遗迹记录和反映了这种地质运动。

② 自然历史遗迹是文明传承的自然载体。一方面，遗迹地貌提供了地势条件，使得人工建筑依赖于自然地貌而存在；另一方面，每一处自然遗迹本身就代表了历史文明演化过程的一个方面，使得自然遗迹带有文化内涵，是自然遗产价值的体现。

③ 从景观上看，自然历史遗址与地貌相互融合，构成壮美画卷，这些独特、稀有或绝妙的自然现象、地貌或具有罕见自然美地域，成为尚存的珍稀或濒危动植物栖息地，也使自然历史遗迹具有稀缺的观赏价值。

（二）社会历史遗址

社会历史遗址是指社会历史发展过程中留下的人类遗址。社会历史遗址形成的独特景观具有重要历史文物、旅游观光价值和社会意义，主要包括古代文物、古代建筑、宗教寺庙、历史名人踪迹、抵御外夷故址等，它是人类文明在历史长河中遗留下来的不能被移动的历史遗存。

古代文物、建筑，如大黑山岛、甘采岛、金银岛、全富岛等；历代名人踪迹，如养马岛、泰山岛、南澳、海陵，牛奇洲岛等；人类历史抵御外夷故址，如珠江口诸岛、大鹿岛、中建岛等；宗教文化资源，如湄洲岛、涠洲岛；神话传说，如秦山岛。

社会历史遗址是人类社会活动对大自然添加的遗留印记，是社会历史发展的记录和社会文明活动的传承，有着与自然历史遗迹相同的文化价值和观赏价值。

（三）遗留设施

遗留设施是指无居民海岛由于特殊历史原因或历史事件，建造、使用后，尚未拆除的军事设施或特殊航标等建筑物或构筑物。军事设施，如牛奇洲岛；特殊航标，如洛迦山灯塔、小青岛灯塔等，其中遗留的军事设施可以进行国防教育；遗留的航标可以进行海洋活动科普教育等等，具有一定的社会文化价值和观赏价值。

（四）科学研究素材

科学研究素材是指无居民海岛留有包括各种用于教学科研的素材。科普素材，如有考古遗址、古建筑、宗教庙宇的海岛；地址素材，如海王九岛等；生物素材，如普陀山岛、东岛、蛇岛、平岛等，具有一定的教学科研价值和观赏价值。

对于某种特定的海岛而言，如旅游用岛，文化价值是第一位的、主导的、不可经济衡量的。经济价值是第二位的、派生的、可经济衡量的。文化即是“人化”，是人的本质力量的对象化。没有文化价值，就不存在其经济价值。文化价值提高了旅游、观赏、娱乐、体验、游憩等形式的内涵，形成了消费意义上的经济价值，而文化价值是其经济价值的基础。

第四章　海岛估价影响因素

马克思劳动价值论从商品本身价值和供求量变化等外部环境的角度分析商品价格的决定因素，对我们研究无居民海岛价格影响因素具有极大的指导作用。公共产品理论的发展为在海洋公共产品供给中引入市场机制提供了可能性。[①] 在市场经济条件下，海岛价格受到诸多因素的影响，这些因素从不同方面、不同程度上决定着无居民海岛价格的高低。目前，土地、房地产、农用地价格影响因素通常归类为一般因素、个别因素和区位因素。这种分类划分的依据是价格影响因素的影响尺度，并不能从根本上全面遴选出无居民海岛价格的影响因素和深刻揭示影响因素的作用机制，因此不能直接将这种划分方法应用于无居民海岛价格影响因素的分析。

无居民海岛价格的影响因素复杂多样，各因素包含若干影响因子，相互联系，相互制约，涉及资源、环境、社会、经济等多个方面，应将无居民海岛视为整体，突出无居民海岛的特色，坚持典型性、统一性、层次性和可操作性的原则，综合考虑无居民海岛自然属性、环境属性、社会属性的特征，全面反映不同无居民海岛的价值差异。因此，需要系统构建影响无居民海岛价格的因素评价体系，包括影响因素的分析、影响因子的识别、因子指标的筛选以及指标权重的确定，最终形成无居民海岛价格影响因素的多级评估体系。

第一节　海岛估价影响因素分析

无居民海岛价格影响因素分析是构建海岛价格评价指标体系的前提和基础，估价影响因素是否正确，直接关系到无居民海岛估价指标体系的完整性、适用性，进而影响无居民海岛估价的准确性。海岛估价影响因素是指能够对海岛价格产生影响的各种原因，但由于影响无居民海岛价格的因素多而且复杂，必须将其归纳、分类，按照其

① 此观点引自：崔胜来，李自齐．政府在海洋公共产品供给中的角色定位．经济社会体制比较，2009，146(6)：108－113。

性质可分为自然资源因素、社会经济因素和生态环境因素三大类。

一、自然资源因素

无居民海岛自然资源价值是主导价值，对其价格起决定作用。自然资源是自然界天然存在、未经人类加工的资源，体现了无居民海岛的天然条件，是影响无居民海岛价格的一个重要方面。自然资源影响因素指反映海岛区域内自然禀赋的空间资源基本条件和各种资源丰度水平等因素，主要包括海岛空间资源、生态资源状况、海岛特色资源丰度、可再生能源状况等影响因子。

（一）海岛空间资源分布

无居民海岛空间资源主要包括海岛土地、滩涂、港湾、岸线、水深等，它与大陆土地资源一样，自然属性特征明显，是进行无居民海岛开发利用的载体。海岛土地面积越大，则海岛开发越能实现规模效应，海岛开发利用的价值越大；海岛滩涂资源为海岛养殖提供了必备条件；多数无居民海岛的港湾是海岛作业、生活、休闲的天然屏障；而岸线和水深资源则是无居民海岛与外界连接、交通的必然要素，岸线越长、近岸水深越深，越有利于船舶的靠泊、停泊，便于出行和交通；对于物流用岛而言，港湾、岸线、水深更是港口用岛、仓储用岛的重要影响因素。无居民海岛空间资源为人类生产、生活提供了广阔的空间，如海岛码头、海上桥梁、海底管道等交通运输空间；岛上电站、工业人工岛、海上石油城、海洋牧场等生产空间；海岛货场、海岛仓库、海岛油库、海洋废物处理场等储藏空间；海岛公园、海滨浴场、岛上运动等文化娱乐设施空间，这些空间资源越丰富，无居民海岛的价值越高。

对于不同用途的无居民海岛，空间资源的分析重点应有所区别。例如，旅游类无居民海岛应重点分析用岛面积、海岛滩涂面积、港湾、岸线长度、岸线水深等因素；物流类无居民海岛应重点分析港湾、海岛陆域宽度、海岛滩涂面积、与主航道距离、岸线长度、岸线水深等因素；工业建设和房屋建设无居民海岛应重点分析用岛面积、港湾、海岛滩涂面积、岸线长度、岸线水深、海岛陆域宽度等因素，其中工业用岛还应考虑与大型港口距离等；农林类和公共服务类无居民海岛应重点分析用岛面积、岸线长度、岸线水深、海岛滩涂面积等因素；土石开采用岛应重点分析用岛面积、海岛岛体体积、土石采挖量、岸线水深、码头通过能力等因素。

（二）海岛生态资源状况

无居民海岛生态资源主要包括淡水、水产、岛陆生物、植被等。

淡水是整个生物圈中最重要的物质之一。它维系着自然界所有动植物的生长和平衡。我国海岛由于分散孤立，降水量小于大陆地区，加之降水量季节分布不均，大部分地区夏季降水量占全年的50%~80%，积水面积小，拦蓄条件差，地表水往往大量流失而得不到很好地利用。岛间调节不易，储蓄条件差，在雨量不足的季节干旱严重，加重了海岛的缺水程度。因此，无居民海岛的淡水资源对海岛的开发起着重要的作用。

我国无居民海岛及其周边海域水产生物资源种类繁多、资源丰富，是多种鱼、虾、蟹、贝、藻的产卵、鱼仔、索饵和生长栖息的场所，有着大量可供食用、药用和宜于增养殖的经济水生物资源，是渔业用岛的增值因素。

无居民海岛岛陆生物包括红树林、经济植物、珍稀和濒危植物、经济动物、珍稀和濒危动物等。这些生物资源都是大陆比较少见甚至绝无仅有的稀缺资源，不但具有生态价值、科研价值，有些还具有较高的经济价值，在保护的前提下开发，能够为人类造福。

我国无居民海岛植被均以针叶林、草丛、农作物群落为主体，各岛种类组成单一，但全国无居民海岛跨越热带、亚热带和温带等不同的生物气候带，水、热条件悬殊，地表基质不尽相同，整体上存在多种多样的植被类型。植被资源能够提升海岛的生态、观赏价值。

在各种不同用途的用岛中，农林类、旅游类无居民海岛的价值对海岛生态资源依赖性较高，在分析时应重点关注，对其他类型无居民海岛的价值影响不大。

（三）海岛自然资源丰度

海岛自然资源丰度又称海岛资源丰饶度，指各类资源的富集和丰富程度，为资源的自然属性。它决定资源的开发规模和经济发展方向。自然资源丰度是一系列自然属性的总和。如某一矿产资源的自然丰度包括储量、品位、有益和有害伴生矿、可选性、矿层厚度与倾斜度、矿床周围岩体性质与水文地质等方面。森林资源的自然丰度包括木材蓄积量、木材质量、木材生长速度等要素。各要素对自然丰度的影响有大小之分，但在具体评价时都不应忽略。自然资源的丰度与其使用价值成正比例，丰度越高，使用价值越大。

旅游类无居民海岛应重点分析旅游资源多样性、旅游资源稀缺性、适游时间等旅游资源丰度；房屋建设用岛应重点分析景观资源多样性、景观资源稀缺性等海岛景观资源丰度；农林类无居民海岛中的林业用岛应重点分析森林资源丰度。

（四）海岛可再生能源储量

与常规能源相比，海岛周边拥有取之不尽、用之不竭的可再生能源，发展可再生能源对海岛的生态环境影响很小，十分有利于生态环境的保护。同时，开发利用可再生能源还可以与海岛晒盐、制淡、旅游、运输等产业结合进行，可谓一举数得。因此，对可再生能源进行开发利用，可以为我国海岛提供长期的能源供应，对保持海岛经济社会的持续、稳定、协调发展意义重大。

无居民海岛的海洋能源资源是海洋本身所具有的自然能量。包括海水运动的动能和势能（如潮汐能、波浪能、潮流能）、海水的热能（温差能）和海水的化学能（盐差能）以及海洋风能和海洋太阳能，是一种“再生性能源”，永远不会枯竭。据科学家估算，全球海洋中约储藏着潮汐能 30×10^8 kW，波浪能 700×10^8 kW，海流能 10×10^8 kW，温差能 500×10^8 kW，盐差能 300×10^8 kW。海洋能源具有可再生性、永恒性、分布广、数量大、无污染等优越性，是21世纪的重要能源。由于无居民海岛的建设条件艰苦，工业建设用岛、房屋建设用岛和公共服务用岛尤其需要可再生能源资源。

二、社会经济因素

无居民海岛的开发是一项涉及社会、经济、科技发展的系统工程。无居民海岛周边的社会经济发展周期、基础设施完善程度和科技发展水平，都对无居民海岛的开发价值产生重要影响。绝大部分无居民海岛的开发需要依靠大陆经济和政府支持，海岛的经济发展对大陆的依托性与自主性并存，而地方社会、经济发展水平也将极大地影响无居民海岛的价值和价格。社会经济因素主要包括交通条件、区域发展水平和行政管制等影响因子。

（一）交通条件

无居民海岛交通条件包括离岸距离和岛上交通基础设施两个方面。多数无居民海岛离岸距离较远，交通设施建设通常比较落后，海岛与海岛之间、海岛和大陆之间往往只有简易的码头或者没有码头。岛上公路几乎没有，气候恶劣不便出行。在这些因素影响下，无居民海岛的价格将有所下降。相比之下，离岸距离近、岛上略有初级交通设施建设的无居民海岛的价格可以提升。

所有类型的无居民海岛价格对离岸距离都比较敏感，从国家制定的无居民海岛使用金征收标准可以看出，相同等别、相同用途类型的无居民海岛，离岸距离越近，使用金价格越高。岛上交通设施也同样，建设水平越高，海岛价格越高。

（二）区域发展水平

区域发展水平与无居民海岛开发利用方式、程度与效益密切相关，同时影响海岛价格。周围区域经济的总体发展水平高会促进无居民海岛的综合开发利用，开发利用活动与社会经济其他活动能够更好的协调与融合，提高区域产业布局的整体性、系统性，使其综合开发的效益得到体现；如果社会经济发展处于较低层次，无居民海岛开发利用往往也处于低层次——无序开发利用状态，开发的随意性、局限性、盲目性较大，开发管理依据缺失，属于粗放型开发，单纯利用，开发水平不高，效益低下。此外，周围区域与无居民海岛用岛类型相同或相近的产业发展水平，在更大程度上影响着海岛价格。

除了无居民海岛所在区域人均国内生产总值（GDP）是所有类型用岛的影响因素以外，旅游类用岛应重点分析依托地区星级酒店的床位数、滨海旅游人数等因素；物流类用岛应重点分析毗邻商业用地价格、单位面积基础设施建设费等因素；工业建设用岛应重点分析毗邻工业用地价格因素；房屋建设用岛应重点分析毗邻地区房价因素；农林类用岛应重点分析所在区域农林产品市场需求、第一产业从业人员数等因素；土石开采用岛应重点分析所在区域全社会建筑业增加值因素；公共服务用岛应重点分析所在区域单位面积基础设施建设费等因素。

（三）行政管制

无居民海岛的行政管制主要体现在用岛规划限制方面。根据国家《海岛保护法》，各省各地市、县、区范围内开展了无居民海岛的规划编制，目的在于全面掌握无居民海岛的现有状况，在总体功能定位基础上，制定各个无居民海岛的具体用途和详细发展规划，以便科学合理地开发利用无居民海岛。无居民海岛的资源优势，只有在产业政策引导下，才能够得到更好地开发与利用。同时，通过产业政策引导，对不合理的、陈旧的产业开发模式予以摒弃，保护好资源，以利于无居民海岛长期的开发利用。

经过合理规划，建立高效、综合的无居民海岛现代管理体系，才能实现无居民海岛的依法规划和动态监管，形成符合可持续发展要求的海岛保护与利用格局，使海岛及周边海域的稀缺性资源、生态系统、生态环境得到全面保护与改善，海岛优势资源、潜在资源得到有序、合理地利用与开发，推动我国海洋经济的快速发展。

所有经营性无居民海岛均需按照国家和地方的用岛规划进行有序开发或保护性开发活动，但不同类型用岛的规划管制的要求有所区别，对无居民海岛价格的影响程度也不同。

三、生态环境因素

无居民海岛的生态环境因素对海岛估价有重大影响。海岛为海水所包围，与其他陆地区域相对隔绝，甚至没有人类活动干扰，每个海岛的生态环境条件都有其原始性、地域性和独立性特征，并受到自然界因素的影响，使各个无居民海岛的价值出现差异，进而影响海岛价格。生态环境因素主要包括海岛生态环境条件、生态环境灾害、生态环境质量、生态系统影响、人类活动影响等因子。

（一）生态环境条件

生态环境是指人类生存和发展所依赖的各种自然条件的总和。对无居民海岛而言，生态环境条件主要包括海岛气候、海岛旅游环境、海岛地质地貌、土壤表层土壤质地等方面。

无居民海岛气候对海岛价值的形成起着重要作用，在确定无居民海岛的开发利用方式和价格的时候应该把气候作为一个重要影响因素考虑在内。光照充足、冬暖夏凉、温度适中、气候宜人使得海岛有利于开展游览、观光、休闲度假、海洋垂钓等旅游活动。对旅游类用岛、房屋建设用岛、农林类用岛和公共服务类用岛的价格有重大影响。

无居民海岛旅游环境包括海岛休闲活动环境、海岛观光环境、海底观光环境、海滨观光环境和海水浴场健康水平等，对旅游类用岛的影响巨大。

无居民海岛的地质条件是资源、环境、生态依托的基础。无居民海岛的陆域空间一般较为狭窄，地质环境的调节性、抗扰性十分有限，环境地质或工程地质问题对无居民海岛价值的开发利用起着关键作用。对地质条件应主要关注地质构造背景、构造稳定性、地层特征、地壳地基稳定性等。海岛的地貌是自然地理环境要素的基本组成部分，我国海岛的地貌类型齐全，主要有侵蚀地貌、冲积地貌、洪积地貌、火山地貌、地震地貌、海成地貌、风成地貌等。地貌条件主要包括岸线走向及形态、海岸类型、岸滩坡度及高程等。地貌除了影响海岛开发的成本以外，某些特殊的地貌本身就是优质的旅游资源。旅游类用岛、物流类用岛中的仓储建筑用岛、工业建设用岛、房屋建设用岛的价格较易受海岛地质地貌的影响，土石开采用岛的价格对地质条件较为敏感，与地貌关系不大。

无居民海岛的表层土壤质地、土壤有机质含量将严重影响海岛林木和作物的生长，在海岛成因和海洋环境影响下，海岛特色的土壤质地和营养成分，深刻影响着作物生长和更替，对农林类用岛的价格影响较大。

（二）生态环境质量

无居民海岛四周环海，与大陆依水相邻，其环境质量的优劣，受诸多因素的影响和制约，主要包括海岛周边海域的海水质量、海岛岛陆环境质量以及海岛土地土壤综合污染状况。海岛环境除与周围海域的污染源有关外，还受海岛的地理位置、区域环境、陆源性污染物和水动力条件等的制约。如果无居民海岛地处河口、海湾，则易遭受一定程度的污染，或者污染比较严重。无居民海岛水资源贫乏，地面水水质状况良好，主要污染物类型有有机物污染（COD）、石油类和沉积物重金属污染。无居民海岛岛陆环境基本未受人类活动的影响，环境质量良好。

周围海域环境质量主要需要关注是否有陆源污染物，海上重大工程设施的兴建和海事活动是否给海岛周围的海域带来负面的影响，也可参照海岛所在海域的环境质量评价报告，其中有关于水质评价、表面沉积物污染物评价和海域底质评价的标准。

在其他条件相同的情况下，海岛生态环境质量越好，就越具有较优的实物与环境功能，海岛资产的价值就越大；反之，受污染的海岛价值会降低，有的甚至失去了使用价值，给人们的生产和生活造成了很大的危害，从而具有了负价值。目前，随着海域的不断开发，人类对海域环境的污染和破坏有扩大的趋势，受污染的海域中的海岛作为旅游用岛的开发价值将会大大降低。无居民海岛生态环境质量对房屋建设用岛、农林类用岛、公共服务用岛的价格影响要比物流类用岛、工业建设用岛和土石开采用岛的大。

（三）生态环境灾害

无居民海岛是自然灾害较多的地理区域，其主要灾害有地震、灾害性天气、风暴潮、海岸侵蚀、赤潮等。灾害性天气是成灾频率高、影响广泛、灾情严重的自然灾害，主要有热带气旋、寒潮、海雾、旱灾、冰雪和干热风等。开发海岛，首先需要考虑地震、热带气旋、寒潮、海雾、旱灾等海洋灾害因素，同时也要考虑极端天气、气候事件引发的风暴潮、海啸、海浪、滑坡、泥石流、水土流失等次生灾害，因为次生灾害与主要灾害形成灾害链，造成更严重的大范围灾害。

包括灾害性天气在内的各种海洋海岛自然灾害会成为海岛旅游资源开发、房屋建设、林业种植、农作物种植以及渔业养殖的重要制约因素，大幅降低旅游类用岛、房屋建设用岛、农林类用岛的无居民海岛价格，同时也影响物流类用岛、工业建设用岛、土石开采用岛、公共服务用岛的作业环境，灾害频发、损失严重的无居民海岛价格偏低。

（四）生态系统影响

无居民海岛作为一个相对封闭的生态体系，具有不同的利用价值，对自然保护区域的海岛来讲，海岛上具有许多珍贵的或不可再生的物种与资源，具有很高的研究与保护价值。而由于海岛面积小、周边环境复杂等原因，其生态系统十分脆弱，不合理的开发活动会对这种生态系统造成极大的破坏。近年来，随着海岛开发力度的加大，海岛生态系统承受着越来越大的压力，珊瑚礁及红树林等珍稀动植物资源大量灭失。

旅游类用岛和房屋建设用岛应重点分析海岸侵蚀、潮间带生物多样性的影响；物流类用岛和工业建设用岛应重点分析海岸侵蚀对岸线的影响；农林类用岛和公共服务用岛应重点分析海岸侵蚀、湿地面积退化率、潮间带生物多样性等影响；土石开采用岛应重点分析海岸侵蚀、海岛面积变化率的影响。

（五）人类活动影响

人类活动是影响地球上各圈层生态环境稳定的主导负面因子。森林和草原植被的退化或消亡、生物多样性的减退、水土流失及污染的加剧、大气的温室效应凸显及臭氧层的破坏，这一切无不给人类敲响了警钟。人类必须善待自然，对自己的发展和活动有所控制，人和自然的和谐发展就当然地成为科学发展观的重要内容之一。

旅游类用岛中涉及工程建筑的无居民海岛、物流类用岛、工业建设用岛、房屋建设用岛和公共服务用岛的开发利用都需要一定量的工程施工，需要重点分析工程建设对无居民海岛原貌的影响程度，特别是土石开采用岛和填海连岛用岛，基本上完全改变了海岛属性，从价值补偿的角度看，这类无居民海岛的价格应该较高；而旅游类用岛中不涉及工程建筑的无居民海岛和农林类用岛，一般不会由于人类活动大幅改变无居民海岛的属性，因此价格较低。

第二节　海岛估价指标体系构建

无居民海岛价格影响因素评价指标体系选择三级结构，即影响因素、影响因子和评价指标。评价指标的选取要求能够真实体现无居民海岛的自然条件、社会经济、生态环境三大因素及各影响因子的内涵，对于同一价值类型无居民海岛的评价采用统一的指标体系，数据采集采用统一时限，使评价结果具有可对比性。指标数据来源以官方统计数据为主，并可通过现场勘查、第三方专业机构等渠道获取，确保数据的稳定性和可靠性。

一、不同类型海岛估价指标体系

根据国家关于无居民海岛用途类型的规定，可将无居民海岛分为7大类型15种用途。无居民海岛价格影响因素评价指标体系中，各种类型海岛的影响因素是一致的，影响因子及其评价指标针对不同类型的无居民海岛应有所区别，以便合理、客观地反映各类型无居民海岛影响因素差异。评价指标依据简单、清晰原则，尽量采用单一量化数据，对无法用单一量化数据表达的指标，可采用综合指数方式，并注明各个相关指标的重要程度。

（一）旅游类用岛

旅游类用岛是指以旅游休闲为目的的无居民海岛，包括景观建筑用岛、观光旅游用岛、游览设施用岛。旅游类用岛估价指标体系见表4－1。

表4－1　旅游类用岛估价指标体系

影响因素	影响因子	评价指标	备注
自然资源因素	海岛空间资源状况	用岛面积	一般
		港湾	重要
		海岛滩涂面积	一般
		岸线长度	一般
		岸线水深	重要
		海岛陆域宽度	重要
	海岛旅游资源丰度	旅游资源多样性	重要
		旅游资源稀缺性	重要
		适游时间	重要
社会经济因素	交通条件	离岸距离	重要
	区域发展水平	区域人均GDP	一般
		依托地区星级酒店的床位数	一般
		滨海旅游人数	一般
		单位面积基础设施建设费	一般
	行政管制	用岛规划限制	重要

续表

影响因素	影响因子	评价指标	备注
生态环境因素	生态环境条件	海岛休闲活动指数	重要
		海底观光指数	重要
		海岛观光指数	重要
		海滨观光指数	重要
		海水浴场健康指数	重要
		地形坡度	一般
	生态环境灾害	海洋灾害发生频次	一般
		海洋灾害发生强度	一般
	生态环境质量	海岛环境质量指数	一般
		海水质量指数	重要
	生态系统影响	海岸侵蚀	一般
		潮间带生物多样性	一般
	人工活动影响	工程建设影响程度	一般

（二）物流类用岛

物流类用岛是指利用海岛空间进行港口码头或仓储作业的无居民海岛，包括港口码头用岛、仓储建筑用岛。物流类用岛估价指标体系见表4－2。

表4－2 物流类用岛估价指标体系

影响因素	影响因子	评价指标	备注
自然资源因素	海岛空间资源状况	港湾	重要
		用岛面积	一般
		海岛陆域宽度	重要
		海岛滩涂面积	一般
		与主航道距离	一般
		岸线长度	重要
		岸线水深	重要
	港口开发适宜性	海岸类型	一般
		主航道深度	重要
		水域宽度	一般
		掩护条件	重要

续表

影响因素	影响因子	评价指标	备注
社会经济因素	交通条件	离岸距离	重要
	区域发展水平	区域人均 GDP	一般
		毗邻商业用地价格	一般
		单位面积基础设施建设费	一般
	行政管制	用岛规划限制	重要
生态环境因素	生态环境条件	港域年均含沙量变化率	一般
		港口年均适航天数	重要
	生态环境灾害	海洋灾害发生频次	一般
		海洋灾害发生强度	一般
	生态环境质量	海岛环境质量指数	一般
		海水质量指数	一般
	生态系统影响	海岸侵蚀	一般
	人工活动影响	工程建设影响程度	一般

（三）工业建设用岛

工业建设用岛是指在无居民海岛上开展工业生产及建设配套设施的用岛。工业建设用岛估价指标体系见表4－3。

表4－3　工业建设用岛估价指标体系

影响因素	影响因子	评价指标	备注
自然资源因素	海岛空间资源状况	用岛面积	一般
		港湾	重要
		海岛滩涂面积	一般
		岸线长度	重要
		岸线水深	重要
		海岛陆域宽度	重要
		与大型港口距离	一般
	可再生能源状况	可再生能源综合指数	一般
社会经济因素	交通条件	离岸距离	重要
	区域发展水平	区域人均 GDP	一般
		毗邻工业用地价格	一般
	行政管制	用岛规划限制	重要

续表

影响因素	影响因子	评价指标	备注
生态环境因素	生态环境条件	地形坡度	重要
		适宜作业天数	一般
	生态环境灾害	海洋灾害发生频次	一般
		海洋灾害发生强度	一般
	生态环境质量	海水质量指数	一般
		海岛环境质量指数	一般
	生态系统影响	海岸侵蚀	一般
	人类活动影响	工程建设影响程度	重要

（四）房屋建设用岛

房屋建设用岛是指在无居民海岛上建设房屋以及配套设施的用岛。房屋建设用岛估价指标体系见表4-4。

表4-4　房屋建设用岛估价指标体系

影响因素	影响因子	评价指标	备注
自然资源因素	海岛空间资源状况	用岛面积	重要
		港湾	重要
		海岛滩涂面积	一般
		岸线长度	一般
		岸线水深	重要
		海岛陆域宽度	重要
	海岛景观资源状况	景观资源多样性	重要
		景观资源稀缺性	一般
	可再生能源状况	可再生能源综合指数	一般
社会经济因素	交通条件	离岸距离	重要
	区域发展水平	区域人均GDP	一般
		毗邻地区房价	重要
	行政管制	用岛规划限制	重要

续表

影响因素	影响因子	评价指标	备注
生态环境因素	生态环境条件	地形坡度	重要
		植被覆盖率	一般
		宜居天数	重要
	生态环境灾害	海洋灾害发生频次	重要
		海洋灾害发生强度	重要
	生态环境质量	海水质量指数	重要
		海岛环境质量指数	重要
	生态系统影响	海岸侵蚀	一般
		潮间带生物多样性	一般
	人类活动影响	工程建设影响程度	重要

（五）农林用岛

农业用岛是指在无居民海岛上进行林业培育和农业种养殖的用岛，包括林业用岛、种养殖用岛。农林用岛估价指标体系见表 4－5。

表 4－5　农林用岛估价指标体系

影响因素	影响因子	评价指标	备注
自然资源因素	海岛空间资源状况	用岛面积	一般
		岸线长度	一般
		岸线水深	一般
		海岛滩涂面积	一般
	海岛生态资源	淡水资源缺水率	重要
		水产资源指数	重要
		森林资源蓄积量	重要
		岛陆经济生物资源丰度	重要
社会经济因素	交通条件	离岸距离	重要
	区域发展水平	区域人均 GDP	一般
		农林产品市场需求	一般
		第一产业从业人员数	一般
	行政管制	用岛规划限制	重要

续表

影响因素	影响因子	评价指标	备注
生态环境因素	生态环境条件	积温	重要
		丘陵山地占比	一般
		表层土壤质地	重要
		土壤有机质含量	重要
		植被覆盖率	一般
	生态环境灾害	海洋灾害发生频次	重要
		灾害性天气天数	重要
	生态环境质量	海水质量指数	一般
		土壤综合污染指数	重要
	生态系统影响	海岸侵蚀	一般
		湿地面积退化率	一般
		潮间带生物多样性	一般
	人类活动影响	工程建设影响程度	一般

（六）土石开采用岛

土石开采用岛是指以获取无居民海岛上的土石为目的的用岛。土石开采用岛估价指标体系见表4－6。

表4－6　土石开采用岛估价指标体系

影响因素	影响因子	评价指标	备注
自然资源因素	海岛空间资源状况	用岛面积	一般
		海岛岛体体积	重要
		土石采挖量	重要
		岸线水深	重要
		码头通过能力	一般
	海岛生态资源	岛陆经济生物资源丰度	一般
		森林资源蓄积量	一般
社会经济因素	交通条件	离岸距离	重要
	区域发展水平	区域人均 GDP	一般
		全社会建筑业增加值	一般
	行政管制	用岛规划限制	重要
生态环境因素	生态环境条件	地质地貌指数	一般
		适宜作业天数	一般
	生态系统影响	海岸侵蚀	一般
		海岛面积变化率	一般
	人类活动影响	海岛地貌改变程度	重要

（七）公共服务用岛

公共服务用岛是指以公共服务为目的的用岛，包括填海连岛用岛、道路广场用岛、基础设施用岛、园林草地用岛和人工水域用岛五类。公共服务用岛估价指标体系见表4－7。

表4－7 公共服务用岛估价指标体系

影响因素	影响因子	评价指标	备注
自然资源因素	海岛空间资源状况	用岛面积	一般
		海岛滩涂面积	一般
		岸线长度	一般
		岸线水深	一般
		海岛陆域宽度	重要
	可再生能源状况	可再生能源综合指数	一般
社会经济因素	交通条件	离岸距离	重要
	区域发展水平	区域人均 GDP	一般
		单位面积基础设施建设费	一般
	行政管制	用岛规划限制	重要
生态环境因素	生态环境条件	地形坡度	重要
		植被覆盖率	一般
		适宜作业天数	一般
	生态环境灾害	海洋灾害发生频次	一般
		海洋灾害发生强度	一般
	生态环境质量	海水质量指数	一般
		海岛环境质量指数	一般
	生态系统影响	海岸侵蚀	一般
		湿地面积退化率	一般
		潮间带生物多样性	一般
	人类活动影响	工程建设影响程度	一般

二、海岛估价指标的内涵

无居民海岛估价指标涉及旅游、港口物流、仓储物流、工业建筑、房地产、林业、农业、种养殖业、开采工程、园林业、公共设施建设等多个领域的专业术语，以及经济学、管理学、工程学、建筑学、林学、农学等多门学科的专业知识，体系完整，内涵丰富。

（一）自然资源因素相关指标

1. 码头通过能力

码头通过能力是指在一定的货种、一定的船型、一定的操作过程进行装卸的条件下，码头泊位一年所能装卸的货物数量，反映港口码头泊位年通过能力的大小。计算方法如下。

① 泊位年通过能力计算：

$$P_t = \frac{1}{\sum \frac{a_i}{P_{sl}}}$$

式中，P_t 为各泊位的年通过能力（t 或 TEU）；a_i 为当货种多样而船型单一时，a_i 为各货种年装卸量占泊位年装卸总量的百分比（%）；当船型、货种都不相同时，a_i 为各类船舶年装载不同货物的数量占泊位年装卸总量的百分比（%）；P_{sl}为与 a_i 相对应的泊位年通过能力（t 或 TEU）。

② 与 a_i 相对应的泊位通过能力应根据泊位性质和设计船型按下列公式计算：

$$P_{si} = \frac{T_y G}{\frac{t_z}{t_d - t_s} + \frac{t_f}{t_d}} \rho$$

$$t_z = \frac{G}{p}$$

式中，P_{sl}为与 a_i 相对应的泊位年通过能力（t 或 TEU）；T_y 为年营运天数（d）；G 为设计船型的实际装卸量（t）或单船装卸箱量（TEU）；t_z 为装卸一艘该类船型所需的纯装卸时间（h）；t_f 为该类型船舶装卸辅助与技术作业时间之和（h），内河船可取 0.75～2.5 h，进江海船可取 2.5～4 h；t_d 为昼夜小时数（h），根据工作班次确定，三班制为 24 h，两班制为 16 h，一班制为 8 h；t_s 为昼夜泊位非生产时间之和（h），应根据各港实际情况确定，三班制可取 4.5～6 h，两班制可取 2.5～3.5 h，一班制可取 1～1.5 h；ρ 为泊位利用率（%），船舶年占用泊位时间与年营运时间的百分比，根据吞吐量、货种、到港船型、船时效率、泊位数、船舶在港费用和港口投资及营运等因素确定，也可按表 4－8 中的数据选取；p 为设计船时效率（t/h 或 TEU/h）。按货种、船型、设备能力、作业线数和营运管理等因素综合分析确定。

表 4－8 泊位利用率

货种及泊位数	散货			杂货			集装箱	油品及石油化工
	1	2～3	≥4	1	2～3	≥4		
泊位利用率（%）	0.60～0.65	0.62～0.7	0.65～0.75	0.65～0.7	0.68～0.72	0.70～0.75	0.55～0.7	0.55～0.65

2. 土石采挖量

土石采挖量是反映无居民海岛土石资源储量的指标。计算方法如下。

① 数字高程模型构建。含工程建设或者土石开采的无居民海岛使用项目，构建比例尺不小于1:5 000的数字高程模型，其他的无居民海岛使用项目，构建比例尺不小于1:10 000的数字高程模型。格网尺寸、高程精度和接边精度按GB/T 17941.1—2000执行。

② 土石采挖量计算。利用上述构建的数字高程模型，与土石采挖范围准确叠置，计算土石采挖量。涵洞式或坑道式采挖，按实际土石采挖量计算。

3. 水产资源指数

水产资源指数是反映已被利用或尚未开发利用但具有经济价值的水生动植物资源的状况。水产资源指数通过无居民海岛周边的水产生物资源种类与渔业水域资源适养性两项指标来计算。

（1）水产生物资源种类

水产生物资源种类是指无居民海岛及其周边海域水产生物资源的品种，通常以海洋鱼类、海珍品以及其他水产资源种类的多少作为水产生物资源量化评价指标。

（2）渔业水域资源适养性

渔业水域资源适养性反映无居民海岛周边海域渔业水域资源适养程度。计算方法如下。

① 根据不同的养殖方式，建立渔业水域资源适养性评价指标体系（表4－9）。

② 根据不同的养殖方式，按照六项指标（浮筏养殖）、八项指标（放流养殖）各自等级分类对指标分别进行赋值评分处理。

③ 分别用特尔斐法确定指标权重和养殖方式权重，加权测算渔业水域资源适养性。

④ 将有关数据填入表4－10中。

表4－9 渔业水域资源适养性评价指标体系

指标类型	评价标准与增养殖品种无关			评价标准随增养殖品种不同而变化						养殖水深
养殖方式	海水质量状况	海底表层沉积物	养殖区水深	海水水温	海水盐度	海水透明度	酸碱度	海域底质	敌害生物危害程度	
浮筏养殖	前提	—	前提	致命	致命	重要	重要	—	—	中层
放流养殖	前提	前提	前提	致命	致命	重要	重要	致命	可清除	底层
是否采用	采用	采用	采用	采用	采用	参考	含于水质	采用	参考	—

注：前提——进行增养殖生产所必须具备的前提条件；致命——当海域环境中指标值超过某个阈值时就能导致养殖品种死亡的因素；重要——对养殖品种生长状况影响较大，但又不至于引起养殖品种死亡的因素。

表 4-10 渔业水域资源指数计算

编号	样本名称	养殖方式		海洋水质指数		海底表层沉积物		养殖区水深		海水水温		海水盐度		海水透明度		海域底质		敌害生物危害指数		渔业水域资源指数	备注
		方式	权重	数值	分值	数值	分值	数值	分值	数值	分值	数值	分值	数值	分值	数值	分值	数值	分值		
1																					
2																					
⋮																					
n																					
指标权重值																					

海底表层沉积物指数：反映海底表层沉积物对底播放流养殖环境的污染程度。计算方法如下。

① 确定指标评价标准见表 4-11。

表 4-11 海底表层沉积物污染物评价标准（$\times 10^{-6}$）

指标	有机质	S	P	N	Zn	Cu	Cd	Pu	Hg	六六六*	DDT*	石油类
标准	<3.4%	<300	<420	<1 000	<80	<30	<0.5	<25	<0.2	<0.5	<0.02	<1 000

注：评价标准采用标准指数法，指数小于 1 为合格；* 项（“六六六”和“DDT”）指标因不适合于无居民海岛，故可不采用。

② 计算标准指数：单项标准指数

$$S_i = \frac{\text{沉积物污染物参数 } C_i}{\text{沉积物污染物标准 } C_{s_i}}$$

③ 用特尔斐法确定权重 w_i。

④ 综合指数计算 $S = \sum w_i S_i$。

养殖区水深：养殖区水深是指自海面至海底养殖区域的垂直距离，反映近岛海域养殖区的深度。

海水水温：水温是指现场条件下测得的养殖区水域的海水温度，反映海域养殖资源环境状况。测量方法参照 GB/T 12763.2—2007《海洋调查规范　第 2 部分：海洋水文观测》。

海水盐度：海水盐度是指海水的实用盐度，即用实用盐标定义的盐度值，反映海域养殖资源环境状况。实用盐标的定义及计算方法参照 GBT 15920—2010《海洋学术语 物理海洋学》及 GB/T 12763. 2—2007《海洋调查规范　第 2 部分：海洋水文观测》。

海水透明度：海水透明度是表征海洋水体透明程度的物理量，表征光在海水中的衰减程度，即光线在水中传播一定距离后，其光能强度与原来光能强度之比。反映海域养殖资源环境状况。测量方法参照 GB/T 12763. 2—2007《海洋调查规范　第 2 部分：海洋水文观测》。

海域底质：海域底质是指作为放流养殖品种的栖息场所的环境质量，反映海域养殖资源环境状况。可采用粒径法即根据海域底质的颗粒直径及其含量对海域底质进行等级划分。划分标准参见表 4 – 12。

表 4 – 12　粒径法划分渔场标准

粒径（mm）	优良渔场（%）	中等渔场（%）	不良渔场（%）
≥1. 0	68	38	2
≥0. 5	74	50	5

敌害生物危害指数：敌害生物是指对养殖品种有危害的生物，敌害生物危害指数是指敌害生物对养殖品种的危害程度的指标，反映海域养殖资源环境状况。可综合考虑不同养殖品种的不同敌害生物分布状况及其不同的危害程度加权计算评价。

$$H_j = \sum_{i=1}^{n} (D_i \times K_i)$$

式中，H_j 为某海域第 j 种养殖品种的危害指数；D_i 为第 i 种敌害生物在海底的分布密度；K_i 为第 i 种敌害生物的危害权重。

（3）水产资源指数计算

① 按照两项指标各自等级分类对指标分别进行赋值评分处理。

② 用特尔斐法确定两项指标的权重，加权测算水产资源指数。

③ 将有关数据填入表 4 – 13 中。

表 4 – 13　水产资源指数计算

编号	样本名称	水产生物资源多样性		渔业水域资源指数		水产资源指数	备注
		数值	分值	数值	分值		
1							
2							
⋮							
n							
指标权重值							

4. 淡水资源缺水率

淡水资源缺水率是指某时期总缺水量与某时间设计供水量的比例，反映无居民海岛阶段性淡水资源供应能力。见表 4－14。

$$淡水资源缺水率 = \frac{某时期总缺水量}{某时间设计供水量} \times 100\%$$

表 4－14　缺水率评价标准

缺水率	0～10%（含 10%）	10%～20%（含 20%）	20%～40%（含 40%）	40%以上
评价标准	基本平衡	一般性缺水	较严重缺水	严重缺水

5. 森林资源蓄积量

森林资源蓄积量指有林地中活立木材积之和，反映海岛森林资源总规模和水平。测定中常以某类型有林地单位面积上活立木材积之和乘以该类型林地面积得此类型的森林蓄积量，各类型森林蓄积量之和为统计单位的森林总蓄积量。

$$森林资源蓄积量 = \sum_{i=1}^{n} p_i \times m_i$$

式中，p_i 为第 i 种林木资源的单位立木蓄积量；m_i 为第 i 种林木资源的林地面积。

6. 海岛陆域宽度

海岛陆域宽度指海岛宜港岸线后方一定纵深的平原或缓坡的横向距离，反映无居民海岛建港适宜性。该指标需要通过实地勘查测量取得。

7. 可再生能源综合指数

可再生能源综合指数是指综合考虑各种海岛可利用能源评价海岛能源丰富程度的指标，反映无居民海岛可再生能源蕴藏量的状况，主要包括气象能源、海洋能源等能量。气象能源是指气象要素所蕴藏的可供开发利用的能量，主要包括太阳能、风能；海洋能源通常指海洋中所蕴藏的可再生自然能源，主要包括潮汐能、波浪能、潮流能。因此可以综合考虑太阳能、风能、潮汐能、波浪能、潮流能可利用状况来计算。

① 根据影响因素表评价海岛上所蕴藏的可再生自然能源。

按照五种能源的评价因素分别进行赋值评价，确定太阳能、风能、潮汐能、波浪能、潮流能丰度。见表 4－15。

表 4－15　可再生自然能源评价因素

可再生能源类型	评价要素			
太阳能	入射角	大气散射与吸收	云层厚度	大气浑浊度
风能	平均有效风速	空气密度	有效风速小时数	

续表

可再生能源类型	评价要素			
潮汐能	平均潮差	潮量	水体面积	
波浪能	波浪的能量	波高	波浪运动周期	迎波面宽度
潮流能	潮差	水道宽度	水深度	

② 用特尔斐法确定五种可再生能源的权重，加权测算可再生能源综合指数。

③ 将有关数据填入表 4－16 中。

表 4－16 可再生能源综合指数计算

编号	样本名称	太阳能丰度	风能丰度	潮汐能丰度	波浪能丰度	潮流能丰度	可再生能源综合指数	备注
1								
2								
⋮								
n								
指标权重值								

（二）社会经济因素相关指标

1. 滨海旅游人数

滨海旅游人数指海岛所在乡镇一定时期（通常为 1 年）内旅游总人数，反映乡镇滨海旅游规模。

2. 依托地区星级酒店床位数

依托地区星级酒店床位数指海岛所在乡镇星级宾馆实际可用于接待旅游者的床位数量总和，反映该地区旅游服务的接待能力。

3. 毗邻地区房价

毗邻地区房价指海岛所在乡镇一定时期内商品房平均价格，反映海岛所在地区周边房屋价格水平。

4. 毗邻工业用地价格

毗邻工业用地价格指海岛所在区域工业用地基准价格，反映无居民海岛所在地区的土地价格水平。

5. 毗邻商业用地价格

毗邻商业用地价格指海岛所在区域商业用地基准价格，反映无居民海岛所在地区的商业用地价格水平。

6. 全社会建筑业增加值

全社会建筑业增加值指海岛所在乡镇建筑业企业在报告期内以货币表现的建筑业生产经营活动的最终成果，反映海岛区域建筑业发展水平。

7. 单位面积基础设施建设费

单位面积基础设施建设费指海岛所在乡镇年度每平方千米的基础设施建设投资额，反映区域基础设施建设的发展水平。

$$\text{单位面积基础设施建设费} = \frac{\text{乡镇全年基础设施建设投资额}}{\text{乡镇陆域面积}}$$

（三）生态环境因素相关指标

1. 植被覆盖率

植被覆盖率指以针叶林、草丛、农作物群落为主体的植被面积占海岛面积的比例，是反映海岛绿化程度的重要指标。

$$\text{植被覆盖率} = \frac{\text{海岛植被面积}}{\text{海岛面积}} \times 100\%$$

2. 潮间带生物多样性

潮间带生物多样性是指潮间带生物资源的富集和丰富程度，反映潮间带生物资源资源的开发规模和经济发展方向。

$$H^c = -\sum_{i=1}^{s^c} P_i^c \log_2 P_i^c$$

式中，s^c 为潮间带生物种类数（包括潮间带浮游动植物、潮间带底栖生物）；P_i^c 为第 i 种潮间带物种数与总物种比值。

3. 海岛休闲活动指数

海岛休闲活动指数是指综合考虑色、臭、味，赤潮，漂浮物质，水温，浪高，天气现象，气温，风力，能见度等因素，评价在海岛旅游度假区开展休闲娱乐活动的指标，反映海岛休闲旅游活动的适宜程度。

（1）特征要素及赋分

以色、臭、味，赤潮，漂浮物质，水温，浪高，天气现象，气温，风力，能见度共九项特征要素作为海岛休闲活动指数的判断因子。各要素的分类标准及赋分见表4－17。

表 4-17　海岛休闲活动指数特征要素的分类标准及赋分

特征要素及赋分	单位	分类		
		一类	二类	三类
色、臭、味		海岛周边无异色、异臭、异味		海岛周边出现令人厌恶和感到不快的色、臭、味
赤潮		无赤潮发生		发生赤潮
漂浮物质		海岛周边海域无漂浮的油膜、浮沫、聚集的大型藻类和其他漂浮物质		海岛周边海域有油膜、浮沫、聚集的大型漂浮物质或其他漂浮物质
水温	℃	≥23.0	≥20.0，且<23.0	<20.0
浪高	m	>2.0	>1.0，且≤2.0	≤1.0
天气现象	—	晴、少云、多云、阴	轻雾、霾、烟幕和小雨	雾、中等强度以上的降水、雷暴、龙卷风
气温	℃	≥25.0，且≤35.0	≥20.0，且<25.0；或>35.0，且<38.0	<20.0，或≥38.0
风力	级	≤3	4~5	≥6
能见度	km	≥10	≥1.5，且<10	<1.5
赋分		2	1	0

（2）海岛休闲活动指数计算

海岛休闲活动指数采用因子相乘法计算：

$$MR = Mr_1 \times Mr_2 \times Mr_3 \times Mr_4 \times Mr_5 \times Mr_6 \times Mr_7 \times Mr_8 \times Mr_9$$

式中，MR 为海岛休闲活动指数；Mr_1 为色、臭、味的赋分；Mr_2 为赤潮的赋分；Mr_3 为漂浮物质的赋分；Mr_4 为水温的赋分；Mr_5 为浪高的赋分；Mr_6 为天气现象的赋分；Mr_7 为气温的赋分；Mr_8 为风力的赋分；Mr_9 为能见度的赋分。

（3）等级划分

海岛休闲活动指数的等级划分标准及相应的等级说明见表 4-18。

表 4-18　海岛休闲活动指数的等级说明

级别	海岛休闲活动指数	等级说明
一级	512，256	海岛环境状况极佳，极适宜海岛休闲活动
二级	128，64	海岛环境状况优良，很适宜海岛休闲活动
三级	32，16	海岛环境状况良好，适宜海岛休闲活动
四级	8	海岛环境状况一般，适宜海岛休闲活动
五级	0	海岛环境状况差，不适宜海岛休闲活动

4. 海岛观光指数

海岛观光指数是指综合考虑令人厌恶的生物，色、臭、味，赤潮，漂浮物质，景观要素，浪高，天气现象，气温，风力，能见度等因素，评价在海岛上欣赏旅游度假区景观的指标。反映海岛观光旅游活动的适宜程度。

（1）特征要素及赋分

以令人厌恶的生物，色、臭、味，赤潮，漂浮物质，景观要素，浪高，天气现象，气温，风力，能见度共10项特征要素作为海岛观光指数的判断因子。各要素的分类标准及赋分见表4－19。

表4－19　海岛观光指数特征要素的分类标准及赋分

特征要素及赋分	单位	分类		
		一类	二类	三类
令人厌恶的生物[a]		无		有
色、臭、味		海岛周边无异色、异臭、异味		海岛周边有令人厌恶和感到不快的色、臭、味
赤潮		无赤潮发生		发生赤潮
漂浮物质		海岛周边无漂浮的油膜、浮沫、聚集的大型藻类和其他漂浮物质		海岛周边有油膜、浮沫、聚集的大型漂浮物质或其他漂浮物质
景观要素		五级、四级、三级旅游资源	二级、一级旅游资	未获等级旅游资源
浪高	m	>2.0	>1.0，且≤2.0	≤1.0
天气现象		晴、少云、多云、阴	轻雾、霾、烟幕和小雨	雾、中等强度以上的降水、雷暴、龙卷风
气温	℃	≥15.0，且≤35.0	≥10.0，且<15.0；或>35.0，且<38.0	<10.0，且≥38.0；或≥30.0，且相对湿度≥80%
风力	级	≤3	4～5	≥6
能见度	km	≥10	≥5，且<10	<5
赋分		2	1	0

[a] 水体中过量繁殖和堆积的大型植物、蓝绿藻、污水真菌和浮游植物等。

（2）海岛观光指数计算

海岛观光指数采用因子相乘法计算：

$$MS = Ms_1 \times Ms_2 \times Ms_3 \times Ms_4 \times Ms_5 \times Ms_6 \times Ms_7 \times Ms_8 \times Ms_9 \times Ms_{10}$$

式中，MS 为海岛观光指数；Ms_1 为令人厌恶的生物的赋分；Ms_2 为色、臭、味的赋分；Ms_3 为赤潮的赋分；Ms_4 为漂浮物质的赋分；Ms_5 为景观要素的赋分；Ms_6 为浪高的赋分；Ms_7 为天气现象的赋分；Ms_8 为气温的赋分；Ms_9 为风力的赋分；Ms_{10} 为能见度的赋分。

（3）等级划分

海岛观光指数的等级划分标准及相应的等级说明见表 4－20。

表 4－20　海岛观光指数的等级说明

级别	海岛观光指数	等级说明
一级	1 024，512	海岛环境状况极佳，景观优美，极适宜观光
二级	256，128	海岛环境状况优良，景观优美，很适宜观光
三级	64，32	海岛环境状况良好，适宜观光
四级	16	海岛环境状况一般，适宜观光
五级	0	海岛环境状况差，不适宜观光

5. 海底观光指数

海底观光指数是指综合考虑海岛周边水体透明度，令人厌恶的生物，危险的生物，色、臭、味，赤潮，漂浮物质，海底景观，水温，浪高等因素，评价自潜或在潜水器中欣赏旅游度假区海域水下景观的指标。反映海底观光旅游活动的适宜程度。

（1）特征要素及赋分

以水体透明度，令人厌恶的生物，危险的生物，色、臭、味，赤潮，漂浮物质，海底景观，水温，浪高共九项特征要素作为海底观光指数的判断因子。各要素的分类标准及赋分见表 4－21。

表 4－21　海底观光指数特征要素的分类标准及赋分

特征要素及赋分	单位	分类		
		一类	二类	三类
水体透明度		≥3	≥1.5，且<3	<1.5
		且人为因素引起的透明度变化不大于20%		且人为因素引起的透明度变化大于20%
令人厌恶的生物[a]		无		有
危险的生物[b]		无		有
色、臭、味		海水不应有异色、异臭、异味		海水出现令人厌恶和感到不快色、臭、味
赤潮		无赤潮发生		发生赤潮

续表

特征要素及赋分	单位	分类		
		一类	二类	三类
漂浮物质		无（海面不应出现漂浮的油膜、浮沫、聚集的大型藻类和其他漂浮物质）		有（出现油膜、浮沫、聚集的大型漂浮物质或其他漂浮物质）
海底景观		五级、四级、三级旅游资源	二级、一级旅游资	未获等级旅游资源
水温	℃	≥23.0	≥18.0，且<23.0	<18.0
浪高	m	≤1.0	>1.0，且≤1.5	>1.5
赋分		2	1	0

注：[a] 水体中过量繁殖和堆积的大型植物、蓝绿藻、污水真菌和浮游植物等；[b] 水体中带有对人体存在潜在伤害风险的生物（如水母、海胆等）以及带有传染性疾病的生物。

（2）海底观光指数计算

海底观光指数采用因子相乘法计算：

$$SM = Sm_1 \times Sm_2 \times Sm_3 \times Sm_4 \times Sm_5 \times Sm_6 \times Sm_7 \times Sm_8 \times Sm_9$$

式中，SM 为海底观光指数；Sm_1 为水体透明度的赋分；Sm_2 为令人厌恶的生物的赋分；Sm_3 为危险的生物的赋分；Sm_4 为色、臭、味的赋分；Sm_5 为赤潮的赋分；Sm_6 为漂浮物质的赋分；Sm_7 为海底景观的赋分；Sm_8 为水温的赋分；Sm_9 为浪高的赋分。

（3）等级划分

海底观光指数的等级划分标准及相应的等级说明见表4－22。

表4－22　海底观光指数的等级说明

级别	海底观光指数	等级说明
一级	512，256	海域环境状况极佳，海底景观优美，极适宜海底观光
二级	128	海域环境状况优良，海底景观优美，很适宜海底观光
三级	64	海域环境状况良好，适宜海底观光
四级	32	海域环境状况一般，适宜海底观光
五级	0	海域环境状况差，不适宜海底观光

6. 海滨观光指数

海滨观光指数是综合考虑令人厌恶的生物，色、臭、味，赤潮，漂浮物质，景观要素，天气现象，气温，风力，能见度等因素，得到的是否适宜在滨海旅游度假区海滨欣赏海域景观的指标。反映海岛海滨观光旅游活动的适宜程度。

（1）特征要素及赋分

以令人厌恶的生物，色、臭、味，赤潮，漂浮物质，景观要素，天气现象，气温，风力，能见度共九项特征要素作为海滨观光指数的判断因子。各要素的分类标准及赋分见表4－23。

表4－23　海滨观光指数特征要素的分类标准及赋分

特征要素及赋分	单位	分类		
		一类	二类	三类
令人厌恶的生物[a]		无		有
色、臭、味		海水不应有异色、异臭、异味		海水出现令人厌恶和感到不快色、臭、味
赤潮		无赤潮发生		发生赤潮
漂浮物质		无（海面不应出现漂浮的油膜、浮沫、聚集的大型藻类和其他漂浮物质）		有（出现油膜、浮沫、聚集的大型漂浮物质或其他漂浮物质）
景观要素		五级、四级、三级旅游资源	二级、一级旅游资	未获等级旅游资源
天气现象		晴、少云、多云、阴	轻雾、霾、烟幕和小雨	雾、中等强度以上的降水、雷暴、龙卷风
气温	℃	≥10.0，且≤35.0	≥0.0，且＜10.0；或＞35.0，且＜38.0	＜0.0，且≥38.0；或≥30.0，且相对湿度≥80%
风力	级	≤4	5～6	≥67
能见度	km	≥10	≥5，且＜10	＜5
赋分		2	1	0

注：[a] 水体中过量繁殖和堆积的大型植物、蓝绿藻、污水真菌和浮游植物等。

（2）海滨观光指数计算

海滨观光指数采用因子相乘法计算：

$$SS = Ss_1 \times Ss_2 \times Ss_3 \times Ss_4 \times Ss_5 \times Ss_6 \times Ss_7 \times Ss_8 \times Ss_9$$

式中，SS 为海滨观光指数；Ss_1 为令人厌恶的生物的赋分；Ss_2 为色、臭、味的赋分；Ss_3 为赤潮的赋分；Ss_4 为漂浮物质的赋分；Ss_5 为景观要素的赋分；Ss_6 为天气现象的赋分；Ss_7 为气温的赋分；Ss_8 为风力的赋分；Ss_9 为能见度的赋分。

（3）等级划分

海滨观光指数的等级划分标准及相应的等级说明见表4－24。

表 4－24　海滨观光指数的等级说明

级别	海滨观光指数	等级说明
一级	512，256	海滨环境状况极佳，海陆景观优美，极适宜海滨观光
二级	128，64	海滨环境状况优良，海陆景观优美，很适宜海滨观光
三级	32	海滨环境状况良好，适宜海滨观光
四级	16	海滨环境状况一般，适宜海滨观光
五级	0	海滨环境状况差，不适宜海滨观光

7. 海水浴场健康指数

海水浴场健康指数是指综合考虑粪大肠菌群，令人厌恶的生物，危险的生物，色、臭、味，赤潮，漂浮物质，溶解氧，水温，浪高，天气现象，气温，风力，评价在海岛旅游度假区周边海域游泳的指标。反映海岛周边海域游泳的适宜程度。

（1）特征要素及赋分

以粪大肠菌群，令人厌恶的生物，危险的生物，色、臭、味，赤潮，漂浮物质，溶解氧，水温，浪高，天气现象，气温，风力，能见度共 13 项特征要素作为游泳指数的判断因子。各要素的分类标准及赋分见表 4－25。

表 4－25　海水浴场健康指数特征要素的分类标准及赋分

特征要素及赋分		单位	分类		
			一类	二类	三类
粪大肠菌群	一次容许值	个/100 mL	≤100	>100，且≤2 000	>2 000
	月几何均值		≤100	>100，且≤200	>200
令人厌恶的生物[a]			无		有
危险的生物[b]			无		有
色、臭、味			海岛周边海域无异色、异臭、异味		海岛周边有令人厌恶和感到不快色、臭、味
赤潮			无赤潮发生		发生赤潮
漂浮物质			海岛周边无漂浮的油膜、浮沫、聚集的大型藻类和其他漂浮物质		海岛周边有油膜、浮沫、聚集的大型漂浮物质或其他漂浮物质
溶解氧		mg/L	>6	5～6	<5
水温		℃	≥23.0，且≤28.0	≥20.0，且<23.0；或>28.0，且≤33.0	<20.0；或>33.0
浪高		m	≤1.0	>1.0，且≤1.8	>1.8
天气现象			晴、少云、多云、阴	轻雾、霾、烟幕和小雨	雾、中等强度以上的降水、雷暴、龙卷风

续表

特征要素及赋分	单位	分类		
		一类	二类	三类
气温	℃	≥25.0	≥20.0，且<25.0	<20.0
风力	级	≤3	4~5	≥6
能见度	km	≥10	≥1，且<10	<1
赋分		2	1	0

注：[a] 水体中过量繁殖和堆积的大型植物、蓝绿藻、污水真菌和浮游植物等；[b] 水体中带有对人体存在潜在伤害风险的生物（如水母、海胆等）以及带有传染性疾病的生物。

（2）海水浴场健康指数计算

海水浴场健康指数采用因子相乘法计算：

$$SW = Sw_1 \times Sw_2 \times Sw_3 \times Sw_4 \times Sw_5 \times Sw_6 \times Sw_7 \times Sw_8 \times Sw_9 \times Sw_{10} \times Sw_{11} \times Sw_{12} \times Sw_{13}$$

式中，SW 为海水浴场健康指数；Sw_1 为粪大肠菌群的赋分；Sw_2 为令人厌恶的生物的赋分；Sw_3 为危险的生物的赋分；Sw_4 为色、臭、味的赋分；Sw_5 为赤潮的赋分；Sw_6 为漂浮物质的赋分；Sw_7 为溶解氧的赋分；Sw_8 为水温的赋分；Sw_9 为浪高的赋分；Sw_{10} 为天气现象的赋分；Sw_{11} 为气温的赋分；Sw_{12} 为风力的赋分；Sw_{13} 为能见度的赋分。

（3）等级划分

海水浴场健康指数的等级划分标准及相应的等级说明见表 4-26。

表 4-26　海水浴场健康指数的等级说明

级别	海水浴场健康指数	等级说明
一级	≥4 096	海岛浴场环境状况极佳，极适宜游泳
二级	2 048，1 024	海岛浴场环境状况优良，很适宜游泳
三级	512，256	海岛浴场环境状况良好，适宜游泳
四级	128，64，32	海岛浴场环境状况一般，适宜游泳
五级	0	海岛浴场环境状况差，不适宜游泳

8. 港域年均含沙量变化率

港域年均含沙量是指海岛港口区域每年平均单位体积水体中所含的砂的质量，港域年均含沙量变化率是指港域年均含沙量与上年度相比的变化程度，反映无居民海岛港口港域的水深流顺、岸滩稳定性、泥沙回淤量等泊稳条件。

$$港域年均含沙量变化率 = \frac{多年港湾年均含沙量 - 上年港域年均含沙量}{上年港域年均含沙量} \times 100\%$$

9. 表层土壤质地

表层土壤质地是指表层土壤中各种土粒的比例，反映无居民海岛作物生长的土壤条件，可按壤土、黏土、沙土、砾石土等类型进行评价赋分。见表4－27。

表4－27　表层土壤质地评分标准

土壤类型	壤土	黏土	沙土	砾石土
级别	1	2	3	4

10. 土壤有机质含量

土壤有机质含量是指有机质占干土的比例，反映无居民海岛作物生长的土壤肥沃程度，可按土壤有机质含量等级进行评价赋分。

$$\text{土壤有机质含量} = \frac{\text{有机质含量}}{\text{干土质量}} \times 100\%$$

11. 地形坡度

地形坡度是指海岛地表单元坡面距离与水平距离所形成的夹角度数，反映海岛种养殖地表单元陡缓程度。

$$\alpha \text{坡度} = \tan^{-1}(\text{高程差}/\text{水平距离})$$

12. 海岛环境质量指数

海岛环境质量指数是指评价海岛固废数量、大气质量、环境噪声等因素对海岛综合影响的环境质量指数，反映岛陆环境受污染的程度。

① 按照三项指标各自等级分类对指标分别进行赋值评分处理。

② 用特尔斐法确定三项指标的权重，加权测算海岛环境质量指数。权重合计值为1。

③ 将有关数据填入表4－28中。

表4－28　海岛环境质量指数

编号	样本名称	固废数量		大气质量		环境噪声		海岛环境质量指数	备注
		数值	分值	等级	分值	等级	分值		
1									
2									
⋮									
n									
指标权重值									

13. 海水质量指数

海水质量指数是指评价海水受溶解氧、总无机氮、活性磷酸盐、重金属和石油类等要素污染程度的环境质量指标，反映海水水质状况，包括海水化学环境质量综合指数（必选）和海水环境化学质量（重金属）综合指数。

计算方法如下。

（1）确定海水化学环境质量评价要素

海水化学环境质量评价要素为pH值、溶解氧、总无机氮、活性磷酸盐，评价标准为《海水水质标准》（GB 3097—1997）。

（2）确定海水环境化学质量（重金属）评价要素

海水环境化学质量评价要素为铜、铅、锌、铬、镉、汞、砷7项重金属和石油类，评价标准为《海水水质标准》（GB 3097—1997）。

（3）计算单项评价指数

采用如下计算方法，求出各评价要素的单项评价指数。

海水中某质量评价要素 i 在站位 k、l 层的单项评价指数 $S(i, k, l)$ 为

$$S(i,k,l) = C(i,k,l)/C(i)$$

式中，$C(i, k, l)$ 为海水中某项环境质量评价要素 i 在站位 k、l 层的监测值，$C(i)$ 为某项环境质量评价要素 i 的某类质量评价标准值。

$$S(i) = AVERAEG[S(i,k,l)]$$

式中，$S(i)$ 为海水中某项环境质量评价要素的单项评价指数，单项评价指数 $S(i) \geqslant 1$，表明海水中某项环境质量评价要素 i 超过了某类环境质量评价标准。

溶解氧（DO）的单项评价指数：

$$S(DO,k,l) = |DO(f,k,l) - DO(k,l)| / [DO(f,k,l) - DO(s)], DO(k,l) \geqslant DO(s)$$

$$S(DO,k,l) = 10 - 9\,DO(k,l)/DO(s)$$

式中，$DO(s)$ 为溶解氧的某类评价标准，$DO(f, k, l)$ 为溶解氧的饱和含量。

pH的单项评价指数：

$$S(\mathrm{pH}, k,l) = [\mathrm{pH}(k,l) - 7.0]/(\mathrm{pH}\,SU - 7.0), \mathrm{pH}(k,l) > 7.0$$

$$S(\mathrm{pH}, k,l) = [7.0 - \mathrm{pH}(k,l)]/(7.0 - \mathrm{pH}\,SU), \mathrm{pH}(k,l) \leqslant 7.0$$

式中，pH SU 为pH评价标准的上限。

（4）计算综合评价指数

海水中 m 个环境质量评价要素在站位 k、l 层的综合评价指数 $S(k, l)$ 为：

$$S(k,l) = 1/m \sum S(i,k,l) \quad i = 1,2,\cdots,m$$

海水中 m 个环境质量评价要素的综合评价指数 S 为：

$$S = 1/m \sum S(k,l)$$

14. 海岸侵蚀

海岸侵蚀是指年度内海水动力冲击造成的海岸线后退长度，反映海岛岸线后退和

海滩下蚀的程度。

海岸侵蚀 = 年初海岸线长度 - 年末海岸线长度

15. 土壤综合污染指数

土壤污染综合指数是评价多种污染物对土壤综合影响的环境质量指数，反映无居民海岛土壤受到污染的程度。

（1）土壤单项污染指数的计算

$$P_{ip} = \frac{C_i}{S_{ip}}$$

式中，P_{ip}为土壤中污染物的单项污染指数；C_i 为调查点位土壤中污染物的实测浓度；S_{ip}为污染物的评价标准值或参考值（按照《全国土壤污染状况评价技术规定》选取）。

（2）土壤污染综合指数的计算

$$P_{综} = \sqrt{\frac{(P_{ip\max})^2 + (P_{ipave})^2}{2}}$$

式中，$P_{综}$为土壤污染综合指数；$P_{ip\max}$ 为最大单项污染指数；P_{ipave}为平均单项污染指数。

16. 海洋灾害发生频次

海洋灾害发生频次是指海岛所在地每年发生地震、热带气旋、寒潮、海雾、旱灾等各种海洋自然灾害的次数，反映无居民海岛所处环境自然灾害的强度。

17. 海岛面积变化率

海岛面积变化率是指一定时期内海岛面积减少的比例，反映海岛生态系统退化程度。

18. 湿地面积退化率

湿地面积退化率是指一定时期内海岛湿地面积减少的比例，反映海岛生态系统自我调节能力下降程度以及生态系统退化程度。

19. 植被覆盖率变化率

植被覆盖率变化率是指一定时期内海岛植被覆盖率减少的比例，反映海岛生态系统退化程度。

第三节 海岛估价指标权重

评价指标权重是指标在评价过程中不同重要程度的反映，是决策（或评估）问题中指标相对重要性的一种主观评价和客观反映的综合度量。指标权重的确定是多目标决策的一个重要环节，其基本思想是将多目标决策结果值纯量化，也就是应用一定的方法、技术以及加减、距离等规则将各目标的实际价值或效用值转换为一个综合值；或按一定的方法、技术将多目标决策问题转化为单目标决策问题，再按单目标决策原理进行决策。

一、指标权重及确定方法

权重的赋值合理与否，对评价结果的科学合理性起着至关重要的作用。若某一因素的权重发生变化，将会影响整个评判结果。无居民海岛价格影响因素评价指标众多，不同指标对海岛价格的影响程度不同，相同指标对不同用途海岛价格的影响程度也不尽相同，权重的赋值需要根据实际情况，寻求合适的方法，有差别化的确定，做到科学客观、真实反映。

（一）权重的内涵

权重是一个相对的概念，是针对某一指标而言的。某一指标的权重是指该指标在整体评价中的相对重要程度。权重表示在评价过程中，是被评价对象不同侧面重要程度的定量分配，对各评价因子在总体评价中的作用进行区别对待。事实上，没有重点的评价就不算是客观的评价，每个指标的性质和所处的层次不同，其对海岛价格的影响也是不一样的。因此，需要对各种海岛价格影响因素指标的重要程度做出估计，即进行权重的确定。

总之，权重是要将若干评价指标中分出轻重来，一组评价指标体系相对应的权重组成了权重体系。一组权重体系 $\{V_i \mid =1, 2, \cdots, n\}$，必须满足以下两个条件。

① $0 < V_i \leqslant 1$；$i = 1, 2, \cdots, n$。

② $\sum_{i=1}^{n} V_i = 1$，其中 n 是权重指标的个数。

一级指标和二级指标权重的确定。

设某一评价的一级指标体系为 $\{w_i \mid i = 1, 2, \cdots, n\}$，其对应的权重体系为 $\{V_i \mid i = 1, 2, \cdots, n\}$则有：① $0 < V_i \leqslant 1$；$i = 1, 2, \cdots, n$。② $\sum_{i=1}^{n} V_i = 1$。

如果该评价的二级指标体系为 $\{W_{ij} \mid i = 1, 2, \cdots, n, j = 1, 2, \cdots, m\}$，则其对应的权重体系 $\{V_{ij} \mid i = 1, 2, \cdots, n, j = 1, 2, \cdots, m\}$ 应满足：① $0 < V_{ij} \leqslant 1$；② $\sum_{i=1}^{n} V_i = 1$；③ $\sum_{i=1}^{n}\sum_{j=1}^{m} V_i V_{ij} = 1$。

对于三级指标、四级指标可以依此类推。

权重体系是相对指标体系来确立的。首先必须有指标体系，然后才有相应的权重体系。指标权重的选择，实际也是对系统评价指标进行排序的过程，同时权重值的构成应符合以上的条件。

（二）权重确定方法的比较

1. 指标权重确定方法研究现状

评价指标权重的确定方法很多，根据计算权系数时原始数据来源以及计算过程的不同，这些方法大致可分为三大类，即主观赋权法、客观赋权法、主客观综合集成赋权法。

主观赋权法采取定性的方法，由专家根据经验进行主观判断而得到权数，然后再对指标进行综合评估。如层次分析法、专家调查法（Delphi 法）、模糊分析法、二项系数法、环比评分法、最小平方法、序关系分析法等方法，其中层次分析法（AHP 法）是实际应用中使用得最多的方法，它将复杂问题层次化，将定性问题定量化。

客观赋权法则根据历史数据研究指标之间的相关关系或指标与评估结果的关系来进行综合评估。主要有熵权技术法、主成分分析法、多元回归分析法、多目标规划法、均方差法、简单关联函数法、变异系数法、最大离差法。其中，熵权技术法用得较多。这种赋权法所使用的数据是决策矩阵，所确定的属性权重反映了属性值的离散程度。

针对主观赋权法和客观赋权法的优缺点，学者又提出了主客观综合集成赋权法。目前，这类方法主要是将主观赋权法和客观赋权法结合在一起使用，从而充分利用各自的优点。如多属性决策组合赋权的一种线性目标规划方法，该法把主观和客观两类权重信息相结合，既充分利用了客观信息，又尽可能地满足了决策者的主观愿望。

2. 指标权重确定方法比较分析

主观赋权方法的优点是专家可以根据实际问题，较为合理地确定各指标之间的排序，也就是说尽管主观赋权法不能准确地确定各指标的权系数，但在通常情况下，主观赋权法可以在一定程度上有效地确定各指标按重要程度给定权系数的先后顺序。该类方法的主要缺点是主观随意性大，选取的专家不同，得出的权系数也不同。这一点并未因采取诸如增加专家数量、仔细选专家等措施而得到根本改善。因而，在某些个别情况下应用一种主观赋权法得到的权重结果可能会与实际情况存在较大差异。

客观赋权法的原始数据来源于评价矩阵的实际数据，使系数具有绝对的客观性，视评价指标对所有的评价方案差异大小来决定其权系数的大小。这类方法的突出优点是权系数客观性强，不具有主观随意性，不增加对决策分析者的负担，决策或评价结果具有较强的数学理论依据。但这种赋权方法依赖于实际的问题域，因而通用性和决策人的可参与性较差，没有考虑决策人的主观意向，且计算方法大都比较繁琐。依据上述原理确定的权系数，最重要的指标不一定具有最大的权系数，最不重要的指标可能具有最大的权系数，得出的结果会与各属性的实际重要程度相悖，难以给出明确的解释。

综合集成赋权法兼顾决策者对属性的偏好，同时又力争减少赋权的主观随意性，使对属性的赋权达到主观与客观的统一，进而使决策结果更加真实、可靠、可用，这种赋权法体现了系统分析的思想。目前我国学者已提出一些组合赋权的具体思想和方法。

二、主成分分析法

主成分分析，也称主分量分析或矩阵数据分析。它通过变量变换的方法把相关的变量变为若干不相关的综合指标变量，从而实现对数据集的降维，同时获得各成分相应权重，使得问题得以简化，即作为数据降维的有效手段，能够提高样本大小与预测量数值的比例。

（一）主成分分析法的研究与应用

主成分分析是由英国的皮尔生（Karl. Pearson）对非随机变量引入的，而后美国的数理统计学家赫特林（Harold. Hotelling）在1933年将此方法推广到随机向量的情形。主成分分析的降维思想从一开始就很好地为综合评价提供了有力的理论和技术支持。20世纪80—90年代，随着我国现代科学评价向纵深发展，人们对包括主成分综合评价在内的评价理论、方法和应用进行了多方面、卓有成效的研究，主要表现为：常规评价方法在国民经济、生产控制和社会生活中的广泛应用：多种评价方法的组合研究、综合应用及比较；新评价方法的研究和应用；评价方法的深入研究，如评价属性集的设计、标准化变换、评价模型选择等。

主成分分析的基本思路是借助一个正交变换，将分量相关的原随机变量

$$X = (x_1, x_2, \cdots, x_p)^{\mathrm{T}}$$

转换成分量不相关的新变量

$$U = (u_1, u_2, \cdots, u_p)^{\mathrm{T}}$$

从代数角度，即将原变量的协方差阵转换成对角阵；从几何角度，将原变量系统变换成新的正交系统，使之指向样本点散布最开的正交方向，进而对多维变量系统进行降维处理。按照特征提取的观点，主成分分析相当于一种基于最小均方误差的提取方法。

（二）主成分分析法的计算步骤

① 采集P维随机向量$x = (x_1, x_2, \cdots, x_p)^{\mathrm{T}}$的$n$个样本$x_i = (x_{i1}, x_{i2}, \cdots, x_{ip})^{\mathrm{T}}$，$i = 1, 2, \cdots, n$，$n > p$，构造样本阵，对样本阵元进行如下标准化变换：

$$z_{ij} = \frac{x_{ij} - \bar{x}_j}{S_j}, \quad i = 1,2,\cdots,n; \quad j = 1,2,\cdots,p$$

其中

$$\bar{x}_j = \frac{\sum_{i=1}^{n} x_{ij}}{n}, \quad s_j^2 = \frac{\sum_{i=1}^{n} (x_{ij} - \bar{x}_j)^2}{n-1}$$

得到标准化阵Z。

② 对标准化阵Z求相关系数矩阵

$$R = [r_{ij}]_p xp = \frac{Z^T Z}{n-1}$$

其中

$$r_{ij} = \frac{\sum z_{kj} \times z_{kj}}{n-1}, \quad i,j = 1,2,\cdots,p_0$$

③ 解样本相关矩阵 R 的特征方程 $|R-\lambda I_p|=0$ 得 p 个特征根，确定主成分按 $\frac{\sum_{j=1}^{m}\lambda_j}{\sum_{j=1}^{p}\lambda_j}$ 确定 m 值，使信息的利用率达 85% 以上，对每个 λ_j，$j=1$，2，…，m，解方程组 $Rb=\lambda_j b$ 得单位特征向量 b_j^a。

④ 将标准化后的指标变量转换为主成分。

$$U_{ij}=z_i^T b_j^o,\quad j=1,2,\cdots,m$$

U_1 称为第一主成分，U_2 称为第二主成分，……，U_p 称为第 p 主成分。

⑤ 对 m 个主成分进行综合评价

对 m 个主成分进行加权求和，即得最终评价值，权数为每个主成分的方差贡献率。

（三）主成分分析法的优点与局限性

主成分分析法应用于综合评价是对综合评价体系涵盖的多变量通过无量纲标准化处理，将其原相关的多个随机变量，以方差贡献率作为信息量的测度标准，降维为不相关的几个新变量（主成分），构建评价函数，对参评的项目进行综合得分的评价排序，属于综合评价方法中的客观赋权法。

主成分分析能将高维空间的问题转化到低维空间去处理，使问题变得比较简单、直观，而且这些较少的综合指标之间互不相关，又能提供原有指标的绝大部分信息。伴随主成分分析的过程，将会自动生成各主成分的权重，这就在很大程度上抵制了在评价过程中人为因素的干扰，因此以主成分为基础的综合评价理论能够较好地保证评价结果的客观性，如实地反映实际问题。主成分综合评价提供了科学而客观的评价方法，完善了综合评价理论体系，为管理和决策提供了客观依据，能在很大程度上减少不良现象的产生。

现行的关于主成分分析的应用研究中大多集中于数据的简化处理或综合评价上。主成分在权重确定方面的研究，虽提出了权重确定的一般方法，但由于所需样本数据较多，在实际应用时通用性不强。在实际应用中，评价函数的构建通常是分步进行的，变量的线性组合形成主成分，主成分的线性组合形成综合评价得分，对参评项目的综合评价得分的分析也是分为变量对主成分影响和主成分对综合得分的影响两个环节进行的，有时对变量在同一个主成分线性组合的解释是牵强的，每个变量参与多次计算，变量值必须标准化转换才可代入评价函数分析，计算繁琐，问题变得复杂，且综合得分有负数，评价成绩不直观，这些都影响着主成分综合评价法的推广应用。①

三、多元回归法

多元回归法是研究多个自变量与某个因变量之间相关关系的一种常用统计方法。

① 此观点引自：陈贤，等．主成分权重法在番茄果实商品性综合评价上的应用探讨．吉林农业科学，2008，33（4）。

由于客观事物的联系错综复杂，很多现象的变化往往受到两个或多个因素的影响。为了全面揭示这种复杂的依存关系，准确地测定现象之间的数量变动，就要建立多元回归模型进行深入、系统的分析。在实际应用中，采取对影响因子指标和目标值建立多元相关模型，更能揭示它们之间的关系以及各因子指标对目标值的影响程度，具有一定的现实意义。

（一）多元回归方法的研究与应用

回归分析是对客观事物数量依存关系的分析，是一种重要的统计分析方法，广泛地应用于各类社会现象变量之间的影响因素和关联的研究。回归分析方法和理论从Gauss提出最小二乘法开始，至今已近200年，目前仍在蓬勃发展中。例如，在回归诊断、维度缩减、半参数回归、非参数回归、Logistic回归等方向不断有新的突破。它通过建立经济变量与解释变量之间的数学模型，对建立的数学模型进行R检验、F检验、t检验，在符合判定条件的情况下把给定的解释变量的数值代入回归模型，从而计算出经济变量的未来值即预测值。在现实问题研究中，因变量的变化往往受几个重要因素的影响，此时就需要用两个或两个以上的影响因素作为自变量来解释因变量的变化。当多个自变量与因变量之间是线性关系时，所进行的回归分析就是多元性回归。

回归分析的基本思想是：虽然自变量和因变量之间没有严格的、确定性的函数关系，但可以设法找出最能代表它们之间关系的数学表达形式，即如果变量y与x_1，x_2，…，x_m有相关关系，那么x_1，x_2，…，x_m适当的比例组合来估计应当比单个x_i预测效果好。

多元统计分析原理是在代数矩阵和数理统计学的基础上发展起来的一门学科。而其中具有基础性质的多元线性回归分析内容丰富，应用范围十分广泛且最为简单、常用，是生活实践中常见的非常重要的数学方法之一。例如，实验数据的一般处理；经验公式的求得；因素分析；产品质量的控制；气象及地震预报；自动控制中数学模型的制定等。许多多元非线性回归的问题都可以转化为线性回归来解决。

（二）多元回归法的计算步骤

建立多元性回归模型之前，应首先注意自变量的选择，应遵循以下原则，以保证回归模型具有优良的解释能力和预测效果。

① 自变量对因变量必须有显著的影响，并呈密切的线性相关。

② 自变量与因变量之间的线性相关必须是真实的，而不是形式上的。

③ 自变量之间应具有一定的互斥性，即自变量之间的相关程度不应高于自变量与因变量之因的相关程度。

④ 自变量应具有完整的统计数据，其预测值容易确定。

多元线性回归分析的基本步骤如下。

（1）构建多元回归模型

设y为因变量，x_1，x_2，…，x_k为自变量，并且自变量与因变量之间为线性关系时，则多元线性回归模型为：

$$Y = b_0 + b_1x_1 + b_2x_2 + \cdots + b_kx_k + e$$

其中，b_0 为常数项，b_1，b_2，…，b_k 为回归系数，b_1 为 x_2，x_3，…，x_k 固定时，x_1 每增加一个单位对 y 的效应，即 x_1 对 y 的偏回归系数；同理 b_2 为 x_1，x_3，…，x_k 固定时，x_2 每增加一个单位对 y 的效应，即，x_2 对 y 的偏回归系数；等等。

（2）多元性回归模型的参数估计

同一元线性回归方程一样，也是在要求误差平方和（$\sum e^2$）为最小的前提下，用最小二乘法求解参数。以二元线性回归模型为例，求解回归参数的标准方程组为

$$\begin{cases} \sum y = nb_0 + b_1\sum x_1 + b_2\sum x_2 \\ \sum x_1y = b_0\sum x_1 + b_1\sum x_1^2 + b_2\sum x_1x_2 \\ \sum x_2y = b_0\sum x_2 + b_1\sum x_1x_2 + b_2\sum x_2^2 \end{cases}$$

解此方程可求得 b_0，b_1，b_2 的数值。也可用下列矩阵法求得

$$B = (x'x)^{-1}\cdot(x'y)$$

$$b = (x'x)^{-1}\cdot(x'y)$$

即

$$\begin{bmatrix} b_0 \\ b_1 \\ b_2 \end{bmatrix} = \begin{bmatrix} n & \sum x_1 & \sum x_2 \\ \sum x_1 & \sum x_1^2 & \sum x_1x_2 \\ \sum x_2 & \sum x_1x_2 & \sum x_2^2 \end{bmatrix}^{-1} \cdot \begin{bmatrix} \sum_y \\ \sum_{x_1y} \\ \sum_{x_2y} \end{bmatrix}$$

（3）模型检验

多元性回归模型与一元线性回归模型一样，在得到参数的最小二乘法的估计值之后，也需要进行必要的检验与评价，以决定模型是否可以应用。

① 拟合程度的测定

与一元线性回归中可决系数 R^2 相对应，多元线性回归中也有多重可决系数 R^2。R^2 是在因变量的总变化中，由回归方程解释的变动（回归平方和）所占的比重。R^2 越大，回归方程对样本数据点拟合的程度越强，所有自变量与因变量的关系越密切。计算公式为：

$$R^2 = \frac{\sum(\hat{y} - \bar{y})^2}{\sum(y - \bar{y})^2} = 1 - \frac{\sum(y - \hat{y})^2}{\sum(y - \bar{y})^2}$$

其中，

$$\sum(y - \hat{y})^2 = \sum y^2 - (b_0\sum y + b_1\sum x_1y + b_2\sum x_2y + \cdots + b_k\sum x_ky)$$

$$\sum(y - \bar{y})^2 = \sum y^2 - \frac{1}{n}(\sum y)^2$$

② 估计标准误差

估计标准误差，即因变量 y 的实际值与回归方程求出的估计值 $\hat{y}$ 之间的标准误差，估计标准误差越小，回归方程拟合程度越大。

$$s_y = \sqrt{\frac{\sum (y - \hat{y})^2}{n - k - 1}}$$

$$v_k = \frac{s_y}{y}$$

其中，k 为多元线性回归方程中的自变量的个数。

③ 回归方程的显著性检验

回归方程的显著性检验，即检验整个回归方程的显著性，或者说评价所有自变量与因变量的线性关系是否密切。通常采用 F 检验，F 统计量的计算公式为：

$$F = \frac{\sum (\hat{y} - \bar{y})^2 / k}{\sum (y - \hat{y})^2 / (n - k - 1)} = \frac{R^2 / k}{(1 - R^2) / (n - k - 1)}$$

根据给定的显著水平 a，自由度（k，$n-k-1$）查 F 分布表，得到相应的临界值 F_a，若 $F > F_a$，则回归方程具有显著意义，回归效果显著；$F < F_a$，则回归方程无显著意义，回归效果不显著。

④ 回归系数的显著性检验

在一元线性回归中，回归系数显著性检验（t 检验）与回归方程的显著性检验（F 检验）是等价的，但在多元线性回归中，这个等价不成立。t 检验是分别检验回归模型中各个回归系数是否具有显著性，以便使模型中只保留那些对因变量有显著影响的因素。检验时先计算统计量 t_i；然后根据给定的显著水平 a，自由度 $n-k-1$ 查 t 分布表，得临界值 t_a 或 $t_{a/2}$，$t > t-a$ 或 $t_{a/2}$，则回归系数 b_i 与 0 有显著差异，反之，则与 0 无显著差异。统计量 t 的计算公式为：

$$t_i = \frac{b_i}{s_y \sqrt{C_{if}}} = \frac{b_i}{sb_i}$$

其中，C_{ij}是多元线性回归方程中求解回归系数矩阵的逆矩阵 $(x'x)^{-1}$ 的主对角线上的第 j 个元素。对二元线性回归而言，可用下列公式计算：

$$C_{11} = \frac{s_{22}}{s_{11} s_{22} - s_{12}^2}$$

$$C_{22} = \frac{s_{11}}{s_{11} s_{22} - s_{12}^2}$$

其中，

$$S_{11} = \sum (x_1 - \bar{x}_1)^2 = \sum x_1^2 - \frac{1}{n} (\sum x_1)^2$$

$$S_{22} = \sum (x_2 - \bar{x}_2)^2 = \sum x_2^2 - \frac{2}{n} (\sum x_2)^2$$

$$S_{12} = \sum (x_1 - \bar{x}_1)(x_2 - \bar{x}_2) = S_{21}$$

$$\sum x_1 x_1 - \frac{1}{n}(\sum x_1)(\sum x_2)$$

（4）权重的归一化计算

$$U_t = \frac{R_t}{\sum_{t=1}^{n} R_t}$$

式中，U_t 为第 t 个影响因素的权重；R_t 为第 t 个影响因素的回归系数；n 为影响因素的个数。

（三）多元回归法的优点与局限性

多元回归分析是一种非常成熟的统计分析方法，属于综合评价方法中的客观赋权法。优点表现在以下几方面。

① 回归分析法在分析多因素模型时，更加简单和方便。

② 运用回归模型，只要采用的模型和数据相同，通过标准的统计方法可以计算出唯一的结果，只不过在图和表的形式中，数据之间关系的解释往往因人而异，不同分析者画出的拟合曲线很可能也是不一样的。

③ 回归分析可以准确地计量各个因素之间的相关程度与回归拟合程度的高低，提高预测方程式的效果；在回归分析法时，由于实际一个变量仅受单个因素的影响的情况极少，要注意模式的适合范围，所以一元回归分析法适用确实存在一个对因变量影响作用明显高于其他因素的变量时使用。多元回归分析法比较适用于实际经济问题，受多因素综合影响时使用。

不足之处是，有时候在回归分析中，选用何种因子和该因子采用何种表达式只是一种推测，这影响了因子的多样性和某些因子的不可测性，使得回归分析在某些情况下受到限制。

四、熵权法

熵权法是一种客观赋权方法。在确定指标权重过程中的基本思想是根据各指标的变异程度，利用信息熵计算出各指标的熵权，再通过熵权对各指标的权重进行修正，从而得出较为客观的指标权重。无论是项目评估还是多目标决策，人们常常要考虑每个评价指标（或各目标、属性）的相对重要程度。表示重要程度最直接和简便的方法是给各指标赋予权重（权系数）。按照熵思想，人们在决策中获得信息的多少和质量，是决策的精度和可靠性大小的决定因素之一。而熵在应用于不同决策过程中的评价或案例的效果评价时是一个很理想的尺度。

（一）熵权法的研究与应用

熵原本是一个热力学概念，它最初描述的是一种单项不可逆转的能量传递过程。

后来随着熵的思想和理论的发展，熵概念逐步形成了三种思路，即热力学熵、统计熵和信息熵。1948 年，维纳（Wiener）和申农（Shannon）创立了信息论，申农把通信过程中信息源的信号的不确定性称为信息熵，把消除了多少不确定性称为信息。在信息论中，信息熵是系统无序程度的度量，信息是系统有序程度的度量，二者绝对值相等，符号相反。

$$H(x) = -\sum_{i=1}^{n} p(x_i)\ln p(x_i)$$

一条信息的信息量大小与它的不确定性有直接的关系。一个系统的有序程度越高，则熵就越小，信息量就越大；反之，无序程度越高，熵越大，信息量越小。所以，从这个角度，我们可以认为，信息量的度量就等于被消除的不确定性的多少，而随机事件不确定性的大小可以用概率分布函数来表示。经过近 60 年的发展，信息熵在不断完善之中，它不仅被广泛应用于几乎所有学科，而且提出了将信息的量与质统一量度的理论和将概率熵概念移植到模糊集合上而定义非概率的模糊熵，已在工程技术、社会经济等领域中得到更多的应用。

（二）熵权法的计算步骤

设有 m 个待评方案，n 项评价指标，形成原始指标数据矩阵 $\boldsymbol{R} = (r_{ij})_{m\times n}$，

$$\boldsymbol{R} = \begin{pmatrix} r_{11} & r_{12} & \cdots & r_{1n} \\ r_{21} & r_{22} & \cdots & r_{2n} \\ \vdots & \vdots & & \vdots \\ r_{mn} & r_{mn} & r_{mn} & r_{mn} \end{pmatrix}_{m\times n}$$

其中，r_{ij}为第 j 个指标下第 i 个项目的评价值。

对于某项指标，指标值的差距越大，则该指标在综合评价中所起的作用越大；如果某项指标的指标值全部相等，则该指标在综合评价中不起作用。某项指标的指标值变异程度越大，信息熵越小，该指标提供的信息量越大，该指标的权重也应越大；反之，某项指标的指标值变异程度越小，信息熵越大，该指标提供的信息量越小，该指标的权重也越小。所以，可以根据各项指标值的变异程度，利用信息熵这个工具，计算出各指标的权重，为多指标综合评价提供依据。用熵权法进行综合评价的步骤如下。

（1）对数据进行归一化处理

$$\begin{cases} r'_{ij} = r_{ij}/\max r_{ij} & \text{越大越优型} \\ r'_{ij} = \min r_{ij}/r_{ij} & \text{越小越优型} \end{cases}$$

据此，得到归一化矩阵

$$\boldsymbol{R}' = \begin{pmatrix} r'_{11} & r'_{12} & \cdots & r'_{1n} \\ r'_{21} & r'_{22} & \cdots & r'_{2n} \\ \vdots & \vdots & & \vdots \\ r'_{mn} & r'_{mn} & r'_{mn} & r'_{mn} \end{pmatrix}_{m\times n}$$

（2）计算第 j 个指标下第 i 个项目的指标值的比重 p_{ij}

$$p_{ij} = r_{ij} / \sum_{i=1}^{m} r_{ij}$$

（3）计算第 j 个指标的熵值 e_j

$$e_j = -k \sum_{i=1}^{m} p_{ij} \cdot \ln p_{ij}$$

其中，$k = 1/\ln m$，$0 \leqslant e_j \leqslant 1$。

（4）计算第 j 个因素的差异系数 g_j

对于给定的 e_j 越大，因素评价值的差异性越小，则因素在综合评价中所起的作用越小。定义差异系数 $g_j = 1 - e_j$，则当因素 g_j 越大时，因素越重要。

（5）计算第 j 个指标的熵权 w_j

$$w_j = g_j / \sum_{j=1}^{n} g_j$$

（6）确定指标的综合权数 β_j

假设评估者根据自己的目的和要求将指标重要性的权重确定为 α_j，$j = 1, 2, \cdots, n$，结合指标的熵权 w_j，就可以得到指标 j 的综合权数：

$$\beta_j = \alpha_j w_j / \sum_{j=1}^{m} \alpha_j w_j$$

当各备选项目在指标 j 上的值完全相同时，该指标的熵达到最大值 1，其熵权为零。这说明该指标未能向决策者提供有用的信息，即在该指标下，所有的备选项目对决策者来说是无差异的，可考虑去掉该指标。因此，熵权本身并不是表示指标的重要性系数，而是表示在该指标下对评价对象的区分度。

（三）熵权法的优点与局限性

熵权法是根据信息论的基本原理，利用指标数据信息含量的多少对指标进行赋权。一般地，如果某个指标的信息熵越小，就表明其指标值的变异程度越大，提供的信息量越大，在综合评价中所起的作用越大，则其权重也应越大。反之，某指标的信息熵越大，就表明其指标的变异程度越小，提供的信息量越小，在综合评价中所起的作用越小，则其权重也应越小。其优点是能够深刻地反映指标信息熵值的效用价值，充分利用指标数据的差异性进行定量分析，赋权的结果较为客观，其给出的指标权重比得尔菲法和层次分析法等主观赋值法有较高的可信度，能够更好地解释所得到的结果，可以用于任何需要确定权重的过程，也可以结合一些方法共同使用。但由于权数取决于指标值的大小差异，指标的选取以及指标数据的标准化处理方法会影响到综合评价的结果，而且熵权法是一种定量分析方法，无法考虑定性因素，对于一些需要主观判断的因素无法进行分析。同时，缺乏各指标之间的横向比较，需要完整的样本数据，在应用上受到限制。

五、层次分析法

在对社会、经济以及管理领域的问题进行系统分析时，经常面临的是一个由相互关联、相互制约的众多因素构成的复杂系统。层次分析法则为研究这类复杂的系统提供了一种新的、简洁的、实用的决策方法。层次分析法（AHP 法）是一种解决多目标复杂问题的定性与定量相结合的决策分析方法。该方法是在对复杂决策问题的本质、影响因素及其内在关系等进行深入分析的基础上，利用较少的定量信息使决策的思维过程数学化，从而为多目标、多准则或无结构特性的复杂决策问题提供简便的决策方法。

（一）层次分析法的研究与应用

层次分析法（AHP）是由美国运筹学家匹兹堡大学的教授萨蒂（T. L. Saaty）于 20 世纪 70 年代初为美国国防部研究“根据各个工业部门对国家福利的贡献大小而进行电力分配”课题时，应用网络系统理论和多目标综合评价方法，提出的一种层次权重决策分析方法。它是一种整理和综合人们主观判断的客观分析方法，也是一种定量与定性相结合的系统分析方法。它适合于具有多层次结构的多目标决策问题或综合评价问题的权重确定和多指标决策的可行方案优劣排序。该方法于 1982 年由 Saaty 教授的学生高兰尼柴在天津召开的中美能源、资源、环境学术会上首次向中国介绍。

层次分析法的基本原理是按照由高到低的顺序构造目标层、准则层和方案层，然后用判断矩阵特征向量的方法将定性结构量化，得到每一层次中每个元素更高的对应于各要素的优先级权重，最后利用加权求和的方法做归一化处理，得到关于目标决策的权重总排序，权重最高的方案就是最优方案。

作为一种多目标决策的研究工具，层次分析法有效地结合了定性和定量指标，将实际问题在一个模型中以不同的层次展现，既能帮助定量分析，又能进行定性的功能评价。层次分析法是社会、经济系统决策中的有效工具。其特征是合理地将定性与定量的决策结合起来，按照思维、心理的规律把决策过程层次化、数量化，是系统科学中常用的一种系统分析方法。该方法自 1982 年被介绍到我国以来，以其定性与定量相结合地处理各种决策因素的特点，以及系统、灵活、简洁的优点，迅速地在我国社会经济各个领域内，如工程计划、资源分配、方案排序、政策制定、冲突问题、性能评价、能源系统分析、城市规划、经济管理、科研评价等，得到了广泛的重视和应用。

（二）层次分析法的设计步骤

层次分析法的设计按照常规可以分为以下五个步骤。

1. 明确问题

包括明确决策目标和设计问题的范围，所需要考虑的因素以及各因素之间所存在的关系等，以便充分地掌握信息，使层次的设计更具合理性。

2. 建立层次结构

以实际待解决的问题作为研究目标，经过透彻地分析，将互有隶属和关联的因素按照不同的层级由高到低地分解成若干层次，这种层次结构常用结构图来表示（图4-1）。最高层就是目标层，往往单有一个因素。中间层叫做准则层，表示采取某种措施、政策、方案等实现预定总目标所涉及的中间环节，一般又分为准则层、指标层、策略层、约束层等，按照实际需要可以分为一个或几个层次。一般，当同一准则层的因素多于九个时，将准则层压缩、细化为子准则层。最底层就是方案层，表示将选用的解决问题的各种措施、政策、方案等。通常有几个方案可选。每层有若干元素，层间元素的关系用相连直线表示。层次分析法所要解决的问题是关于最低层对最高层的相对权重问题，按此相对权重可以对最低层中的各种方案、措施进行排序，从而在不同的方案中做出选择或形成选择方案的原则。

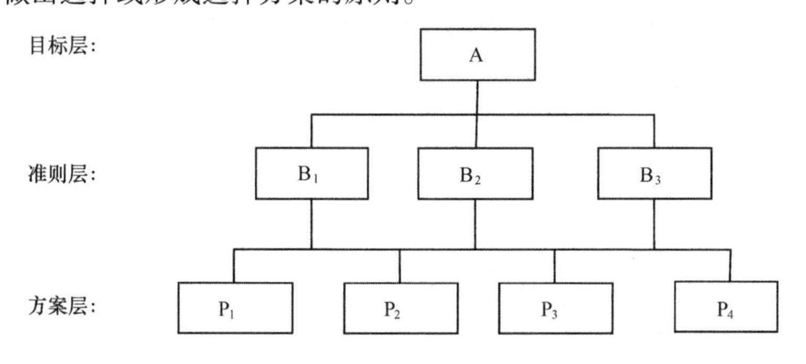

图4-1 层次结构图

3. 构造判断矩阵

在确定各层次各因素之间的权重时，如果只是定性的结果，则常常不容易被别人接受，因而Santy等提出：一致矩阵法，即：①不把所有因素放在一起比较，而是两两相互比较；②对此时采用相对尺度，以尽可能减少性质不同的诸因素相互比较的困难，提高准确度。判断矩阵是表示本层所有因素针对上一层某一个因素的相对重要性的比较。

根据心理学家的研究结果：如果以数字作为倍数量化两因素间的重要性，那么人们划分信息等级的极限能力为7±2。所以制定1~9的标度范围，可使各因素之间进行两两比较得到定量判断。以i值作为行号，j值作为列号，制定表4-29。

表4-29 1~9比较尺度

标度 a_{ij}	定义
1	因素i与因素j相比同等重要
3	因素i与因素j相比略显重要
5	因素i与因素j相比较为重要
7	因素i与因素j相比非常重要

续表

标度 a_{ij}	定义
9	因素 i 与因素 j 相比绝对重要
2, 4, 6, 8	为以上两种定义之间的中间状态所对应的标度值
倒数	若因素 j 与因素 i 比较，则得到判断值为 $a_{ji}=1/a_{ij}$

因为自己与自己比是同等重要的，因此对角线上元素不用做判断比较，只需要给出矩阵对角线上三角形中的元素。根据排列组合的原理，如果矩阵的阶数为 n，那么判断数值就应该有 $n(n-1)/2$ 个。因此，在判断矩阵内的所有元素都应满足以下条件：

$$a_{ij} > 0, a_{ji} = \frac{1}{a_{ij}}, \quad i,j = 1,2,\cdots,n$$

设向量 $\bar{w}=[\bar{w}_1, \bar{w}_2, \cdots, \bar{w}_n]^T$ 代表 n 阶判断矩阵的排序权重，设 $\mathbf{A}$ 为判断矩阵，当 $\mathbf{A}$ 达到一致性时，有：

$$\mathbf{A} = \begin{bmatrix} 1 & \frac{\bar{w}_1}{\bar{w}_2} & \cdots & \frac{\bar{w}_1}{\bar{w}_n} \\ \frac{\bar{w}_2}{\bar{w}_1} & 1 & \cdots & \frac{\bar{w}_2}{\bar{w}_n} \\ \vdots & \vdots & & \vdots \\ \frac{\bar{w}_n}{\bar{w}_1} & \frac{\bar{w}_n}{\bar{w}_2} & \cdots & 1 \end{bmatrix} = \begin{bmatrix} \bar{w}_1 \\ \bar{w}_2 \\ \vdots \\ \bar{w}_n \end{bmatrix} \times \left[\frac{1}{\bar{w}_1} \quad \frac{1}{\bar{w}_2} \quad \cdots \quad \frac{1}{\bar{w}_n} \right]$$

4. 层次单排序及一致性检验

层次单排序是把判断矩阵 $\mathbf{A}$ 的最大值 λ_{max} 对应的特征向量 W 归一化后，得到一个水平的相关影响因素对于另一个相对因素的重要性顺序。这个判断矩阵法就可以有效地避免结构中其他因素的干扰，客观地反映不同因素的影响。然而，在进行整体综合比较的过程中，难免会有非一致性的情况。如果通过比较得到具有完全一致性的结果，那么元素间根据位置的联系应该满足以下条件 $a_{ij}a_{jk}=a_{ik}$，i，j，$k=1$，2，…，n。判断矩阵 $\mathbf{A}$ 是否具有一致性可以通过检验 λ_{max} 的值是否等于阶数 n 来确定。λ_{max} 比 n 越大，特征值 λ_{max} 所对应的标准化特征向量就越不能真实反映对 $X=\{x_1, x_2, \cdots, x_n\}$ 在因素 i 的影响中所占的比重。因此，对判断矩阵有必要做一致性检验，来决定是否要接受它。一致性检验的步骤如下。

(1) 计算一致性指标 $CI=(\lambda_{max}-n)/(n-1)$

一致矩阵：对于任意 i，j，k 均有 $C_{ij}\cdot C_{jk}=C_{ik}$ 的正反矩阵。根据矩阵理论 $Ax=\lambda x$，λ 代表特征值，对所有的 $a_{ij}=1$ 有：

$$\sum_{i=1}^{n} \lambda_i = 1$$

当矩阵完全一致时，$\lambda_1=\lambda_{max}$，其余特征值为0；而矩阵 **A** 不具有完全一致性时，$\lambda_1=\lambda_{max}>n$，其余的特征值有关系：

$$\sum_{i=2}^{n}\lambda_i = n-\lambda_{max}$$

由上述结论可知，当判断矩阵不完全一致时，相应的判断矩阵的特征值也发生变化，因此我们引入判断矩阵最大特征值以外的其余特征根的负平均值，作为衡量判断矩阵偏离一致性的指标，即用：

$$CI=\frac{\lambda_{max}-n}{n-1}$$

① CI 值越大，表明判断矩阵偏离完全一致性的程度越大；CI 越小，表明判断矩阵一致性越好。

② 当矩阵具有满意一致性时，λ_{max}稍大于 n，其余特征值也接近于零。

（2）查找不同的阶数 n 相应的平均随机一致性指标 RI

对 $n=1$，…，9，给出了 RI 的值，如表4－30所示。

表4－30　矩阵阶数 n 不同时对应的 RI 值

维数	1	2	3	4	5	6	7	8	9
RI	0.00	0.00	0.58	0.90	1.12	1.24	1.32	1.41	1.45

（3）计算一致性比例 $CR=CI/RI$

当 $CR<0.10$ 时，基本上可以认为判断矩阵具有严格的一致性，否则就要适当调整判断矩阵的数值。

层次单层次计算问题可归结为计算判断矩阵的最大特征根及其特征向量的问题。但是一般来说，判断矩阵的最大特征值及相应的特征向量并不需要追求较高的精确度。下面给出一种简单的计算矩阵最大特征值及相应的特征向量的方法：

① 计算判断矩阵每一行元素的乘积 M_i

$$M_i=\prod_{j=1}^{n}a_{ij}(i=1,2,\cdots,n)$$

② 计算 M_i 的 n 次方根 $\overline{W}_i$

$$\overline{W}_i=\sqrt[n]{M_i}$$

③ 对向量 $\overline{W}=[\overline{W_1},\overline{W_2},\cdots,\overline{W_n}]^T$ 正规化 $W_i=\frac{\overline{W}_i}{\sum_j^n\overline{W_j}}$则 $W=[W_1,W_2,\cdots,W_n]^T$ 即为所得的特征向量。

④ 计算判断矩阵的最大特征根 λ_{max}

$$\lambda_{max}=\sum_{i=1}^{n}\frac{(AW)_i}{nW_i}$$

其中，AW_i 表示 AW 中第 i 个元素。

5. 层次总排序

层次分析法方案选择的最终结果是得到各层元素特别是底部元素的目标计划排序权重。总排序权重的获得就是在单准则下的权重的基础上由高到低进行递归。

若 A 层次包含 m 个元素，即 A_1，A_2，…，A_m，其层次排序权值分别为 a_l，a_2，…，a_m；下一层次 B 包含 n 个因素，分别为 B_l，B_2，…，B_n，其对应的层次单排序的权值分别为 b_{lj}，b_{2j}，…，b_{nj}。那么，当 B_k 与 A_j 无关时，B_{kj} 值可以为 0。经过层层递归最终得到方案层各决策方案相对于总目标的权重，其中权重最高的方案就是决策者通过 AHP 法得到的最优方案。通过权重合成法获得层次总排序的过程可以由表 4－31 直观地表示。

表 4－31　权重合成方法

A 层 / B 层	A_1 a_1	A_2 a_2	… …	A_m a_m	B 层次总排序权值
B_1	b_{11}	b_{12}	…	b_{1m}	$\sum_{j=1}^{m} b_{1j}a_j$
B_2	b_{21}	b_{22}	…	b_{2m}	$\sum_{j=1}^{m} b_{2j}a_j$
⋮	⋮	⋮	⋮	⋮	⋮
B_n	b_{n1}	b_{n2}	…	b_{nm}	$\sum_{j=1}^{m} b_{nj}a_j$

（三）层次分析法的优点与局限性

1. 层次分析法的优点

系统性：将对象视作系统，按照分解、比较、判断、综合的思维方式进行决策。成为继机理分析、统计分析之后发展起来的系统分析的重要工具。

实用性：定性与定量相结合，能处理许多用传统的最优化技术无法解决的实际问题，应用范围很广；同时，这种方法使得决策者与决策分析者能够相互沟通，决策者甚至可以直接应用它，这就增加了决策的有效性。

简洁性：计算简便，结果明确，具有中等文化程度的人可以了解层次分析法的基本原理并掌握该法的基本步骤，便于决策者直接了解和掌握。

2. 层次分析法的局限性

囿旧：只能从原有的方案中优选一个出来，没有办法得出更好的新方案。

粗略：该法中的比较、判断以及结果的计算过程都是粗糙的，不适用于精度较高的问题。

主观：从建立层次结构模型到给出成对比较矩阵，人的主观因素对整个过程的影响很大，这就使得结果难以让所有的决策者接受。当然采取专家群体判断的办法是克服这个缺点的一种途径。

六、德尔菲法

德尔菲法，是采用背对背的通信方式征询专家小组成员的预测意见，经过几轮征询，使专家小组的预测意见趋于集中，最后做出符合市场未来发展趋势的预测结论。德尔菲法又名专家意见法或专家函询调查法，是依据系统的程序，采用匿名发表意见的方式，即团队成员之间不得互相讨论，不发生横向联系，以反复地填写问卷的形式，集结问卷填写人的共识及搜集各方意见，构造团队沟通流程，是应对复杂任务难题的管理技术。德尔菲法本质上是一种反馈匿名函询法。

（一）德尔菲法的研究与应用

德尔菲法是在 20 世纪 40 年代由赫尔姆和达尔克首创，1946 年美国兰德公司（RAND）首次应用这种方法，主要为了避免集团讨论存在的屈从于权威或盲目服从多数的缺陷。1964 年，兰德公司的戈登（T. Gordon）和海默尔（C. helmer）发表了《长远预测研究报告》，首次将德尔菲法用于技术预见中，此后便迅速地应用于美国和其他国家。德尔菲法的实质是利用专家的主观判断，通过信息沟通与循环反馈，使预测意见趋于一致，以期得到高准确率的集体判断结果。德尔菲法在技术预见中的应用并不是追求结果的精度，而是重点在于把握技术发展的趋势，通过专家的协商交流达成共识，最终付诸实际行动。通过德尔菲法来表达社会各界的意愿，这是典型的技术系统论的具体体现。在实际应用中，德尔菲法成为技术预见的有效工具。

（二）德尔菲法的设计步骤

德尔菲法作为通过专家评估进行技术预见的一种方法，尽管有技术决定论和技术专家论的色彩，但是在技术评估中仍然具有广泛的应用价值。德尔菲法的实施程序一般分为组成专家小组、选择专家、问卷设计、实施调查、反馈汇总等步骤。

① 组成专家小组。按照课题所需要的知识范围，确定专家。专家人数的多少，可根据预测课题的大小和涉及面的宽窄而定。

② 选择专家。专家是德尔菲法的核心要素，是德尔菲法预测成败的关键。一般而言，对所选择的专家应具有两个要求，即专业性和敬业性，以保证调查的权威性、评价的公正性和各轮调查的及时反馈。

③ 问卷设计。问卷中应有相应的背景介绍材料，以说明本次研究的目的、意义和方法，对德尔菲法过程做简要介绍以及专家在本研究中所起到的关键作用，并根据研究主题设计出具体要征询的问题以及具体的填表说明。

④ 实施调查。向所有专家提出所要预测的问题及有关要求，并附上有关这个问题的所有背景材料，同时请专家提出还需要什么材料，然后，由专家做书面答复。根据

第一轮调查的结果有针对性地进行第二轮调查。将各位专家第一次判断意见汇总，列成图表进行对比，同第二轮问卷一同寄给第一轮征询的专家组，并征询每一位专家组成员在看完第一轮小组的平衡结果之后是否有异议。如果专家的预测与其他专家出入较大，而专家仍要坚持自己原来的预测，要请他给出理由。依次逐轮进行专家咨询，直至绝大多数预测经判断一致，则无须再做下一轮调查。

⑤ 对专家的意见进行综合处理。

(三) 德尔菲法的优点与局限性

德尔菲法有效的前提是建立在满足一致性条件的专家群体意见的统计结果。所以它通过“专家意见形成—统计反馈—意见调整”这样一个多次与专家交互的循环过程，使分散的意见逐次收敛在协调一致的结果上，充分发挥了信息反馈和信息控制的作用。德尔菲法的优势在于简便易行，具有一定的科学性和实用性。德尔菲法最大的优点是专家对问题有充分的时间独立思考，能保证对问题的思考比较成熟，在征询意见的多轮反馈中，专家能了解不同的意见，通过集思广益、取长补短地分析后提出的看法较为完善，征询过程中以匿名方式进行，有利于各位专家不受外因干扰，敞开思想，独立判断，不为少数权威意见影响。此外，对专家意见的汇总整理，采用数理统计方法，使定性的调查有了定量的说明，所得结论更为科学。

但德尔菲法的“统计—反馈”过程可能暗示专家将自己的意见向有利于统计结果的方向调整，从而削弱了专家原有见解的独立性；典型德尔菲法缺乏客观标准，易受主观因素的影响，可塑性较大，对集成结果的可信性难以把握，缺乏有效的量度；而且，由于过程繁杂（一般要经过四五轮的调查统计），存在不收敛的风险，如果个别专家坚持自己的意见，可能会使群体意见分歧，难以协调，会降低权威性和有效性。另外，反馈次数多，反馈时间较长，有的专家可能因工作忙或其他原因而中途退出，影响调查的准确性。[①]

① 此观点引自：田军，等. 基于德尔菲法的专家意见集成模型研究. 系统工程理论与实践，2004，1。

第五章 海岛估价基本方法

海岛价格评估最终通过因海岛质和量的变化对人类经济、社会发展的影响加以评判和体现。无居民海岛的陆域土地、周边海水和滩涂是开发利用海岛的载体，与土地、海域对开发利用经济资源的承载作用类似，可以参考土地、海域估价理论与方法、资源经济学的方法及相关价格评估理论与方法评估海岛收益、成本、费用、利润、增值等参数或以相类似资源的已知价格为参考，最终估算待估海岛价格。也就是说，我国无居民海岛的价格评估与土地、海域等其他资源价格评估相比虽然有其特殊性，但本质上都属于资源的使用权价格评估，土地、海域等其他资源价格评估的主要方法在市场条件成熟时可以用来进行无居民海岛估价。这些基本评估方法包括收益还原法、市场比较法、剩余法和成本逼近法。

但由于无居民海岛与土地、海域相比，环境更加复杂，海岛开发项目的收益受海岛自然属性、海岛的区位、临近陆域的社会经济水平、海岛利用方式、人为活动对资源生态环境的破坏、海岛利用政策等因素影响更加明显，因此在使用传统方法进行海岛估价时应更加灵活，更要结合海岛特点进行参数分析。

第一节 收益还原法

收益还原法是指通过估算被评估资产的未来预期收益并折算成现值，借以确定被评估资产价值的一种资产评估方法，又称收益法、收益资本化法、收益现值法等。收益还原法是对土地、海域、房屋、不动产或其他具备收益性质资产进行估价的基本方法。运用此方法估价时，是把这些收益性资产作为一种投资，即资产价格作为购买未来若干年资产收益而投入的资本。

一、收益还原法的基本原理

收益还原法是一种着眼于未来的评估方法，它主要考虑资产的未来收益和货币的时间价值。从资产购买者的角度出发，购买一项资产所付的代价不应高于该项资产或具有相似风险因素的同类资产未来收益的现值。

（一）收益还原法的概念

对于无居民海岛而言，收益还原法是将待估海岛在未来每年的预期纯收益以一定的还原利率还原为估价基准日收益总和的一种估价方法。收益还原法是海岛估价中基本方法之一，其本质是以无居民海岛开发项目的预期未来收益为导向求取待估海岛价格，所得的估价结果称为“收益价格”。

收益还原法可以将购买无居民海岛使用权作为一种投资，将该投资在未来可以获得的预期纯收益折现之后累加，将该结果作为无居民海岛的评估价值。收益还原法是从投资的角度来考虑无居民海岛资源的价值，以每一年资产的预期收益进行折现来求取资产价格。

（二）收益还原法的经济学分析

海岛具有的固定性、个别性、永续性决定了投资者在占有海岛时，不仅能取得海岛使用的现时收益，而且还能在有效使用期内连续取得预期收益；未来收益以适当的还原利率折算为现时价值的总额（称为收益价值或资本价值）时，它即表现为该海岛的实质价值，也是适当的客观交换价值。

海岛估价的收益还原法与经济学的效用价值论、地租理论和预期收益理论相关。

效用价值论认为，商品效用、稀缺程度和有效需求是决定商品价格的核心要素，其中效用是商品价格形成的基础，商品价格的高低由其稀缺程度和有效需求强度决定，市场交易的目的在于交换双方用弱效用性商品交换强效用性商品，从而保障交换双方都有利可图。海岛的效用价值思想决定了使用者购买一宗海岛所付出的代价，不应该多于购买同类海岛的预计未来收益的现值，在风险因素以及稀缺与有效需求程度大致相同的两宗以上类似海岛中，购买者必然会选择效用水平高、价格便宜的海岛。

从地租的角度看，由于投资者只能取得海岛的使用权而非所有权，因而在一定条件下，海岛的价格无非是海岛为人类持续提供收益（即产生租金）的资本化收入，或者说资本化的租金表现为海岛价格，海岛价格实质上就是将海岛年收益分别进行折现而资本化，海岛租金是海岛价格的基础。

无居民海岛价格的预期收益理论体现在海岛价格是基于未来收益权利的现在价值，即决定海岛当前价格的，不是过去的因素而是未来的因素。具体地说，海岛当前的价格，通常不是基于其历史价格、开发所花费的成本或者过去的市场状况，而是基于市场参与者对其未来所能带来的收益或者能够得到的效益（如满足、乐趣）的预期，即预期原理。

（三）收益还原法的基本公式

$$V = \frac{a_1}{1 + r_1} + \frac{a_2}{(1 + r_1)(1 + r_2)} + \cdots + \frac{a_n}{(1 + r_1)(1 + r_2)\cdots(1 + r_n)}$$

式中，V 为海岛的收益价格，通常又称为现值；n 为海岛的收益期限，是从估价基准日开始未来可以获得收益的持续时间，通常为收益年限；a_1，a_2，…，a_n 为分别为待估海岛相对于估价时间而言的未来第 1 期，第 2 期，…，第 n 期末的纯收益；r_1，r_2，…，r_n 为分别为待估海岛相对于估价时间而言的未来的第 1 期，第 2 期，…，第 n 期的还原利率。

需要说明的是：

① 此公式实际上是收益还原法基本原理的公式，主要用于理论分析。

② 当公式中 a，r，n 变化时可以导出下述各种公式。

③ 该公式及在此基础上进行形式变换得到的其他公式均是假设海岛纯收益相对于估价基准日发生在期末。在实际估价中，如果海岛纯收益发生的时间相对于估价基准日不是在期末，例如在期初或期中，则应对纯收益或者公式做相应的调整。

④ 公式中 a，r，n 的时间单位是一致的，通常为月、季、半年等。在实际中，如果 a，r，n 之间的时间单位不一致，例如 a 的时间单位为月而 r 的时间单位为年，则应对纯收益、还原利率或者公式做相应的调整。

1. 海岛年纯收益不变的公式

纯收益每年不变的公式具体有两种情况：一是收益期限为有限年；二是收益期限为无限年。

（1）收益期限为有限年的公式

$$V = \frac{a}{r}\left[1 - \frac{1}{(1+r)^n}\right]$$

式中，V、a、r、n 含义同前。

公式原形为：

$$V = \frac{a}{1+r} + \frac{a}{(1+r)^2} + \cdots + \frac{a}{(1+r)^n}$$

此公式的假设前提（也是应用条件，下同）是：① 海岛纯收益每年不变为 a；② 还原利率不等于 0 为 r，且每年不变；③ 收益期限为有限年 n。

上述公式的假设前提是公式推导上的要求（后面的公式均如此），其中还原利率 r 在现实中是大于 0 的，因为还原利率也表示一种资金的时间价值或机会成本。从数学上看，当 $r=0$ 时，$V=a \times n$。

（2）收益期限为无限年的公式

$$V = \frac{a}{r}$$

式中，V、a、r 含义同前。

公式原形为：

$$V = \frac{a}{1+r} + \frac{a}{(1+r)^2} + \cdots + \frac{a}{(1+r)^n}$$

此公式的假设前提是：① 纯收益每年不变为 a；② 还原利率大于零为 r，且每年不变；③ 收益期限 n 为无限年，即 $n \to \infty$ 。

2. 海岛纯收益在若干年内有变化的公式

海岛纯收益在若干年内有变化的公式具体有两种情况：一是收益期限为有限年；二是收益期限为无限年。

（1）收益期限为有限年的公式

$$V = \sum_{i=1}^{t} \frac{a_i}{(1+r)^i} + \frac{a}{r(1+r)^t}\left[1 - \frac{1}{(1+r)^{n-t}}\right]$$

式中，V、a、r、a_i、n 含义同前。t 为海岛纯收益有变化的期限。

公式原形为：

$$V = \frac{a_1}{1+r} + \frac{a_2}{(1+r)^2} + \cdots + \frac{a_t}{(1+r)^t} + \frac{a}{(1+r)^{t+1}} + \frac{a}{(1+r)^{t+2}} + \cdots + \frac{a}{(1+r)^n}$$

此公式的假设前提是：① 纯收益在未来的前 t 年（含第 t 年）有变化，分别为 a_1，a_2，…，a_t，在 t 年以后无变化为 a；② 还原利率不等于 0 为 r，且每年不变；③ 收益期限为有限年 n。

（2）收益期限为无限年的公式

$$V = \sum_{i=1}^{t} \frac{a_i}{(1+r)^i} + \frac{a}{r(1+r)^t}$$

式中，V、a、r、a_i 含义同前。t 为海岛纯收益有变化的期限。

公式原形为：

$$V = \frac{a_1}{1+r} + \frac{a_2}{(1+r)^2} + \cdots + \frac{a_t}{(1+r)^t} + \frac{a}{(1+r)^{t+1}} + \frac{a}{(1+r)^{t+2}} + \cdots + \frac{a}{(1+r)^n}$$

此公式的假设前提是：① 纯收益在未来的前 t 年（含第 t 年）有变化，分别为 a_1，a_2，…，a_t，在 t 年以后无变化为 a；②还原利率不等于 0 为 r，且每年不变；③ 收益期限 n 为无限年，即 $n \to \infty$ 。

由于无居民海岛使用年限漫长，建设期、经营期的情况比较复杂，市场还原率也可能出现各种变化，海岛纯收益按一定数额递增、海岛纯收益按一定数额递减、海岛纯收益按一定比率递增、海岛纯收益按一定比率递减或还原率发生变化等情况出现时，公式不一定能直接应用。因此，需要估价人员根据实际情况，结合收益现值原理，依据基本计算公式进行调整，灵活计算。

（四）收益还原法的特点

1. 理论基础充分

相比较而言，市场比较法是通过比较实例与待估海岛的比较修正得到待估海岛的价格，是以价格求价格，虽然比较符合人们的现实经济行为，但没有说明价格形成的依据。而收益还原法是以效用理论、租金理论和预期原理为理论基础的。海岛、劳动、资本等生产要素组合产生的收益，应由各要素分配。归属于海岛的收益应是租金和利用海岛资产带来的纯收益。它可以采取从总收益中扣除其他生产要素产生的收益后得到，然后，将海岛的收益以一定的还原率还原，即为海岛的价格。

2. 以海岛纯收益为途径

收益还原法以收益途径评估价格，求得的价格称为“收益价格”。收益还原法将海岛的价格视为一笔货币额，如将其存入银行，每年可以得到一定的利息，这个利息相当于海岛的纯收益。所以，从确定海岛收益入手，即可求得海岛价格。

3. 求取海岛的纯收益及还原率是关键

收益还原法评估结果的准确度，取决于海岛的纯收益及还原率的准确程度。海岛纯收益测定是否准确，还原率选择是否合适，直接影响海岛价格的评估结果。所以求取海岛收益及确定还原率是收益还原法的关键。

（五）收益还原法的适用范围和条件

收益还原法是以确定海岛预期收益为基础评估价格，因此只适用于有收益或有潜在收益的海岛估价，如有租金收入的租赁用海岛、农用海岛等或有收益的商业服务用海岛，而且预期收益的求取并不限于待估海岛现在是否有收益，只要待估海岛有获取收益的能力即可。收益还原法对于没有收益的公用、公益性海岛或者收益无法测算的海岛则不适用。

运用收益还原法评估海岛价格的两个关键要素是预期纯收益和还原利率。因此，收益还原法适用的条件是待估海岛未来的收益和风险都能较准确地量化，也即准确求取待估海岛的纯收益及适当的还原利率。预期纯收益、还原利率取决于人们对未来的判断，那么错误和非理性的预期就会得出错误的评估结果。对预期纯收益、还原利率的判断通常是基于过去的经验和对现实的认识做出的，必须以广泛、深入的市场调研为基础，充分把握海岛开发形成的相关产业发展状况以及海岛交易市场的发展变化对估价的影响。

二、收益还原法的估价步骤

从收益还原法估价的基本原理和公式来看，收益价格的估算涉及纯收益、还原利率、使用年限等因素。因此其估价程序和方法就与这些因素的确定和计算有关，并由这些计算步骤和影响因素所构成。一般而言，收益还原法的估价程序由收集相关资料、估算年总收益、估算年总费用、确定海岛纯收益、确定海岛还原利率、确定收益年限、计算收益价格七个步骤完成。

（一）收集相关资料

运用收益还原法估算海岛价格需要收集的资料包括以下几个方面。

① 待估海岛和与待估海岛特征相同或相似的海岛用于出租或经营时的年平均总收

益与总费用资料等。

② 出租性海岛应收集 3 年以上的租赁资料。

③ 经营性海岛应收集 5 年以上的营运资料。

④ 直接用于生产的海岛应收集过去 5 年中原料、人工及产品的市场价格资料。

以上所收集的资料应是持续、稳定的资料，能反映海岛的长期收益趋势。在资料调查与收集的基础上，应根据收集资料的类别和特点分级归档，并根据待估海岛的位置和特点，选择同一级别相同或相似性质的适宜调查样本作为下一步计算的依据。

（二）估算年总收益

1. 海岛收益的概念

总收益是指以收益为目的的海岛及与此有关的设施、劳力及经营等要素相结合而产生的年收益。具体地说：总收益是指待估海岛按法定用途和最有效用途出租或自行使用，在正常情况下，合理利用海岛应取得的持续和稳定的年收益或年租金。估算总收益时，首先应分析可能产生的各种收益，然后根据客观、持续及稳定等原则来确定海岛的总收益。

海岛收益可以分为现实收益和平均收益。现实收益是样本海岛实际取得的收益。因为具体经营者的经营能力等对现实收益影响很大，如果按现实收益进行还原，评估的海岛价格不具备代表性。一般来说，现实收益不能直接用于估价。平均收益是排除了现实收益中特殊的、偶然的、个别的因素之后所能得到的正常收益，只有这种收益才可以作为估价的依据。

海岛收益也可以分为有形收益和无形收益。有形收益是由海岛带来的直接货币收益。无形收益是指海岛带来的间接利益，如安全感、自豪感、提高个人的声誉和信用、增强融资能力等。在求取海岛收益时不仅要包括有形收益，还要考虑各种无形收益。无形收益通常难以货币化，因而在计算海岛收益时难以考虑，但可以通过选取较低的还原利率来考虑无形收益。同时值得注意的是，如果无形收益已通过有形收益得到体现则不应再单独考虑，以免重复计算。

2. 海岛收益的估算

在估算收益价格时，应根据一定原则全面分析各种收益，确定合理的平均收益。确定平均收益一般要考虑以下条件。

① 收益必须是使用者在正常经营状态下产生的收益。

② 收益必须是持续且有规律地产生的收益。即采用长期可以固定取得的收益。

③ 收益必须是符合国家规定并经批准的经营项目所产生的收益，违法违规经营项目收益不能作为估算平均收益的依据。

根据海岛使用形式和业主取得收益的方式不同，总收益产生的形式有以下几种情况。

① 海岛租金，指直接通过海岛出租，每年获得租金收入，包括海岛租赁过程中承租方所交纳的押金或担保金的利息。

② 经营收益，指海岛使用者在正常的经营管理水平下每年所获得的总收益。在分析企业经营的收益时，首先可以根据财务报表进行分析，但是由于海岛在使用过程中往往会受到经营管理水平、不合理的人为干预等偶然因素的影响，造成财务报表不能客观地反映海岛经营状况和海岛的收益能力，因此在利用财务报表进行海岛经营收益分析时，应进行适当调整，调整为正常经营管理水平下的平均收益；其次还可以根据海岛的经营项目，按照其生产的产品或提供的服务项目及其相应的市场价格，分析估算其平均总收益。

（三）估算年总费用

总费用是指利用海岛进行经营活动时正常合理的必要年支出，或者说是为取得收益所投入的直接必要的劳动费用与资本费用。总费用在不同情况下，所包含的项目也有所不同。因此，估算总费用，首先要分析可能的各种费用支出，然后在全面分析的基础上，估算加总正常合理的必要年支出，即得总费用。

根据实际情况和海岛利用的不同方式，海岛年总费用的估算也分为以下几种情况。

1. 海岛租赁中总费用的估算

一般这种单纯的海岛租赁时，发生的总费用包括以下几项。

① 海岛管理费，指管理人员的薪水及其他费用。不论是出租还是自用海岛，管理费是直接用于海岛的必要费用。一般以年租金额的3% ~5%计算。

② 海岛维护费及其他费用，指维护海岛使用所发生的费用，如给排水及道路的修缮费等。

2. 海岛经营费用的估算

海岛经营费用是指在海岛经营过程中为获取经营收益而必须支付的一切费用。通常包括原料费、运输费、折旧费、工资、税金、应摊提费用以及其他应扣除的费用。

根据海岛利用方式不同，一般可分为经营性用岛（如在海岛设立宾馆、饭店、旅游中心等服务业企业）和生产性用岛（如在海岛设立工厂、采石场等工业企业）两大类。经营性海岛在经营过程中的总费用主要包括销售成本、销售费用、经营管理费、销售税金、财务费用和经营利润等；生产性海岛在经营过程中的总费用主要包括生产成本（包括原材料费、人工费、运输费等）、产品销售费用、产品销售税金及附加、财务费用、管理费用等。

海岛生产经营费用的估算通常有以下两种方法。

① 根据企业的财务报表进行分析调整计算。

客观的企业财务报表是企业生产经营过程的基本反映，因此，可根据企业财务报表中的损益表及有关财务资料分析计算海岛经营总费用，但需要详细分析企业生产经营和管理的整个过程，扣除不正常的生产经营和管理费用，计算客观的生产经营费用。

② 根据企业生产经营或服务的项目计算。

如工业企业可根据其生产的各种产品的平均成本计算总成本。采用这种方式估算总费用，需要详细了解企业的生产经营过程和各种成本费用的支出状况。

（四）确定海岛纯收益

海岛纯收益按总收益扣除总费用计算。一般以年为计算周期。海岛纯收益是在总纯收益中扣除非海岛因素所产生的纯收益后的剩余额。海岛纯收益的计算，应根据具体评估对象的海岛利用方式的不同，采取不同的方法进行计算。

1. 海岛租赁中的海岛纯收益计算

$$海岛纯收益 = 年租金总收益 - 年总费用$$

2. 海岛经营中的海岛纯收益计算

$$海岛经营纯收益 = 年经营总收益 - 年经营总费用$$

（五）确定海岛还原利率

1. 还原利率的概念与种类

海岛还原利率是用以将海岛纯收益还原成为海岛价格的比率。在采用收益还原法评估海岛价格时确定适当的还原利率，是准确估算海岛价格的关键环节。在运用收益还原法评估海岛价格时，按照评估对象的不同，可以将还原利率分为以下三类。

（1）综合还原利率

综合还原利率是求取海岛及其地上建筑物合为一体的价格时所使用的还原利率。即如果运用收益还原法评估的是海岛及建筑物合为一体的价格，所使用的纯收益必须是海岛及建筑物合为一体所产生的纯收益；同时，所选用的还原利率，必须是海岛及建筑物合为一体的还原利率，即综合还原利率。

（2）建筑物还原利率

建筑物还原利率是求取单纯建筑物价格时，所使用的还原利率。这时所对应的纯收益是建筑物本身所产生的纯收益，不包括海岛产生的纯收益，因此选用的还原利率，也应是建筑物还原利率。

（3）海岛还原利率

海岛还原利率是求取纯海岛价格时，所应使用的还原利率。这时对应的纯收益，是由海岛所产生的纯收益，这个纯收益不应包括其他因素带来的部分。所选用的还原利率，是相应的海岛的还原利率。一般情况下，海岛还原利率比建筑物还原利率低2～3个百分点。

综合还原利率、建筑物还原利率、海岛还原利率三者虽有严格区分，但又是相互联系的。若知道其中两个还原利率，便可求出另一个还原利率。计算公式为：

$$r = \frac{r_1L + r_2M}{L + M} \text{或} r = \frac{r_1L + (r_2 + d)M}{L + M}$$

式中，r 为综合还原利率；r_1 为海岛还原利率；r_2 为建筑物还原利率；L 为海岛价格；M 为建筑物价格；d 为建筑物的折旧率。

前一个公式适用于建筑物折旧后的纯收益的情况，后一个公式适用于建筑物折旧前的纯收益的情况。

运用上述计算公式时必须确切知道海岛价格和建筑物价格是多少，然而，在实际操作中有时可能难以办到。但如果能知道海岛价格占总价格的比率，建筑物价格占总价格的比率，也可以找出综合还原利率、建筑物还原利率和海岛还原利率三者的关系，其公式为：

$$r = r_1x + r_2y \text{或} r = r_1x + (r_2 + d)y$$

式中，r，r_1，r_2，d 的含义同前；x 为海岛价格占总价格的比率；y 为建筑物价格占总价格的比率。同样，前一个公式适用于建筑物折旧后的纯收益的情况，后一个公式适用于建筑物折旧前的纯收益的情况。

2. 还原利率的实质

对还原利率的认识，主流观点有三种，即资金的社会平均利润率、不动产业投资利润率以及以银行 1 年期定期存款为基础，并用物价指数调整后，再扣除一定的所得税得到的实质利率。三种观点分别遵循等量投资应获取等量利益、收益与风险匹配以及无风险收益原则等理论依据。

获取海岛可以看成是一种投资，这种投资所投入的资本所获得的收益，就是海岛每年将产生的纯收益。因此，还原利率实质上是一种资本投资的收益率。就通常情况来说，收益率的大小与投资风险的大小成正比，风险大者收益率也高，反之则低。这是因为高风险需要高收益来获得风险补偿或称风险溢价。例如，将资金存入银行，风险小，但利率相应的也低；而将资金投入股票市场等高收益的领域，投机性所带来的风险大。任何投资不过是在盈利性和安全性之间的权衡并取得一个恰当的平衡点而已。

基于还原利率实质上是一种投资的收益率的认识，收益还原法中所采用的还原利率，应等同于与获取海岛所产生的纯收益具有同等风险的资本收益率。因此，在确定还原利率时需要考虑以下因素。

① 个别性。海岛的固定性和差异性，使得任何海岛的价格都不尽相同，这也从另一个角度证实了，不可能存在一个统一的还原利率。因此，确定还原利率时，可以以海岛开发行业的投资利润率为基础，并考虑待估海岛的风险等特点，分别计算。

不同用途、不同性质、不同区域、不同时间的海岛投资的风险不同，还原利率也应是不尽相同的。因此，在估价中也不应存在一个统一不变的还原利率。

② 风险性。风险与收益是成正比的，由于海岛投资的风险大，因此，从外部看，海岛的还原利率应高于资金的社会平均利润；从内部看，建筑物的还原利率应高于海岛的还原利率。

3. 海岛还原利率的确定方法

① 投资风险与投资收益率综合排序插入法。具体的方法是将社会上各种类型的投资（如银行存款、贷款、国债、债券、股票等）收益率按其大小从低到高排序，然后根据经验判断待估海岛的投资收益率与风险应该落在哪个范围，从而确定所要求取的还原利率的具体数值。

② 安全利率加风险调整值法。按照这种方法，还原利率 = 安全利率 + 风险调整值。安全利率可选用同一时期的一年期国债年利率或银行一年期定期存款年利率；风险调整值应根据估价对象所处地区的经济社会发展水平和海岛市场状况对其影响程度确定。

③ 海岛纯收益与价格比率法。采用市场上相同或相似海岛的纯收益与价格的比率。为避免偶然性，常常需要考察多宗海岛（一般至少三宗），求其纯收益与价格比率的平均值。具体方法是：选择与估价对象处于同一地区或邻近地区，相同用途的三宗以上近期发生交易的，且在交易类型上与估价对象相似的海岛交易实例，以交易实例的海岛租金或纯收益与其价格的比率的均值作为无居民海岛还原率。

④ 历史平均值参照法。根据无居民海岛历年收益率平均水平确定还原率，一般可根据公司历年数据计算确定。

在确定海岛还原利率时，还应注意不同海岛权利、不同海岛使用权年期、不同类型及不同等别海岛之间还原利率的差别。还需指出，尽管有以上一些确定还原利率的方法，但这些方法不是十分客观和精确无误的，其确定过程都含有某些主观选择和某种经验判断。只不过这种主观性和经验判断是建立在科学基础之上的力求客观的真实反映，而并非人为任意估计。

（六）确定收益年限

收益年限是估价对象自估价基准日起至未来可以获得收益的时间。收益年限应在法律规定（如海岛使用权法定最高年限）、合同约定（如租赁合同约定的租赁期限）等基础上来确定。在一般情况下，估价对象的收益年限为海岛使用权剩余年限。

对于单独海岛和单独建筑物的估价，应分别根据海岛使用权剩余年限和岛上建筑物剩余经济寿命确定收益年限，选用相应的收益还原法公式进行计算。

对于海岛与建筑物合成体的估价对象，建筑物经济寿命超过或与海岛使用年限一起结束的，应根据海岛使用权剩余年限确定收益年限，选用相应的收益年限为有限年的公式；建筑物经济寿命小于海岛使用年限结束的，可先根据建筑物剩余经济寿命确定收益年限，选用相应的收益年限为有限年的公式进行计算，然后加上建筑物经济寿命结束之后的剩余年限海岛使用权在估价基准日的价格。

（七）计算收益价格

在海岛纯收益确定以后，可以根据收益变化状况和海岛使用权年限等条件，选择适当的海岛还原利率和公式，即可计算得到待估海岛的收益价格。

通常选取多个可行的还原利率，计算得到几个海岛收益价格，并从中比较分析确定可能的价格水平。同时，也应根据具体情况，在可能的条件下，采用其他的估价方法，例如采取市场比较法估算的比准价格作为评估结果的验证。

三、收益还原法的实例分析

无居民海岛估价时应用收益还原法的基本思路是：首先根据项目方案预测无居民海岛的未来纯收益，再以海岛的还原利率还原，即可得到海岛价格。如果有可靠数据来源取得无居民海岛开发项目的未来收益，并合理估计收益还原率，则可以通过收益还原法有效评估无居民海岛的价格，但在估价过程中，要注意数据的合理性、可靠性，确保估价结果的准确性。

（一）渔业用岛估价实例分析

1. 待估海岛概况

温州瑞安市北麂乡内长屿，用途为渔业用岛，陆域面积 3.14 hm^2，拟转让渔业养殖面积 18.5 亩[①]，未来使用权年限 30 年，评估基准日为 2013 年 12 月 1 日。通过对渔业养殖户大面积问卷调查，取得相关资料。相关收入、成本数据见表 5－1，历史收益率水平见表 5－2。预期年收入和支出稳定。采用收益还原法确定该海岛使用权价格。内长屿空间形态如图 5－1、图 5－2 所示。

表 5－1　预计收入、成本　　单位：万元

年份	2014	2015	2016	2017	2018	2019—2043
预计年收入	300	450	550	800	1 000	1 500
预计年成本	270	404	494	719	899	1 348

表 5－2　历史收益率

年份	2004	2005	2006	2007	2008	2009	2010	2011	2012
收益率（%）	8	7.6	13.1	12.4	11.7	9.8	8.7	9.6	10.4

① 亩为非法定计量单位，1 亩 =0.066 67 hm^2。

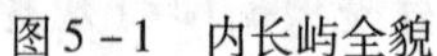

图5-1　内长屿全貌

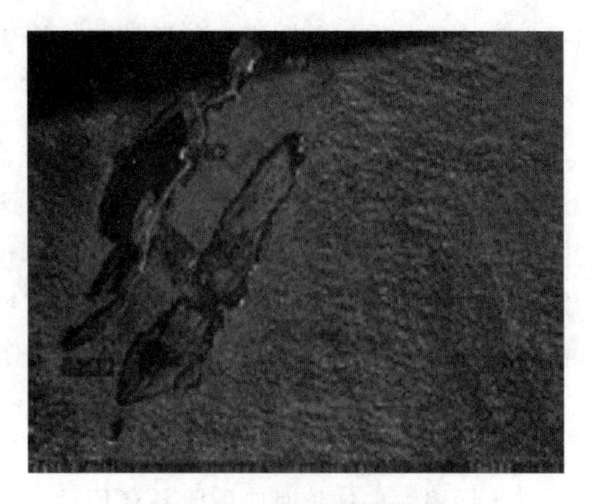

图5-2　内长屿遥感影像

2. 估价过程

（1）计算预期纯收益

由本案例表5-1可知：

$$a_1 = 30, a_2 = 46, a_3 = 56, a_4 = 81, a_5 = 101, a = 152$$

（2）计算还原率

本案例采用历史平均值参照法，即根据无居民海岛历年收益率平均水平确定还原率。

根据表5-2可知：

$$r = (\sum_{i=1}^{9} r_i)/9 = 10.14\%$$

（3）计算待估海岛价格

本案例经营期前5年预计收益和成本有所变换，应选择如下公式：

$$V = \sum_{i=1}^{t} \frac{a_i}{(1+r)^i} + \frac{a}{r(1+r)^t}\left[1 - \frac{1}{(1+r)^{n-t}}\right]$$

即：

$$V = \sum_{i=1}^{5} \frac{a_i}{(1+r)^i} + \frac{a}{r(1+r)^5}\left[1 - \frac{1}{(1+r)^{30-5}}\right]$$

$$V = \frac{30}{(1+10.14\%)} + \frac{46}{(1+10.14\%)^2} + \frac{56}{(1+10.14\%)^3} + \frac{81}{(1+10.14\%)^4} + \frac{101}{(1+10.14\%)^5} + \frac{152}{10.14\%(1+10.14\%)^5}\left[1 - \frac{1}{(1+10.14\%)^{25}}\right]$$

$$V = 842(万元)$$

（二）工业用岛估价实例分析

1. 待估海岛概况

某工业用岛于2012年11月拟以有偿方式出让，该无居民海岛使用权年限30年，前期投资13 200万元，两年内建成投产。该海岛开发项目自正式投产之日起（即2014年）前18年预计未来收益每年1亿元，经营成本每年8 600万元；后10年每年收益7 500万元，经营成本6 600万元。市场无风险利率为3%，风险利率按当期市场水平估计为9%。估算该工业用岛在2012年11月的使用权价格。

2. 估价过程

（1）求取待估海岛未来每年纯收益

初始投资折旧额＝13 200/48＝275（万元）

第3年至第20年每年纯收益 $a_1=10\,000-8\,600-275=1\,125$（万元）

第21年至第30年每年纯收益 $a_2=7\,500-6\,600-275=625$（万元）

（2）计算收益还原率

按照“安全利率加风险调整值法”确定该海岛项目收益还原率。

收益还原率＝3%＋9%＝12%

（3）计算待估海岛价格

本案例的收益期限为有限年，应采用以下公式进行计算：

$$V=\sum_{i=1}^{t}\frac{a_i}{(1+r)^i}+\frac{a}{r(1+r)^t}\left[1-\frac{1}{(1+r)^{n-t}}\right]$$

根据本案例实际情况，将上述公式做变形处理：

$$V=\frac{a_1}{r(1+r)^{t_1}}\left[1-\frac{1}{(1+r)^{t_2}}\right]+\frac{a_2}{r(1+r)^{t_1+t_2}}\left[1-\frac{1}{(1+r)^{n-t_1-t_2}}\right]$$

式中，$a_1=1\,125$，$a_2=625$，$t_1=2$，$t_2=18$，$n=30$，$r=12\%$。

$$V=\frac{1\,125}{12\%(1+12\%)^2}\left[1-\frac{1}{(1+12\%)^{18}}\right]+\frac{625}{12\%(1+12\%)^{2+18}}\left[1-\frac{1}{(1+12\%)^{30-2-18}}\right]$$

$$=6\,868(\text{万元})$$

第二节　市场比较法

市场比较法，又称比较法、市场法、交易实例比较法、买卖实例比较法、市场资料比较法、市价比较法、现行市价法等，是资产价格评估方法中最重要、最常用的基本方法之一。在资源或商品交易市场成熟期、有大量交易案例的情况下，采用市场比较法往往是最佳选择。

一、市场比较法的基本原理

根据替代原则，类似资产的交易价格应当相似，类似资产是指属性相同、功能相同、类型相同且交易时间相近的资产，对于土地、海域、海岛这种有固化位置的资源性资产还包括区位、等别、级别相同。当已知类似资产的价格，则可以据此推算待估资产的价格。

（一）市场比较法的概念

对无居民海岛估价而言，市场比较法是指在求取一宗待估海岛的价格时，将近期内已经发生交易的类似海岛（类似海岛是指海岛所在区域的区域特性以及影响地价的因素和条件与待估海岛相类似的海岛）交易实例与待估海岛进行对照比较，并依据已知的海岛交易价格，参照待估海岛的交易情况、期日、区域以及个别因素等差别，修正得出评估时点海岛价格的方法。

市场比较法的本质是以海岛的市场交易价格为基础求取估价对象价格，所得的估价结果称为“比准价格”。由于海岛的成交价格已被市场检验，其估价结果也最容易被人们所理解和接受。可见，市场比较法是一种最直接、最具有说服力的估价方法，长期以来，它最受估价人员的青睐，在英国、美国、日本等国家以及我国的台湾、香港等地区的房地产估价中，均被广泛采用。

（二）市场比较法的经济学分析

市场比较法的理论依据是经济学的替代原理。经济主体在市场上的一切交易行为总是追求利润最大化，即要以最少的费用求得最大的利润，因此在选择商品时都要选择效用高而价格低的，如果效用与价格比较，价格过高，就会敬而远之。这种经济主体的选择行为结果，在效用均等的商品之间产生替代作用，从而使具有替代关系的商品之间在价格上相互牵制而趋于一致。

替代原理同样适用于海岛交易和海岛估价。无居民海岛使用者投资的目的是追求利润最大化，初始阶段要以最少的费用获得无居民海岛使用权。由于海岛使用权交易和海岛估价是合乎理性的经济行为，效用均等的海岛之间产生替代作用，待估海岛价格可以由具有相似性质的替代性海岛价格来决定，即利用具有替代性的已成交的真实市场价格，来求取待估海岛价格。从市场交易过程来看，海岛投资者总会在搜集市场信息的基础上，经过比较市场上同类海岛的成交价格来决定大致合理和可接受的价格区间来交易，因此对于市场交易与估价而言，替代原理的确在发挥作用。

市场比较法要求海岛市场发育较好，可以获得足够的比较实例。因此它更适宜于无居民海岛交易市场发达地区的经常性交易的海岛价格评估。

（三）市场比较法的基本公式

无居民海岛市场比较法可采用现行市价作为参比对象，即当评估对象本身具有现行市场价格或与评估对象基本相同的参照物具有现行市场价格的时候，可以直接利用评估对象或参照物在评估基准日的现行市场价格作为待估海岛的评估价格。计算的基本公式如下：

$$V = VB \times K_1 \times K_2 \times K_3 \times K_4 \times K_5 \times K_6$$

式中，V 为待估海岛价格；VB 为比较实例价格；K_1 为交易情况修正系数；K_2 为自然资源因素修正系数；K_3 为社会经济因素修正系数；K_4 为生态环境因素修正系数；K_5 为比较实例使用年期修正系数；K_6 为估价基准日修正系数。

（四）市场比较法的特点

1. 反映市场动态变化规律，具有较强的真实性

市场比较法利用近期发生的与待估海岛具有替代性的交易实例作为比较标准，通过各项修正推算待估海岛的价格，能够反映近期市场的行情，测算的价格具有交易真实性，容易被接受。

2. 需要估价人员具有较高的专业判断能力

应用市场比较法需要进行市场情况、交易日期、区域因素及个别因素等一系列项目的比较修正，这就要求海岛估价人员要具备多方面的知识和丰富的经验，具有较高的专业判断能力，否则难以得到客观准确的结果。

3. 正确选择比较实例和合理修正交易实例价格是关键

市场比较法遵循替代原则，要求估价人员系统地调查市场资料，合理选择比较实例，并将比较实例与估价对象进行全面、细致的比较，确定适当的修正系数，以保证评估结果的准确性。

（五）市场比较法的适用范围和条件

对于符合市场交易规律且交易人理性的海岛使用权转让估价，市场比较法具有很强的说服力和市场敏感性，因此，无论是商业、住宅还是工业用岛，只要存在公开、均衡、发达且相对稳定的海岛交易市场，可以获得足够的比较实例，市场比较法就有其适用性。不仅在海岛使用权出让、转让定价中适用，而且还常被应用于评估海岛的租金和其他估价方法中有关参数的求取，如经营收入、成本费用、空置率、资本化率、开发经营期等。

然而，适用范围广并不代表市场比较法在应用中可以没有任何限制和约束条件。具体来看，市场比较法还应具备以下适用条件。

1. 市场发育健全并且有足够数量的比较案例

首先，采用市场比较法评估海岛价格，是以市场交易实例为基础，通过对交易实例价格的修正求取评估对象价格，虽然反映市场规律，但如果在不正常市场条件下，如市场低迷或市场过度投机、出现“泡沫”经济等，以市场价格估算海岛价格会使估价结果偏离海岛价值，无法与收益价格相协调。

发育健全市场的标志是存在大量的买者和成交案例，市场供需状况的变化能够充分、灵敏地反映在价格信号上。因为个别市场交易者行为可能因各种原因导致交易价格与市场正常形成的均衡价格有所偏离，只有市场群体行为的合成结果才能较恰当地反映市场常态。因此，要求市场上要有足够的成交案例以防止个别误差。

在国外不动产发达的国家如德国，一般至少要求选择 10 个可比较的交易案例。我

国海岛市场处于初期发展阶段，市场资料不够充分，在利用市场比较法估价时，要求市场比较交易案例至少三个。

2. 交易案例资料与待估海岛具有相关性

充足的市场交易案例固然很重要，但是这些交易案例还必须与待估海岛具有相关性，如海岛所处区位条件、用途、交易时间、交易情况等，通常情况下这种相关程度越大，评估的结果就越具有真实性。

3. 交易资料的可靠性

交易案例资料的可靠性是提高市场比较法评估结果精确程度的保证，所以，运用市场比较法进行海岛估价时：一要保证资料来源的可靠性；二要对交易案例资料的数据信息进行充分的查实和核对，包括交易案例的交易情况、交易价格、权属和实体状况、是否有附加条件的交易以及各种影响因素的条件等资料，都必须准确可靠。

4. 交易资料的正常性

交易案例必须是正常交易，而不是非正常情况下的交易，如破产拍卖、协议出让、关联方交易、债务重组等。所谓正常交易应当是当事人在完全了解相关信息的条件下，经过充分的竞价和时间的考虑，达成相互自愿，诚实无欺的公平交易。

5. 市场交易的合法性

利用市场比较法评估时，不仅要排除不合理的海岛市场交易资料，而且要注意研究有关法律的规定，如海岛规划对海岛用途的限制性规定，必然引起交易价格的变动，造成价格的显著差异。所以，运用市场比较法估价时，应注意选择与待估海岛行政管制相似的交易案例资料作为分析、比较的依据。

二、市场比较法的估价步骤

市场比较法整个评估过程可以归纳为收集交易实例，确定比较交易实例，建立价格比较修正的基础，在此基础上进行交易情况、交易日期、区域因素、个别因素、使用年期修正，通过分析与调整，综合计算比准价格。

（一）收集交易实例

搜集充裕的可供比较的交易实例是市场比较法的前提，只有拥有了大量真实的交易实例，才能把握正常的市场价格行情，并据此评估出客观合理的价格。

收集交易实例的调查内容一般包括海岛的地理位置、用岛类型、面积、交通条件、交易价格、成交日期、付款方式、交易双方基本情况、交易市场状况以及交易实例的情况，包括海岛自然资源、社会经济以及生态环境条件等。具体见表5－3。

表 5－3　交易实例调查表

调查日期：　　年　　月　　日

<table>
<tr><td>海岛名称</td><td colspan="3"></td></tr>
<tr><td>用岛类型</td><td colspan="3"></td></tr>
<tr><td>地理位置</td><td colspan="3"></td></tr>
<tr><td>卖方</td><td colspan="3"></td></tr>
<tr><td>买方</td><td colspan="3"></td></tr>
<tr><td>成交价格</td><td colspan="3">总价：　　　　单价：</td></tr>
<tr><td>成交日期</td><td colspan="3"></td></tr>
<tr><td>付款方式</td><td colspan="3"></td></tr>
<tr><td rowspan="19">海岛状况说明</td><td rowspan="4">权益状况说明</td><td>产权情况</td><td></td></tr>
<tr><td>使用年限</td><td></td></tr>
<tr><td>用途类型</td><td></td></tr>
<tr><td>⋮</td><td></td></tr>
<tr><td rowspan="5">自然状况说明</td><td>用岛面积</td><td></td></tr>
<tr><td>滩涂面积</td><td></td></tr>
<tr><td>岸线长度</td><td></td></tr>
<tr><td>陆域宽度</td><td></td></tr>
<tr><td>⋮</td><td></td></tr>
<tr><td rowspan="5">区位状况说明</td><td>离岸距离</td><td></td></tr>
<tr><td>交通条件</td><td></td></tr>
<tr><td>基础设施</td><td></td></tr>
<tr><td>区域经济</td><td></td></tr>
<tr><td>⋮</td><td></td></tr>
<tr><td rowspan="5">环境状况说明</td><td>地形坡度</td><td></td></tr>
<tr><td>海水质量</td><td></td></tr>
<tr><td>海岛环境</td><td></td></tr>
<tr><td>植被覆盖</td><td></td></tr>
<tr><td>⋮</td><td></td></tr>
</table>

为了保证资料的准确性，提高估价的精度及可信度，估价师需要甄别收集的每个交易实例，以保证资料的真实性。

收集交易案例的途径有：查阅政府海洋管理部门有关海岛的交易资料；利用官方网站以及报刊查阅有关海岛交易的消息；查阅当地估价机构所掌握的交易资料；其他途径搜集。通过以上渠道收集来的与海岛价格相关的资料是多种多样的，其中如管理费、海岛税、海岛征用、抵押等估价额，法院公正登记估价额，标售拍卖价格，海岛销售说明书的价目，广告刊登的价格等，都不是市场平均价格，即不是实际交易价格。如利用这些资料进行参考，需慎重分析其内容及其与市场价格相差的比率，判断它们与正常价格的区别。

交易资料收集是估价机构的一项十分重要的基础工作，要求估价机构要将第一手的、基础的市场资料及时、准确地收集和积累，建立海岛交易实例库、资料库，形成良好的运行机制。交易实例库的建立，可通过制作交易实例卡片，分门别类存放，或将收集到的交易实例分门别类地存入计算机数据库中，这样有利于保存和在需要时查找、利用。

（二）确定比较实例

比较实例是根据待估海岛的条件，在众多的市场交易实例中选择符合条件的可比实例，比较实例的选择是否合适，直接影响市场比较法评估的结果。

比较实例的确定应从用岛用途、价格性质、海岛区位、个别条件、交易价格、交易时间、交易情况等方面予以关注。经选取的可供比较的交易实例具有以下性质。

1. 用途与价格性质的类同性

用途与价格性质的类同性体现在以下两个方面。

① 与待估海岛的用途相同。不同用途的海岛价格相差很大，所以首要的是应选取用途相同的实例。这里的用途相同指具体的海岛功能类型相同，如旅游用岛与旅游用岛的价格有可比性，旅游用岛与工业用岛的价格无可比性。

② 与待估海岛的价格类型相同。即比较交易实例的权力性质与待估海岛权力性质相同，如待估海岛需要评估其出让价格，就不能选取抵押价格的交易实例作为比较交易实例。

2. 地点及海岛个别条件的同一性和类似性

地点及海岛个别条件的同一性和类似性指比较交易实例所处地区与待估海岛的区域特性及海岛的个别条件要相同或相近。也就是说，用来比较的交易实例应与待估海岛处于特性相同的同一地区并形成相互替代关系；如果同一地区内没有可选择的实例，可以在同一供需圈（同一供需圈是指与待估海岛能形成替代关系，对待估海岛价格产生显著影响的其他海岛所在的区域）内的类似地区选取，且其海岛的个别条件应相近。这是为了消除区域及个别因素对海岛效用及价格的影响。如要评估浙江舟山定海地区的商业用岛，最好选择的交易实例也在定海区，若定海区内没有可供选择的交易实例，可选择普陀、岱山等临近的地区或舟山市供需圈内同等级别的其他地区的实例。

3. 时间的接近性

海岛估价基准日期与比较实例交易日期应接近或可以进行比较修正，基准日期与交易日期时间差异的可接受程度与市场波动幅度相关，一般情况下，如果市场比较稳定，时间差异的有效期可以延长，即可以选择几年前的交易实例用于比较。如果市场变化较快，则比较的有效期要缩短。一般应选择2年内成交的交易实例，最长不超过3年。

4. 交易的正常性

收集的交易实例必须为正常的交易或可修正为正常的交易。所谓正常交易，是指交易在公开、公平、公正的市场环境下进行的，即在公开市场、完全竞争、信息畅通，没有私自利益关系的情况下，双方平等自愿的交易。

此外，理论上选取的比较交易实例数量越多越好，但是如果选取的数量过多，可能由于交易实例的数量有限而难以实现，另外后续进行修正、调整的工作量也会增大。因此一般选取3~10个比较交易实例即可。

（三）建立价格可比基础

选取比较实例后，还需要对比较实例的成交价格进行换算处理，统一表达方式和海岛价格内涵，为进行后续的比较修正建立共同的基础。建立价格可比基础具体包括以下五个方面。

1. 统一海岛价格内涵

将海岛价格内涵统一为无居民海岛使用权价格。

2. 统一结算方式

由于价值高，海岛交易结算通常采用分期付款方式，为消除分期付款导致的时间性差异，需要将比较实例的分期付款价格折算为成交时一次性结算价格。具体方法采用货币时间价值的折现计算。

3. 统一采用单价

将所选取的比较实例均统一为单位面积价格，用于比较修正计算。

4. 统一货币种类和货币单位

不同的货币种类不仅名称不同、货币单位不同，而且币值也不相等，它们之间经常需要换算或兑换。不同货币种类的价格之间的换算，应采用该价格成交时对应日期（不一定是估价日期）的市场汇价。但如果先按照原币种的价格进行交易日期调整，则对进行了交易日期调整后的价格，应采用估价基准日的汇率进行换算。汇率取值一般采用国家外汇管理部门公布的外汇牌价的卖出、买入中间价。

5. 统一面积内涵与单位

在面积单位方面，中国内地通常采用平方米（海岛面积除了平方米，有时还采用公顷、亩）。中国香港地区和美国、英国等习惯采用平方英尺，中国台湾地区和日本、韩国一般采用坪。

（四）交易情况修正

市场自身的缺陷可能导致交易实例成交价格出现异常，海岛估价中需要排除交易行为中的一些特殊因素所造成的交易价格偏差。对异常成交价格进行的调整称为交易情况修正。

1. 造成成交价格偏差的原因

海岛的固定性和市场的不完全性，使得其交易价格个性化，往往容易受当时的一些特殊因素的影响形成偏差，不宜直接作为比较对象。因此，运用市场比较法评估海岛价格时，必须进行交易价格的比较、分析。造成成交价格偏差的原因主要有：① 有利害关系者之间的交易；② 急于脱售或购买的交易；③ 交易双方或者一方有特别动机或偏好的交易；④ 交易双方或者一方获取的市场信息不全情况下的交易；⑤ 受债权债务关系影响的（以资抵债）交易；⑥ 相邻海岛的合并交易；⑦ 交易税费非正常负担的交易；⑧ 有纠纷的交易；⑨ 特殊方式的交易。

2. 交易情况修正方法

上述特殊交易情况的交易实例一般不宜选为可比实例，但当可供选择的交易实例较少而不得不选用时，则应对其进行交易情况修正。交易情况修正需要海岛估价人员具有丰富的经验，对市场行情有充分的了解，所以能否准确地进行交易情况修正，很大程度上依赖于估价人员的经验。

一般交易情况修正程序如下。

① 删除非正常的交易实例。即要将那些已不属于或已超出可以进行修正范围的实例删除掉。

② 测定各种特殊因素对正常海岛价格的影响程度。即要分析在正常情况下和特殊情况下，海岛价格可能产生的偏差的大小。测定方法可以利用已掌握的交易资料分析计算，确定修正系数。由于缺乏客观、统一的尺度，这种测算有时非常困难，因此在哪种情况下应当修正多少，只有由估价人员凭经验判断。作为估价人员平常就应收集交易实例，并加以分析，在积累了丰富经验的基础上，努力把握适当的修正系数。

③ 修正具体的比较实例。

修正具体的比较实例首先需要计算修正系数。将各特殊情况因素对海岛价格的影响程度求和，得出待估海岛交易情况指数，再按公式计算情况修正系数。

计算公式如下：

$$K_1 = E_p / E_s$$

式中，K_1 为交易情况修正系数；E_p 为待估海岛交易情况指数；E_s 为比较实例海岛交易情况指数。

（五）影响因素修正

根据海岛价格影响因素和待估海岛与比较实例的个性特征，确定影响因素修正体系，并分别描述待估海岛与各比较实例的各种影响因素状况，确定修正指数，计算修正系数。

影响因素包括自然资源因素、社会经济因素、生态环境因素三大方面。

影响因素状况描述需要具体、明确，并尽量采用量化指标，避免采用“好”“较好”“一般”“较差”等形容词。

1. 自然资源因素修正

自然资源因素修正的内容可参考前述海岛价格影响因素，主要包括海岛的面积、陆域宽度、岸线深度、资源丰度等。对由于自然资源因素产生的价格差异进行修正的目的，就是要通过修正将可比交易实例价格转化为待估海岛自身自然资源特征下的价格。自然资源因素修正是市场比较法中的重要修正因素之一。修正的步骤包括以下三个。

① 确定比较因子。根据具体的评估对象，选择确定自然资源因素中的比较因子内容。

② 计算各因素的比较修正系数。在确定了比较因子内容后，必须把各因子条件转化为可比的定量指数，进而计算自然资源因素修正系数。在具体估价时，根据各因子指标条件量化标准和价格影响规律，确定各因子的条件指数和修正指数，编制出自然资源因素修正系数表。

③ 利用比较修正系数表进行自然资源因素修正。

自然资源因素修正系数的计算公式如下：

$$K_2 = \prod_{i=2}^{j} H_{oi}/H_{bi}$$

式中，K_2 为自然资源因素修正系数；H_{oi}为待估海岛自然资源因素指标的指数；H_{bi}为比较实例自然资源因素指标的指数；j 为指标个数。

2. 社会经济因素修正

社会经济因素修正的内容可参考前述海岛价格影响因素，主要包括区域位置、经济水平、基础设施条件、规划限制等。对由于社会经济因素产生的价格差异进行修正的目的，就是要通过修正将可比交易实例价格转化为待估海岛自身社会经济水平下的价格。市场比较法中的社会经济因素修正步骤与自然资源因素修正步骤相同。

社会经济因素修正系数的计算公式如下：

$$K_3 = \prod_{i=2}^{j} T_{oi}/T_{bi}$$

式中，K_3 为社会经济因素修正系数；T_{oi}为待估海岛社会经济因素指标的指数；T_{bi}为比较实例社会经济因素指标的指数；j 为指标个数。

3. 生态环境因素修正

生态环境因素修正的内容可参考前述海岛价格影响因素，主要包括海岛地形地貌、周边海水质量、岛陆环境状况、土壤污染等。生态环境因素的修正目的，就是要通过修正将可比交易实例价格转化为待估海岛自身生态环境状况下的价格。生态环境因素修正步骤与自然资源因素修正步骤相同。

生态环境因素修正系数的计算公式如下：

$$K_4 = \prod_{i=2}^{j} Z_{oi}/Z_{bi}$$

式中，K_4 为生态环境因素修正系数；Z_{oi}为待估海岛生态环境因素指标的指数；Z_{bi}为比较实例生态环境因素指标的指数；j 为指标个数。

由于自然资源、社会经济、生态环境因素对海岛利用影响有其相应的特点，计算各因子比较修正系数的方法，除可以采用经验判断打分为比较尺度以外，还可采用进行三大因素中各因子与海岛价格相关关系分析的方法，确定各种因素对海岛价格影响系数，编制出影响因素修正系数表。各因素及因子的选定及权重因用岛类型不同而有所差异，比如一般旅游用岛的交通、景观（海景、山景等）比较重要，工业用岛的离岸距离比生态环境重要等。

（六）比较实例使用权年期修正

海岛使用权年期是在符合法律规定前提下海岛交易中契约约定的海岛使用权年限。海岛使用权年期的长短，直接影响海岛的开发利用效果及海岛收益年限。如果海岛的年收益确定，海岛的使用权期限越长，海岛的总收益越多，海岛利用效益也越高，海岛的价格也会因此而提高。因此，通过海岛使用权年期修正，将各比较实例的不同使用年期修正到估价对象的使用年期，以消除因海岛使用年期不同而对价格带来的影响。

使用权年期修正方法应采用比较实例使用年期修正系数来进行，计算公式为

$$K_5 = \frac{1 - 1/(1 + r)^{m}}{1 - 1/(1 + r)^{m'}}$$

式中，K_5 为比较实例使用年期修正系数；r 为海岛还原利率；m 为待估海岛使用年期；m'为比较实例使用年期。

（七）估价基准日修正

1. 估价基准日修正的含义

比较实例的成交价格是成交日期的价格，是在成交日期的海岛市场状况下形成的。要求评估的待估海岛价格是估价基准日的价格，是指在估价基准日的海岛市场状况下形成的。交易实例的交易日期与待估海岛估价期日是有差异的，一般前者发生在先，后者发生在后。如果两者间隔不大（如不到半年），同时在这期间海岛市场发展平衡，海岛市场价格波动不大，则可以不进行期日修正，否则一般要进行期日修正，以使交易实例的价格符合估价期日的实际市场状况。

2. 估价基准日修正的方法

在交易实例的成交日期至估价基准日期间，海岛价格可能平稳、上涨或下跌。在判定海岛价格水平为稳定时，可不进行交易期日修正。而当海岛价格上涨和下跌时都必须进行交易期日修正。

关于交易期日修正，可以采用以下方法。

① 利用本地区海岛价格指数计算修正系数。具体计算公式如下：

$$K_6 = I_p / I_b$$

式中，K_6 为估价基准日修正系数；I_p 为估价基准日的海岛价格指数；I_b 为比较实例交易日期的海岛价格指数。

② 利用类似海岛交易价格变动率确定估价基准日修正系数。

③ 在无海岛价格指数或变动率的情况下，估价人员可以根据海岛市场发展趋势及经验判断，确定估价基准日修正系数。

④ 在未建立海岛价格指数的情况下，应通过收集大量的实例资料，运用时间序列分析，建立海岛价格与时间之间的关系模型，求取估价基准日修正系数。

（八）综合求取比准价格

1. 求取某个比较实例对应的比准价格

通过对所选择的市场交易实例分别进行交易情况修正、影响因素修正、使用权年期修正、交易日期修正等因素调整后，即可得出待估海岛的试算比准价格。

市场比较法根据实际比较基准的不同，可以分为直接比较分析和间接比较分析。直接比较是以待估海岛的状况为基准，将比较实例与其逐项比较，然后将比较的结果转化为修正价格。间接比较是以一个标准海岛（标准海岛是指一定区域内设定的，具备的条件在一定范围内有相应的代表性，可起示范及比较标准作用的海岛）或条件俱佳的海岛为基准，将比较实例和待估海岛均与其逐项比较，然后将结果转化为修正价格。但由于无居民海岛的个性化特征明显，市场中难以找到标准海岛，因此间接比较方法极少采用。

采用直接修正法时，一般以比较实例或待估海岛的某因素条件指数为基值100，然后利用经验判断，若待估海岛或比较实例的该因素条件较优，则其条件指数大于100；若待估海岛或比较实例该因素条件恶劣，则其条件指数小于100；然后根据海岛价格影响因素的作用规律，确定各条件指数的准确值后，代入直接比较修正公式计算即可。比准价格的计算公式可以用以下两种形式表示。

（1）第一种形式

$$\text{比准价格} = \text{比较实例价格} \times \frac{100}{(\ )} \times \frac{(\ )}{100} \times \frac{100}{(\ )} \times \cdots \times \frac{100}{(\ )}$$

式中第一项分子100，表示正常交易情况或待估海岛情况指数为100时，要确定比较交易实例发生时的交易情况指数；第二项分母100，表示交易当时的价格指数为100时，要确定估价期日的价格指数；其余各项分子为100时，表示待估海岛其余各项因素条件指数（如自然资源因素条件指数、社会经济因素条件指数等）为100时，要确定比较实例相应因素条件指数。

（2）第二种形式

$$\text{比准价格} = \text{比较实例价格} \times \frac{100}{(\ )} \times \frac{(\ )}{100} \times \frac{(\ )}{100} \times \cdots \times \frac{(\ )}{100}$$

式中第一、第二项含义同第一种形式，其余各项分母为100，表示以比较实例其余各项因素条件指数（如自然资源因素条件指数、社会经济因素条件指数等）为100时，要确定待估海岛相应因素条件指数。

2. 将多个比较实例价格综合为一个最终比准价格

每一个比较实例的成交价格经过上述各项修正后，都会相应地得出一个比准价格，如有三个比较实例，经过各项修正后，会得到三个比准价格，但这些比准价格可能是不一致的，最后需要将它们综合为一个比准价格，以此作为比较法的估算结果。方法通常有下列四种，即平均数、中位数、众数及其他方法。其中，平均数又分为简单算术平均和加权算术平均；中位数是把修正出的各个价格按从低到高或从高到低的顺序排列，当项数为奇数时，位于正中间位置的那个价格为综合出的一个结果；当项数为偶数时，位于正中间位置的那两个价格的简单算术平均为综合出的一个价格。众数是一组数值中出现次数最多的数值。

运用其他方法将修正出的多个价格综合为一个价格，可以去掉一个最低价和一个最高价，将余下的进行简单算术平均。此外，估价人员也可以根据自身经验，以某一个比准价格为主，参考其他比准价格最终确定价格。在实际估价中，最常用的是平均数，其次是中位数，很少用众数。

三、市场比较法的实例分析

市场比较法在土地、房地产、农用地甚至海域价格评估领域被广泛应用，目前无居民海岛价格评估实例极其有限，全国范围内交易实例相当少，相同区域范围内的类似交易案例甚至没有，市场比较法在将来海岛交易市场发育成熟后会大量应用。

（一）工业用岛估价实例分析

1. 待估海岛概况

浙江舟山市普陀区有一待估工业用无居民海岛，需要评估其海岛使用权价格。经调查收集到以下资料。

① 四宗海岛比较实例与待估海岛交易情况正常，且处于同一供需圈、用途相同、交易类型相同；待估海岛与各比较实例的条件以及各种影响因素修正情况如表5－4所示，其中自然资源因素、社会经济因素和生态环境因素的修正皆是与待估海岛相比较，表中修正系数为正数的，表示比较实例的条件优于待估海岛，表中系数为负数的，表示交易实例条件比待估海岛差。

表 5-4 待估海岛与比较实例的比较

项目用地	海岛成交价格（元/m²）	交易时间	海岛使用权年期（年）	容积率	自然资源因素修正系数（%）	社会经济因素修正系数（%）	生态环境因素修正系数（%）
A	1 200	2013-10-01	70	2	+3	0	-11
B	1 560	2013-08-01	70	3.0	-5	0	-2
C	1 650	2013-12-01	50	3.0	-5	0	-2
D	1 400	2014-05-01	40	2.5	-6	0	-3
待估海岛		2014-10-01	70	2			

② 海岛还原利率为7%。

③ 海岛价格指数以2013年1月1日为100，以后平均每月上涨1个百分点。

试根据上述资料，采用市场比较法估算出待估海岛于2014年10月1日海岛使用权年限为70年的单位面积海岛价格。

2. 估价过程

（1）计算公式

$$V = VB \times K_1 \times K_2 \times K_3 \times K_4 \times K_5 \times K_6$$

（2）交易情况修正系数

由于四宗海岛比较实例与待估海岛交易情况正常，可知A、B、C、D四宗海岛的交易情况修正系数分别为：

$$K_{1A} = 1, K_{1B} = 1, K_{1C} = 1, K_{1D} = 1$$

（3）自然资源修正系数

比较实例A＝100/（100＋3）＝100/103

比较实例B＝100/（100－5）＝100/95

比较实例C＝100/（100－5）＝100/95

比较实例D＝100/（100－6）＝100/94

可知A、B、C、D四宗海岛的自然资源因素修正系数分别为：

$$K_{2A} = 0.97, K_{2B} = 1.05, K_{2C} = 1.05, K_{2D} = 1.06$$

（4）社会经济修正系数

比较实例A＝100/（100＋0）＝100/100

比较实例B＝100/（100＋0）＝100/100

比较实例C＝100/（100＋0）＝100/100

比较实例D＝100/（100＋0）＝100/100

可知A、B、C、D四宗海岛的社会经济因素修正系数分别为：

$$K_{3A} = 1, K_{3B} = 1, K_{3C} = 1, K_{3D} = 1$$

（5）生态环境因素修正系数

比较实例 A＝100/（100－11）＝100/89

比较实例 B＝100/（100－2）＝100/98

比较实例 C＝100/（100－2）＝100/98

比较实例 D＝100/（100－3）＝100/97

可知 A、B、C、D 四宗海岛的生态环境因素修正系数分别为：

$$K_{4A} = 1.12, K_{4B} = 1.02, K_{4C} = 1.02, K_{4D} = 1.03$$

（6）使用权年期修正系数

由于比较实例 A、B、C、D 的使用权年限分别为 70 年、70 年、50 年、40 年，待估海岛使用权年限为 70 年，可知 A、B、C、D 四宗海岛的使用权年期修正系数分别为：

$$K_{5A} = 1, K_{5B} = 1,$$

$$K_{5C} = [1 - 1/(1+7\%)^{70}]/[1 - 1/(1+7\%)^{50}] = 1.026$$

$$K_{5D} = [1 - 1/(1+7\%)^{70}]/[1 - 1/(1+7\%)^{40}] = 1.062$$

（7）交易日期修正系数

比较实例 A＝121/109

比较实例 B＝121/107

比较实例 C＝121/111

比较实例 D＝121/116

可知 A、B、C、D 四宗海岛的交易日期修正系数分别为：

$$K_{6A} = 1.11, K_{6B} = 1.13, K_{6C} = 1.09, K_{6D} = 1.04$$

（8）计算比准价格

$$V_A = VB_A \times K_{1A} \times K_{2A} \times K_{3A} \times K_{4A} \times K_{5A} \times K_{6A}$$

$$= 1\,200 \times 1 \times 0.97 \times 1 \times 1.12 \times 1 \times 1.11 = 1\,447.085(元/m^2)$$

$$V_B = VB_B \times K_{1B} \times K_{2B} \times K_{3B} \times K_{4B} \times K_{5B} \times K_{6B}$$

$$= 1\,560 \times 1 \times 1.05 \times 1 \times 1.02 \times 1 \times 1.13 = 1\,887.959(元/m^2)$$

$$V_C = VB_C \times K_{1C} \times K_{2C} \times K_{3C} \times K_{4C} \times K_{5C} \times K_{6C}$$

$$= 1\,650 \times 1 \times 1.05 \times 1 \times 1.02 \times 1.026 \times 1.09 = 1\,976.275(元/m^2)$$

$$V_D = VB_D \times K_{1D} \times K_{2D} \times K_{3D} \times K_{4D} \times K_{5D} \times K_{6D}$$

$$= 1\,400 \times 1 \times 1.06 \times 1 \times 1.03 \times 1.062 \times 1.04 = 1\,688.22(元/m^2)$$

将上述四个比准价格的简单算术平均数作为市场比较法的估算结果，则有

待估海岛单价＝（1 447.085＋1 887.959＋1 976.275＋1 688.22）/4

＝1 749.885（元/m^2）

（二）旅游用岛估价实例分析

1. 待估海岛概况

外马廊山岛，又称外马廊山，嵊泗列岛属岛，在舟山市嵊泗县城菜园镇南 6.9 km，泗礁山穿鼻洞山嘴东南 2.6 km 处，东北邻近里马廊山，隶属嵊泗县马关镇，距大陆最近点 63.5 km。因岛西有马迹山，而此岛是拴马的长廊，称马廊，与里马廊山相比，其距泗礁山较远，因此称为外马廊山。

外马廊山岛呈北西—南东走向，长 900 m，最宽 250 m，窄处 100 m，陆域面积 175 484 m^2，滩地面积 13 500 m^2，海岸线长 2.77 km。岛上出露岩石为燕山晚期钾长花岗岩，最高点海拔 59.7m（30°40′N，122°28′E）。海岛植被以白茅草、海蜇花等为主。岛东北有礁，附近水流湍急，周边水深 4～20 m。该岛的空间形态如图 5－3、图 5－4 所示。

图 5－3　外马廊山岛全貌

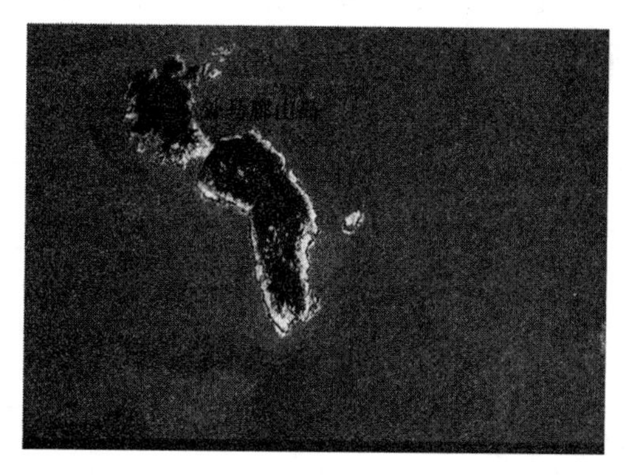

图 5－4　外马廊山岛遥感影像

该岛的主导功能是旅游娱乐用岛，用岛年限为 20 年。评估人员在进行现场勘察和市场调查后，找到 5 个交易实例，详细数据信息见表 5－5。

表 5－5　待估海岛与比较实例修正因素条件

比较因素	评估海域	甲岛	乙岛	丙岛	丁岛	戊岛
主导用途	旅游用岛	旅游用岛	旅游用岛	旅游用岛	旅游用岛	港口用岛
交易日期	2013－07	2013－05	2013－03	2013－04	2001－03	2013－02
剩余使用年限	20 年	20 年	20 年	20 年	25 年	20 年
交易情况	拍卖	拍卖	拍卖	拍卖	拍卖	拍卖
交通情况	路网较发达，可达性和便利性较好	路网欠发达，可达性和便利性较差	可达性和便利性一般	路网发达，可达性和便利性好	路网较发达，可达性和便利性较好	路网欠发达，可达性和便利性较差
周边海水质量	海水质量好	海水质量差	海水质量好	海水质量极好	海水质量差	海水质量较好

续表

比较因素	评估海域	甲岛	乙岛	丙岛	丁岛	戊岛
沙滩长度（m）	600	200	800	1 000	600	500
交易价格	—	5 万元/亩	6 万元/亩	8 万元/亩	2 万元/亩	8 万元/亩

2. 估价过程

① 确定比较实例。丁岛交易日期与待估海岛交易日期相差过久，戊岛使用类型与待估海岛不一致，因可比性差剔除丁岛和戊岛，选择甲、乙、丙岛作为比较案例。

② 待估海岛与甲、乙、丙海岛的交易日期、使用权年限、交易情况一致，无须修正。

交通情况、沙滩长度及配套设施情况三个因素采用专家打分法，根据具体属性特征进行赋值，见表 5 –6。

表 5 –6　待估海岛与比较实例修正因素评分

比较因素	待估海岛	甲岛	乙岛	丙岛
交易情况指数 K_1	100	100	100	100
沙滩长度（m）K_2	100	95	102	105
交通情况 K_3	100	96	98	100
周边海域质量 K_4	100	95	100	105
使用权年期修正指数 K_5	100	100	100	100
估价期日指数 K_6	100	100	100	100

③ 评估待估海岛价格。

比较实例甲修正得到的待估海岛单价 =5 ×（100/100）×（100/95）×（100/96）×（100/95）×（100/100）×（100/100）=5.77（万元/亩）

比较实例乙修正得到的待估海岛单价 =6 ×（100/100）×（100/102）×（100/98）×（100/100）×（100/100）×（100/100）=6（万元/亩）

比较实例甲修正得到的待估海岛单价 =8 ×（100/100）×（100/105）×（100/100）×（100/105）×（100/100）×（100/100）=7.26（万元/亩）

待估海岛单价 =（5.77 +6 +7.26）/3 =6.34（万元/亩）

待估海岛总价 =6.34 ×17.55 ×15 =1 669.01（万元）

第三节　剩 余 法

剩余法，又称为假设开发法、预期开发法、倒算法、残余法或余值法，是指在估算开发完成后不动产正常交易价格的基础上，扣除建筑物建造费用和与建筑物建造、买卖有关费用后，以价格余额来确定估价对象价格的一种方法。剩余法是土地、海域估价常用的基本方法之一，同时还大量应用于房地产开发项目评价和投资决策。

一、剩余法的基本原理

剩余法主要依赖于地租原理，只不过地租是每年的租金剩余，剩余法是一次性的价格剩余，但计算原理是一致的，剩余法还可以通过求取残余的纯收益后，再进行资本还原，求得资产价格。价格构成理论对剩余法也有影响，剩余法需要依据资产的价格结构，在预测完工价格后扣除相关费用、利润等。

（一）剩余法的概念

无居民海岛估价中，剩余法是在预计已开发海岛正常交易价格基础上，扣除估算的海岛开发成本以及与海岛建造、交易有关的专业费用、利息、利润、税收等费用，依据余额来确定待估海岛在估价期日价格的一种方法。从发展的观点看，无居民海岛之所以有价，完全在于其可以开发利用，并从中获得收益。剩余法的本质是以待估海岛预期开发后的价值为导向来求取其价格，所得的估价结果被称为“剩余价格”或“倒算价格”。

（二）剩余法的经济学分析

剩余法中对待估海岛开发后价值的估算通常采用收益还原法或市场比较法；而开发建造成本的估算通常采用成本逼近法。因此剩余法本质上包含了其他各种方法的经济学原理。

从价格构成理论的角度来讲，任何商品的销售价都是由成本、税金和利润构成，海岛价格也同样如此，只不过其成本构成要比一般商品复杂而已。从海岛开发商的视角而言，购买海岛的目的是通过自己营运或开发出售后赚取利润，为此，开发商首先要仔细研究待开发海岛的内外条件，如地理位置、面积大小、形状、周围环境、规划限制条件等，遵循最佳使用原则和合法原则分析该海岛在规划许可范围内最适宜的用途和最大开发程度；然后准确把握海岛交易市场趋势以及目前的海岛市场状况，选择误差最小的可比海岛交易案例，预测海岛开发完成后价值，以及为完成这一开发所花费的建设费、设计费、相关税费等造价成本，各类预付资本的利息和开发商应得到的正常开发利润，进而确定为取得海岛所支付的最高价格。同时还应看到，面对公开竞争的经营性招、拍、挂海岛使用权转让市场，多个开发商之间的利益制衡使得海岛开发难以获取超乎寻常的利润，海岛开发的社会平均利润水平将成为开发商的期望值。此外，由于海岛的开发周期比较长，对有些项目的估价可能要求考虑各项投入费用的时间性；海岛开发的时间价值，可以借鉴折现现金流量的方法计算，以便更准确地揭示海岛的实质价值。

（三）剩余法的基本公式

根据剩余法的概念及其理论依据，利用剩余法评估海岛价格的基本公式是

$$V = A - B - I - C$$

式中，V 为待估海岛价格；A 为总开发价值或开发完成后的海岛总价格；B 为整个开发项目的开发成本及各项税费等总支出；I 为利息费用；C 为开发者合理利润。

根据剩余法的基本公式，按待估海岛的状况，有以下几种情况。

1. 未开发海岛价格的计算

未开发海岛是指已完成海岛使用批准手续（包括海岛使用权出让手续）可用于建筑的海岛，该海岛无基础设施，或者有部分基础设施，但尚不具备完全的“三通”（通路、通水、通电）条件等。估算未开发海岛价格有以下两种情形。

① 预计在未开发海岛上建筑房屋。此时的未开发海岛价格应当在估算开发完成后的海岛房屋价格基础上扣除建造房屋的成本、专业费用、不可预见费、投资利息、销售税费、开发利润以及买方购买未开发海岛应负担的其他税费。

② 预计将未开发海岛开发成熟。此时的未开发海岛价格应当在估算开发成熟的海岛价格基础上扣除开发到成熟程度的成本、专业费用、不可预见费、投资利息、销售税费、开发利润以及买方购买未开发海岛应负担的其他税费。

2. 基本开发海岛价格的计算

基本开发海岛是指已完成海岛使用批准手续（包括海岛使用权出让手续），具有“三通”或者条件更完备的基础设施，但未进行拆迁的可用于建筑的海岛。估算基本开发海岛价格有以下两种情形。

① 预计在基本开发海岛上建筑房屋。此时基本开发海岛价格应为开发完成后的海岛房屋价格扣除在基本开发海岛上建造房屋的成本、专业费用、不可预见费、投资利息、销售税额、开发利润以及买方购买基本开发海岛应负担的其他税费。

② 预计将基本开发海岛开发成熟。此时基本开发海岛价格应为开发成熟的海岛价格扣除开发到成熟程度的成本、专业费用、不可预见费、投资利息、销售税费、开发利润以及买方购买基本开发海岛应负担的其他税费。

3. 已开发海岛价格的计算

已开发海岛是指具有完善的基础设施，可用于房屋建筑的海岛。此时已开发海岛价格应为开发完成后的海岛房屋价格扣除在已开发海岛上建造房屋的成本、专业费用、

不可预见费、投资利息、销售税费、开发利润、买方购买已开发海岛应负担的其他税费。

（四）剩余法的特点

首先，剩余法最大的特点是，它是一种综合而非单一的评估方法。剩余法评估必须先确定开发完成后不动产的总体价格，不动产总价的估算通常有市场比较法和收益还原法两种方法：对于有成熟交易市场的不动产可采用市场比较法；对于能取得可靠和稳定收益、成本、还原率等数据的不动产可采用收益还原法。两种方法求取的基本计算项目再通过数理统计方法或建立数学模型，最终估算得出开发完成后不动产总价。而整个开发项目的开发成本是项目开发建设期间所发生的一切费用的总和，涉及所有成本的累加。这个过程需要通过成本法计算完成。可见，剩余法实际上是市场比价法或收益还原法与成本法的综合使用，其他估价方法选用的适宜度与测算结果的精确度都直接影响到剩余法估价地价的精确度。

其次，剩余法与其他方法相互验证时效果最佳。通常的估价规范中都有规定，估价方法不应少于两种。因此，估价方法无论采用哪一种方法，都需要用另一种方法验证。采用剩余法估价时需要市场比较法、收益还原法或成本逼近法中的任何一种方法验证，而这些方法都是剩余法的一部分，比较容易印证剩余法估价结果的合理性。同样，当其他评估方法用剩余法来验证时，也会使各自的估价结果保持一定的关联度。

最后，剩余法的准确性还取决于假设条件的可靠性。剩余法的运用，是以有关数据的预测为条件的，而这些数据的测算，又取决于以下因素：正确确定海岛最佳利用方式；正确确定开发完成后的不动产售价，正确确定海岛开发费用和正常利润等。

（五）剩余法的适用范围和条件

1. 适用范围

一般来说，剩余法的具体适用范围有以下几个方面。

① 待开发或再开发的海岛估价。

② 对已开发海岛进行更新、改造再开发的估价。

③ 仅将海岛开发整理或改造成可供直接利用海岛的估价，此时开发完成后的海岛市场交易价格为开发后的海岛价格。

④ 房屋建筑用岛中海岛地价的单独估价。

在剩余法估价中，由于包含了较多的可变因素，因此，不同的估价人员对同一海岛的估价结果有时相差很大。这便体现了经验与资料的重要性。就目前的海岛市场来看，当海岛具有开发或潜在开发价值时，剩余法不失为一种可靠、实用和重要的估价方法。

2. 适用条件

在应用剩余法估价时，需要注意以下几个假设和限制条件。

① 开发完成后的海岛价格稳定。

尽管开发完成后海岛总价发生在将来，但数据都是根据当前数据来确定未来的数据。这是因为作为估价师很难准确预测未来的价格水平的细微变化，在开发期间，不但租金和售价会上涨（下降），各类开发成本也会上涨（下降）。因此，剩余法估价隐含着这样一个假设：海岛交易价格在开发期间稳定不会下降，并且不考虑物价上涨的影响。

② 假设在开发期间各项成本的投入是均匀投入或分段均匀投入。

剩余法的可靠性依赖于海岛开发期间各类成本、费用关键变量和参数不会发生显著变化，而且各项成本的投入是均匀投入或分段均匀投入。采用剩余法进行项目可靠性研究和投资决策分析，可通过周密的市场调查和分析，对成本数据做出预测，或采用支出、收益变化流量法和贴现现金流量法进行评估。以上这些假设条件在国外的剩余法估价中表现得更为明显。国内一些估价人员则往往混淆了估价与项目可靠性分析的区别，因而常常忽视了这些假设与限制条件。

由于海岛交易市场不成熟，并存在海岛开发周期长、投资规模大、供需变化不确定等风险因素，因此估算海岛投资开发后的价值以及开发成本难度较大。

二、剩余法的估价步骤

根据剩余法的概念、理论依据、计算公式及适用范围与条件，剩余法的估价步骤主要有：调查待估海岛的基本情况、确定待估海岛的最佳开发利用方式、估计开发经营期、预测开发完成后的海岛价格以及估算各项开发成本、利息、税费、利润等。

（一）调查待估海岛的基本情况

这是海岛估价的基本步骤之一，是运用任何一种方法估价时都必须做的。这里需要强调的是，在运用剩余法进行估价时，勘察待估海岛的基本目的是为合理确定待估海岛的最佳开发利用方式、预测未来海岛开发价值与费用等。调查的基本内容主要有以下几类。

1. 了解海岛的区位

海岛的位置情况主要包括：① 海岛邻近地区的性质；② 海岛在邻近地区中的空间位置；③ 海岛周围的区域条件和利用状况。通过查清上述内容为选择最佳的海岛利用方式提供依据。

2. 了解海岛的自然条件

海岛的自然条件主要包括：① 海岛面积的大小；② 海岛的形状；③ 海岛的地质情况；④ 基础设施状况。通过查清上述内容，为估算建筑费用提供依据。

3. 明确政府的规划限制情况

政府规划限制情况主要包括：① 对海岛用途的规定；② 对海岛开发的限制。通过查清上述内容，为确定海岛的开发规模、开发强度等提供支撑。

4. 明确海岛的权利状况

海岛的权利状况主要包括：① 海岛的权利性质；② 海岛的使用权年限；③ 海岛使用权年限能否续期；④ 对海岛的转让、出租、抵押等有关规定。查清这些权利状况，主要是为确定开发完成后的海岛价值、售价及租金水平等服务。

5. 掌握海岛市场状况

通过市场调研，了解海岛市场的宏观环境并对其发展趋势作相关分析，尤其要把握与待估海岛相关的市场信息，如待估海岛的市场供求关系、发展前景以及社会购买力等，为确定待估海岛的最佳开发利用方式提供科学、可靠的市场资料。

（二）确定待估海岛的最佳开发利用方式

最佳开发利用方式是指能适应市场发展需要的，可获得最大盈利的开发方式。由于剩余法是以待估海岛开发后的预期价值为基础，因此，确定最佳开发利用方式、正确预测未来开发完成后的海岛价值显得尤为重要，选择何种开发方式，将直接关系到海岛开发项目的最终盈利情况。

确定待估海岛的最佳开发利用方式主要包括用途、开发强度、开发规模、开发档次等，其中海岛用途由政府海洋管理部门规划确定，国家海洋局公布的第一批可开发利用的176个无居民海岛已明确规定了其主导功能和用途，各地方政府海洋管理部门也“因岛制宜”，依据各地无居民海岛的区位和资源环境确定了主要无居民海岛的主导功能，为个别海岛“量身”制订规划，使无居民海岛的保护与利用“有章可循”。也就是说，取得无居民海岛使用权的使用者应当遵循国家、地方的无居民海岛功能规划，按照各海岛的主导功能，采用最佳方式开发利用无居民海岛。而开发强度、开发规模、开发档次等开发方式可由无居民海岛开发商在国家生态环保制度允许范围内，自行选择，但应坚持开发经营与环境保护并存、短期利益与持续发展兼顾的原则，确保无居民海岛开发活动的合理、持续地进行。

（三）估计开发建设期

开发建设期是指从取得待估海岛到未来开发完成后的时间。起点即取得待估海岛的日期，终点是预计待开发海岛竣工的日期。估算开发期的目的，是为了预测开发完成后的海岛售价或租金，把握开发成本、管理费用、销售税费等发生的时间和数额，以及各项收入和支出的折现或计算投资利息等。

估计开发建设期的方法通常参考各地的工期定额指标，可采用类似于市场比较法的方法，即根据其他相同类型、同等规模的类似海岛已有的正常开发期来估计确定。现实中因某些特殊因素的影响，可能会引起开发期延长。例如，筹措的资金不能按时到位，某些建筑材料的短缺，恶劣气候的影响，政治经济形势发生突变，劳资纠纷引起工人停工，或者基础开挖中发现重要文物等一系列因素，都可能导致工程停下，以致使开发期延长，使得开发商一方面要承担更多的贷款利息；另一方面要承担总费用上涨的风险。但这类特殊的非正常因素在估计开发期时一般不考虑。

（四）预测开发完成后的海岛价格

开发完成后的海岛价格是指海岛竣工时的预计市场价格。开发完成后的海岛价格，可通过以下两个途径取得。

1. 对于出售的海岛

对于出售的海岛，应按照当时市场上同类用途、性质和结构的海岛市场交易价格，采用市场比较法确定开发完成后的海岛总价格，并考虑类似海岛价格的未来变动趋势；或采用市场比较法与长期趋势法相结合的方法，即根据类似海岛过去和现在的价格及其未来可能的变化趋势来推算。

2. 对于出租和营业的海岛

对于出租和营业的海岛，估算开发完成后的海岛价格，可根据当时市场上同类用途、性质、结构和自然条件下的海岛租金水平或经营收入水平、经营费用水平，采用收益还原法将出租纯收益或经营纯收益还原为海岛价格。

具体确定时需要估计以下要素：单位面积月租金或年租金；海岛出租费用水平；还原利率；可出租的海岛面积。

（五）估算各项开发成本费用

开发成本是海岛开发建设期间所发生的一切费用的总和。在海岛开发过程中，开发成本包括将海岛开发为可使用状态的开发费用、专业费用和销售税费、购岛税费估算以及其他不可预见费等。

1. 估算开发建设成本费用

开发建设成本费用（包括直接工程费、间接工程费、建设承包商利润及由发包商负担的建设附带费用等）可采用比较法来推算，既可通过当地同类海岛当前的平均或一般建设费用来推算，也可采用建设工程概算的方法来估算。

2. 估算专业费用

专业费用包括设计师的设计费、预算师的工程概预算费用等，一般采用建设费的一定比率计算。

3. 估算不可预见费

剩余法估价中为保证估价结果的安全性，往往预备有不可预见费，一般为总建设费和专业费的3% ~6%。

4. 估算税费

销售税费通常按照开发完成后的总价格一定比例测算；购岛税费由购岛手续费、

经营税金及附加费构成。

5. 估算开发完成后的海岛租售费用

对于二次转让的海岛而言，租售费用主要用于开发完成后海岛销售或出租的中介代理费、市场营销广告费用、买卖手续费用，一般以海岛总价或租金的一定比例计算。

（六）估算预付资本利息

购岛价款、海岛开发费用、专业费用和购岛税费等全部预付资本要计算利息。销售税费一般不计利息。利息的计算要充分考虑资本投入的进度安排。为了正确地估算预付资本的利息，估价人员在估价时应把握好以下六个方面。

1. 应计息的项目

剩余法中应计息的项目一般包括：① 待开发海岛的价格；② 投资者购买待开发海岛应负担的税费；③ 开发建设费、专业费和不可预见费。销售费用和销售税金一般不计息。

2. 计息方式

计息方式有单利计息和复利计息两种方式。由于无居民海岛开发周期长，通常以复利计息为主。复利计息是指以上一期的利息加上本金为基数计算当期的利息。在复利计息的情况下，不仅本金要计算利息，利息也要计算利息，即通常所说的利滚利。对建设周期短的海岛开发项目，也可采用单利计息。单利计息是指每期均按原始本金计算利息，即只有本金计算利息，本金所产生的利息不计算利息。在单利计息的情况下，每期的利息是常数。

3. 计息周期及金额

计息周期是某项费用应计息时间的长短。海岛开发的各项预付资本，在整个建设过程中投入的时间是不同的，因此不同的费用其计息期各不相同。某项费用计息期的起点是该项费用发生的时间点，终点通常是开发期结束的时间点。在此，需要格外注意的是某些不是发生在某个时间点的费用的利息计算。当费用在某个时间段（如开发期或建造期）内连续发生，计息时通常将其假设为在所发生的时间段内均匀发生，具体视为发生在该时间段的期中。如开发成本的计息期应以其实际投入期的中间时间时点至整个开发期或建造期末为止。

购岛价款及税费是取得海岛使用权的代价，在取得海岛使用权时即要付出；开发费、专业费及不可预见费三项预付资本则是随着海岛建设动工开始投入，并随着建设进度逐步投入，海岛建设竣工，这部分费用停止投入。开发费、专业费及不可预见费可以理解为在建设期内均匀投入或在开发期内分段均匀投入。三项预付资本都是在租售完毕才全部收回，因此，这些费用在开发建设过程中所占用的时间长短也各不相同。在确定购岛价款、购岛税费、开发费用、专业费用等的利息额时，必须根据投入额、各自在开发过程中所占用的时间长短和当时的贷款利率高低进行计算。

由于预付购岛价款及税费的资金占用时间为整个开发建设周期，所以其利息额应以全部预付价款及税费按整个开发建设周期计算。

由于开发建设费、专业费在建设期内的占用时间不等，所以其利息的计算分为以下两种情况。

① 若开发建设费、专业费在建设期内均匀投入，则以全部开发建设费、专业费按建设期的一半计算或以全部开发、专业费的一半按全部建设期计算。

② 若开发建设费、专业费在开发期内分段均匀投入，有分年度投入数据，则可进一步细化，开发建设费、专业费在建筑竣工后的空置及销售期内应按全额全期计息。

4. 利率

资金的时间价值是同量资金在两个不同时点的价值之差，用绝对量来反映为“利息”，用相对量来反映为“利率”。利率有单利利率和复利利率两种。选用不同的利率，应选用相对应的计息方式，反过来，选用不同的计息方式，应选用相对应的利率，不能混淆。利率本质上是用百分比表示的单位时间内增加的利息与本金之比，实际上是根据本金取得时银行相同时间相同贷款周期的贷款利率确定，也可以按照开发商获得海岛开发资本金的综合资本成本确定。

在上述因素确定后，复利方式下的利息总额、本利和计算公式为：

$$I = P[(1+i)^n - 1]$$

$$F = P(1+i)^n$$

单利计息方式下的利息总额、本利和计算公式为：

$$I = P \times i \times n$$

$$F = P \times (1 + i \times n)$$

式中，I 为利息总额；F 为本利和；P 为本金；i 为利率；n 为计息周期。

（七）估算合理开发利润

开发商的合理利润一般以海岛总价或预付总资本的一定比例计算（按预付总资本的一定比例计算利润，该比例通常称作投资回报率），比例高低随地区和用岛类型不同而有所不同。在实际测算过程中，要特别注意开发利润计算基数与利润率的相互对应关系，不可混淆。

（八）确定待估海岛价格

在取得上述技术参数的基础上，即可以按照剩余法的基本公式进行计算待估的无居民海岛价格。但由于基本公式中的开发成本一项比较笼统，实际评估时还需要注意以下事项。

① 基本公式中的 B 项是指整个开发项目的开发成本及各项税费等支出，根据无居民海岛的开发特点，除包括开发建设成本、专业费用、不可预见费、销售税费等常规成本费用外，还应当包括买方购买待估海岛应负担的税费等。这是因为开发商在取得海岛使用权时，除了支付价款外，还要支付取得海岛使用权的相关法律手续费用、海

岛估价费用及登记发证费用等。因此，必须从计算出的剩余值中扣除上述费用，才能得到所估海岛价格。

$$B = B_1 + B_2 + T_1 + T_2 + \varepsilon$$

式中，B_1 为开发建设成本；B_2 为专业费用；T_1 为销售税费；T_2 为购岛税费；ε 为不可预见费。

② 虽然计算过程中，利息的计算基数中含有待估海岛价格未知数，利润若按投资回报率或按年利润率计算，则计算基数中也会含有待估海岛价格未知数，但待估海岛价格作为未知数存在于公式两边，并不影响待估海岛价格的计算。

③ 为避免出现等式两边都含有未知数的问题，也可以在计算利息时考虑建设开发费和专业费、不可预见费的利息，待估海岛价格的利息暂不计，然后将各项数据代入上式即可得到待估海岛价格，只不过此时的待估海岛价格是海岛开发完成时的价格，只需将这一数额贴现即可得到当前的海岛价值。

三、剩余法的实例分析

剩余法的关键是海岛开发完成后的价格估算，因此产生了与市场比较法相同的问题，即在海岛交易市场不发达阶段，比较实例难以获取，收益成本资料缺乏可靠性，导致海岛开发完成后的估价准确度下降，但不影响将来海岛交易市场成熟以后该方法的大量应用。现以房屋建设用岛和工业用岛为例，应用剩余法进行价格评估。

（一）房屋建设用岛估价实例分析

1. 待估海岛概况

① 待估对象为已达到“三通一平”的待开发海岛，海岛主导用途为房屋建筑用岛，海岛总面积为 10 000 m^2，形状规则；允许用途为商业、居住；规划容积率为 7，允许建筑覆盖率不大于 50%；海岛使用权年限为 50 年，出让时间为 2012 年 9 月。

② 2015 年 9 月全部完成建设工程，并投入使用。海岛使用权的法律、估价及登记费为海岛价格的 2%。

③ 估计该海岛建造完成后，商业用途部分可全部售出，其平均售价为 4 500 元/m^2；住宅用途的部分 30% 在建造完成后即可售出，50% 在半年后才能售出，其余的 20% 一年后售出（假设在期末售出），其平均售价为 2 500 元/m^2。

④ 估计总建筑费为 5 000 万元，其中第一年投入总建筑费的 20%，第二年投入 50%，第三年投入余下的 30%；专业费为建筑费的 8%，投入时间与建筑费投入时间相同；一年期年利率为 8%，2 年期年利率为 10%，3 年期年利率为 12%（按单利计息）；销售费用为楼价的 3%；税费为楼价的 6%，即建成出售时所需由卖方承担的那部分营业税、印花税、交易手续费等，其他类型的税费已考虑在建筑费之中；投资利润率为直接投资资本的 25%。

在开发建设期内，假定开发费用的投入在投资年度范围内且在时间上、强度上均匀、相同。在上述假定情况下，各投资年度内的投入可视为集中在各投资年度内的年中投入。

试评估该海岛在2012年9月出让时的价格。

2. 估价过程

① 实地勘察待估海岛（略）。

② 确定最佳开发利用方式。

根据当地政府的无居民海岛功能规划，该海岛最佳开发利用方式如下：开发模式为商业、居住混合用途；建筑容积率为7；建筑覆盖率为50%；建筑总面积为70 000 m^2，建筑物层数为14层，各层建筑面积为5 000 m^2；地上一层至二层为商业用途，建筑面积共10 000 m^2；地上三层至十四层为住宅用途，建筑面积共60 000 m^2。

③ 估计开发建设期 n。根据上述资料②可知，开发建设期 $n=3$；

④ 预测开发完成后的海岛价格 A。

根据上述资料③可知，

$A=4\ 500\times10\ 000+2\ 500\times60\ 000=19\ 500$（万元）

⑤ 估算开发成本 B。

根据上述资料④可知，

开发建筑成本 $B_1=5\ 000$（万元）；专业费用 $B_2=5\ 000\times8\%=400$（万元）

销售税费 $T_1=19\ 500\times3\%+19\ 500\times6\%=1\ 755$（万元）

$B=5\ 000+400+1\ 755=7\ 155$（万元）

⑥ 估算预付资本利息 I。

根据上述资料④可知，

$I=V'\times12\%\times3+(5\ 000+400)\times(20\%\times12\%\times2.5+50\%\times10\%\times1.5+30\%\times8\%\times0.5)=0.36V'+793.8$

这里的是 V' 指购岛总费用，包括买价和相关税费。

⑦ 估算开发商利润 C。

根据上述资料④可知，

$C=(V'+5\ 000+400)\times25\%=0.25V'+1\ 350$

⑧ 测算购岛费用 V'。

根据上述开发费用，采用的估价公式如下：

$V'=A-B-I-C$

$V'=19\ 500-7\ 155-(0.36V'+793.8)-(0.25V'+1\ 350)$

求得，$V'=6\ 336.15$（万元）

⑨ 确定待估海岛价格 V。

从海岛款中扣除海岛使用权的法律、估价及登陆费即为待估海岛价格，即待估海岛价格总价为：

$V=6\ 336.15/(1+2\%)=6\ 212$（万元）

单位价格 $=6\ 212\times 10\ 000/10\ 000=6\ 212$（元/$m^2$）

楼面地价 $=6\ 212/7=887$（元/m^2）

（二）工业用岛估价实例分析

1. 待估海岛概况

台州市临海东双鼓一礁（等别为五等）主导用途为工业建设用岛，2013 年 12 月拟出让，陆域面积 2 hm^2，最高点海拔 11.7 m。该岛空间形态如图 5－5 至图 5－7 所示。

图 5－5　双鼓一礁全貌

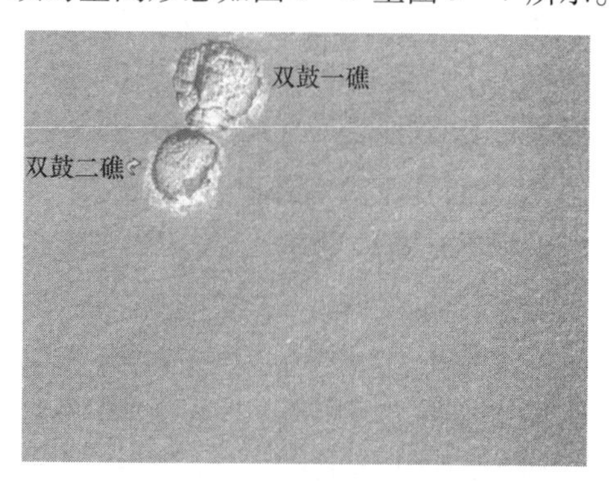

图 5－6　双鼓一礁和双鼓二礁遥感影像

图 5－7　双鼓礁（双鼓一礁和双鼓二礁）分布

预计开发建设成 208 万/亩，专业费用 10 万元/亩，投入时间与建筑费投入时间相同；该岛建设工程期为 2 年，其中第一年投入总建筑费的 60%，第二年投入 40%；一年期年利率为 10%，2 年期年利率为 8%（按复利计息）；投资利润按全部预付资本（不含购岛手续费、服务费）的 15% 计算。相邻的双鼓二礁（等别为五等、主导用途为工业用岛）近期转让价格 315 元/亩。

销售费用为完工海岛售价的 3%；税费为完工海岛售价的 5%，即建成出售时所需由卖方承担的那部分营业税、印花税、交易手续费等；购岛税费为海岛买价的4%。

在开发建设期内，各项投资均匀投入，可视为集中在各投资年度内的年中投入。

根据上述资料，评估双鼓一礁在2013年12月出让时的价格。

2. 估价过程

① 实地勘察待估海岛（略）。

② 确定最佳开发利用方式。

根据当地政府的无居民海岛功能规划，该海岛最佳开发利用方式为工业用岛。

③ 估计开发建设期 n。根据上述资料可知，开发建设期 $n=2$。

④ 预测开发完成后的海岛价格 A。

根据上述资料可知，

$A=315\times2\times15=9\ 450$（万元）

⑤ 估算开发成本 B。

根据上述资料可知，

开发建筑成本 $B_1=180\times2\times15=5\ 400$（万元）

专业费用 $B_2=10\times2\times15=300$（万元）

销售税费 $T_1=9\ 450\times3\%+9\ 450\times5\%=756$（万元）

购岛税费 $T_2=V\times4\%=0.04V$

$B=5\ 400+300+756+0.04V=6\ 456+0.04V$

⑥ 估算预付资本利息 I。

根据上述资料可知，

$I=(V+0.04V)\times[(1+8\%)^2-1]+(5\ 400+300)\times\{60\%\times[(1+8\%)^{1.5}-1]+40\%\times[(1+10\%)^{0.5}-1]=0.173V+529.79$

⑦ 估算开发商利润 C。

根据上述资料可知，

$C=(V+5\ 400+300)\times15\%=0.15V+855$

⑧ 待估海岛价格 V。

根据上述开发费用，采用的估价公式如下：

$V=A-B-I-C$

$V=9\ 450-(6\ 456+0.04V)-(0.173V+529.79)-(0.15V+855)$

求得，$V=1\ 180.64$（万元）

第四节　成本逼近法

成本逼近法以在土地投入中的所有成本作为其土地估价的依据，其中投入的成本包括土地开发费用、基础设施开发费用、税金、土地所有权收益等，再用所投入的所有成本获取等量收益的方法，又称为成本法。成本逼近法是资产估价三大方法之一。这种估价方法对不成熟市场类型的资源开发较为适用，特别是当市场法和收益法不能完成估价时，成本逼近法有着其他方法所不具有的优势，实务界有时把成本逼近法奉为“最后的估价法”。

一、成本逼近法的基本原理

成本逼近法实质上是基于生产费用价值论及等量资本应获取等量收益的投资原理。生产费用价值论的前提是在资产上所花费的成本费用是一种社会成本，在这样的假设前提下，资产的评估值等于或近似等于该资产所费成本之和。等量资本应获取等量收益是经济学的一个基本投资原理，在一个充分的市场中，对于一个理性的投资者而言，他投入一定的资本，必然要求在投资成本的基础上获得相应的回报。

（一）成本逼近法的概念

海岛估价中的成本逼近法是以开发海岛所耗费的各项费用之和为主要依据，再加上一定的利润、利息、应缴纳的税金和海岛增值收益来推算海岛价格的估价方法。海岛估价中的成本逼近法遵循成本加利润的定价原则，累加各项成本费用及其对应收益，实现向真实价格靠拢，类似于一般商品价格构成和定价方法，所以形象地称为成本逼近法。

海岛估价中的成本逼近法与一般房地产估价中的成本法有所不同，一般房地产中的成本法亦称原价法、承包商法、合同法或加法，是以建筑物或建筑改良物重新建造的费用，经减折旧后求得建筑物价格，然后加上土地价格，最终得到整个房地产的价格。可见，一般房地产估价中的成本法实际上是假设地价为已知。海岛估价中的成本逼近法却是一个将所有价格因素进行量化，然后对这些因素累计进而求取交易价格的过程。这个计算过程，是基于非市场环境之下，侧重于价格组成部分的分解，并对所分解的价格进行合理的估算和调整，最终产生不同计算阶段的海岛各种成本和盈利因素，并叠加累计产生交易价格。海岛估价中的成本逼近法是用来推算未知海岛价格的，由各项成本费用及其对应收益累加以实现向真实价格靠拢的方法，类似于一般商品价格构成和定价标准。因此，两者的实际运用范围和估价程序、方法有很大差别。

（二）成本逼近法的经济学分析

成本，是企业为生产商品或提供劳务等所耗费物化劳动、活劳动中必要劳动价值的货币表现，是商品价值的重要组成部分。海岛估价的成本逼近法源于马克思政治经济学的劳动价值理论，并运用了经济学等量资金应获取等量收益的投资原理。

马克思劳动价值理论认为：商品是用来交换的劳动产品，具有使用价值和价值两个因素，商品价值的二因素由劳动的双重性决定，即由具体劳动和抽象劳动决定，具体劳动决定商品的使用价值，抽象劳动决定商品的价值，在市场中进行商品交换时通常考虑商品的价值。所谓抽象劳动就是无差别的一般人类劳动，因此千差万别的个别劳动时间不能决定商品的价值，商品的价值是由社会必要劳动时间决定的。通过马克思劳动价值理论我们可以知道社会必要劳动时间创造的商品价值，商品的价值是由生产商品所耗费的不变资本、可变资本和可变资本创造的剩余价值构成，可见任何资产的价值都是通过分析在生产该资产过程中投入的成本决定的，即耗费的资本。

成本逼近法“等量资金应获取等量收益”的基本思路，是把对海岛的所有投资包括海岛取得费用和海岛开发费用两大部分作为“生产成本”（其中包括税费），求得“生产成本”这一投资所应产生的相应利润和利息，由成本和收益组成海岛价格的基础部分，同时根据国家对海岛的所有权在经济上得到实现的需要，予以在海岛增值收益中得以体现，最终由成本、收益加上海岛增值收益来求得海岛价格。因为在充分竞争的市场环境中，“人的逐利性”导致一个海岛使用者投资的目的是取得相应的回报，使用者必定会考虑投入的资本额与收益之间的关系，必然在投资成本的基础上要求有一个相应的利润，否则，没有利润回报，使用者就失去了投资的动力。

从卖方的角度来看，海岛价格基于其过去的“生产费用”，重在过去的投入。具体一点讲，是卖方愿意接受的最低价格不能低于他为开发该海岛已花费的代价，如果低于该代价，他就要亏本。因此，估价人员可以海岛开发所必需的支出和应获得的利润为基础来求取待估海岛的价格。

此外，估价的经济性要求也推动了成本逼近法的广泛应用。从价值决定的客观性来说，在理论上无疑是边际效用论最有说服力，但考虑到人的有限理性的实际存在，预期收益预测的弱有效性，以边际效用论进行价值的计量，成本多数情况下必然高昂，失去估价的意义；另一方面，商品价格水平的变迁不是骤然发生的，而是许多历史因素长期累积的结果。所以，在效用计量成本高昂的情况下，以强调历史和现实的生产成本，通过成本法对资产价值进行计量更为简便（节省估价成本），可以避免采用边际分析的复杂性，具有其现实的合理性。因此在一定的适用条件下，考虑到有限理性和交易成本，从效率（成本）的角度，在劳动价值理论指导下运用成本逼近法能够有效降低估价成本，估价具有实际意义。

（三）成本逼近法的基本公式

作为一种稀缺资源，海岛具有价值和使用价值，海岛使用权的商业化决定了投资者使用海岛必须支付租金，同时由于投资者开发海岛所投入的资本及利息也构成租金的一部分，因此，海岛价格包括租金的资本化和投资的折旧及利息两部分。

分析成本因素、确定相关费用是运用成本逼近法评估海岛价格的关键所在，而开发海岛所耗费的各项成本费用与海岛开发利用过程相关。对初次交易的海岛而言，一般经过海岛取得和开发两个过程，根据价格构成的一般原则，海岛价格高出成本的幅度不会过大，这是因为在市场竞争的条件下，任何行业、任何商品都不可能长时间维持高额的利润。

采用成本逼近法评估海岛价格的计算公式为：

$$V = (E_a + E_d + T + R_1 + R_2 + R_3) \times K = (V_E + R_3) \times K$$

式中，V 为待估海岛价格；E_a 为海岛取得费；E_d 为海岛开发费；T 为税费；R_1 为利息；R_2 为海岛开发利润；R_3 为海岛增值收益；V_E 为海岛成本价格；K 为使用权年期修正系数。

海岛取得费和海岛开发费用。海岛取得费是由于征用海岛、收回海岛或获取海岛使用权支付的费用；海岛开发费用是为使征用或者收回的海岛成为适合使用的海岛所投入的成本，包括基础设施建设费以及其他配套建设费等。这些开发投入的资金成为开发海岛的成本。海岛取得费用和海岛开发费用是政府或海岛开发企业预先投入的成本，在海岛使用权出让或转让时，政府或海岛开发企业必须回收这项成本，因此海岛取得费、开发费用成为价格的重要构成部分。

税费和利息。税费产生在海岛取得和海岛开发过程中，按规定必须缴纳的税金和费用等。利息是货币时间价值产生的投资成本，由于海岛开发建设周期长，因此应考虑资金的时间价值。税费和利息也是海岛价格的组成部分。

利润和增值。利润是海岛投入成本的回报，等于各项投资成本之和乘以海岛开发的社会平均利润率；海岛增值收益是因为资本投入改变了海岛性能，使原来没有独立价值的资源依附于海岛产生收益。因此，无论是利润还是增值收益都必然要通过海岛价格回收。

（四）成本逼近法的特点

成本逼近法的优点是“成本”能让一般人看得见，看似有“依据”，特别是在有“文件”规定海岛价格构成、费用标准等的情况下。但运用成本逼近法估价时值得注意的是：成本逼近法以成本累加为途径，而成本高并不一定表明效用和价值高，因此，其评估的结果只是一种“算术价格”，对待估海岛的实际性质、流转特点、市场环境以及所处制度环境等因素未加考虑，这也正是成本逼近法的缺陷和限制。在现实中，海岛的价格直接取决于其效用，而非花费的成本，成本的增加一定要对效用增大有作用才能构成价格。换一个角度讲，海岛成本的增加并不一定能增加其价值，投入的成本不多也不一定说明其价值不高。

成本逼近法虽有缺陷和限制，但可作为投资者衡量投资效益、进行海岛开发可行性分析等的重要方法，同时也是估算海岛价格的一种途径。

（五）成本逼近法的适用范围和条件

成本逼近法一般适应于新开发海岛的估价，特别适用于市场不发达、海岛成交实例不多、无法利用市场比较法等方法进行估价时采用。同时，对于既无收益又很少有交易实例的公共建筑、公共设施等公用、公益性以及特殊性的海岛估价也比较适用。此外必须注意的是，如果海岛进入市场流通，则采用此方法应谨慎，因为缺乏对海岛的效用分析，也就是海岛的价值或者说是收益能力很难在成本逼近法中得到体现。

① 成本逼近法一般适用于新开发海岛估价，不适用建成区域已开发海岛估价。

② 成本逼近法适用于工业、林业用岛估价，对商业及住宅用岛则多不适用。

③ 成本逼近法一般仅用于市场狭小、缺乏交易实例、无法采用其他方法进行估价的海岛。

④ 成本逼近法经常用于市场比较法和收益还原法估价结果的检验和修正。例如，市场比较法中，实际中没有许多项目设备，而估价对象中有估价的设备，这就需要估价师进行修正，这样，修正设备时花费的成本就是需要的修正成本。再如，利用收益还原法估算商业用岛的抵押价时，当利用成本逼近法评估出的价格远低于收益还原法评估的价格则估价人员需慎重考虑该抵押价值的准确程度。

价格等于“成本加平均利润”是在长时期内平均来看的，而且需要具备两个条件：一是自由竞争（即可以自由进退的市场）；二是该种商品可以大量重复生产。但对于社会客观平均开发成本而言，成本已为社会接受，应在价格中得到相应的体现。所以，尽管成本逼近法在海岛估价中的应用受到一定限制，具有一定的争议，但仍不失为推算海岛价格的方法之一。

运用成本逼近法估价时一是各费用的取费标准应有足够的依据和充分的分析，一般都需要国家或各级政府对取费标准做出明确规定，对所选用的数据需要科学、合理地对比分析，不但做到数据准确，标准来源更需要规范，且在有效的法律范围内。二是要区分实际成本和客观成本。实际成本是企业实际取得和开发利用海岛时的实际耗费；客观成本是按照估价基准日的有关规定和物价水平确定海岛取得费和海岛开发费的计费项目和取费标准估算的一般耗费。在估价中应以客观成本为主，并参考实际成本。

二、成本逼近法的估价步骤

成本逼近法的价格估算涉及海岛取得、开发投入的成本及收益等因素。因此其估价程序及方法就与这些因素的确定和计算有关。一般而言，成本逼近法评估海岛价格的程序包括以下几个方面：① 计算海岛取得费用；② 计算海岛开发费用；③ 计算税费；④ 计算投资利息；⑤ 计算投资利润；⑥ 确定海岛增值收益；⑦ 计算海岛价格等。

（一）计算海岛取得费用

海岛取得费用是为取得海岛而向原海岛所有者或使用者支付的费用。成本逼近法所依据的海岛取得费应是待估海岛所在区域的客观成本或有效成本。换言之，应用成本逼近法对待估海岛进行评估，应以待估海岛所在区域在估价时点上的平均海岛取得费作为取值参照，而不应以实际相关费用作为取值依据。另外，海岛取得费的取值在实际估价中往往须区分海岛的取得方式。海岛取得有两种方式：征用或拆迁。正确的取值依据应区分不同情况：若海岛取得前是无居民海岛，使用前期费用、海岛征用费可作为海岛取得费的主要依据；若该海岛本身需要对居民拆迁安置，这时海岛取得费不仅包括海岛使用前期费用、海岛征用费，还应考虑拆除房屋和构筑物的补偿费以及拆迁安置补助费等。

初次转让时，海岛取得费一般指海岛使用前期费用、海岛征用费与拆迁安置费等。海岛使用前期费用包括海岛使用论证费用、海岛海域环境影响评价费用、海岛整治修复费用等；海岛征用费以用岛区块所在区域政府规定的标准，或应当支付的客观费用来确定；拆迁安置费主要包括拆除建筑物及设施的补偿费及拆迁安置补助费。拆迁安置费应根据国家和当地政府的标准或应支付的客观费用来确定。

从二级市场购入海岛时，海岛取得费就是海岛购买价格。

（二）计算海岛开发费用

在海岛开发过程中，开发费用通过以下过程进行确定和体现。

首先，海岛开发费按该区域海岛平均开发程度下需投入的各项客观费用计算。海岛开发费一般包括道路费、基础设施配套费、公用设施配套费等。并且按照待估海岛的条件、估价目的和实际已开发项目，确定海岛的开发程度。属于已开发完成的海岛，估价设定的开发程度最少应为岛内通路、通水、通电和用岛区块平整。

其次，不同用岛类型的海岛开发，在地质水文状况，以及项目实施方案等方面各有自己的特点。因此，在进行开发费用的确定过程中，也应当对估价对象区域总体地质条件进行考虑。

最后，在海岛开发所涉及的公共配套设施的建设成本中所产生的项目管理费用，也需要符合相应规划设计要求，进行适当的考虑。符合成本计入条件的，都要计入统计，处于待估海岛项目之中的直接计入；不直接在项目之中的间接地计入项目成本。

（三）计算税费

海岛税费是指取得待开发用岛区块和用岛区块开发过程中所应支付的有关税金和费用。具体项目和取费标准按照国家和当地的有关规定确定。

（四）计算投资利息

如前所述，计算投资利息就是在评估海岛价格时要考虑资金的时间价值。资金的时间价值，简单的理解就是将资金存入银行，经过一段时间会产生利息或者将资金投向某行业经过资金周转循环，最后产生利润。也就是说，资金经过一段时间的周转产生了增值。这一增值就是资金的时间价值。在海岛估价中，投资者贷款，需要向银行偿还贷款利息，利息应计入成本；投资者利用自有资金投入，等于将自己的银行存款取出，损失了利息，从这种意义上看，也属投入，也应计入成本。

成本逼近法中，投资包括海岛取得费用、海岛开发费用和有关税费。海岛开发利息计算中开发周期是指达到在估价中所确定的待估海岛开发程度的正常开发周期。开发周期的确定应该根据所开发海岛的目的、类型、地质状况以及海岛所在区域范围内开发同类相似海岛的社会平均开发周期，即最有代表性的周期等综合确定。

由于各部分资金的投入时间和占用时间不同，海岛取得费用及其税费一般在开发初始一次投入，海岛开发费一般在开发过程中逐步投入，销售后方可收回。目前常见的做法是：海岛取得费用及其税费利息是以整个费用为基数，计息期为整个开发期；开发费用及其税费利息可采用两种方法计算：一是以整个开发费为基数，计息其为开发期（或资金投入期）的一半；二是以开发费用的一半为基数，计息期为整个开发期。值得注意的是，如果开发费用是以当地收取的基础设施配套费标准计算的，由于基础设施配套费一般需在海岛开发前一次性支付，因此这一部分开发费用的计息期也应是整个开发期。

海岛开发周期一般根据海岛开发建设时间为基础，考虑各项投资的投入特点、开发的总面积、海岛开发程度和开发难度等方面确定；利息率可选用估价基准日的银行贷款利息率。如果海岛开发周期超过 1 年，通常还应考虑计算复利。

（五）计算投资利润

海岛投资利润是指用岛区块开发过程中各项投资的合理利润，应以用岛区块取得费、开发费以及各项税费为基础，结合各地实际情况与投资风险确定各项投资回报率（利润率），估计用岛区块投资应取得的投资利润。在完全市场竞争条件下，投资会产生一个社会平均利润，海岛开发投资（包括取得费、开发费和各项税费）也不例外，应计算合理的利润，这就必然涉及投资利润率的确定问题。但目前，我国的市场情况是不完全竞争的，尤其是在我国海岛市场不完善的情况下，不可能产生一个相对合理的社会平均利润。目前普遍存在着行业利润，但行业利润的调查也是相当困难的，而客观合理的投资利润率是与其投资影响因素相关的。投资利润率与市场供求、投资回收期、固定成本额、投资风险、社会经济发展水平、投资类型等有着密切的联系。一般来说，市场需求大于供给、投资回收期短、固定成本低或投资风险大的产业，其投资利润率就高。海岛开发投资回报率的确定，应综合考虑以下三个方面的因素。

1. 海岛的利用类型

一般商业用岛开发利润率较高，工业用岛开发利润率较低。因此，如果是某一个宗岛单一利用类型的开发，应考虑该利用类型的投资回报率情况。如果是同一海岛不同功能区块同时开发，有多种利用类型，应综合考虑各种利用类型的投资回报率情况，确定一个综合的回报率。

2. 开发周期的长短

一般开发周期越长，占用资金时间也就越久，总的投资回报率也就应该高一些。

3. 海岛所处地区的政治经济情况

一般经济发达地区的投资回报率较高，有地区性特殊优惠政策的海岛开发投资回报率也较高。

利润率根据开发海岛所处地区的经济环境、海岛利用类型（行业特点）和开发周期等方面确定。

利润的计算基数包括海岛取得费、开发费和各项税费。利润的计算方法：

$$R_2 = (E_a + E_d + T) \times \lambda_2$$

式中，R_2、E_a、E_d、T 含义与前述相同，λ_2 为开发利润率。

（六）确定海岛增值收益

海岛增值收益是指因改变海岛用途或进行海岛组合开发，达到海岛的某种利用条件而发生的价值增加额。实际操作中，海岛增值收益采用无居民海岛使用金征收标准的，应注意法定年限与剩余年限之间的修正。

在现实经济活动中，根据导致海岛增值的原因不同，可将海岛增值分为自然增值和人工增值。

1. 海岛的自然增值

（1）用途变更增值

用途变更增值是指海岛用途的变化所引起的海岛增值。该增值是在投资水平和供求状况不变的情况下，当同一海岛由低收益用途转为高收益用途时由于收益水平的提高而获得的。

（2）外部效应增值

外部效应增值是由于海岛周围设施的改善或其他项目的建设引起的。海岛的这种增值效应往往被称为效应的扩散或辐射作用。在一定区域范围内，对某一地区进行投资开发、基础设施建设，由于该项建设所产生的功能会扩散到相临海岛，从而提高海岛的利用能力和经济效益，最终会促进受辐射海岛收益的提高，从而形成海岛的增值。

（3）市场供求增值

随着经济社会的发展和人口的增加，对海岛的需求量日益增大，造成海岛的供不应求，从而引起海岛增值。实际上市场供求增值是由于海岛自身的位置固定性和稀缺性决定的，这种由于海岛供不应求所引起的海岛价格的增加值，是通过绝对租金的增加而得到的，是绝对租金的资本化。

2. 海岛的人工增值

海岛的人工增值是海岛使用者在获得海岛使用权后，根据经济的发展和市场的需要，将资金不断投入，对海岛进行改良、改造和利用，使得海岛资本含量或海岛资本承载量增加，从而提高了海岛的利用率和使用功能，增加了利润，提高了海岛的价值和价格。这类增值是由于对海岛直接或间接投资所引起的，是对同一海岛的连续增加投资，导致投资的生产率不同而产生的超额利润转化的租金，也就是租金的资本化。

根据成本逼近法的计算公式，以前五项之和为成本价格，成本价格乘以海岛增值收益率即为海岛增值收益。海岛增值收益率理论上应等于“增值地租”在总价的比例，或出让价格与成本价格差值占成本价格的比例。

海岛增值收益计算公式为：

$$R_3 = (E_a + E_d + T + R_1 + R_2) \times \lambda_3$$

式中，R_3、E_a、E_d、T、R_1、R_2 含义与前述相同，λ_3 为海岛增值收益率。

（七）计算海岛价格

在取得上述技术参数的基础上，即可以按照成本逼近法的基本公式进行计算待估的无居民海岛价格。以上计算的海岛价格，并非待估海岛的最终价格，还应根据待估海岛的具体情况和评估目的，考虑是否进行以下几个方面的修正，并最终确定估价结果。

1. 个别因素修正

成本逼近法在估价过程中往往可能存在的问题是，在运用成本逼近法公式初步评估出待估海岛价格时，通常所选用的成本均为待估海岛所在区域的平均成本，但事实上，在一相邻或相同区域内，开发难度相对大但区位条件相对较好的海岛价格反而高。所以在估价实践中，可以由估价人员根据待估海岛在区域内的具体位置和海岛条件，进行个别因素修正，特别是在对相同或相近区域内多个海岛同时进行估价时更显必要。当然，这种修正除了估价师的经验和技巧外，更多地要有一些客观现实的依据。

2. 年期修正

采用成本逼近法评估有限年期海岛价格时，应进行海岛使用权年期修正。

无限年期对法定年期的修正公式为：

$$K = 1 - 1/(1 + r)^n$$

法定年期对剩余年期的修正公式为：

$$K = \frac{1 - 1/(1 + r)^m}{1 - 1/(1 + r)^n}$$

式中，K 为年期修正系数；r 为海岛还原利率；m 为剩余使用年期；n 为法定使用年期。

是否进行年期修正要做如下的具体分析。

① 当海岛增值收益是以有限年期的市场价格与成本价格的差额确定时，年期修正已在增值收益中体现，不再另行修正。

② 当海岛增值收益是以无限年期的市场价格与成本价格的差额确定时，海岛增值收益与成本价格一并进行年期修正。

③ 当待估海岛为出让海岛时，应进行剩余使用权年期修正。

根据上述各步的修正调整后，最终确定成本逼近法的评估结果。

此外，需要注意的是，这种方法算出的海岛价格是从海岛所有者的角度得到的，而海岛使用者（受让人）能否接受此价格，需要海岛使用者分析预期的海岛收益或同已发生的交易价格比较后，确定自己对该海岛价格的认同标准。因此，使用成本逼近法计算出价格后，还需通过市场资料进行比较修正，使其接近实际水平。

三、成本逼近法的实例分析

我国无居民海岛交易市场刚刚起步，难以通过市场资料运用收益还原法、市场比较法等方法有效评估无居民海岛的价格，现阶段比较适合运用成本逼近法评估海岛的基础价格。虽然成本逼近法受到一定限制，但也不能全盘否定，应当根据实际情况灵活运用。

（一）工业用岛估价实例分析

1. 待估海岛概况

舟山市定海区有一无居民海岛，开发利用类型为工业用岛，该岛开发程度已实现“三通”——通电、通水、通路。估价要求：采用成本逼近法估算该海岛价格（暂时不考虑年期修正）。

2. 估价过程

（1）计算海岛取得费用

根据目前当地有关规定确定各项参数的取值，并按照该海岛周围一般征用费用水平及有关税费的征收情况进行测算，其海岛取得费用及有关税费合计为74 223元/亩，具体情况详见表5-7。

表5-7 海岛取得费用

序号	名　　称	金额（元/亩）
1	海岛补偿费	15 000
2	安置补助费	10 000
3	海岛附着物补偿费	5 000
4	管理费	（15 000+10 000+5 000）×3%=900
5	海岛占用税	8×666.67=5 333.36
6	专项开发基金	2 000
7	道路配套费	5 000
8	水电设施配套费	30 000
9	其他杂费	990
10	合计	74 223

（2）计算海岛开发费用

海岛开发费用是指进行“三通”开发所投入的费用。根据该海岛的具体开发情况及周围区域的一般开发水平进行测算，其海岛开发费用（含税费）为

30 000元/亩。

（3）计算利息

根据待估海岛的开发难易程度，其海岛开发周期一般情况需 1.5 年，年利率以 10.08%计，则

$$利息=74\ 223\times[(1+10.08\%)^{1.5}-1]+30\ 000\times[(1+10.08\%)^{(1.5/2)}-1]$$
$$=13\ 741（元/亩）$$

（4）计算利润

工业用岛的海岛开发利润以行业基准收益率15%计，则

$$利润=(74\ 223+30\ 000)\times15\%=15\ 633（元/亩）$$

（5）确定海岛增值收益

根据当地的有关规定，采用当地的级差地租作为海岛增值收益，确定该海岛的增值收益为 20 000 元/亩。

（6）计算海岛价格

$$待估海岛单位价格=74\ 223+30\ 000+13\ 741+15\ 633+20\ 000$$
$$=153\ 597（元/亩）$$

（二）旅游用岛估价实例分析

1. 待估海岛概况

某旅游用海岛总面积为 5 km^2，现已完成了“三通”开发建设，用岛区域内道路、绿地、水面及其他公共设施占地 1.5 km^2。现拟局部出让该旅游用岛的一个区块，出让年限为 50 年，区块面积 10 000 m^2。根据测算，该区块每亩征用费平均为 5 万元，完成 1 km^2 的开发需投入 2 亿元。一般征地完成后，“五通”的开发周期为 2 年，且第一年的投资额占总开发投资的 40%，全部海岛区块投资回报率为 20%，海岛区块出让投资收益率为 20%，当年银行年贷款利息率为 10.08%，海岛还原利率确定为 7%。试估算出该宗海岛的单位面积价格和总价格。

2. 估价过程

该海岛区块价格的估算适用成本逼近法，估价步骤如下。

（1）海岛区块取得费用

$$海岛区块取得费用=5\ 万元/亩=75（元/m^2）$$

（2）海岛区块开发费用

$$海岛区块开发费用=2\ 亿元/km^2=200（元/m^2）$$

（3）利息

$$利息=75\times[(1+10.08\%)^2-1]+200\times40\%\times[(1+10.08\%)^{1.5}-1]$$
$$+200\times60\%\times[(1+10.08\%)^{0.5}-1]$$
$$=15.75+12.3+5.86$$
$$=33.91（元/m^2）$$

（4）利润

$$利润 = (75 + 200) \times 20\% = 55（元/m^2）$$

（5）海岛区块增值收益

$$海岛区块增值收益 = (75 + 200 + 33.91 + 55) \times 20\% = 72.78（元/m^2）$$

（6）计算单位海岛区块初步价格

$$单位海岛区块初步价格 = 75 + 200 + 33.91 + 55 + 72.78 = 436.69（元/m^2）$$

（7）进行可出让海岛区块比率修订

由于道路、绿地、水面及其他公共设施占地是无法单独出让的，因此这些公共设施占地地价要分摊到可出让海岛区块的价格中，即需进行可出让海岛区块面积比率修订。

可出让海岛区块的平均价格 = 海岛区块总平均价格/可出让海岛区块比率
= 海岛区块总平均价格 × 海岛区块总面积/（海岛区块总面积 - 不可出让的海岛区块面积）
= 436.69 × 5/3.5
= 623.84（元/m^2）。

（8）进行年期修正

根据资料可知，该案例需要进行有限年期修正。

50 年海岛区块使用权价格 = 623.84 × $[1 - 1/(1 + 7\%)^{50}]$ = 602.66（元/m^2）

即待估海岛区块的单位面积价格为 602.66（元/m^2）。

（9）计算海岛区块总价格

$$海岛区块总价格 = 602.66 \times 10\ 000 = 6\ 026\ 600（元）$$

（三）物流用岛估价实例分析

1. 待估海岛概况

舟山市岱山县秀山乡大瓦窑门屿拟出让，主导用途为交通运输用岛。该岛位于秀山岛北小欢喜山嘴东北约 500 m，陆域面积 1.19 hm^2，海岸线长 571 m。剩余使用期限 30 年，该岛取得费 120 万元/hm^2，其他税费 20 万元，开发费约 300 万元/hm^2，开发期 3 年，每年分别投资 40%、50%、10%，在开发建设期内均匀投入。开发的投资回报率预计为 10%，海域增值收益率预计为 15%，当年银行年贷款利息率 1 年期为 8%、2 年期 7%、3 年期 6%；还原率确定为 7%。采用成本逼近法评估该岛出让价格。大瓦窑门屿空间形态如图 5-8、图 5-9 所示。

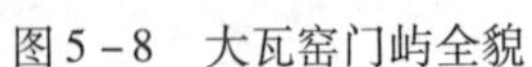
图5－8　大瓦窑门屿全貌

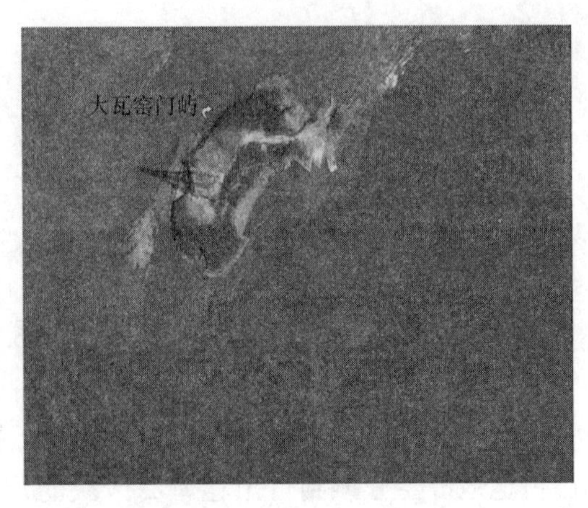

图5－9　大瓦窑门屿遥感影像

2. 估价过程

（1）计算海岛取得费 E_a

海岛区块取得费用 $E_a = 120 \times 1.19 = 142.8$（万元）

（2）计算海岛开发费 E_d

海岛区块开发费用 $E_d = 300 \times 1.19 = 357$（万元）

（3）计算税费 T

税费 $T = 20$ 万元

（4）计算利息 R_1

$$
\begin{aligned}
\text{利息 } R_1 &= (142.8+20) \times [(1+8\%)^3 - 1] + 357 \times 40\% \times [(1+8\%)^{2.5} - 1] \\
&\quad + 357 \times 50\% \times [(1+7\%)^{1.5} - 1] + 357 \times 10\% \times [(1+6\%)^{0.5} - 1] \\
&= 42.28 + 30.3 + 19.07 + 1.06 \\
&= 92.71 \text{（万元）}
\end{aligned}
$$

（5）计算海岛开发利润 R_2

海岛开发利润 $R_2 = (142.8 + 357 + 20) \times 10\% = 51.98$（万元）

（6）计算海岛增值收益 R_3

海岛增值收益 $R_3 = (142.8 + 357 + 20 + 92.71 + 51.98) \times 15\% = 99.67$（万元）

（7）计算海岛初步价格 V'

海岛初步价格 $V' = 142.8 + 357 + 20 + 92.71 + 51.98 + 99.67 = 764.16$（万元）

（8）计算年期修正系数 K

根据资料可知，该案例需将海岛初步价格由无限年期修正为30年有限使用权年期的价格。

$$K = 1 - 1/(1+r)^n$$

使用权年期修正系数 $K = 1 - 1/(1+7\%)^{30} = 0.8686$

（9）计算待估海岛价格 V

待估海岛价格 $V = 764.16 \times 0.8686 = 663.75$（万元）

第六章　海岛估价创新方法

无居民海岛估价的最大难题是缺乏成熟的评估经验，传统评估方法的应用需要一定的条件和前提基础，在无居民海岛估价初期难免受到更大的限制，比如，由于没有类似的开发先例，无居民海岛预期收益、开发成本、开发利润无法考证，还原率、增值收益等数据参数更是无法直接获得。无居民海岛上的资源独特、各岛位置分散，无相对稳定、统一的市场价格，不同于现有的资产评估中土地、海域、房地产等常规的评估对象。因此，在无居民海岛交易市场尚未建立的现阶段，传统资产评估中常用方法在无居民海岛估价中不能完全适用，需要根据无居民海岛的特点创新或改进评估方法。

依据海岛估价理论，本章创新性地提出了邻地比价法、使用金参照法两种海岛估价方法，同时尝试将条件价值法、实物期权法两种方法首次应用到海岛估价领域，并论证了运用四种创新方法进行海岛估价的可行性，构建了邻地比价法、使用金参照法的海岛估价模型，选择了条件价值法、实物期权法的海岛估价模型，通过无居民海岛估价实证分析，验证了四种方法的可操作性。通过研究发现，这四种方法在海岛交易市场发展初期，作为传统估价方法的替代方法，能够科学有效地对海岛价格进行评估，具有较强的应用性。

第一节　邻地比价法

由于无居民海岛估价活动刚刚起步，现有的基础数据不健全，原有传统评估方法的应用都遇到不同的技术难点。邻地比价法与传统评估方法不同，它是利用与待估海岛距离最近的城镇土地价格作为比较基础，再对其他差别因素进行修正。这种方法把现行土地评估的方法和海岛价格评估方法很好地衔接起来，具有可操作性。但在实际操作时需要评估人员对地价评估体系有深刻的认识并对待估海岛所在区域和海岛各项评价指标有深入的调查和了解。

一、邻地比价法的基本原理

邻地比价法的本质是基于替代原理，运用可比原则，将待估海岛与相邻土地的价格进行比较，并予以修正。但邻地比价法与市场比较法不同，市场比较法是同类评估对象进行比较、替代，即比较对象都是海岛，是同属性评估对象的比较；而邻地比价法是将待估海岛与土地相比较，比较对象的属性有很大差异，是不同属性评估对象的比较，因此后期的修正幅度可能偏大。

（一）邻地比价法的内涵

所谓"邻地比价"，是将相邻的土地价格做比较，当已知其中一宗土地地价时，便可估算相邻海岛价格。无居民海岛自然条件的特殊性和复杂性、利用方式的多样性决定了土地的估价模式并不完全适用于无居民海岛。邻地比价法借鉴市场比较法和基准地价修正法的原理和思想，依据经济学的替代原理和可比原则，结合海岛自然资源禀赋特征，把现行土地评估的方法和海岛价格评估方法衔接起来，以海岛所属乡镇最低级别的基准地价作为比准价格，通过对影响待估海岛价格的因素进行分析，然后对各地区已公布的同类用途同一级别的基准地价进行修正，从而估算海岛价格。无居民海岛是分布在海洋中被水体全部包围的较小陆地，如果把无居民海岛看作一个个特殊的宗地，那么也可以建立类似的修正模型以评估其价格。

（二）邻地比价法的经济学分析

同陆地上的地块一样，无居民海岛的价值也受到其区位的影响。离岸距离、经纬度等表征海岛的自然地理区位，毗邻地区经济发展水平表征海岛的经济地理区位，毗邻陆地地区的交通条件、周围海上交通条件等表征海岛的交通区位。一般来说，无居民海岛毗邻地区的经济发展水平越高，衍生出的对海岛旅游、海岛工业及其他各种用途的需求就会越高，海岛利用的收益越高，海岛的价值也会越高；毗邻地区的交通条件及周围海上交通条件越好，海岛与外界的交通通达性越好，对海岛资源进行利用则会越便利，海岛价值也会越高。总体来说，区位条件好的海岛，其等别和价值无疑越大。地理区位条件相近的海岛，由于资源稀缺程度、海岛自然条件等方面的不同，其价值有高低之分。

无居民海岛开发的目的是在海岛上开展经营活动并建设配套设施，因而海岛价格取决于岛上开发用地块的品质；因此无居民海岛估价采用邻地比价法时，以所属乡镇最低级别的基准地价作为比准价格较为适宜。因为无论是从行政隶属还是区位上讲，距离无居民海岛最近的陆地，都是无居民海岛所属乡镇最低级别的用地。需要说明的是，通常情况下乡镇最低级别的用地已经进行了一定程度的开发，包括土地平整、道路建设、供电、供水、电信设施及厂房和其他配套设施的建设等，这些土地经过开发从生地变为了熟地。相比之下，无居民岛是没有进行任何开发的生地，需要对所属乡镇最低级别的基准地价进行成熟度修正。

二、邻地比价法的可行性分析

无居民海岛估价初期，在传统评估方法不能直接应用的情况下，最佳的评估思路是找到与无居民海岛外置条件接近的成熟资源市场，以成熟资源评估领域的估价结果作为比准对象，再通过对无居民海岛内在特质价值与成熟资源价值的差异进行修正，以便获得待估无居民海岛的价格评估结果。从无居民海岛空间位置看，相邻乡镇土地价格无疑是最好的比准对象。

（一）无居民海岛与相邻土地功能属性相同

无居民海岛与土地一样都是开发活动的承载主体。根据国家现行规定，无居民海岛的用岛类型有 15 种，对无居民海岛的开发利用必须以岛上土地为依托，归属无居民海岛的各种有价值的资源也都以海岛土地为载体，可以说海岛陆域土地资源承载了无居民海岛的其他资源价值内涵，对无居民海岛的价格评估最终也是对无居民海岛土地使用权的价格评估，虽然无居民海岛价格评估的内容比较复杂，但与陆地上的土地价格评估没有本质区别，说明无居民海岛与相邻土地具有比价基础。

此外，相同属性的资源，空间位置越接近，其价格影响因素对价格的影响程度越相似，如无居民海岛与相邻土地共属相同行政区域，具有同一区域经济发展水平，这项价格影响因素就不会引起价格差异，可以不考虑，只需考虑那些能够引发海岛和土地价格差异的影响因素，如无居民海岛岛上气候条件与陆地不同、海岛施工和陆地开发的难易程度有区别、岛上具备稀缺资源、岛上土壤质量与陆地土壤质量也有差别等因素，这些因素有些使无居民海岛比相邻土地更有价值，有些还可能降低了无居民海岛价值，调整时需注意影响方向和程度。

（二）相邻乡镇土地的基准地价制度完善

基准地价是各种用途土地的使用权区域平均价格，是地价总体水平和变化趋势的反映。基准地价就是土地的初始价，即土地在完成拆迁、平整等一级开发后，政府确定的平均价格。基准地价按照同一市场供需圈内，土地使用价值相同、等级一致的土地具有同样市场价格的原理进行确定，具体估价程序遵循和执行《城镇土地估价规程》（GB/T 18508—2014）国家标准。我国各地城镇从 20 世纪 90 年代初开始制定基准地价，现在各地已初步进入定期修正、调整基准地价阶段。随着用地范围的扩大，目前除各城市定期公布、更新本区域各类型各级别土地基准地价信息外，建制镇镇区也需定期公布、更新各类各级乡镇土地基准地价，乡镇土地基准地价的估价制度和披露制度日渐完善。

我国大部分无居民海岛距离建制镇镇区较近，通常远离城市市区，因此无居民海岛的价格影响因素与乡镇土地比较接近，影响程度比较一致，在修正过程中可以减少影响指标数量，增加修正结果的准确性，也使评估程序更加简化，方便评估。

三、基于邻地比价法的海岛估价

在无居民海岛估价中，邻地比价法是以待估海岛相邻乡镇相同用地类型最低级别的基准地价为参照标准，建立价格修正模型，从而估算待估海岛在估价期日价格的一种方法。虽然无居民海岛与相邻乡镇土地有很大差别，但在海岛交易市场发育不成熟阶段，该方法不失为一种有效、操作性强的无居民海岛估价方法。

（一）邻地比价法的海岛估价模型

基本公式：

$$V = (P_L - B_D - C_D) \times [1 + (\sum_{i=1}^{j} F_i W_i)] \times H \times K$$

或者

$$V = \frac{P_L}{(1+R)^{m_1}} \times [1 + (\sum_{i=1}^{j} F_i W_i)] \times H \times K$$

式中，V 为待估海岛价格；P_L 为相邻乡镇相同用地类型最低级别的基准地价；B_D 为相邻土地基础设施建设成本；C_D 为相邻土地基础设施建设开发合理利润；m_1 为邻地贴现年限；R 为邻地贴现率；F_i 为第 i 项修正因素指标分值；W_i 为第 i 项修正因素指标权重；j 为修正因素指标数量；H 为法定使用年期差异系数；K 为剩余使用年期修正系数。

无居民岛是没有进行任何开发的生地，而相邻乡镇相同用地类型最低级别的基准地价已经是进行了一定程度开发的熟地价格，以此作为修正基数显然会高估待估海岛价格，因此需要对所属乡镇最低级别的工业基准地价进行成熟度修正。上述两个公式的区别是，前者是利用了剩余法的原理，对相邻乡镇土地地价进行成熟度的修正；后者是利用了收益还原法的原理，将相邻乡镇土地由熟地修正为生地地价，并以生地价格为基数，估算待估无居民海岛价格。

（二）邻地比价法的海岛估价步骤

进行邻地比价法评估，首先需要建立价格可比基础，包括海岛与邻地土地用途的识别、基准地价的选择以及土地成熟度的调整等；其次需要对待估海岛与邻地价格的影响因素进行分析，包括确定待估海岛修正因素、影响程度，并确定评价指标分值；最后需要对待估海岛与邻地的使用年期差异进行修正，估算出待估海岛价格。

1. 建立价格可比基础

由于相邻土地的基准价为熟地价格，而目前的无居民海岛基本缺少供水、供电、交通和通信等基础设施条件。因此，选定相邻土地的基准地价后，还需要对相邻土地的基准地价进行基础设施完善度折算处理，建立价格可比基础，统一表达方式和基准地价内涵，主要包括以下内容。

① 确定待估海岛用岛类型；

② 确定待估海岛相邻乡镇相同用地类型最低级别的基准地价；

③ 按照达到建制镇（集镇）基础设施配套的“三通一平”标准（即通路、通电、通水、平整地面），确定待估海岛相邻乡镇相同类型用地基础设施的建设成本及合理利润；

④ 确定可比地价。根据基础设施建设成本与合理利润，将相邻乡镇相同类型用地的基准地价减去建设成本与合理利润，折算形成可比地价。

同时，应注意统一采用单位面积价格，并统一面积内涵和面积单位。

2. 影响因素修正

（1）确定修正因素

根据海岛价格影响因素和待估海岛与相邻乡镇相同类型用地之间的条件差异，确定修正因素体系。这些因素、条件主要集中在自然资源、区位条件、地质地貌等方面，社会经济发展水平的差异影响不大。

（2）确定修正因素指标分值

描述待估海岛与相邻乡镇相同类型用地的各修正因素状况，编制修正因素指标条件说明表，确定指标分值。修正因素状况描述需要具体、明确，并尽量采用量化指标。

（3）确定修正因素权重

确定指标权重的方法主要有主成分分析法、层次分析法、灰色关联度法、均方差法、滴值法和德尔菲法，估价人员应结合待估海岛的实际情况以及各种方法的使用条件选择合适的方法确定权重值。

3. 使用年期差异修正

（1）法定使用年期差异修正

法定使用年期差异修正是指将相邻乡镇相同类型用地的法定使用年期修正到待估海岛的法定使用年期，以消除因法定使用年期不同而对待估海岛价格带来的影响。

相邻乡镇相同类型用地法定使用年期对待估海岛法定使用年期的修正公式为：

$$H = \frac{1 - 1/(1 - r)^{n}}{1 - 1/(1 + r)^{n'}}$$

式中，H 为法定使用年期差异系数；r 为海岛还原利率；n 为待估海岛法定使用年期；n'为相邻乡镇相同类型用地法定使用年期。

我国国家海洋局 2011 年公布的《无居民海岛使用申请审批试行办法》中规定：无居民海岛开发利用具体方案中含有建筑工程的用岛，最高使用期限为 50 年；其他类型的用岛可根据使用实际需要的期限确定，但最高使用期限不得超过 30 年。即国家对各类用途用岛的法定使用年限未做明确规定，评估时应当参照国家或地方海岛利用审批方案。《城镇国有土地使用权出让和转让暂行条例》中第十二条规定：居住用地70 年；工业用地五十年；教育、科技、文化、卫生、体育用地 50 年；商业、旅游、娱乐用地 40 年；综合或者其他用地 50 年。可见关于无居民海岛和土地的法定使用年限是有差别的，评估时需要调整。

（2）剩余使用年期修正

剩余使用年期修正是将待估无居民海岛的法定使用年期价格修正为剩余使用年期价格。具体参见第五章第四节“成本逼近法”中的“年期修正”——法定年期对剩余年期的修正方法。

4. 确定待估海岛价格

取得上述参数后，就可以按照邻地比价法的海岛估价模型估算待估无居民海岛的价格。在进行价格估算时，应根据具体数据来源情况，分别选择不同的估价模型，如果有可靠的邻地建造成本、费用、利润的数据参数，则可选择剩余法修正公式；如果能取得邻地贴现率数据参数，则可以选择贴现修正公式。

四、邻地比价法的适用性

邻地比价法最大的优势是能够提供具有操作性强、方便获取的比准地价。缺点是无居民海岛并不属于基准地体系中特定级别的土地，估价只能采用待估海岛所属乡镇已公布的最低级别基准地价作为比准价格，并且通过对待估海岛与邻近乡镇类似土地的条件差别影响因素进行修正求取价格，影响海岛价格的因素复杂，影响程度也较大。

（一）邻地比价法的适用范围

邻地比价法将市场比较法与基准价修正法融会贯通，结合应用，在比较的基础上再进行修正，从无居民海岛评估领域的发展进程看，该方法比较适用于无居民海岛交易市场发展初期，市场成熟以后，这种方法评估的准确度和可靠性还有待加强。

从待估海岛类型上看，邻地比价法适用于与相邻乡镇用地类型相同的无居民海岛估价，如房屋建设用岛、仓储建筑用岛、港口码头用岛、工业建设用岛、景观建筑用岛、游览设施用岛、观光旅游用岛的海岛估价。这些类型的无居民海岛可以与乡镇用地类型中的“商业用地、住宅用地、工业用地”三种用地类型相对应，其中景观建筑用岛、游览设施用岛、观光旅游用岛三种旅游类用岛可与商业用地相对应；房屋建设用岛与住宅用地相对应；仓储建筑用岛、港口码头用岛、工业建设用岛与工业用地相对应，分别获取相应的基准地价参数，以便修正。

（二）邻地比价法的局限性

邻地比较法是以相邻土地的基准地价为基础，由于城镇土地只有商业、住宅与工业三种用地类型的基准地价，因此对于与相邻乡镇用地类型不同的待估海岛，不适用此方法。如填海连岛用岛、土石开采用岛在陆地城市或乡镇区域无基准地价对应；园林草地用岛、人工水域用岛、种养殖用岛、林业用地与陆地农用地性质相近，农用地基准地价评估虽然已有国家标准《农用地估价规程》（GBT 28406—2012），各地根据需要也有进行农用地基准地价评估，但还没有像城镇区域土地那样规范化和制度化，定期更新公布的农用地基准地价还不健全，导致这类用岛应用邻地比价法进行价格评估受到一定限制；道路广场用岛、基础设施用岛这种公益性用岛对应陆地城镇的公益性用地是免地价的，也无对应基准地价参考，不适用邻地比价法评估。可见，应用邻地比价法进行无居民海岛价格评估的范围是有限的。

五、邻地比价法的实证分析

邻地比价法是无居民海岛交易市场发展不成熟阶段的替代方法，也可以在交易市场成熟时期作为其他评估方法的验证方法之一。下面以浙江省舟山市普陀区癞头圆山屿工业建设用岛为例，应用邻地比价法对其价格进行模拟评估。

（一）背景资料

舟山市普陀区癞头圆山屿为工业建设用岛拟出让，距大陆最近点约 11.6 km，距离最近的大型港口约 6.75 km。陆域面积 0.36 hm^2，用岛总面积约为 0.7 hm^2，海岸线长 270 m，地形坡度测量约为 35°，周边海水质量较好，年均自然灾害次数为 7～8 次，无滩地。海岛开发受到功能区划的限制较多，普陀区乡镇级别基准地价最低为白沙乡二级工业用地 230 元/m^2（310 万元/hm^2），其法定使用权年限与工业用岛的相同。“三通一平”费用约为 58 元/m^2，利润约为 7 元/m^2。该岛使用权年限 50 年。癞头圆山屿空间形态如图 6－1、图 6－2 所示。

图 6－1　癞头圆山屿全貌

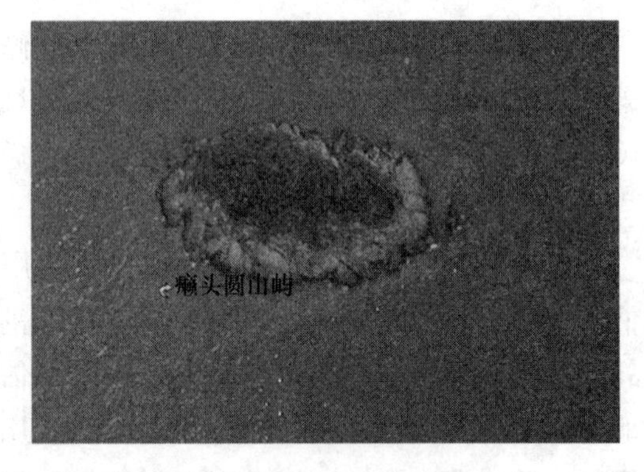

图 6－2　癞头圆山屿遥感影像

（二）实证评估

1. 建立价格可比基础

根据相关资料，采用剩余法原理，将相邻土地基准价修正为生地价格。

$$P_0 = 310 - 58 - 7 = 245(\text{万元}/hm^2)$$

2. 确定影响因素指标条件说明

编制待估海岛价格影响因素的条件说明表，见表 6－1。

表 6－1　癞头圆山屿价格影响因素指标条件说明

修正指标		指标分值				
		0～－0.2	－0.21～－0.4	－0.41～－0.6	－0.61～－0.8	－0.81～－1
自然资源因素	陆域面积（hm^2）（K_1）	>1.11	>0.8，≤1.1	>0.5，≤0.8	>0.2，≤0.5	≤0.2
	岸线长度（km）（K_2）	>1.5	>1.0，≤1.5	>0.5，≤1.0	>0.1，≤0.5	≤0.1
	与大型港口距离（km）（K_3）	≤2	>2，≤6	>6，≤10	>10，≤15	>15
社会经济因素	海岛离岸距离（km）（K_4）	≤0.5	>0.5，≤4	>4，≤8	>8，≤12	>12
	用岛规划限制（K_5）	无限制	限制少	一般	限制多	限制极多
生态环境因素	地形坡度（°）（K_6）	≤20	>20，≤30	>30，≤40	>40，≤50	>50
	海水质量指数（K_7）	≤0.2	>0.2，≤0.4	>0.4，≤0.7	>0.7，≤1.0	>1.0
	海洋灾害（次）（K_8）	≤4	>4，≤7	>7，≤10	>10，≤15	>15

3. 确定指标评分及指标权重

该工业建设用岛价格影响因素指标评分及权重赋值见表 6－2。

表 6－2　癞头圆山屿价格影响因素指标评分及权重赋值

修正指标		指标分值					权重
		0～－0.2	－0.21～－0.4	－0.41～－0.6	－0.61～－0.8	－0.81～－1	
自然资源因素	用岛面积（K_1）				－0.7		0.18
	岸线长度（K_2）				－0.7		0.12
	与大型港口距离（K_3）			－0.45			0.20
社会经济因素	海岛离岸距离（K_4）				－0.8		0.16
	用岛规划限制（K_5）					－0.9	0.15
生态环境因素	地形坡度（K_6）			－0.45			0.05
	海水质量指数（K_7）		－0.4				0.05
	海洋灾害（K_8）	－0.2					0.09

4. 计算修正待估海岛价格

待估海岛单位价格 $=245\times[1-(0.7\times0.18+0.7\times0.12+0.45\times0.2+$

$$0.9\times 0.15+0.8\times 0.16+0.45\times 0.05+0.4\times 0.05+$$
$$0.2\times 0.09)]$$
$$=92.24\ (\text{万元}/hm^2)$$

待估海岛价格 $V=92.24\times 0.7=64.57$（万元）

5. 年期修正

由于相邻乡镇工业用地的使用年限与工业建设用岛的法定使用年限相同，均为50年，因此本实例无须修正法定使用年期差异；同样，该岛是一级市场首次出让，无须进行剩余使用年期修正系数。故，上述计算结果64.57万元即为癞头圆山屿的出让价格。

第二节　使用金参照法

我国早在20世纪80年代末期就开始实施土地有偿使用制度，征收土地使用权出让金，土地使用权出让金是政府将土地使用权出让给土地使用者，并向受让人收取的政府放弃若干年土地使用权的全部货币或其他物品及权利折合成货币的补偿。随着海洋资源的开发利用，海域使用需求大幅度增加，国家财政部、国家海洋局于2007年发布了关于加强海域使用金征收管理的通知，规范了海域使用金征收标准，完善了海域有偿使用制度。为了加强和规范无居民海岛使用金的征收、使用管理，促进无居民海岛的有效保护和合理开发利用，财政部联合国家海洋局于2010年公布了《无居民海岛使用金征收使用管理办法》。可见，无居民海岛使用金与土地使用金、海域使用金类似，是获得海岛使用权必须支付的代价，可作为估价参考。

一、使用金参照法的基本原理

根据《无居民海岛使用金征收使用管理办法》中的规定，无居民海岛使用金是指国家在一定年限内出让无居民海岛使用权，由无居民海岛使用者依法向国家缴纳的无居民海岛使用权价款，不包括无居民海岛使用者取得无居民海岛使用权应当依法缴纳的其他相关税费。无居民海岛使用金等同于无居民海岛使用权价款。同时对无居民海岛使用权出让价款做出最低价限制，可以理解为无居民海岛最低使用金。由于这个最低价是针对相同等别、相同用途和相同离岸距离区间内所有无居民海岛的统一出让价限制，而每个独立无居民海岛的资源禀赋有所不同，价格应有所区别，因此，需要进一步修正和调整。

（一）无居民海岛使用金的内涵

我国实行无居民海岛有偿使用制度，即单位和个人利用无居民海岛，应当经国务院或者沿海省、自治区、直辖市人民政府依法批准，并按照规定缴纳无居民海岛使用金，这就相当于一级市场出让无居民海岛的价格。可见，无居民海岛使用金与无居民海岛价格密切相关，在二级市场上也是海岛价格构成的重要基础，当其他海岛估价方法受到限制时，可以考虑以无居民海岛使用金作为价格基数，通过对其他因素进行调整，来评估无居民海岛价格。

海岛开发是人类通过其劳动利用海岛资源、资产的特性满足自身需要的过程，它是一个自然、社会、经济相互交替、共同影响的过程，社会经济发展水平，特别是海洋资源开发和利用以及海洋经济发展水平从全方位影响海岛资源、资产利用的广度和深度，而海岛价值的高低是海洋利用强度、利用效率的反映。每个无居民海岛都有独特的资源、不同的位置以及差异化的自然生态环境，即便使用功能相同、所在等别相同、离岸距离相近，其价格也有差别。

目前，国内外鲜有对海岛价值进行评估的先例，鉴于财政部已制定分用途、分等别海岛使用金指导价，使用金参照法将遵循可比原则建立待估海岛价值影响因素体系和评价标准，利用估价系数确定待估海岛使用权价格。

（二）使用金参照法的经济学分析

无居民海岛使用权出让最低价标准由国务院财政部门会同国务院海洋主管部门根据无居民海岛的等别、用岛类型和方式、离岸距离等因素，适当考虑生态补偿因素确定，并适时进行调整。使用金参照法以使用金最低征收标准作为价格基础，据此估算的无居民海岛的价格受海岛等别、用途和离岸距离的影响更大，既体现了明显的政府机制作用，又蕴含着自然资源价值论、最大效益原则和生态价值理论以及区位经济学理论。

无居民海岛等别对海岛价格的影响。我国目前无居民海岛等别与其所在海域等别完全一致。海域分等定级采用“等”和“级”两个层次的划分体系，“等”别反映不同行政单元管辖的海域，由于受所属行政单位的经济发展状况和海域自然条件的影响，而形成的地域上的差异，是在全国范围内排序；海域级别反映的是行政单位内部海域的区位条件和利用效益的差异，是在各行政单位内部统一排序。海域等别体现了对海域自然属性、经济社会属性的综合评价，是海域价格评估基础。我国无居民海岛沿用了海域等别制度，并采用了相同的等别确定方法和结果，但没有海岛级别的分类，即无居民海岛只分等未定级。可见，无居民海岛的等别同样反映了海岛所属行政区域的经济、社会发展水平以及海岛生态条件和生态环境状况，在用岛类型、离岸距离等其他条件相同的情况下，等别越高，海岛出让价款即使用金最低标准越高，无居民海岛价格越高，这符合自然资源价值论原理。我国海域分等定级工作以海域管辖行政区域为单位依照国家《海域分等定级》标准来进行，说明无居民海岛定级工作受政府安排和控制，政府的管理职能起了一定作用。

无居民海岛用岛类型对海岛价格的影响。无居民海岛价格与海岛的利用效率相关，海岛的配置效率与政府行为密切相关。首先，无居民海岛配置效率和海洋功能区划相关。政府海洋功能区划制定了无居民海岛的大致功能分区，也就意味着基本规定了各无居民海岛的可能价格幅度。没有明显的功能分区，无居民海岛收益曲线是不规范的，而无居民海岛收益影响可能支付的价格。其次，调整海洋功能区划一般由政府完成。生产要素自由流动存在着一定的盲目性，许多利益主体对利润最大化的追求可能导致整体效率低下。再次，通过政府宏观调控，设定功能布局，这不仅能使无居民海岛利用收益最大化，而且可以有效避免无居民海岛隐性交易市场不规范操作导致的无居民海岛价格不合理涨跌。最后，无居民海岛功能区划也有海洋资源保护的目的，功能区划建立在无居民海岛利用收益最大化基础上，同时也体现了对无居民海岛破坏程度最小原则。也就是说，按照功能定位的无居民海岛开发利用对海岛的破坏程度越大，海岛的出让价标准应该越高。目前的《无居民海岛使用金征收使用管理办法》，在相同等别、相同离岸距离区间内，填海连岛、土石开采这两种用岛类型的无居民海岛，可能由于其开发利用活动改变海岛属性，因此出让价标准最高，相应的无居民海岛价格也应越高；林业用岛、种养殖业用岛这两种用岛类型的无居民海岛，其开发利用不但不会破坏海岛环境，还对海岛生态起到养护作用，因此出让价标准最低，相应的无居民海岛价格也应越低。可见，用岛类型的确定实质上是政府遵循最大效益原则和生态价值理论对无居民海岛进行的合理科学的功能定位。

离岸距离对海岛价格的影响。在相同等别、相同用岛类型条件下，离岸距离越近，无居民海岛出让价款即使用金最低标准越高，无居民海岛价格越高，这符合经济学的区位优势原理。无居民海岛开发项目无论在建设阶段还是运营阶段，都离不开与陆地的资源物流和人流的交换，离岸距离越近，交通越便利，越能提升海岛价格，反之亦然。

二、使用金参照法的可行性分析

在我国实行无居民海岛有偿使用制度的前提下，海岛价格受制于使用权出让最低价格的限制，无居民海岛使用金最低标准不但是构成海岛价格的重要组成要素，也是海岛估价结果的底线，对于海岛价格有着十分重要的意义和影响。

（一）无居民海岛价格和使用金评估基础一致

我国在2010年开始明确无居民海岛使用金征收标准，无居民海岛使用金由财政部联合国家海洋局统一制定，参考土地出让金和海域使用金的评估经验，无居民海岛使用金应当根据实地调查、访谈等获取的资料，通过传统的估价方法，计算每个调查样点的无居民海岛空间资源使用金，将同一等别的无居民海岛空间资源使用金平均计算，再根据海岛使用类型的用岛属性改变附加金，计算确定该等别、该用途的无居民海岛使用金。这说明无居民海岛使用权价格评估和使用金的确定方法、依据是一致的；从内容上看，都是以无居民海岛作为评估对象。从结果上看，无居民海岛估价结果是单个待估海岛的价格，使用金评估的结果是同等别、同功能、等距离海岛的平均价，略有差别，但总体上看，无居民海岛价格和使用金评估基础是一致的。

（二）无居民海岛使用金是海岛价格的下限

《无居民海岛使用金征收使用管理办法》规定，无居民海岛使用权出让前应当由具有资产评估资格的中介机构对出让价款即使用金进行预评估；无居民海岛使用权出让价款不得低于无居民海岛使用权出让最低价。这里的最低价相当于无居民海岛的最低总价，由国家统一制定，需要中介机构评估的是无居民海岛使用权出让价款（总价），中介机构的评估结果不得低于国家规定的出让最低价，说明无居民海岛使用金是海岛价格的下限。这就为我们提供了以国家规定的无居民海岛最低出让价即使用金最低价作为基础价格、考虑其他因素的影响、估算无居民海岛使用权价格的可能性。

三、基于使用金参照法的海岛估价

无居民海岛估价中的使用金参照法是指以无居民海岛使用权出让最低价为基础，按照替代原则就待估海岛的自然资源、社会经济与生态环境条件与其所属等别相同用岛类型最低水平相比较，并对照修正系数表选取相应的修正系数对待估海岛使用权出让最低价进行修正，进而求取待估海岛在估价期日价格的一种方法。

（一）使用金参照法的海岛估价模型

国家海洋局、财政部根据海岛所在的区位、其自身的自然属性和社会属性以及开发利用条件和程度，针对不同的用岛活动（海岛使用方式）确定高低不同的海岛使用金征收标准，有力地推动了海岛资源市场机制配置进程，并在一定程度上实现了海岛资源利用结构的调整和优化。但相同等别、相同用途和相同离岸距离区间内的无居民海岛使用金征收标准是统一价格，未能体现不同特色海岛的价格差异，有必要对同一等别、类型、距离的不同海岛出让价格进行细分。

为此，依据国家无居民海岛使用金征收标准，以本等别海岛使用金作为同等海岛价格最小值，对应反映海岛价格影响系数的最小值集合，构造待估海岛价格比较调整模型。

基本公式如下：

$$V = V_{1b} \times [1 + \sum_{i=1}^{j} W_i(F_i - F_{i\min})] \times K_6 \times K$$

式中，V 为待估海岛价格；V_{1b}为无居民海岛使用权出让最低价（本等别使用金）；F_i 为第 i 项待估海岛价格修正因素指标分值；$F_{i\min}$为第 i 项修正因素指标的最小分值；W_i 为第 i 项价格修正因素指标权重；K_6 为估价基准日修正系数；K 为使用年期修正系数。

（二）使用金参照法的海岛估价步骤

使用金参照法的基本原理是依据海岛使用金征收标准，通过设置海岛价格最小值以及相应反映海岛价格的指数，从而根据特定等别、用途海岛综合指数评估该等别不同用岛类型海岛的价格。一般而言，使用金参照法评估海岛价格的程序一般包括以下几个方面：一是通过识别确定待估无居民海岛等别、用岛类型和离岸距离来确定待估海岛使用权出让最低价；二是选择待估无居民海岛需要修正的相关因素，并确定待估海岛修正因素指标分值与权重；三是进行估价基准日修正、使用年期修正，得到待估无居民海岛价格。

1. 确定待估海岛使用金征收标准

依据《无居民海岛使用金征收使用管理办法》，明确待估无居民海岛等别、用岛类型，根据离岸距离确定待估海岛使用权出让最低价标准，即最低使用金征收标准。

2. 确定修正因素

在所属等别、类型、离岸距离区间相同的范围内，按照待估无居民海岛与其他海岛差异条件，确定待估海岛修正因素体系。修正因素包括反映海岛区域内自然禀赋的空间资源、生态资源等自然资源因素，反映海岛地区区域经济发展水平、海岛区位、政府管制等社会经济因素，以及反映海岛地区生态环境条件、生态环境灾害、生态环境质量、生态系统影响等生态环境因素。

（1）因素的选择原则

海岛是一个复杂的系统，影响价格的因素很多，涉及面广，选择的合理与否将直接影响到价格核算的正确与否，从而影响海岛的合理开发利用。有些因素对海岛质量的影响很大，能充分反映经济、社会与自然条件的区域差异，是必选因素；有些则影响不大，为可选因素。具体应遵循主导因素原则、差异化原则、时效性原则。

① 主导因素原则

相同范围内无居民海岛价格差异影响因素的选取应在综合考虑海洋经济、社会、环境因素的基础上，重点分析对海岛价值起控制和主导作用的因素，突出主导因素的影响，构建影响因素评价指标体系。

② 差异化原则

相同范围内无居民海岛价格差异影响因子及指标的选取应反映不同海岛的价格差异，如果相关因素的因子指标没有差别，则可以不选取。例如，在同一空间范围内的无居民海岛，其所属区域的经济发展水平一致，可以不作为比较因素。

③ 时效性原则

应准确把握海岛价格影响因素、因子与经济发展同步变化的动态规律，一般需选择3年以内的指标数据进行评价。

（2）建立指标体系

根据海岛资源价值属性与影响因素指标体系的关系，采用专家咨询方法，依据海岛价格影响因素的选择原则，着重选取对海岛质量与价格有重大影响，又能体现海岛自然、资源、环境及社会经济地域差异的，并具典型代表性、覆盖面广、指标值变化范围较大的因素，形成海岛价格影响因素指标体系。

排查指标体系可能存在的无关指标，根据排查结果与原因分析，在明确自然资源因素、社会经济因素、生态环境因素三大类影响因素的基础上，进一步优化影响因子指标体系框架，建立评估指标体系。

3. 确定修正系数

（1）确定修正因素指标分值

① 描述等别、类型、离岸距离区间相同无居民海岛的各价格影响因素状况，编制待估海岛价格影响因素条件说明表。

② 确定相同范围内的所有无居民海岛价格影响因素指标分值，并通过筛选各项指标最小值设定“虚拟最差海岛”，“虚拟最差海岛”不是真实具体的海岛，而是集各影响因素指标得分最小值为一体的虚拟海岛。

③ 计算修正分值，待估海岛与“虚拟最差海岛”各项影响因素指标分值的差额即为需要修正的分值。

（2）确定因素修正权重

使用金修正法的因素修正权重确定方法与市场比较法、邻地比价法的因素修正权重确定方法相同。

（3）编制使用金修正系数表

依据海岛价格影响因素指标修正分值和修正权重计算使用金修正系数。

4. 确定待估海岛价格

一种方法是以待估海岛所在等别使用金为基数，通过使用金修正系数来修正得出海岛价格，也可以以虚拟最差海岛的指标总分值对应待估海岛所在等别使用金标准，当已知待估海岛指标总分值时即可估算待估海岛出让价款，据此得出的待估海岛价格一定高于该海岛使用金最低价，符合估价要求。

此外，估价基准日修正与进行使用年期修正均与市场比较法相同。

四、使用金参照法的适用性

使用金参照法类似于土地估价中的基准价修正法，土地资源空间分布集中，采用基准地价系数修正法评估宗地价格，具有较高的实用价值，因而基准价修正法更加成熟、有效，在土地价格评估中得以广泛应用，而海岛资源空间分布分散，同一区域内，海岛数量相对很少，每个海岛又各具特色，海岛基准价评估的意义不大，只能实行一岛一评估，一岛一价格，借鉴基准价修正法的思想，采用使用金参照法估算无居民海岛价格。

（一）使用金参照法的适用范围

使用金参照法的最大优点是这种方法评估得到的无居民海岛使用权价格能够直接满足“不得低于无居民海岛使用权出让最低价”的要求，同时使用金参照法是对一般的市场比较法变形、量化和系统化后的一种评估方法，是短时间内进行同一岛群的多个海岛价格评估的有效手段，可快速方便地获得多个海岛价格。但由于无居民海岛的个性特征，使用金参照法在无居民海岛估价中的应用是有前提条件约束的。

从运算基础看，使用金参照法适用于已公布使用金最低征收标准并能够建立完整修正体系的无居民海岛价格评估。也就是说，应用使用金参照法进行海岛估价必须具备两个前提：一是使用金最低征收标准；二是指标修正体系。

从海岛条件看，使用金参照法适用于在相同等别、相同类型、相同离岸距离区间范围内有多个无居民海岛时的估价。这种情况下，参比对象充分，容易得出相对准确的修正结果。

从评估性质看，使用金参照法更适合于一级市场的无居民海岛出让底价评估，因为使用金本身就是无居民海岛的出让价格，参照使用金最低价修正得到的也应当属于出让价格。

此外，由于使用金参照法未考虑市场供需关系影响，估价结果可能偏低，特别适用于园林草地用岛、人工水域用岛、种养殖用岛、林业用地等保护性用岛、公益性用岛的价格评估。

（二）使用金参照法的局限性

使用金参照法估价的精度与无居民海岛使用金征收标准及价格差异修正体系的精度密切相关。

前者虽已由国家统一制定，但从目前情况来看，存在更新不及时等问题。现行的征收标准是2010年8月公布并实施的，近5年内未做任何调整，而事实上，5年来经济发展水平、海洋环境状况发生了很大变化，现有的无居民海岛等别划分、功能规划均需要一定的修订，如不及时更新将影响使用金征收标准的确定，进而影响使用金参照法估价的准确性。

后者无居民海岛价格影响因素修正体系尚在理论研究阶段，国家未公布统一规范的无居民海岛价格修正体系成果，可能导致不同估价机构的修正方法自成体系，致使最终的估价价格不准确。

使用金参照法的局限性还体现在：当等别、类型、离岸距离区间相同的海岛数量较少时，缺乏比较实例，难以确定无居民海岛价格差异化的影响条件；对二级市场转让行为的交易价格评估不适用，因为目前国家还没有关于无居民海岛二次转让价格的限制性规定；此外，如前所述，由于使用金参照法未考虑市场供需关系影响，估价结果可能偏低，该方法不适合填海连岛、土石开采等破坏性用岛和房屋建设、旅游娱乐等高收益用岛的价格评估。

五、使用金参照法的实证分析

对于一级市场的无居民海岛出让价格评估，使用金参照法既可以作为一种独立估价方法，也可以用来验证其他方法的评估结果。应用该方法时应注意选取的因素指标与海岛价格的关联度、指标数据的可获取性与可靠性，指标数据尽可能从历年官方数据采集；构建的修正体系应符合动态变化规律，定期更新、及时调整。下面以浙江省台州市椒江区西猪腰岛为例，试用使用金参照法进行模拟评估。

（一）背景资料

浙江省台州市椒江区的西猪腰岛、东猪腰岛、缸爿岛，用岛类型均为工业建设用岛，拟出让使用权。三岛离岸距离约为5.6 km，假定估价基准日和年期不暂时需要修正。评估西猪腰岛使用权出让价格。相关资料如下。

西猪腰岛，又称猪腰屿，台州列岛属岛，在台州市椒江东南，台州列岛上大陈岛西南面，隶属椒江区大陈镇。西猪腰岛呈东北—西南走向，狭长形，长1.0 km，宽0.12 km，陆域面积59 702 m^2，海岸线长1.34 km，滩地面积21 440 m^2。最高点海拔44.7 m（28°28′N，121°51′E）。该岛是一基岩岛，岛上无平地，岩石为上侏罗统西山头组熔结凝灰岩，土壤为棕石沙土，植被以黑松林、茅草为主，有海鸥等多种鸟类在岛上栖息。

东猪腰岛，台州列岛属岛，位于上大陈岛西南，西猪腰岛东北，隶属椒江区大陈镇。陆域宽度约为100 m，陆域面积55 949 m^2，滩地面积7 231 m^2，海岸线长1.18 km，最高点海拔38.1 m（28°28′N，121°52′E）。该岛是一基岩岛，岛上岩石为上侏罗统西山头组熔结凝灰岩，无平地。植被以黑松林为主。

缸爿岛与猪腰岛相距数百米，陆域宽度约为150 m，海岛面积12 600 m^2，海岸线长0.75 km，滩涂面积5 000 m^2。

淡水资源缺水率均为90%，毗邻工业用地价格均为260元/m^2，用岛规划限制相同均为修正多，海水质量指数（污染度）均为0.36。

三岛的空间形态及相对位置如图6－3至图6－5所示。

图6－3 西猪腰岛全貌

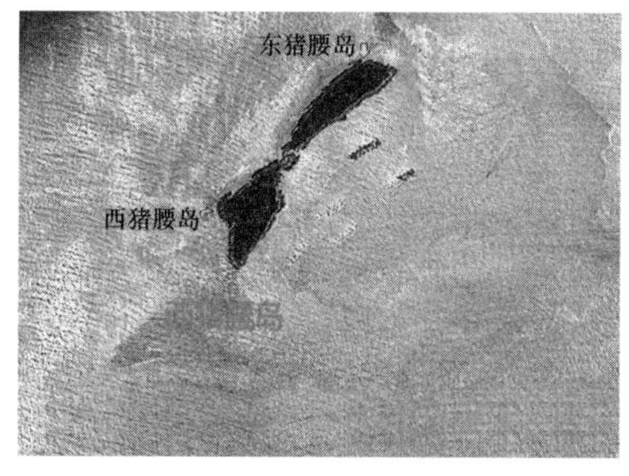

图6－4 西猪腰岛、东猪腰岛遥感影像

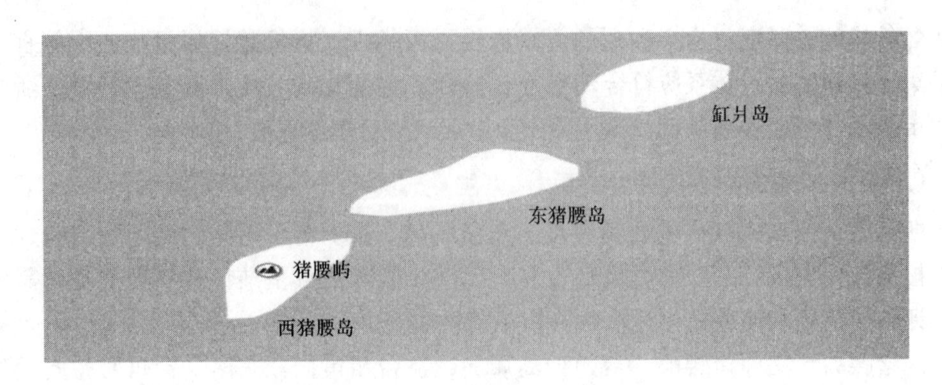

图6-5　西猪腰岛、东猪腰岛、缸爿岛相对位置

（二）实证评估

1. 确定三岛的海岛使用金征收标准

依据《浙江省无居民海岛使用金征收使用管理办法》，明确西猪腰岛、东猪腰岛、缸爿岛所属的无居民海岛等别均为三等，用岛类型均为工业建设用岛，离岸距离为5.6 km，均在大于2 km且不大于8 km的范围内。由此确定三个无居民海岛的使用金最低征收标准为5 220 元/hm^2·a。

2. 确定修正因素

根据影响因素选择原则及三个海岛的用岛类型，运用德尔菲法，最终确定“用岛面积、海岛滩涂面积、岸线长度、海岛陆域宽度、淡水资源缺水率、毗邻工业用地价格、用岛规划限制、海水质量指数”八个因素指标。

3. 编制影响因素指标条件说明

根据本案例资料，编制待估海岛价格影响因素的条件说明，见表6-3。

表6-3　西猪腰岛价格影响因素指标条件说明

修正指标	指标分值				
	0~0.2	0.21~0.4	0.41~0.6	0.61~0.8	0.81~1
用岛面积（$\times 10^4$ m^2）	≤2	>2，≤5	>5，≤7	>7，≤10	>10
海岛滩涂面积（$\times 10^4$ m^2）	≤0.1	>0.1，≤0.4	>0.4，≤1.0	>1.0，≤3.0	>3.0
岸线长度（km）	≤0.7	>0.7，≤1.0	>1.0，≤1.2	>1.2，≤1.5	>1.5
海岛陆域宽度（m）	≤50	>50，≤100	>100，≤200	>200，≤400	>400

续表

修正指标	指标分值				
	0～0.2	0.21～0.4	0.41～0.6	0.61～0.8	0.81～1
淡水资源缺水率（%）	≤20	>20，≤40	>40，≤60	>60，≤80	>80
毗邻工业用地价格（元/m^2）	≤120	>120，≤200	>200，≤280	>280，≤330	>330
用岛规划限制	无限制	限制少	一般	限制多	限制极多
海水质量指数	≤0.2	>0.2，≤0.4	>0.4，≤0.7	>0.7，≤1.0	>1.0

4. 编制修正系数表

根据本案例资料，采用插值计算方法，计算西猪腰岛、东猪腰岛、缸爿岛三个海岛的得分分值，并将三岛中的最小分值设定为虚拟最差岛的分值。将待估海岛西猪腰岛的分值与虚拟最差岛的分值做比较，得到修正分值，将其与权重相乘便可计算得出修正系数。计算结果见表6－4。

表6－4 估价指标分值、权重及修正系数

评价指标	权重	分值				修正分值（西猪腰岛分值——最小值）	修正系数（西猪腰岛修正×权重）
		西猪腰岛	东猪腰岛	缸爿岛	虚拟最差岛（最小值）		
用岛面积	0.2	0.51	0.47	0.13	0.13	0.38	0.076
海岛滩涂面积	0.2	0.71	0.51	0.44	0.44	0.27	0.054
岸线长度	0.2	0.70	0.58	0.24	0.24	0.46	0.092
海岛陆域宽度	0.1	0.46	0.4	0.51	0.4	0.06	0.006
淡水资源缺水率	0.05	0.9	0.9	0.9	0.9	0	0
毗邻工业用地价格	0.1	0.55	0.55	0.55		0	0
用岛规划限制	0.05	0.7	0.7	0.7		0	0
海水质量指数	0.1	0.36	0.36	0.36		0	0
合计	1.00						0.282

5. 确定待估海岛单位价格

$$V = V_{1b} \times \left[1 + \sum_{i=1}^{j} W_i (F_i - F_{imin})\right] \times K_6 \times K$$

$$V = 5\,220 \times 50 \times (1 + 0.282) \times 1 \times 1$$
$$= 33.46(万元/hm^2)$$

6. 确定待估海岛价格

西猪腰岛使用权出让价格 = 33.46 × 5.97 = 199.76（万元）

第三节　条件价值法

条件价值法（Contingent Valuation Method，CVM）是一种采用问卷调查手段，通过虚拟市场消费者对公共环境服务或环境物品偏好，获取消费者对公共环境改善的支付意愿（Willingness to pay，WTP）或丧失服务功能的受偿意愿（Willingness to Accept，WTA），从而推断公共环境或物品非市场价值的一种方法，亦称权变估值法、意愿价值评估法、调查评价法等。这种方法被广泛应用于公共资源的非市场价值评估领域。

一、条件价值法的基本原理

条件价值法属于直接性经济价值评价方法，其评估结果本质上是假设价格。西方经济学的研究表明：对于没有市场交换和市场价值的某些环境效益，可以通过寻找替代市场，采用替代市场技术来表达其经济价值。条件价值法不但可以评估大量资源的环境价值，还可以在一定限制条件下作为替代方法评估资源的市场价值，特别是针对无居民海岛这种复杂价值类型的资源，条件价值法无疑是一种值得研究和应用的方法。

（一）条件价值法的内涵

1. 条件价值法的提出

一般商品或劳务的价格可用市场价格来计算，但是就大多数环境资源而言，如空气、环境或用来休闲的自然景观等，由于其不具备交易市场，因此并无价格资料可运用，于是在社会成本或防治效益的估算上就产生了困难。针对这一问题，历经过去30余年来国外专家学者的研究，提出了所谓的非市场评估方法。CVM的思想最初是由Ciriacy Wantrup（1947）提出，为了测定土壤防治效益，基于土壤侵蚀防治措施会产生具有公共物品性质“正的外部效益（extra market benefits）”的认识，当这种效益无法直接测定时，他们通过调查人们对这些效益的支付意愿来评价这些效益价值。Davis于1963年首次正式将条件价值法（CVM）应用于游憩资源规划上，Randall、Ives与Eastman（1974）将该方法予以明确定义。在20世纪60年代，人们逐渐认识到公共资源或物品的非使用价值即存在价值是环境资源总经济价值的重要组成部分，作为当时唯一一种能够评估非使用价值的方法——CVM 很快获得认可，并广泛应用于生态经济学和环境经济学领域，如森林资源价值评估、城市公园价值评估以及各种旅游资源价值评估等。

非市场估价方法的分类方法有多种，Randall（1984）根据经济理论上的效益分析，将主要的非市场估价方法分为所得补偿法与支出函数法。其中所得补偿法是针对环境资源的增量或减量，直接找出能使消费者感到原来效用水准的补偿金额。支出函数法则是利用环境资源与其他有市场的资产在消费者效用函数中的相关性，导出环境资源增量或减量的价值。根据 Randall（1984）和其他学者如 Anderson 和 Bishop（1986）与 Johansson（1987）的观点，在这两大类方法中，又以所得补偿法的条件评估法，与支出函数法中的特征价格法及旅游成本法最为重要。

条件价值法作为非市场价值评估法，经历了提出、质疑、辩论、论证、肯定的曲折发展历程，目前已经成为国际上衡量非使用价值的最重要和应用得最广泛的评估方法。

2. 条件价值法的核心思想

以消费者效用恒定的福利经济学理论为基础，构造生态环境物品的假想市场。调查消费者的“支付意愿”和“受偿意愿”来衡量环境物品改善或损失的消费者福利改变。

条件价值法的核心思想体现了效用最大化原理。此方法是利用问卷调查的方式，就环境资源的供给量增加或效益改善部分询问受访者愿意付出的代价；若供给量减少或者环境资源品质恶化则体现受访者所愿意接受的补偿。条件价值法主要是对在市场上不存在交易行为的公共环境或财产，以问卷设计方式设定各种假设的状况，来了解公共环境或物品在公众心目中的估值。

条件价值法的应用首先需要构建一个假想市场，即假设一个与公共物品或环境服务相关的买卖交易市场，通常将一些家庭或个人作为样本，以问卷调查、面对面访谈或电话调查等形式，通过询问一系列假设的问题，引导被调查者说明愿意支付金钱的数量。条件估值法不是基于可观察到的或预设的市场行为，而是基于被调查对象的回答，他们的回答告诉调查者在假设的情况下他们将采取什么行动。可见，条件价值法是一种典型的陈述偏好评估法。支付意愿和受偿意愿是 CVM 问卷引导被调查者支付行为的两种工具。从理论上来讲，受偿意愿更适合于评估环境破坏的损失，而支付意愿更适合于评估环境改善的效益。

这种方法的特色在于不用或仅间接使用市场价格资料，即可计算出被污染环境资源所损失的价值，此法亦可在公共资产供给效益的估算方面使用。实证显示，在缺乏直接或间接的市场价格下，条件评估法可对非市场交易的资源如公共财产或环境资源提供一项合理的价值估计。

3. 条件价值法的询价方式

条件价值法对公共资源价值评估的问卷询价方式通常有四种，即开放式询价法、逐步竞价法、支付卡法、封闭式询价法（或二分选择形式，即受访者只简单对问卷中环境品质变动事先设定的支付或补偿金额回答赞成或反对，这对受访者而言较为简单易行而且适用于通信调查）。问卷中设定的金额是随机性指定，并且按不同的受访者有所差异（刘锦添，1990）。

（1）开放式询价法

开放式询价法要求受访者对环境品质变动直接表明最高愿意支付的总共金额。访问者事先并无提供参考价格，而是直接询问受访者的愿付价格。这种方法的问题在于受访者经常对问题不够了解而无法真正回答出愿付价格，容易使调查资料有重大偏误的情形发生。

（2）逐步竞价法

逐步竞价法是事先拟定一个可能的出价范围，调查者给予受访者一个起价点，若受访者对起价点愿意支付，则再逐步以固定金额的方式提高支付价格询问受访者，直到受访者不愿意支付为止。此种方法虽然能够给予受访者有较大的选择空间，却会造成询问时间成本过高，也可能产生起始点的偏误情况。可见这种方法是访问者采用重复询价方式以获得受访者的最高愿付价格。

（3）支付卡法

支付卡法是由调查者编制支付卡，卡片上显示不同环境品质下，公众愿意支付最高金额，而由受访者自行圈选。这种方法将假设性问题、支付方式与支付金额描述列出，再由受访者圈选出愿付的金额。其主要保留开放式询价法的优点，并避免逐步竞价法因起始点不同而产生起始点的偏误问题。Schulze（1981）与 Mitchell 和 Corson（1989）发现，应用支付卡法会比开放式询价法、逐步竞价法较为谨慎，其衡量值相差四成左右，也在后期被广泛使用。

（4）封闭式询价法

封闭式询价法是指受访者只简单对问卷中环境品质变动事先设定的单一支付或补偿金额回答赞成或反对。封闭式询价法可分为单界封闭式询价和双界封闭式询价。单界封闭式询价即为研究人员设定某一愿付价格或愿付补偿金额，而在访问者与受访者的询价过程中，受访者只需表达愿意或不愿意接受此价格即可。而双界封闭式询价则是在第一次的询价过程中，受访者表达接受或拒绝后，再给另一愿付价格或愿受补偿金额进行询问。由于这种询价方式并不是真正获得受访者的心目中的价格，而是仅能捕捉受访者愿意支付（或接受）价格的下限值，且需使用较复杂之统计模型分析（如 logit、probit 模型），是此方法的限制。

上述四种询价问卷方式以封闭式询价法最为接近一般公众日常生活的交易行为。一般人在市场上常根据产品的标价来决定是否购买，在封闭式问答下，受访者亦面临事先设定的评估财货价格，做出接受或拒绝的决定。这种题目对受访者而言较为简单，可避免其他评估技巧产生的起价点偏误与策略性回答偏误。在封闭式问答情况下，受访者心目中对环境物品的真实评估价值是一项不能观察的随机变数，其数值大小可借助受访者对设定金额回答赞成与否的指标变数（index variable）来加以推估。受访者心目中对环境的真实评估价值若高于问卷中所设定之金额，则赞成支付；反之，则反对支付。

（二）条件价值法的经济学分析

经济学的外部性理论认为，当社会经济活动某些主体的生产或消费使另一些主体受益而又无法向后者收费时，对后者的福利而言产生了有利影响带来的利益（或者说收益），即“外部经济”（或称正外部经济效应、正外部性）；而当某些主体的生产或消费使另一些主体受损而前者无法补偿后者时，对后者的福利而言产生了不利影响带来的损失（或者说成本），即“外部不经济”（或称负外部经济效应、负外部性）。

然而外部性收益或成本很难用传统方法直接计量，而福利经济学的消费者剩余理论可以解决这个问题。庇古的福利经济学对外部性理论的贡献之一就是提出了私人边际成本、社会边际成本、边际私人纯产值和社会纯产值等概念，并以此作为理论分析工具。CVM 正是基于现代福利经济学的消费者剩余理论，通过问卷调查的方式测算外部性收益或成本。该理论认为，个人对各种市场商品和环境舒适性具有消费偏好，因而 CVM 是从主观满意度出发，利用效用最大化原理，让被调查者在假想的市场环境中回答对某物品的最大支付意愿，或者是最小接受补偿意愿，采用一定的数学方法评估其价值。

依据福利经济学的消费者剩余理论，个人的效用受市场商品、环境物品或服务以及个人偏好的影响。其对市场商品的消费用 x 表示（可以自由选择），环境物品用 q 表示（不受个人支配），个人的效用函数可以表示为：$u(x, q)$。个人对市场商品的消费受其（可支配）收入 y 和商品价格 p 的限制。在一定的收入限制下，个人力图达到效用最大化的消费：

$$\max u(x,q)$$

$$\text{s. t} \quad \sum p_i x_i \leqslant y (i = 1,2,3,\cdots,n,\text{为市场商品的种类})$$

受限的最优化产生一组常规需求函数：

$$x_i = h_i(p,q,y)(i = 1,2,3,\cdots,n,\text{为市场商品的种类})$$

在此基础上可定义间接效用函数 $v(p, q, y) = u[h(p, q, y), q]$。在这里，效用为市场商品的价格和收入的函数，在这种情况下，也是环境物品的函数。假设 p、y 不变，环境物品和服务 q 从 q_0 变为 q_1，而个人的效用从 $u_0 = v(p, q_0, y)$ 到 $u_1 = v(p, q_1, y)$。

如果这种变化是环境的改进，则个人的效用会提高，即 $q_1 \geqslant q_0$，则 $u_1 = v(p, q_1, y) \geqslant u_0 = v(p, q_0, y)$。可以用间接效用函数来表示这种效用的提高：

$$v(p,q_1,y - C) = u_0 = v(p,q_0,y)$$

式中的补偿变化 C，即是当 q 从 q_0 变为 q_1 而效用在变化后与变化前保持不变时所要推导的个人所愿支付的金钱数量，即 CVM 调查试图引导的回答者个人的 WTP。由于环境物品的公共物品特性，总的 WTP（环境物品或服务的总经济价值）由个人的 WTP 加总获得。

二、条件价值法的可行性分析

无居民海岛是一种集土地、海域、森林等众多资源特征于一体的综合性、多功能价值类型资源，既有土地价值又有空间价值，既有市场价值又包含生态服务价值，传统评估方法不能简单直接应用，因此在无居民海岛价格评估领域，尤其是在海岛交易市场发展初期，条件价值法可以弥补传统评估方法的不足，甚至可以替代传统方法评估无居民海岛价格，极具应用价值。

（一）无居民海岛开发外部性特征明显

无居民海岛具备土地、海域、沙滩、森林等资源特征，未开发时，无居民海岛属于公共环境资源，其最大价值体现在生态服务功能方面；开发利用以后，无居民海岛由公共资源向市场化资源转化，其价值内涵也从环境服务功能价值扩展为兼具开发利用价值与环境服务价值的双重价值属性。无居民海岛价值体现在其开发利用产生的效益，同时也体现在开发利用项目对周边的影响，无论是正向还是负向，这种影响越大，说明无居民海岛的价值越大。由此可见，无居民海岛具备条件价值法的评估基础。

无居民海岛开发项目对周围的辐射影响导致外部性效应产生，利用条件价值法可以对这种外部性进行合理估算。依据消费者剩余理论，设定假想市场，通过调查询问相关区域受访者对无居民海岛开发外部性的量化反应，即直接调查和询问人们对海岛开发活动产生的环境效益改善或资源保护措施的陈述偏好和支付意愿（WTP），或者对海岛环境资源质量损失的陈述偏好和接受赔偿意愿（WTA），以人们的 WTP 或 WTA 来估计海岛开发后环境效益改善或环境质量破坏的经济价值，从而达到估算待估海岛价格的目的。

但值得注意的是，如果调查询问的是海岛开发前的支付意愿，评估结果仅指无居民海岛的环境服务价值，即非市场价值或非使用价值；如果调查询问的是海岛开发后的支付意愿，其评估结果则包括使用价值和非使用价值，海岛的总价值。

（二）条件价值法适宜外部性价值评价

条件价值法的应用相当广泛，尤其是在具有公共属性的自然资源价值评估领域。20 世纪 70 年代至 90 年代，欧美发达国家主要将 CVM 方法应用在森林游憩地、国家公园以及海岛、海滨等生态旅游地的价值评估领域。与此同时，这种方法也得到了美国官方的认可：1979 年美国水资源委员会（AWRA）将 CVM 作为评估项目效益的三种推荐方法之一，并建立了将 CVM 方法应用于娱乐问题的指导原则、标准和程序；1986 年，美国内务部把 CVM 确定为用于计量“综合环境反应、赔偿和责任法案”（CERCLA，超级基金法）的费用效益分析方法，并推荐 CVM 作为评价自然资源和环境的存在价值和遗产价值的基本方法。

CVM在我国的研究和应用晚于西方发达国家，应用领域与国外相近，主要是对森林、流域、湿地等自然资源或公园、景区、图书馆等公共资源的价值评估以及土地、水域等资源生态环境污染损失的补偿价值测算。我国2011年12月30日发布了《海洋生态资本评估技术导则》（GB/T 28058—2011），其中“海洋支持服务评估”中“物种多样性维持”的价值量评估和“生态系统多样性维持”的价值量评估，均采用了条件价值法。

可见，条件价值法在资源环境估价领域已成为国内外公认的一种标准方法，也是评价外部性价值的最佳方法。

（三）条件价值法的误差及解决方法

由于条件价值评估采用的是抽样调查的统计学方法，会产生抽样误差和非抽样误差，这些误差将影响评估结果的准确性，正因如此，用CVM得到的价值评估结果常常受到源自于内在偏差的质疑。因此，必须对误差产生的原因、误差性质进行分析，并对统计分析结果进行有效性和可靠性检验，将误差的干扰降到最小。

条件价值法是受访者根据假设性状况而非真实状况来做出经济行为反应，因而评估时可能出现许多偏误，结合国内外专家学者的研究，归纳起来，影响条件价值评估研究结果准确性的可能偏差主要有：信息偏差、起点偏差、支付方式偏差、策略偏差、态度性偏差、误解性偏差、调查偏差。偏差类型及具体描述见表6-5。

表6-5　CVM研究中的可能偏差及描述

偏差类型	偏差性质	偏差描述	原因
误解性偏差	假设偏差	受访者对假想市场问题的理解有误，造成真实支付意愿的结果出现偏差。如假想市场问题的回答与对真实市场的反映可能不同、未能正确区分某种环境的整体与其组成部分等，包括假想偏差、部分—整体偏差、嵌入性偏差	受访者
态度性偏差	主观偏差	受访者可能出于善意、反感或没兴趣等原因给出积极肯定、零支付意愿或不参与等性质的回答。主要包括无反映偏差、积极性回答偏差、抗议性偏差	受访者
策略性偏差		策略性偏误是指受访者为了某种策略性目的，故意高报WTA或低报WTP的支付意愿，隐瞒真实支付意愿，企图影响问卷调查的最终结论	受访者

续表

偏差类型	偏差性质	偏差描述	原因
调查偏差	问卷设计偏差	由于调查方案设计和实施导致的偏差，如邮寄问卷、电话访问、面访等。不同的调查方式对调查结果的影响不同；调查时间长短影响受访者的情绪；调查者的表达能力或调查人员的数量对调查结果的影响	调查者
信息偏差		调查问卷如存在环境项目相关信息数量、质量及顺序等问题，会使受访者因不了解实际情况难以恰当表达支付意愿	调查者
起点偏差		当受访者对所估价的环境资源不很熟悉，或缺乏耐心进行竞价时，支付卡出价起点的高低直接影响支付意愿的分布，因此导致的偏误即为起始点偏误	调查者
支付方式偏差		受访者在调查中所给予的支付代价，可能会受到不同支付方式的影响，而与真正愿意付出的代价产生偏差。假设的支付方式一般包括捐款、税费、建立基金、提高门票等	调查者

根据国际上的研究经验，在调查问卷的设计和调查的实施过程中，可以采取相应的方法有效地减少和降低 CVM 中绝大多数偏差的可能影响。具体的偏差控制措施如下。

（1）信息偏差

Cummings、Brookahire 与 Schulze（1986）在用条件评估法做综合评估时，认为信息误差在问卷调查中是可以避免的，研究人员通过发掘适当的信息需求，合理设计包含各种信息的问卷，方能使受访者提出最合于实际现况的真实答案。避免信息偏误。

（2）起点偏差

解决起点偏差的方法是使用竞价法之外的其他搜集资料的方法，如利用支付卡来取代最初的建议出价标准、二分选择法询价等，也可以通过预调查基本确定受访者的支付数额。

（3）支付方式偏差

由于支付方式属于条件价值法的重要架构之一，解决支付方式偏差的关键在于问卷设计中，如何选择最为受访者习惯与容易接受的支付工具，如此方能得到真正可信的愿付代价资料。

（4）策略偏差

受访者之所以会有策略性出价行为，是认定该项调查结果将来会被用来制定政策之依据。当此种可能性越低，策略性出价便越不可能发生。应在问卷当中尽量将问题的真实性与政策的关联性划分开来。

（5）态度性偏差

设计决策问题与估值问题，对于积极肯定、无反应及零支付原因给予可供解释的选项。

(6) 误解性偏差

充分解释问卷目的、项目内容、关联关系以及预期影响。

(7) 调查偏差

加强对调查人员的培训，并尽量选择面访的方式，增加问卷反馈效果。

可见，虽然条件价值法可能产生很多误差，但从整体看来，这些问题不至于对该方法本身的有效性造成多大伤害。这是因为，条件价值法是一个相当具有弹性的方法，亦即通过问卷设计与统计方法应用，研究者不但可以检测误差的存在与否，而且能控制误差的程度，对绝大多数的政策分析而言，决策者所要的并不是单一估计数字，而是一个估计数字的范围。更何况条件价值法在使用中虽然存在诸多的限制或偏误，但是对于公共物品或资源的非市场价值评估有着相当巨大的贡献，与其他有实际交易行为的评估方法相比，所得到的评估结果颇具一致性，其误差可通过精心设计的访问问卷来避免，得到具有经济意义的数值。

三、基于条件价值法的海岛估价

虽然条件价值法还存在着诸多的限制或偏误，但不能否认其对非市场化资源使用效益评价的巨大贡献。伴随着多学科交叉融合理论体系的日益发展完善，条件价值法已成为非市场公共物品资源使用及非使用价值评估实践中最普遍应用的方法之一，并且与其他评估方法相比，所得到的评估结果颇具一致性，其评估过程与结果相当值得信赖。

在无居民海岛估价中，条件价值法是向受访者直接询问他们愿意为无居民海岛被开发成某一类型所愿意支付的价格或为保护无居民海岛不被开发成某一类型所愿意承担的成本，从而估算待估海岛在估价期日价格的一种方法。

(一) 条件价值法的海岛估价模型

$$V = \sum WTP_j \times P_j \times \eta \times \left[1 - \frac{1}{(1+r)^n}\right] \times \frac{1}{r}$$

式中，V 为待估无居民海岛价格；WTP_j 为 j 县（市、区）受访者对无居民海岛被开发成某一类型的平均支付意愿或不被开发成某一类型所愿意承担的平均成本，单位为元/（人·年）；P_j 为待估海岛所在区域内第 i 个乡（镇、街道）的人口数，单位为万人；η 为被调查群体的支付率；r 为还原利率；n 为使用年期。

(二) 条件价值法的海岛估价步骤

运用条件价值法进行海岛估价时，一是确定用岛类型，了解海岛开发项目的外部性；二是进行问卷调查的准备，包括设计调查问卷、预调查并确定受访范围、培训调查人员等；三是要实施调查，包括现场发放问卷，回收、筛选与整理调查问卷等；四是对有效问卷进行统计分析，如进行问卷的有效性与可靠性检验等；五是计算海岛价格，包括计算支付意愿和支付率、确定还原利率、最终确定待估海岛价格。

1. 确定海岛利用类型

对于已在国家首批公布的176个无居民海岛名录中的待估海岛，可根据目录中的主导用途确定用岛类型；未在名录中的待估海岛，可根据地方海岛开发利用与保护规划中分类导向和发展布局的要求，确定待估海岛的用岛类型。

2. 准备问卷调查

（1）计算样本容量

问卷调查的抽样方法宜采用简单随机抽样方法。

第一步：应确定抽样样本容量，即估价所需有效问卷数量。

有效问卷数量的计算推荐以下两种计算方法，应根据实际情况选用。

第一种方法：有效问卷数量采用Scheaffer抽样公式确定。

$$n_1 = \frac{N}{(N-1) \times \delta^2 + 1}$$

式中，n_1为有效问卷数量；N为被调查群体的母本数量；δ为抽样相对误差。

该公式适用于样本容量下限的计算，即计算出的n_1，代表母本数量为N且选取抽样误差为的情况下应至少抽取的样本数；N代表待估海岛项目外部性辐射范围内的成年人数量；δ为抽样相对误差值，根据估价所允许的误差程度选取，一般选取0.05，最高不超过0.1。不同的δ对应的n_1值不同，进而抽样调查所需的人力、物力、时间及相关成本将有所差异。

第二种方法：有效问卷数量采用统计学最大样本容量公式确定。

$$n_2 = \frac{z^2}{p^2}$$

式中，n_2为有效问卷数量；z为定置信水平对应的统计量；p为抽样相对误差。

该公式适用于有效问卷数量的保守值计算，即计算出的n_2代表完全可以保证置信水平为z且完全可以控制抽样误差为p所需抽取的样本数。置信水平一般选为0.95，对应的z值为1.96。抽样相对误差值p一般在0.05～0.1之间取值。若取为0.05，则要达到0.95的置信水平，所需有效问卷数量为1 537份；若取为0.1，则要达到0.95的置信水平，所需有效问卷数量为384份。不同的z和p对应的n_2值不同，进而抽样调查所需的人力、物力、时间及相关成本将有所差异。

如果估价海岛两种方法都适用，以第一种方法作为仲裁方法。

第二步：初始样本确定后，可根据总体、设计效应以及问卷的回收率和有效率最终确定所需发放的调查问卷数。

（2）设计调查问卷

设计问卷应注意两个方面：一是对待估海岛项目及其外部性描述，这需要根据用岛类型，以图文结合的形式描述待估海岛项目外部性影响程度；二是支付卡的设计，应当按照无居民海岛使用权出让最低价标准确定最低捐款额，采用封闭式与开放式选项相结合的方法设计外部性支付意愿卡。

无居民海岛价值估价调查问卷由三部分组成：第一部分为“致答卷人的一封信”；第二部分为“待估海岛项目介绍”；第三部分为“调查问卷表”。支付意愿调查问卷的模板参见以下样式。

第一部分为“致答卷人的一封信”，主要介绍问卷调查的目的、内容、方式和相关的背景介绍。

第二部分为“待估海岛项目介绍”，以图文结合的形式将待估海岛项目外部性影响向受访者进行详细的展示和介绍。

第三部分为“调查问卷表”，以封闭式与开放式选项结合的方式对受访者的相关信息及其对待估海岛项目外部性的支付意愿进行调查。调查问卷表包括如下必需问题，具体表述方式和选项应根据实际情况调整。

A. 您的性别（请在序号上画√，下同）

① 男　　② 女

B. 您的年龄

① 19 岁及以下 ② 20～29 岁 ③ 30～39 岁 ④ 40～49 岁 ⑤ 50～59 岁 ⑥ 60 岁及以上

C. 您的文化程度

① 初中及以下 ② 高中（包括中专、技校、职高）③ 大专 ④ 本科 ⑤ 研究生及以上

D. 您的平均年收入（单位为元）

(A) 1 万以下	(B) 1 万～2 万	(C) 2 万～3 万	(D) 3 万～4 万	(E) 4 万～5 万
(F) 5 万～6 万	(G) 6 万～7 万	(H) 7 万～8 万	(I) 8 万～9 万	(J) 9 万～10 万
(K) 10 万～12 万	(L) 12 万～14 万	(M) 14 万～16 万	(N) 16 万～18 万	(O) 18 万～20 万
(P) 20 万～30 万	(Q) 30 万～40 万	(R) 40 万～50 万	(S) 50 万以上	

E. 请说出您以前知道的×××类型无居民海岛开发情况：________________

F. 你去过哪些×××类型的无居民海岛：__________________________

G. 您愿意为开发×××海岛进行力所能及的捐款吗？

① 愿意　　② 不愿意

H. 为开发×××海岛，您愿意每年一共对其捐献多少钱？（请在数额上画√，这里并不要求您真正支付，保证资金完全用于保护目的，根据您的收入选择您愿意捐献的最大数额）（单位为元）

×××海岛项目外部性支付卡

(A) 最低捐款额以下	(B) 最低捐款额~×××	(C) ×××~×××	(D) ×××~×××
(E) ×××~×××	(F) ×××~×××	(G) ×××~×××	(H) ×××~×××
(I) ×××~×××	(J) ×××~×××	(K) ×××~×××	(L) ×××~×××
(M) ×××~×××	(N) ×××~×××	……	

注：最低捐款额按使用权出让最低价标准换算。

以上样式仅提供了一般性的问卷模板，开展具体估价时应根据待估海岛的实际情况进行调整。

（3）确定调查范围

只有外部性辐射范围内的居民才对海岛开发的外部性具有支付意愿。根据预调查结果，考虑待估海岛开发利用与所在区域的关联程度，以乡（镇、街道）为单元确定外部性影响边界，并据此选取调查地点。

第一步：确定调查地区。

选取待估海岛项目外部性辐射范围内典型乡（镇、街道）作为调查地区。

调查地区的选取宜考虑如下因素。

① 待估海岛项目外部性辐射范围内乡（镇、街道）的社会经济差异程度。

② 在行政区内开展调查的可操作性。

③ 开展问卷调查的人力、物力约束等。

第二步：选取具体调查地点。

宜选取调查地区中乡（镇、街道）居民密集分布或活动频繁的公共场所作为调查地点，比如广场、居民区、村委会等。估价时应根据实际情况选取一定数量、具有一定分布特征的公共场所。

（4）培训调查人员

对调查人员的培训应重点关注以下几个方面。

① 基础技能培训。按社会调查的要求对调查人员的亲和力、沟通能力、社交礼仪等基础性技能进行培训。

② 项目培训。就待估海岛用岛类型、项目开发内容、周期、风险、外部性影响等内容向调查人员进行详细讲授。

③ 问话技巧培训。向调查人员强调调查用语，尽可能使用通俗易懂的词汇，并就支付卡填写的注意事项对调查人员进行培训。

④ 模拟训练。问卷调查开始前组织调查人员进行模拟调查，对模拟调查中出现的问题进行纠正。

3. 实施问卷调查

（1）现场发放问卷

调查人员在现场开展问卷调查时，应选择居民随机调查，按一男一女的顺序。选择的居民年龄应尽量有所差异。只调查本地成年居民。

居民答卷时，调查人员应在旁边解释。居民犹豫时应及时引导，解除其顾虑。居民答完后应仔细检查问卷，补充必要的信息，确保回答所有问题，并保证问卷的有效性。每份问卷调查结束后，应逐项记录调查人员姓名、问卷调查地点、日期、时间、问卷序号等内容，以便事后整理和查阅。

每天有效问卷数控制在 35 ~45 份之间。平均每份问卷的调查时间控制在 10 min 左右，1 h 内问卷数不超过 8 份。

询问居民是否愿意接受调查时，若居民拒绝 2 次，不应再继续要求进行调查。

（2）调查问卷的回收、筛选及整理

每天开展问卷调查之后，当晚应进行问卷回收，对当天所有问卷进行检查。如果问卷存在漏填、错填、前后矛盾、填写模糊不清的项目，则视其为无效问卷进行剔除。

整个问卷调查过程结束后，将所有问卷进行整理、数据录入和汇总，并填写调查员、录入人、校对人及审核人姓名，并打印后签字存档。调查问卷存档备查。

4. 检验有效性和可靠性

调查技术是国际上公认和通行的进行科学研究的重要方法之一，但由于调查中各种偏差的存在，可能由于任何一个环节的失误导致调查结果的失效，CVM 的调查更是如此。因为 CVM 的调查是基于虚拟市场，无实际交易价格作参考，其结果有效性和可靠性的研究就显得尤为重要。自 1993 年之后，国际上 CVM 相关研究已经从实施 CVM 实验并报告内容和结果，向检验结果的有效性和可靠性方向转变。

（1）有效性及其检验

有效性是指实际得到的结果与真实结果之间的差异，即测量出理论值的准确度。CVM 的调查有效性取决于内容有效性、标准有效性、收敛有效性和理论有效性四种类型。各种类型的含义和检测手段、提高方法见表 6 -6。

表 6 -6 有效性检验方案

有效性类型	含义	检测手段
内容有效性	指调查设计题项能否代表所反映的内容或主题	单项与总和相关分析法，根据相关系数是否通过显著性检验来判断是否有效
标准有效性	指比较相同或相近物品的假想 WTP/WTA 与真实 WTP/WTA 之间的一致性	通过创造假想的模拟市场来实现标准有效性
收敛有效性	指不同方法的差异	与旅行成本法（TCM）和享乐价格法（Hedonic price）进行对比
理论有效性	指所得的 WTP/WTA 是否与经济理论一致	利用因子分析法，提取显著因子，通过各个问题在每个因子上的载荷将问题分类，来确定其与理论的一致性

值得注意的是，标准有效性检验存在一定局限性：CVM 主要是非市场价格的一种评估方法，除非确实存在真实的“比较相同或相近物品”的市场价格或实际的支付行为，否则无法验证；收敛有效性也同样具有局限性：用来检验的其他方法，如旅行成本法、享乐价格法等方法本身存在一定问题，况且即使用同样的方法衡量消费者剩余，所选择的模型不同，结果也可能不同。

因此，在实际应用中一般主要对问卷的内容有效性和理论有效性进行检验即可。这两种方法可以利用统计分析技术，通过显著性检验、KMO 统计量、旋转因子荷载等参数验证问卷的有效性。

（2）可靠性及其检验

可靠性是指调查结果的稳定性和可重现性，即在不同的时间范畴内，采用相同的方法得到调查结果的一致性程度。CVM 可靠性检验法主要为试验——复试检验法，即稳定性检验是指在不同时点上采用相同询问方式和内容对同一总体的不同样本进行调查，检验调查结果是否一致；可重现性检验是指用同一种方式对同一样本在不同的时间上进行重复调查，检验调查结果是否重现。在重复实验中，如果被评估的物品未发生实质性变化，则应该得到相同的结果。相比有效性检验而言，可靠性检验是对不同时间的相同或不同个体调查结果差异程度进行比较。

人们已经在环境污染、水质等方面进行了大量的 CVM 可靠性应用研究：Loomis 使用重复试验的方法，采用开放式和两分式两种形式对 Mono 湖不同水质进行估值，时间间隔为 9 个月；张翼飞等对漕河泾港生态恢复的支付意愿进行可靠性检验，采取预调查与正式调查作为重复实验方式，两次调查间隔 1 个月等，大部分可靠性检验结果显示 CVM 可以得出可靠的 WTP（WTA）结果。

在实际应用中，可靠性检验通过问卷设计质量的信度检验来完成，多以相关系数表示，常用的方法有重测法、复本法、折半法、克朗巴哈法、评分法等。

① 重测法，也叫稳定系数法，对同一组调查对象采用同一调查问卷进行先后两次调查，采用检验公式：

$$r = \frac{S_{x1x2}}{S_{x1}S_{x2}}$$

式中，S_{x1x2}为两次调查结果的协方差；S_{x1}为第一次调查结果的协方差；S_{x2}为第二次调查结果的协方差。系数值越大说明信度越高。

② 复本法，也叫等值系数法，对同一组调查对象进行两种相等或相近的调查，要求两份问卷的题数、形式、内容及难度和鉴别度等方面都要尽可能的一致。检验公式同稳定系数公式，系数越大，说明两份问卷的信度越高，具体调查时使用哪一份都可以。

③ 折半法，也叫内在一致性系数，将调查的项目按前后分成两等份或按奇偶题号分成两部分，通过计算这两部分调查结果的相关系数来衡量信度。当假定两部分调查结果得分的方差相等时，检验用 Spearman - Brown 公式来表示：

$$r = \frac{2r_{半}}{1 + r_{半}}$$

式中，$r_{半}$为折半信度系数。

当假定方差不相等时，采用 Flanagan 公式：

$$r = 2\left(1 - \frac{S_a^2 + S_b^2}{S^2}\right)$$

式中，S_a^2、S_b^2 分别为两部分调查结果的方差；S^2 为整个问卷调查结果的方差。如果折半信度很高，则说明这份问卷的各项题之间难度相当，调查结果信度高。

④ 克朗巴哈法，是对折半信度的改进，检验公式是：

$$\alpha = \frac{k}{k-1}\left(1 - \frac{\sum S_i^2}{S^2}\right)$$

式中，α 为信度系数；k 为问卷中的题目数；S_i^2 为第 i 题的调查结果方差；S^2 为全部调查结果的方差。

信度系数是目前最常用的信度分析法。一般来说，系数在 0.60 以上是可接受的最小信度值。

⑤ 评分法，是指不同评分者对相同对象进行评定时的一致性。最简单的估计方法就是随机抽取若干份答卷，将问卷中的每道题看作是一个变量，由两个独立的评分者打分，再求每份答卷两个评判分数的相关系数。这种相关系数的计算可以用积差相关方法，也可以采用斯皮尔曼等级相关方法。

可靠性程度取决于抽样误差和非抽样误差的大小，这些误差是在调查取样过程和统计分析过程中产生的。因此，可以通过扩大样本容量、剔除异常值等更有效的统计技术改善调查结果的可靠性。

但在现有研究中，重复试验的时间间隔尚不一致，合理的时间间隔如何确定，多长的时间间隔才能保证被调查者不受前次试验的干扰，这一问题尚未解决。此外，个人或家庭社会经济条件发生剧烈变化也会对统计结果产生严重影响，这些影响如何消除还有待研究。

5. 计算海岛价格

首先根据运行统计软件获得各种统计量数据，以中位值作为年人均支付意愿值；其次需要通过常规方法确定还原利率；最后依据调查问卷支付率的统计结果，按照支付意愿计算公式，计算得出待估海岛价格。

四、条件价值法的适用性

作为典型的陈述偏好价值评估技术，它是引导个人对非市场环境物品或服务估价的一种相对直接的方法。与揭示偏好方法相比，其最显著的优点是易于应用，而且需要较少的理论假设。CVM 应用中的假设是受访者知道自己的个人偏好，因而有能力对环境物品或服务估价，并且愿意真实表达自己的支付意愿。在公共资源或物品没有市场交易案例做比较的情况下，条件价值法具有明显的优势。

（一）条件价值法的适用范围

首先，公共服务类无居民海岛的价值属性为非使用价值或存在价值，物品类型属于公共环境资源，完全符合条件价值法评估的基本条件，在目前还没有更好的替代方法时，条件价值法具有不可比拟的优势，可以运用这种方法直接估算公共服务类型无居民海岛的价值。

其次，经营性无居民海岛的价值评估在海岛交易市场不成熟、资料不完整的阶段，尤其在一级市场初次配置环节，基本无交易案例供比较，常规、成熟的评估方法不适用，可以采用条件价值法估算海岛价值，但前提是在问卷中应明确介绍无居民海岛开发项目对海岛及周边经济、环境、社会产生的影响，也就是海岛开发的外部性辐射效应，由此得到的问卷反馈信息才能体现被调查者对海岛开发后未来的受益价值预期或者是未来损害的补偿价值预期，进而估算得出海岛价值。待市场日渐成熟、资料不断完善以后，可以将条件价值法与市场比较法、收益还原法等常规方法结合使用，分别估算无居民海岛的非使用价值和使用价值，即存在价值和经济价值，以便完整全面地反映无居民海岛的整体价值。

随着人们生活水平的提高，社会大众的素质也普遍提升，无论是城市居民还是乡村农民，人们的社会公德、环保意识以及对公共资源的管理责任感日益增强。当人们物质条件越来越丰富后，渐渐地重视环境质量给个体带来的效用，并且愿意拿出一定的费用来享受公共资源的存在价值，或者争取环境被破坏而获得的补偿。这种意愿的表达，提高了运用条件价值法评估无居民海岛价值的可行性，条件价值法在评估领域的应用也将越来越广泛。

（二）条件价值法的局限性

由于条件价值法（CVM）不是基于可观察到的或预设的市场行为，而是基于调查对象的回答，因此其所获数据的有效性和可靠性饱受争议，直接询问调查对象的支付意愿既是条件价值法的特点，也是条件价值法的缺点。虽然后续的研究在问卷调查的有效性和可靠性方面提出了一些解决方案，但是只能降低而不能消除这种方法先天存在的误差。

我国开展条件价值评估的制约因素中，政治制度和经济收入水平的影响逐渐消除，但调查技术的影响短期内缺难以彻底解决。人们收入水平的提高减少了公共资源维护的政府依赖意识，例如浙江省 2014 年正式启动的“五水共治”，就是一个全员参与的公共水资源治理的改造工程，公民在此次活动中的支付意愿前所未有。但是环境资源的条件价值评估必须始于对环境质量的描述，以及对环境资源质量状态变化对人类福利影响的精确表达。如果这些关键问题表达不清晰、不准确，将影响被调查者的判断，加之多数被调查者基于教育程度、专业知识的影响，更增加了调查结果高估或低估的可能性，因此该方法评估准确性很大程度上受到调查者和被调查者专业程度的制约。

五、条件价值法的实证分析

条件价值法在资源环境的非市场价值评估领域已经应用多年，在无居民海岛估价中尚处于理论研究阶段。在未来的无居民海岛价格评估活动中，条件价值法将与其他传统估计方法不断融合，相互验证，共同提高海岛估价的准确性。下面以浙江省舟山市茶山岛为例，试用条件价值法对茶山岛价格进行模拟评估。

（一）背景资料

1. 海岛简况

茶山岛，舟山群岛的属岛，在舟山本岛南 550 m，其西南为长峙岛，位于舟山岛与长峙之间的蛇山涂西端，隶属定海区临城街道。传说岛上曾有巨蛇，故又名蛇山。

茶山岛长 509 m，宽 20 m，陆域面积 120 761 m^2，海岸线长 2.12 km，滩地面积 1.099 km^2。岛上出露岩石为侏罗系上统西山头组熔结凝灰岩夹凝灰岩、凝灰质砂岩等，最高点海拔 33 m（29°58′N，122°11′E）。潮间带土壤以滨海盐土类的泥涂为主，陆域土壤为粗骨土类的棕石砂土，植被以黑松林、白茅草丛为主。东端有长片浅水滩涂 2 000亩，正待开发利用。岛周边海域水深 3.7 ~ 5.4 m，岛北为定海—沈家门航道，西南为门口港，如图 6 – 6、图 6 – 7 所示。

图 6 – 6　茶山岛全貌

图 6 – 7　茶山岛卫星遥感影像

2. 基础数据

根据国家海洋局 2011 年 4 月公布的《第一批开发利用无居民海岛名录》，西笼岛被列入我国首批开发利用的无居民海岛名录，主导用途为旅游用岛。假定该岛旅游项目开发外部性辐射范围为舟山市两区两县共 21 个镇、12 个乡，总人口 114 万元。使用年限 50 年，还原率 6%。根据条件价值法估算待估海岛价格。

（二）问卷调查及检验

1. 样本容量计算

① 根据项目性质和统计学要求，确定实际总体平均值在（样本平均值 ± E）区间内的置信度为95%，对应的置信水平 Z 值为1.96，最大允许绝对误差 $P=5\%$，得到初始样本量：

$$n_0 = \frac{Z^2}{P^2} = \frac{1.96^2}{0.05^2} = 1\ 537$$

② 根据总体大小对样本进行调整，得到调整样本量 n_1：

$$n_1 = \frac{n_0}{1 + \frac{n_0 - 1}{N}} = 1\ 535$$

③ 根据设计效应为1.33对样本量进行调整，得到调整样本量 n_2：

$$n_2 = 1\ 535 \times 1.33 = 2\ 042$$

如果过去相同或相似主题的调查所用的抽样设计与本次计划实施的抽样设计相同或相似，就能得到当前调查主要变量设计效应的估计值；如果以前没有进行过相同或相似主题的调查，也可以从试调查中得到设计效应的估计值。本例是根据试调查结果得到设计效应的估计值。

④ 根据预估回答率为90%再次进行调整，确定最终样本量 n：

$$n = 2\ 042 \div 0.9 = 2\ 269 \approx 2\ 300$$

抽取2 300户居民参与调查，由调查员向被调查者介绍该岛开发的性质、作用等海岛开发的外部性影响以及支付费用的意义，并通过问卷收集被调查者支付意愿等信息。

2. 调查问卷设计

根据前述条件价值法调查问卷的设计要求，从调查背景、项目性质及其影响、被调查者的相关信息以及支付意愿等方面设计问卷内容。

茶山岛个人支付意愿调查表

致调查表答卷人

尊敬的答卷人：

您好！很抱歉这份问卷可能会打扰您的工作，但我们真诚地希望您能从百忙中抽出一点时间来帮助我们完成这项调查——茶山岛价值的个人支付意愿调查。本次调研信息仅供无居民海岛价值评估机构了解茶山岛旅游开发价值之用，您提供的信息对研究非常重要。请根据实际情况作答，对您的支持和厚爱我们表示最诚挚的感谢。

茶山岛个人支付意愿调查是一项以茶山岛为研究对象，评价其直接、间接经济价值和存在价值必须进行的调查。通过这项调查，我们可以对缺乏实际市场交易的海岛价格进行估算。由于这类无居民海岛资源极少有相同或相似的实际交易市场，我们需要假设一个市场，通过调查人们为了确保茶山岛的存在和旅游开发带来的好处而愿意支付的价格，来评估茶山岛价格，这是目前国内外比较流行的条件价值法（CVM）。为了提高您答卷的质量，我们想向您做几点说明。

① 调查表中的内容会涉及您的姓名、年龄、电话、工作单位、收入、支付意愿等隐私内容，我们将对您所提供的信息绝对保密，我们诚挚地希望您能提供真实的信息。

② 您在问卷中的回答代表的是您在这个虚拟市场中真实的支付意愿，并没有对错之分，您不必顾虑将自己的姓名、教育程度、收入和支付量相联系，也不必真正付资，但为了调查的似真性，请您发自内心并符合实际地进行选择。

③ 为保证您答卷的有效性，请注意回答好每一个问题，空缺表将对统计无效。

④ 调查材料分为两部分：第一部分《茶山岛及其开发项目简介》，是为您提供的一个简要描述，以形成初步的轮廓，作为您选择支付意愿的基础；第二部分是一份调查表，本调查表共有 10 个问题，请您按实际情况填写，填好后请把调查表按提供的地址和信封尽快寄回。如果您收到的是电子版的调查表，也请您尽快回复，我们将不胜感激。

茶山岛及其开发项目简介

茶山岛，舟山群岛的属岛，隶属定海区临城街道。在舟山本岛南 550 m，其西南为长峙岛，位于舟山本岛与长峙之间的蛇山涂西端（29°58′N，122°11′E），传说岛上曾有巨蛇，故又名蛇山。岛长 509 m，宽 20 m，陆域面积 120 761 m^2，海岸线长 2.12 km，滩地面积 1.099 km^2。最高点海拔 33 m。岛周边海域水深 3.7 ~ 5.4 m，岛北为定海—沈家门航道，西南为门口港。岛上出露岩石为侏罗系上统西山头组熔结凝灰岩夹凝灰岩、凝灰质砂岩等，潮间带土壤以滨海盐土类的泥涂为主，陆域土壤为粗骨土类的棕石砂土，植被以黑松林、白茅草丛为主。海中突起的茶山岛，自然生长的阔叶林遮天蔽日，是避暑寻凉、观海听涛的好去处。未来拟开发的旅游项目有：生态旅游、休闲度假、海上垂钓、岛上观光等，开发后，茶山岛的自然景观、生态功能都将进一步提升。

茶山岛个人支付意愿调查表（正表）

A. 您的性别（请在序号上画√，下同）

① 男　　② 女

B. 您的年龄

① 20 ~ 29 岁 ② 30 ~ 39 岁 ③ 40 ~ 49 岁 ④ 50 ~ 59 岁 ⑤ 60 岁及以上

C. 您的文化程度

① 初中及以下 ② 高中（包括中专、技校、职高）③ 大专 ④ 本科 ⑤ 研究生及以上

D. 您的平均年收入（单位为元）

(A) 1万以下	(B) 1万~2万	(C) 2万~3万	(D) 3万~4万	(E) 4万~5万
(F) 5万~6万	(G) 6万~7万	(H) 7万~8万	(I) 8万~9万	(J) 9万~10万
(K) 10万~12万	(L) 12万~14万	(M) 14万~16万	(N) 16万~18万	(O) 18万~20万
(P) 20万~30万	(Q) 30万~40万	(R) 40万~50万	(S) 50万以上	

E. 居住地点距茶山岛多远：________________

F. 您是否了解茶山岛的开发项目情况：________________

G. 您觉得茶山岛的生态环境重要吗：________________

H. 您每年去茶山岛休闲的次数：________________

J. 您愿意为开发茶山岛进行力所能及的捐款吗？

① 愿意　　　② 不愿意

K. 为开发茶山岛，您愿意每年一共对其捐献多少钱？（请在数额上画√，这里并不要求您真正支付，保证资金完全用于保护目的，根据您的收入选择您愿意捐献的最大数额）（单位为元）

茶山岛项目外部性支付卡

A. 0	B. 0.77	C. 0.90	D. 1.00
E. 1.20	F. 1.50	G. 2.00	H. 2.50
I. 3.00	J. 3.50	K. 4.00	L. 5.00
M. 10.00	N. 20.00	O. 40.00	P. 50.00
R. 70.00	S. 100.00	T. 200.00	…

注：最低捐款额按使用权出让最低价标准换算（单价按照三等海岛、离岸距离在0.3~1 km范围内的“观光旅游用岛”的单价计算）1 450 元/hm^2·年×12.076 1 hm^2×50 年=875 517.25 元；875 517.25 元/1 140 000 人=0.77 元/人。

3. 调查结果分析

本次调查发放问卷2 300份，回收的有效问卷2 000份，有效回收率87%。经对问卷进行统计，得到的调查结果见表6-7。

表6-7　调查结果统计

地区	总人数（万人）	被调查人数（人）	有支付意愿人数（人）
定海区	47	825	496
普陀区	38	667	438
岱山县	21	368	249
嵊泗县	8	140	95
合计	114	2 000	1 278

由表6-7可知，有支付意愿的比例为63.9%，无支付意愿的比例为36.1%。

4. 有效性与可靠性检验

(1) 有效性检验

为保证评估结果的准确性，需对调查数据进行内容有用性和理论有效性进行验证。将WTP值与相关经济变量回归是验证内容有用性和理论有效性的常用方法。本次调查的有效性验证采用线性对数模型对被访者的各种信息变量进行回归分析，因变量是支付意愿（赋值界定：1表示无支付意愿，0表示有支付意愿），自变量的选取包括人口因素（年龄和性别）、社会经济因素（收入和教育程度）、地理因素（距茶山岛距离、去茶山岛休闲的频率）以及环境认知因素（对茶山岛开发项目是否了解、对茶山岛生态环境重视程度）。

① 内容效度检验

对于内容效度的测量，本次调查采用单项与总和相关分析法，根据相关是否显著来判断调查是否有效。回归结果见表6-8。

表6-8 支付意愿与自变量回归分析

变量		年龄	性别	收入	教育程度	距离	了解度	重视度	频率
支付意愿	Pearson 相关性	0.198*	0.011	0.577**	0.331**	-.387**	0.658**	0.848**	0.473**
	显著性（双侧）	0.049	0.446 0	0.0000	0.0000	0.0000	0.0000	0.0000	0.0000
	N	2 000	2 000	2 000	2 000	2 000	2 000	2 000	2 000

注：**表示在0.001水平（双侧）上显著相关，*表示在0.05水平（双侧）上显著相关。

由表6-8可知，除了“性别”变量没有通过显著性检验外，其他变量都通过了显著性检测，大多数自变量因素与支付意愿是显著相关的。说明调查问卷设计合理，内容有效性得到了验证。

② 理论效度检验

对于理论效度的测量采用因子分析法，即从全部评价指标中（影响因素）中提取出一些公因子，这些公因子即代表了量表的基本结构，考察这个统计结构和设计问卷时的假设结构是否一致，根据一致性程度判断是否有效。

a. KMO统计量的计算

KMO是Kaiser-Meyer-Olkin的取样适当性量数。KMO测度的值越高（接近1.0时），表明变量间的共同因子越多，研究数据适合用因子分析。通常按以下标准解释该指标值的大小：KMO值达到0.9以上为非常好，0.8~0.9为好，0.7~0.8为一般，0.6~0.7为差，0.5~0.6为很差。如果KMO测度的值低于0.5时，表明样本偏小，需要扩大样本。本次调查样本数据KMO统计量计算如表6-9所示。

表 6-9 KMO 和 Bartlett 的检验

取样足够度的 Kaiser - Meyer - Olkin 度量		0.790
Bartlett 的球形度检验	近似卡方	853.465
	df	66
	Sig.	0.000

由表 6-9 可知，该样本数据的 KMO 检验值为 0.790，置信水平为 0.000 <0.05。说明该样本数据是比较适合做因子分析的。

b. 提取公因子

考虑到样本容量较大，将提取特征值确定为 0.7 以上（一般为 1）。公因子提取见表 6-10。

表 6-10 解释的总方差

成分	初始特征值			提取平方和载入			旋转平方和载入		
	合计	方差（%）	累积（%）	合计	方差（%）	累积（%）	合计	方差（%）	累积（%）
1	3.176	26.464	26.464	3.176	26.464	26.464	2.488	20.731	20.731
2	1.608	18.397	44.861	1.608	18.397	44.861	1.437	18.078	38.809
3	1.151	15.592	60.453	1.151	15.592	60.453	1.382	17.508	56.317
4	1.062	12.847	73.3	1.062	12.847	73.3	1.162	15.983	72.3
5	0.884	9.063	82.363						
6	0.803	6.391	88.754						
7	0.697	5.597	94.351						
8	0.678	5.649	100						

由表 6-10 可知，在特征值为 0.7 的情况下能提取四个公因子，其累计贡献率为 73.3%，说明这四个公因子能基本上包含样本数据的信息。

c. 公因子的解释

通过主成分分析法得出的旋转成分矩阵见表 6-11。

表 6-11 旋转成分矩阵*

因素	成分			
	1	2	3	4
年龄	0.424	0.001	0.108	0.208
性别	0.371	0.286	0.155	0.097

续表

因素	成分			
	1	2	3	4
收入	0.108	0.761	0.217	0.076
教育程度	0.022	0.553	0.014	0.514
距离	0.179	0.041	-0.089	-0.599
了解度	0.045	-0.029	0.821	0.531
重视度	0.423	0.212	0.908	0.107
频率	0.028	0.153	0.266	0.693

注：提取方法：主成分分析法；旋转法：具有 Kaiser 标准化的正交旋转法；* 旋转在 6 次迭代后收敛。

根据旋转后的公因子荷载矩阵可知：人口因素（年龄和性别）、社会经济变量（收入和教育程度）、地理因素变量（距茶山岛距离）以及环境认知变量（对茶山岛开发项目是否了解、对茶山岛生态环境重视程度、去茶山岛休闲的频率）。

第一个公因子 F1 可定义为“人口因素”，其中变量包括：年龄（0.424）、性别（0.371）。

第二个公因子 F2 可定义为“社会经济因素”，其中变量包括：收入（0.761）、教育程度（0.553）。

第三个公因子 F3 可定义为“地理因素”，其中变量包括：距茶山岛距离（-0.599）、去茶山岛休闲的频率（0.693）。

第四个公因子 F4 可定义为“环境认知因素”，其中变量包括：对茶山岛开发项目是否了解（0.821）、对茶山岛生态环境重视程度（0.908）。

通过上述因子分析可以看出样本的理论效度具有一定合理性，即研究的指标体系与理论预期一致。

（2）可靠性检验

考虑到重测法、复本法实施难度较大，而拆半信度法对不适用于事实式问卷（如年龄与性别），因此本次调查采取目前常用的适用于态度、意见式问卷（量表）的克朗巴哈系数，即信度系数法。根据经验所知一份信度系数好的量表或问卷，最好在 0.80 以上，0.70～0.80 之间还算是可以接受的范围；分量表最好在 0.70 以上，0.60～0.70 之间可以接受。克朗巴哈 α 系数的检验结果见表 6-12。

表 6-12　可靠性统计量

克朗巴哈系数	基于标准化项的克朗巴哈系数	项数
0.653	0.729	9

检验结果表明，统计量 α 系数大于0.6，问卷的可靠性得到确认。

若分量表的内部一致性系数在0.60以下或者总量表的信度系数在0.80以下，应考虑重新修订量表或增删题项，并对问卷进行基于删除项的总统计量的分析，排除对问卷信度造成影响的因素。

（三）实证评估结果

本次调查采用中位值来表示待估海岛的平均支付额。中位值是指累计频度达50%的数值。利用SPSS 19.0软件统计支付值的累计频度分布见表6－13。

表6－13　统计特征构成

支付值［元/（年·人）］	绝对频率（人/次）	相对频度（%）	调整的频度（%）	累积频度（%）
0.77	156	7.80	12.21	12.21
0.90	177	8.85	13.85	26.06
1.00	222	11.10	17.37	43.43
1.20	110	5.50	8.61	52.04
1.50	127	6.35	9.94	61.98
2.00	182	9.10	14.24	76.22
2.50	94	4.70	7.36	83.57
3.00	143	7.15	11.19	94.76
3.50	16	0.80	1.25	96.01
4.00	28	1.40	2.19	98.20
5.00	12	0.60	0.94	99.14
10.00	11	0.55	0.86	100.00

由此得出：

辐射区域平均支付额 $WTP_j = 1.15$ ［元/（年·人）］

辐射区域人口总数 $P = 114$（万人）

辐射区域支付率 $\eta = 63.9\%$

辐射区域每年支付意愿总额 $WTP = 114 \times 63.9\% \times 1.15 = 83.77$（万元/年）

年期修正系数 $= [1 - 1/(1 + 6\%)^{50}] = 0.9457$

估算海岛价值 $V = (83.77/6\%) \times 0.9457 = 1320$（万元）

第四节 实物期权法

实物期权是以期权概念定义的现实选择权，是管理者对所拥有实物资产进行决策时所具有的柔性投资策略。当简单地使用传统折现现金流法来评估战略性项目时，因灵活性的价值被忽略，往往导致该战略性项目的价值被低估，进而导致战略性投资不足，而实物期权法考虑了未来所有的投资机会，为当前项目的决策提供了更准确的依据。为了正确评估投资项目价值，实物期权方法逐渐取代传统折现现金流法，越来越得到重视和应用。

一、实物期权法的基本原理

实物期权本质上体现了价值评估和战略决策的思想，将现代金融领域中金融期权定价理论应用于实物投资决策、价值评估、风险管理，它的典型特征决定了实物期权的价值。由于这种分析方法和技术充分考虑了不确定性和灵活性对投资决策的影响，也改变了投资者对风险的态度，为准确评估项目的价值提供了新思路。

（一）实物期权的内涵

1. 实物期权的核心思想

实物期权的思想由美国麻省理工大学 Stewart Myers 教授于 1977 年首次提出，他认为一项投资所创造的收益来自于目前所拥有资产，再加上对未来投资机会的选择，即企业可以取得一个在未来以一定的价格获得或者出售一项实物资产或者投资项目的权利，而取得此项权利的价格可以用金融期权定价公式计算出来，所以实物资产的投资可以应用类似评估一般期权的方式来评估，并将这种标的物为实物资产的期权称为实物期权。

实物期权理论将期权思想引入实物投资领域，其核心是或有决策，即根据具体情况进行灵活决策的行为。实物期权理论认为管理柔性价值以及不确定性信息带来的好处与现金流的时间价值共同创造了投资项目的整体收益，不确定性越大，投资者也就可能获得越大的收益，相应的资产就有越大的投资价值，即未来越不可预测，不确定性越高，则期权的价值反而越大。

实物期权理论在实践中广泛地应用于土地与自然资源估价及其开发决策、企业价值的评估、并购方式的设计、企业并购战、企业投资决策、R&D（研发）的投资决策、高科技项目的评估、公司资本结构、避税等领域。

2. 实物期权的典型特征

实物期权是期权理论对实物（非金融）资产期权的延伸，实物投资决策具有期权的属性，但与金融期权又有很大区别，主要体现在以下几个方面。

① 隐蔽性。投资项目的实物期权体现在各项目自身特点、管理者的决策权利等。如土地开发项目，根据其开发特点，不同项目有不同形式的投资期权，需要确认和识别。而在实际的投资项目中管理者会根据外部、内部的环境变化，采取积极或消极的投资策略，也构成了投资实物期权的一部分。

② 不可逆反性。实物期权持有人的投资是部分或全部不能逆反的，投资的初始成本大部分是沉没成本。在实物投资领域中，资产往往具有专用性，如果市场条件比预期的差，资本就变成沉没成本，只有很低的重售价值，这就意味着资本具有不可逆性，因为投资是不可逆反的，所以持有人有可能会保留这个期权，直到市场对他是很有利的情况时才执行期权并获得收益。

③ 不确定性。实物期权的有效期不像金融期权合约规定的那么准确，由于投资项目未来的价值受多种因素的影响，如竞争对手的进入、新技术产生等等。不确定性是实物期权价值来源的一部分，在某种程度上，不确定性越大的投资具有更高的期权价值。在标准的净现值方法中，越高的波动性就意味着越高的折现率和越低的净现值，在实物期权分析中，由于不对称收益的存在，越高的波动性就有越高的实物期权价值。

此外，与金融期权相比，实物期权还具有以下特性：标的物是实物资产，交易不经常、不连续甚至是非市场化；不存在有效的交易市场，无法以公平的价格在市场上“购买”实物期权；执行价格和有效时间具有随机性；收益波动率难以获得；同一项目内部或不同项目之间的实物期权具有关联性；等等。

3. 实物期权的基本类型

实物期权通常表现为扩张期权、收缩期权、放弃期权、延迟投资期权、转换期权和增长期权六种形式。评估对象既可以是单独形式的期权，也可表现为几种实物期权的组合。

（1）扩张期权、收缩期权和放弃期权

对于未来价格波动比较大、供应结构不明朗的不成熟市场，管理层通常会先投入少量资金试探市场情况，这种为了进一步获得市场信息的投资行为而获得的选择机会被称为扩张期权；如果面临市场实际环境比预期较差，可以拥有缩减或撤出原有投资的权利，这样可以减少损失，这种期权相当于美式看跌期权，即收缩期权；当实施某项目之后，如果该项目无利可图，则可以选择该项目的放弃权，即放弃期权。

（2）延迟投资期权

也称为等待期权。对某些项目拥有等待接受新信息或推迟投资的权利，可以根据市场的情况决定何时动工，这种选择权可以减少项目失败的风险，被称为延期投资期权。等待或延迟意味着公司放弃早期的现金流量，但可能会以更有利的方式和时机推出新产品，这种实物期权可能结果不确定性越大，延迟期权的价值越大。

(3) 转换期权

在资产使用或经营过程中，该期权可以根据外部环境的不确定性提出灵活的策略，进行投入要素或产品的转换，如根据市场需求进行产品类型的转换、资产用途的改变或临时性关闭生产能力等。这将为企业的项目营运提供机动性，为企业适应市场或竞争环境变化提供有利工具。

(4) 增长期权

投资人接受某一个项目时，可能不仅仅从项目本身的财务效益考虑，更多的可能考虑项目对企业未来发展的影响，更重要的是对员工经验的积累、企业品牌支持、销售渠道开辟都具有重要的战略价值。

上述各种实物期权都有一个共同点：由于它们都限制了不好的结果，因此未来的不确定性越大，这些期权的价值越大。

(二) 实物期权的经济学分析

传统投资项目或企业价值直接评估的最常用、最经典的方法是贴现现金流法(DCF)，伴随着经济活动战略决策的要求，基本采用修正的贴现现金流与决策树方法解决投资决策的不确定性，即：一是修正的贴现现金流方法，不确定性通过市场风险调整的贴现率来反映；二是将不确定性用变量取值的概率范围来反映，如敏感性分析和决策树分析等。修正的贴现现金流的本质是对项目预期现金流进行风险补偿，而补偿系数难以确定，而且方法的基本假设是不确定性的影响是负面以及投资不具有柔性，导致价值上涨的可能性被忽略了，马上投资的机会成本有可能很高。敏感性分析能够考察每个变量变化对投资决策的影响程度，但无法给出如何应对不确定性；决策树方法用概率分期分层描述管理者选择多种备选行动路径的不确定性对决策的影响，但需假设管理者最终将选择一个符合他对各种不确定结果偏好的战略，即预期效应最大化。决策树方法用离散的形式体现了不确定性的动态性和序列决策的动态调整特点，有助于为管理者提供形象的决策问题的结构，也为实物期权的离散模型——二叉树模型建立了发展基础，但在运用于现实的投资机制时，不确定性事件可能是连续的，而且备选行为路径可能更多，不确定性的大小需要依赖主观判断。

上述投资决策的传统方法的隐含假定是：① 投资可逆。如果市场结果比预期的差，就可以撤销投资且收回收入；② 投资决策刚性。投资决策不能延迟，不能更改。项目的投资主体在经营过程中决策权限受限制，不能针对不同的市场条件和竞争状况选择投资时机、进行决策变更，不存在管理柔性；③ 未来现金流、贴现率不发生任何变化；④ 不考虑无形价值。但这些假设与实际状况多有不符，比如，投资不可逆性和决策柔性是大部分投资决策的重要特征，投资所形成的资产不可能按照原有价值变现，投资人对项目具有控制权，可以选择延期投资、改变经营结构等。由于未来市场的不确定性如宏观环境、同业竞争等，使得预期的现金流和贴现率可能与实际不一致；项目的无形资产影响投资价值等等。

可见，隐含假定由于只考虑到价格下降的风险而对预估价值进行了折减，忽视了价格上涨的不确定性，没有考虑决策柔性的价值，这将导致传统方法中投资机会的价值可能被大大低估，或者使投资者在投资决策中，特别是在具有灵活性或战略成长性的投资项目中无法通过灵活地把握各种潜在的投资机会而给投资者带来灵活性增值，有时候甚至会导致决策错误，其造成的损失往往很大。因此基于可以预测的未来现金流和确定贴现率的 DCF 法对发掘投资者把握不确定环境下的各种投资机会而为投资者带来新增价值无能为力。

正是在这种背景下，经济学家开始寻找能够更准确地评估投资项目真实价值的理论和方法，在期权定价理论的基础上，Black、Scholes、Merton 等学者进行了创新，逐步将金融期权的思想和方法运用到企业经营中来，并开创了一项新的领域——实物期权，随着经济学者地不断研究开拓，实物期权已经形成了一个理论体系。

不同于传统的贴现现金流方法，实物期权理论考察不可逆性、不确定性及时机选择的相互作用：拥有投资机会的公司相当于拥有在现在或将来某一时刻以初始投资（执行价格）获得具有一定价值的某种资产（即项目）的期权，这种投资期权之所以有价值，是因为资产（项目）的未来价值具有不确定性。当资产价值增加时，投资的净回报增加；如果价值下降，公司不必投资，损失的只是获得投资机会的支出。当考虑到投资的不可逆性时，期权执行后失去的期权价值是一种机会成本，需要选择最优的投资时机使上述机会成本最小化。

实物期权理论的现有研究对此已达成了共识：市场不确定性的提高将增加投资价值，并使最佳投资时机延后，投资的不可逆性、市场环境的不确定性、决策柔性成为实物期权理论的三个关键前提假设。

二、实物期权法的可行性分析

我国无居民海岛的市场流转刚刚起步，对海岛价值的评估方法没有统一、规范的制度或标准性规定，在少有的理论层面的探讨中，一般提及的评估方法也是常规的现金流贴现法为主，其他的如市场法在没有大量交易实例的阶段也基本无法使用。鉴于目前海岛交易市场的初期发展阶段，以及现金流贴现法的缺陷，可以考虑将实物期权理论和方法引入海岛估价的应用领域。所谓海岛期权价值是指包括项目投资时间价值、不确定性带来的风险价值和管理柔性价值在内的无居民海岛整体价值。

（一）海岛价格的期权特征论证

1. 海岛收储制度下海岛期权价格的形成

大陆土地资源的长期开发和使用，使得土地存量资源越来越有少，社会资本对海域和海岛的投资热情日益升温。随着海洋经济的高速发展，海域、海岛等海洋资源供应和管理日益重要，国内各地尝试建立了对海域、海岛资源的收储管理制度。

2012 年浙江省宁波市象山县作为国家海洋局批准开展海洋管理创新试点，成立了海洋产权交易中心，开展海域海岛权属和产权交易市场建设、海域海岛资源收储出让。2012 年浙江省舟山市海投公司和舟山市海洋与渔业局合作组建舟山海域海岛收储开发公司，对舟山市无居民岛屿及周边海域、海涂予以收储和保护性开发。收储开发公司将按照科学规划、先近后远、由市及县（区）和整体协调发展的原则，选择合适的无居民岛屿先行试点，首期选择定海区十六门附近八个无居民岛屿实施保护性开发，在试点成功后再逐步推广海域海岛收储开发范围。2013 年福建省莆田市作为全省海域海岛收储试点市，成立了全省首家市级海域海岛储备中心，负责编制全市年度海域海岛储备使用计划，实施海域海岛市场调控，对全市规划开发利用的海域、无居民海岛通过收回、收购、置换、新开发等方式进行储备，建立海域海岛储备数据库，实施海域、无居民海岛使用权的招标、拍卖和挂牌出让等工作。

海岛收储制度的试行，对加强海岛资源管理，规范海岛交易市场秩序，促进无居民海岛有效开发利用，具有重大意义。依照我国现行法律和制度，无居民海岛归国家所有，在市场上能够进行交易的是无居民海岛使用权，政府在无居民海岛的初级市场有着高度的垄断地位，对经营性用岛需以招标、拍卖或挂牌的方式出让。政府是我国海岛资源的唯一卖家，无居民海岛使用者要想得到海岛使用权，只能通过一级市场受让取得。此时政府即可以在土地储备和海岛开发活动中运用期权策略，选择恰当时机，出让无居民海岛，以期规避风险和获得更高的海岛使用收益。

海岛储备机构需要确定无居民海岛供应的总量和来源、海岛的功能定位、海岛出让的先后次序、出让的方式等详细方案，并需要足够的时间完成海岛土地的整理、人员安置、三通一平以及附属物的补偿等一系列工作，对时间的要求与期权合约签订日至期权到期日之间的时间间隔相吻合，符合无居民海岛使用权期权化出让时间约定规律。在海岛使用权有偿出让过程中，一般取得海岛使用权的受让方都要先缴纳一定的定金，然后按出让协议约定再一次性缴清出让价格，这里的定金相当于海岛的期权费，而海岛使用权出让价格相当于海岛实物期权的执行价格，这是海岛使用权出让中隐含的一种期权运作模式。政府类似于期权的发行方，掌握着海岛一级市场的初次出让价格和出让时机，使海岛使用权在初级分配市场具有了期权的性质：隐蔽性、投资不可逆、决策柔性等。

2. 海岛使用权的期权特性

政府在一级市场出让无居民海岛使用权时需要明确招标、拍卖、挂牌的底价，而海岛交易市场不成熟阶段能够参考和比较的交易案例极为少见，一般选择现金流贴现的方法估算海岛价格。但考虑到传统现金流法的弊端，以及海岛价值的期权特征，可以增加期权因素来测算海岛使用权出让价格，以确保合理准确地评估海岛价格。无居民海岛的使用人在受让海岛使用权时，需考虑受让后海岛开发利用的效益水平，未来市场不确定性的收益或风险都会影响到受让方做出提前或延迟投资决策。而政府初次出让无居民海岛使用权时，也可以通过评估投资项目期权价值来确定海岛使用权的出让价格。

将海岛使用权当作标的物，以实物期权理论来解释海岛的交易和转让，可以重新界定海岛资源真实价值。海岛使用权人可以根据未来海岛开发经营过程中的不确定性做出一些或有决策，而不是马上投资或放弃。基于实物期权的海岛使用权交易，即在海岛产权交易制度下，设计一个期权合约，标的资产为海岛使用权；执行价格在签订合约时由双方协商共同确定，不会随着海岛使用权的市场价格变动而变动；到期日可以根据用岛特点，比一般期权的到期日要适当地延长；期权费用是按照合约规定，要获得海岛就必须预先向卖方支付的费用，也称作期权合约价格。海岛期权同样遵守无套利原理，期权费用要低于海岛使用权市场价格。否则，就会出现套利机会。

这说明我国目前的无居民海岛出让制度，完全具备构建海岛实物期权运作的制度基础，为实物期权在无居民海岛价值评估领域的应用提供了良好的发展空间。

3. 海岛使用权期权价格的确定

这里实物期权的标的资产是无居民海岛开发利用的使用权，对买方而言是一种看涨期权。海岛使用权为海岛使用人提供了未来投资开发海岛的权利，并且这种权利可以依法转让或出租，海岛使用权的价值就应该是无居民海岛买进的期权价格。即使DCF 表明当前项目的净现值（NPV）是负的，只要能够识别实物期权的存在，并证明由此得到的买权价值超过 NPV，该项目就值得投资。

（1）海岛开发项目投资不可逆

海岛开发利用项目投资具有不可逆转的特点，将资金投入到某个海岛项目之后，如果发现行情不好，想要立即撤回全部投资很难。一旦行情变化，其他海岛开发商也会观望，除非打折出售，否则很难立即变现收回全部投资。

（2）海岛使用权价值的不确定性

无居民海岛使用权价值取决于海岛开发项目的价值回报。由于海岛开发项目周期长，经历许多繁琐的过程，包括规划、整理、配套设施建设等，在漫长的开发过程中，需要投资大量的资金，加之市场竞争、政府调控、需求下降等因素的影响，使得项目投资风险增加；但未来的市场环境也存在需要旺盛、政策支持、竞争趋缓的种种可能，将扩大项目收益，这种不确定性有可能为投资者提供了获利的机会。这些不确定的事件影响海岛使用权价值。

（3）决策柔性化

市场环境不确定性因素的存在，要求海岛使用人在开发项目过程中的决策具有灵活性，如当面临极大不确定性时，不轻易放弃海岛开发，而是等待机会或延迟投资等，即具有弹性的运营管理决策机制。而一个海岛项目的管理者是否具有这样的灵活决策能力，直接影响到海岛使用权项目的价值。也可以说，决策的灵活性本身具有一定价值，因为项目本身价值不仅由未来现金流的净现值来体现，还应包括项目的战略价值。因此，在海岛使用权价值评估时，不仅要考虑 NPV 及其他直接获利能力，更要考虑使用权对海岛项目长期战略的可能贡献，也就是柔性决策价值。具体的柔性决策包括：投资开发一个海岛项目、推迟投资开发或经营海岛项目、对目前的项目扩大投资、经营过程中放弃部分海岛项目。

（二）实物期权评估的业务规范

为规范注册资产评估师执行与实物期权相关的评估行为，维护社会公共利益和资产评估各方当事人的合法权益，中国资产评估协会制定了《实物期权评估指导意见》（试行），于2011年12月30日发布，自2012年7月1日起施行。该指导意见对实物期权的类型识别、模型选择、参数估计、操作程序以及结果检验等做了指导性规范，不但完善了我国资产评估准则体系，填补了国际空白，同时创新了评估方法的运用，拓宽了评估服务的领域。

《实物期权评估指导意见》（试行）中阐述了实物期权的概念。实物期权是指附着于企业整体资产或者单项资产上的非人为设计的选择权，即指现实中存在的发展或者增长机会、收缩或者退出机会等。拥有或者控制相应企业或者资产的个人或者组织在未来可以执行这种选择权，并且预期通过执行这种选择权能带来经济利益。

《实物期权评估指导意见》（试行）中明确了实物期权评估的类型。注册资产评估师在执行涉及实物期权评估的业务时，涉及的实物期权主要包括增长期权和退出期权等。增长期权是指在现有基础上增加投资或者资产，从而可以扩大业务规模或者扩展经营范围的期权。退出期权是指在前景不好的情况下，可以按照合理价格部分或者全部变现资产，或者低成本地改变资产用途，从而收缩业务规模或者范围以至退出经营的期权。

《实物期权评估指导意见》（试行）中界定了实物期权评估的范围。企业整体资产或者单项资产可能会附带一种或者多种实物期权。当资产中附带的实物期权经初步判断其价值可以忽视时，可以不评估该实物期权的价值。

《实物期权评估指导意见》（试行）中规范了实物期权评估的程序。注册资产评估师评估实物期权，应当按照识别期权、判断条件、估计参数、估算价值四个步骤进行。注册资产评估师在评估企业整体或者单项资产附带的实物期权时，应当全面了解有关资产的情况以及资产未来使用前景和机会，识别存在的不可忽视的实物期权，明确实物期权的标的资产、期权种类、行权价格、行权期限等。

此外，该指导意见还明确了各种评估参数的含义，并对期权定价模型的选择和评估结果的合理性检验提出了指导性意见。

三、基于实物期权法的海岛估价

应用实物期权法进行无居民海岛价格评估时，可将其定义为：实物期权评估法是指基于实物期权的理论，以海岛使用权作为标的物，在充分考虑项目投资的时间价值、风险价值和管理柔性价值基础上，界定和测算无居民海岛使用权真实价值的科学评价方法。

（一）实物期权法的海岛估价模型

实物期权评估可以选择和应用多种期权定价方法或者模型。根据《实物期权评估指导意见》（试行）的要求，我国评估领域通常选择布莱克－舒尔斯模型和二项树模型。

1. 布莱克－舒尔斯模型（无红利）

$$C = SN(d_1) - Xe^{-rT}N(d_2)$$

$$d_1 = \frac{\ln(S/X) + (r + \sigma^2/2)T}{\sigma\sqrt{T}}$$

$$d_2 = \frac{\ln(S/X) + (r - \sigma^2/2)T}{\sigma\sqrt{T}} = d_1 - \sigma\sqrt{T}$$

式中，C 为基于实物期权的待估无居民海岛价格（评估对象期权价值）；S 为标的资产评估基准日价值；X 为期权的执行价格（行权价格）；$N(d_1)$、$N(d_2)$ 为标准正态分布中离差小于 d 的概率；e^{-rT}为连续复利下的现值系数；T 为行权期限；r 为无风险收益率；σ 为预期年回报率标准差（波动率）。

2. 布莱克－舒尔斯模型（红利）

$$C = Se^{-yT}N(d_1) - Xe^{-rT}N(d_2)$$

$$d_1 = \frac{\ln(S/X) + (r - y + \sigma^2/2)T}{\sigma\sqrt{T}}$$

$$d_2 = \frac{\ln(S/X) + (r - y - \sigma^2/2)T}{\sigma\sqrt{T}} = d_1 - \sigma\sqrt{T}$$

式中，y 为预期标的资产的红利收益率，其他参数含义同上。

3. 二项树模型

一期二项树和两期二项树的期权价值模型分别为：

$$f = e^{-rT}[pfu + (1 - p)fd]$$

$$f = e^{-2rt}[p^2fuu + 2p(1 - p)fud + (1 - p)^2fdd]$$

$$u = e^{\sigma\sqrt{t}}$$

$$d = e^{-\sigma\sqrt{t}}$$

$$p = \frac{e^{rT} - d}{u - d}$$

式中，f 为基于实物期权的待估无居民海岛价格（评估对象期权价值）；T 为行权期限；t 为每期的时间长度；p 为标的资产价值在一期中的上升概率；$1 - p$ 为标的资产价值在一期中的下降概率；u 为标的资产价值每次上升幅度；d 为标的资产价值每次下降幅度；fu、fuu 为标的资产一次、两次上升后期权的价值；fd、fdd 为标的资产一次、两次下降后期权的价值；fud 为标的资产一次上升和一次下降后期权的价值。

（二）实物期权法的海岛估价步骤

1. 实物期权价值的初步判断

评估师应当合理使用实物期权评估假设和限定条件，对待估海岛实物期权属性及其类型进行识别、分析、价值估算，选出不可忽视的实物期权加以评估。

满足以下条件时，应当考虑采用实物期权评估法对待估海岛价值进行评估。

① 无居民海岛使用权投资人在获得该项使用权后，未来经营活动具有不确定性。

② 投资项目具有经营期权的特征，即在未来经营中，投资者针对不确定性可提出灵活策略，如扩张投资、延期投资、退出经营等决策权。

③ 实物期权价值不可忽视。

④ 有关参数所需信息可获取且可靠。

2. 评价模型的选择

布莱克－舒尔斯模型和二项树模型都可以用于计算买方期权和卖方期权的价值。布莱克－舒尔斯模型针对欧式期权的定价，是连续时间下的期权定价模型；二项树模型是离散时间下的期权定价模型，理论上对于欧式期权和美式期权都适用。在应用二项树模型时，由于基础数据的估计不可能很准确，通过增加期数提高评估结果的准确性意义不大。从实际评估效果考虑，建议一般采用一期或者两期二项树模型即可。

（1）布莱克－舒尔斯模型估算步骤

选择布莱克－舒尔斯模型估算实物期权价值的步骤如下。

第一步：估计有关参数数据；

第二步：计算 d_1 和 d_2；

第三步：求解 $N(d_1)$ 和 $N(d_2)$；

第四步：计算期权价值。

（2）二项树模型估算步骤

选择二项树模型估算实物期权价值的步骤如下。

第一步：计算 u、d 和 p；

第二步：计算到期实物期权的各种可能值，如一期二项树下为 fu 和 fd；两期二项树下为 fuu、fud 和 fdd；

第三步：计算实物期权到期的期望价值，如一期二项树下为 $[pfu+(1-p)fd]$；两期二项树下为 $p^2fuu+2p(1-p)fud+(1-p)^2fdd$；

第四步：按无风险收益率折现上述期望价值，得出实物期权的评估基准日价值。

3. 评估参数确定

实物期权评估中的参数通常包括标的资产的评估基准日价值、波动率、行权价格、行权期限和无风险收益率等。

① 标的资产即实物期权所对应的基础资产。标的资产的评估基准日价值可以根据

成本法、收益法、市场比较法等适当的方法进行评估，但应当明确标的资产的评估价值中没有包含资产中的实物期权价值。

② 波动率是指预期标的资产收益率的标准差。由于该模型中的目标资产价值的波动性 σ 不能从资本市场中直接得到。通过以下方法可以对该参数进行估计。

a. 可对历史资料进行查询得到相似的产品波动率作为方差的估计值。

b. 由于各种市场情况出现的概率不同，可以分别计算每种市场情况下的现金流量以及现值的变化，然后对其价值方差进行估计。

c. 以相同行业上市公司的价值平均变化情况作为参考。

③ 行权价格是指实物期权行权时，买进或者卖出标的资产支付或者获得的金额。增长期权的行权价格是形成标的资产所需要的投资金额。退出期权的行权价格是标的资产在未来行权时间可以卖出的价格，或者在可以转换用途情况下，标的资产在行权时间的价格。

④ 行权期限是指评估基准日至实物期权行权时间之间的时间长度。实物期权通常没有准确的行权期限，可以按照预计的最佳行权时间估计行权期限。

⑤ 无风险收益率是指不存在违约风险的收益率，可以参照剩余期限与实物期权行权期限相同或者相近的国债到期收益率确定。需要注意的是，该模型中的无风险利率 r 是指按连续复利计算的利率，它与常见的年复利无风险利率（设为 r_0）的关系为：$r=\ln(1+r_0)$。

四、实物期权法的适用性

实物期权理论对评估领域最大的贡献是它把人们的视野从简单的 DCF 方法引向具有不对称回报的或有要求权方法，为资产定价理论和应用的发展拓展了广阔的空间。虽然实物期权评估法目前在海岛评估领域还处于理论研究阶段，但是实物期权与决策树分析、动态规划、学习理论、博弈论、竞争论、公司战略等知识领域相结合，不但弥补了传统净现金流量评估原理的缺陷，也提供了针对无居民海岛这种大规模开发利用活动较为客观科学的价值评估思路。

（一）实物期权法的适用范围

根据《实物期权评估指导意见》（试行）的要求，评估实践领域的待估对象整体与单项资产可能附带一些实物期权。实物期权的价值评估较为复杂，为平衡评估工作量与评估结论的准确性和稳健性，应当从可能的实物期权中选出不可忽视的实物期权加以评估。不可忽视的实物期权可以根据实物期权的重要性和相互关系进行直觉判断。实物期权的重要性可以根据以下标准进行评价。

① 标的资产范围或者价值越大越重要。如评估海岛开发项目价值时，以项目价值为标的资产的实物期权比以某个业务部门为标的资产的实物期权更为重要。

② 实物期权执行的可能性越大越重要。在其他条件相同的情况下，实值实物期权

比虚值实物期权重要；实物期权的实值越深越重要；实物期权的期限越近越重要；标的资产拥有方具备的执行实物期权的资源越充足越重要。执行实物期权的资源多种多样，增长实物期权最重要的资源是对相应业务的垄断权，包括来自于政府或者市场的特许权、来自于技术专利的独占权，以及长期的买卖或者合作关系、产品或者业务预订合同等。

也就是说，在待评估无居民海岛项目中包含有重要的实物期权、期权执行的可能性很大；具备评估相应实物期权的资料、信息和技术条件，委托方或者被评估单位也同意或认为需要评估资产中包含的实物期权等这些条件具备的情况下，就应当评估相应的实物期权。相反，当出现以下情形时不应采用实物期权法评估。

① 待评估海岛开发项目中包含有实物期权，但价值不大，或者实物期权执行的可能性不大，可以忽视。

② 待评估海岛开发项目中包含重要的实物期权，但由于基础信息资料方面的限制而无法估计评估所需要的参数，或价值变化过于复杂而无法应用期权评估方法，可以忽视。

③ 待评估资产中包含重要的实物期权，也具备评估相应实物期权的条件，但委托方或者被评估单位认为不需要评估资产中包含的实物期权，可以忽视。

在目前的无居民海岛评估实践领域，如果使用传统的收益还原法评估的海岛价格是负数，同时又具备：无居民海岛项目包含重要并极有可能执行的实物期权、相关基础数据可以获得、委托方及被评估单位认为有必要等条件，即应当采用实物期权法对无居民海岛价格予以评估。

实物期权法适用于各种经营性用岛的价格评估。

（二）实物期权法的局限性

由于实物期权评估法在资产评估领域尚属尝试应用阶段，实物期权的标的物资产——无居民海岛的实物而非金融属性，导致它在运用期权定价模型时还出现以下问题。

① 模型的复杂性带来评估准确性的风险。期权定价模型建立在一定的严格假设基础上，而现实的评估环境中，待估海岛不一定完全符合这些假设，使得海岛的实际价值与通过期权定价模型计算得出的价值不一定完全相符，这种偏差需要通过经验方法加以纠正，这在海岛交易市场发展早期有很大难度。况且期权定价模型比较复杂，求解困难，不具有直观性和易操作。

② 标的资产缺乏流通性导致数据难以获取。实物期权的标的物不具有良好的交易性，特别是目前的无居民海岛市场交易量非常小，许多数据的获取有相当大的难度，比如：期权定价模型要求的标的资产价格和其价格变化的标准差，在没有相似评估对象的海岛资产领域就极其难以获得，需要寻找合适的替代参数。

③ 实物期权价值评估的技术难度较大。无居民海岛开发项目的整体资产或者单项

资产可能会附带一种或者多种实物期权，评估活动较为复杂，工作量较大，而且无居民海岛使用权的实物期权属性具有隐蔽性，对应的市场属于不完全市场，因此相关参数只能采用估计的方法，对评估结论的准确程度有一定影响。这就对执行实物期权评估业务的评估人员的专业胜任能力要求较高，要求评估人员具备金融学、经济学、统计学、管理学等丰富综合的专业知识和运用能力。

这些局限性在实物期权评估法应用初期是不可避免的，评估人员需要在评估实践中不断提高自身的知识积累和经验积累，采用辅助的风险分析和概率分析工具，尽量减少估价结果失真的风险，避免高估期权价值而影响海岛估价的准确度。比如，应用模糊聚类分析、随机过程分析等数学工具，在专家评分、模糊计算的基础上，确定待估海岛模糊价值，以减少估计误差；也可以直接借助泊松分布等各种概率分布，直接测算待估海岛价格，跨越市场信息环节；或者是概率分析结合博弈分析，来确定 S、σ 的参数等。此外，由于期权定价模型的复杂性和专业性较强，可以开发计算程序，减少计算的误差，提高计算的准确性。

五、实物期权法的实证分析

实物期权评估法应用金融期权理论，给出动态管理的定量价值，从而将不确定性转变成企业的优势，是金融期权在实体经济领域应用的拓展，可用于资产价值的评估和投资决策的分析。国内实物期权评估法大量应用于并购过程中企业价值的评估，在资源价值评估领域应用有限。基于无居民海岛开发利用项目的特殊性，下面以浙江省台州市西笼岛为例，试用实物期权法对其价格进行模拟评估。

（一）背景资料

1. 海岛简况

西笼岛，又称西廊岛，在浙江省台州市黄岩南部沿海，位于黄琅岛东北约 2.55 km 处，距离大陆最近点 2.6 km，隶属路桥区黄琅乡。传说温岭有一石夫人，黄岩有一石大人，两人结为夫妻。西笼岛是一只籍笼，与东廊岛南北并列，是石夫人的嫁妆。天亮鸡啼，嫁妆只好放在这里，称为函笼，后谐音为西廊，如图 6－8、图 6－9 所示。

西笼岛呈东西长条形，长 800 m，宽 200 m，陆域面积 186 485 m^2，海岸线长 1.93 km，滩地面积 78 745 m^2。是一基岩岛，无平地，岛上岩石为上侏罗统西山头组熔结凝灰岩，最高点海拔 75.2 m（28°33′N，121°39′E）。土壤为棕黄泥土，植被以阔叶林（木麻黄）、白茅草为主，动物主要有鼠、蛇、老鹰等。平均气温 17.3℃，年降水量 1 488 mm。周围水深 2.5 ~ 7.6 m，海产品有虾、蟹、鲈鱼、鲳鱼等，岛礁还附生紫菜等海产品。

2. 基础数据

根据国家海洋局 2011 年 4 月公布的《第一批开发利用无居民海岛名录》，西笼岛被列入我国首批开发利用的无居民海岛名录，主导用途为工业用岛。假定拟开发项目

A 为有色金属工业建设项目，厂区占地 80 亩，项目总建筑面积 20 000 m^2，预计年生产能力 1.5×10^4 t。根据最新的市场行情，公司产品出厂价（不含运费、税金）的平均价格为 3 600 元/t。其他相关数据见表 6－14。

图 6－8　西笼岛全貌

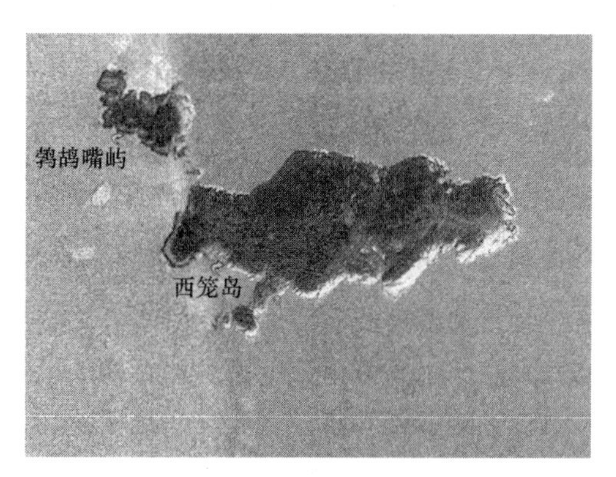

图 6－9　西笼岛卫星遥感影像

表 6－14　相关财务数据　　单位：万元

名称	固定资产	固定资产残值	销售税金及附加	所得税	其他税费
金额	8 410	355	90	57	33
名称	销售收入	经营成本	财务成本	贴现率（i）	
金额	5 237	3 770	588	6%	

假定：项目建设期 3 年，海岛使用年限 30 年，建设期初始资金准备到位，投资分 3 年年末平均投入，第四年产品投放市场（未考虑垫付的流动资金）。

（二）实证评估

1. DCF（贴现现金流）法评估

根据 DCF 法，对以上数据作年金现值处理，计算现金流如下：

现金流入 = 5 237 ×（P/A，6%，27）×（P/F，6%，3）+ 355 ×（P/F，6%，30）= 58 104（万元）

现金流出 =（8 410/3）×（P/A，6%，3）+ 588 ×（P/A，6%，30）+（3 770 + 90 + 57 + 33）×（P/A，6%，27）×（P/F，6%，3）

= 59 365（万元）

待估海岛价值评估结果为：

$$W_P = 58\ 104 - 59\ 365 = -1261(\text{万元})$$

2. 布莱克－舒尔斯模型评估

（1）标的资产价值（S）

标的资产价值以当前市场行业平均价格（2 534 元/t）为基础，测算项目周期内的收益现值。

$$S = 2\,534 \times 1.5 \times (P/A,6\%,27) \times (P/F,6\%,3) = 42\,131(万元)$$

（2）期权执行价格（X）

期权的执行价格包括项目基础设施投资额、资金成本、经营成本以及预期收益报酬。

固定资产投资 =（8 410/3）×（P/A，6%，3）=7493（万元）

资金成本 =588×（P/A，6%，30）=8093（万元）

经营成本 =（3 770 +90 +57 +33）×（P/A，6%，27）×（P/F，6%，3）
=43 779（万元）

预期收益 =7 493 ×6% ×（P/A，6%，30）=6 188（万元）

X =7 493 +8 093 +43 779 +6 188 =65 553（万元）

（3）参数计算

① 波动率

根据产品历年价格情况，计算得出价格波动率。历年价格数据见表 6 – 15。

表 6 – 15　产品历年价格

序号	年份	产品	价格比	年回报率 k_i（%）	$(K_i - \mu^*)^2$
1	1992	755	—	—	—
2	1993	861	1.140	14.040	42.312
3	1994	783	0.909	–9.059	275.369
4	1995	805	1.028	2.810	22.328
5	1996	1 100	1.366	36.646	847.448
6	1997	935	0.850	–15.000	507.826
7	1998	834	0.892	–10.802	336.251
8	1999	911	1.092	9.233	2.882
9	2000	998	1.095	9.550	4.060
10	2001	1 232	1.234	23.447	253.188
11	2002	1 622	1.317	31.656	581.815
12	2003	1 478	0.911	–8.878	269.384
13	2004	1 430	0.968	–3.248	116.265
14	2005	1 345	0.941	–5.944	181.685
15	2006	1 433	1.065	6.543	0.985
16	2007	1 521	1.061	6.141	1.943

续表

序号	年份	产品	价格比	年回报率 k_i（%）	$(K_i-\mu^*)^2$
17	2008	1 994	1.311	31.098	555.213
18	2009	1 748	0.877	-12.337	394.897
19	2010	1 898	1.086	8.581	1.095
20	2011	1 766	0.930	-6.955	209.951
21	2012	1 900	1.076	7.588	0.003
22	2013	2 244	1.181	18.105	111.730
23	2014	2 458	1.095	9.537	4.006

$$\mu^* = \sum K_i/N$$

$$\mu^* = 142.75/22 = 6.489$$

$$\sum (K_i - \mu^*)^2 = 4\ 720.636$$

$$\sigma = \sqrt{\frac{(K_i-\mu^*)^2}{N-1}} = \sqrt{\frac{4\ 720.636}{22-1}} = 15\%$$

② $T=30$（年）

③ $y=1/30=3.33\%$

④ 无风险收益率按照现行银行存款年利率取值：$r=2\%$

（4）评估结果

根据上述参数可得：

$$d_1 = \frac{\ln(S/X)+(r-y+\sigma^2/2)T}{\sigma\sqrt{T}}$$

$$d_1 = \frac{\ln(42\ 131/65\ 553)+(2\%-3.33\%+0.15^2/2)\times 30}{0.15\sqrt{30}} = -0.60$$

$$d_2 = d_1 - \sigma\sqrt{T} = -0.60 - 0.15\sqrt{30} = -1.42$$

通过查表得：

$$N(d_1) = 0.28,\quad N(d_2) = 0.077$$

故此基于实物期权评估基础模型的待估海岛价值评估结果为：

$$C = Se^{-yT}N(d_1) - Xe^{-rT}N(d_2)$$

$$C = 42\ 131 \times e^{-0.033\ 3\times 30} \times 0.28 - 65\ 553 \times e^{-0.02\times 30} \times 0.077 = 1\ 639(\text{万元})$$

3. 二项树模型评估

（1）相关参数确定

① 单位时间：$t=1$

② 无风险利率：$r = 2\%$

③ 公司价值波动性：$\sigma = 15\%$

④ 标的资产价值每次上升幅度：$u = e^{\sigma\sqrt{t}} = e^{0.15\sqrt{1}} = 1.162$

⑤ 标的资产价值每次下降幅度：$d = e^{-\sigma\sqrt{t}} = e^{-0.15\sqrt{t}} = 0.861$

⑥ 标的资产价值在一期中的上升概率：

$$R = 1 + r = 1.02$$

$$p = \frac{R - d}{u - d} = \frac{1.02 - 0.861}{1.162 - 0.861} = 0.528$$

⑦ 标的资产价值在一期中的下降概率：$1 - p = 1 - 52.8\% = 0.472$

⑧ 行权期限：$T = 30$

⑨（经营）净现金流量：$NCF = 5\ 237 - 3\ 770 - 90 - 57 - 33 = 1\ 287$（万元）

（2）评估过程与评估结果

根据二叉树模型的计算参数可得待估海岛价值波动的树形表（表 6－16）。

根据待估海岛价值波动的树形表得海岛期权价值的树形表（表 6－17）。

表 6－16　待估海岛价值波动的树形

时间	1	2	3	4	5	6	7	8	9	10	11	12	13	14	15
1															
2															
3															
4				1 287	1 495	1 737	2 018	2 345	2 724	3 165	3 677	4 272	4 963	5 766	6 699
5					1 108	1 287	1 496	1 738	2 020	2 347	2 727	3 169	3 682	4 278	4 972
6						954	1 108	1 288	1 496	1 739	2 021	2 348	2 728	3 170	3 684
7							821	954	1 109	1 288	1 497	1 740	2 021	2 349	2 730
8								707	822	955	1 109	1 289	1 498	1 741	2 022
9									609	707	822	955	1 110	1 290	1 499
10										524	609	708	822	956	1 110
11											451	524	609	708	823
12												389	452	525	610
13													335	389	452
14														288	335
15															248

续表

时间	16	17	18	19	20	21	22	23	24	25	26	27	28	29	30
1															
2															
3															
4	7 783	9 042	10 506	12 205	14 180	16 474	19 140	22 237	25 835	30 015	34 871	40 514	47 069	54 684	63 532
5	5 766	6 699	7 783	9 042	10 505	12 205	14 180	16 474	19 139	22 236	25 834	30 014	34 870	40 512	47 067
6	4 279	4 963	5 766	6 699	7 783	9 042	10 505	12 204	14 179	16 473	19 139	22 235	25 833	30 013	34 869
7	3 171	3 683	4 271	4 963	5 766	6 698	7 782	9 041	10 504	12 204	14 178	16 473	19 138	22 234	25 832
8	2 349	2 729	3 170	3 676	4 271	4 962	5 765	6 698	7 782	9 041	10 504	12 203	14 178	16 472	19 137
9	1 741	2 022	2 349	2 728	3 164	3 676	4 271	4 962	5 765	6 698	7 782	9 041	10 503	12 203	14 177
10	1 290	1 498	1 740	2 022	2 348	2 724	3 164	3 676	4 271	4 962	5 765	6 698	7 781	9 040	10 503
11	956	1 110	1 290	1 498	1 740	2 021	2 344	2 723	3 164	3 676	4 271	4 962	5 765	6 697	7 781
12	708	823	956	1 110	1 289	1 498	1 740	2 018	2 344	2 723	3 164	3 676	4 271	4 962	5 764
13	525	610	708	822	955	1 110	1 289	1 497	1 737	2 018	2 344	2 723	3 164	3 676	4 270
14	389	452	525	609	708	822	955	1 109	1 289	1 495	1 736	2 017	2 344	2 723	3 164
15	288	335	389	452	524	609	708	822	955	1 109	1 286	1 495	1 736	2 017	2 344
16	213	248	288	335	389	451	524	609	708	822	955	1 107	1 286	1 495	1 736
17		184	213	248	288	334	389	451	524	609	707	822	953	1 107	1 286
18			158	184	213	248	288	334	388	451	524	609	707	820	953
19				136	158	184	213	248	288	334	388	451	524	609	706
20					117	136	158	184	213	248	288	334	388	451	524
21						101	117	136	158	184	213	248	288	334	388
22							87	101	117	136	158	184	213	248	288
23								75	87	101	117	136	158	183	213
24									64	75	87	101	117	136	158
25										55	64	75	87	101	117
26											48	55	64	75	87
27												41	48	55	64
28													35	41	48
29														30	35
30															26

表 6－17　待估海岛期权价值的树形

时间	1	2	3	4	5	6	7	8	9	10	11	12	13	14	15
1															
2															
3															
4				1 912	2 250	2 630	3 053	3 526	4 053	4 645	5 309	6 060	6 910	7 875	8 974
5					1 533	1 826	2 156	2 525	2 935	3 392	3 901	4 470	5 109	5 830	6 646
6						1 205	1 457	1 744	2 065	2 424	2 823	3 265	3 755	4 302	4 916
7							923	1 137	1 383	1 664	1 979	2 329	2 716	3 143	3 616
8								683	861	1 070	1 312	1 587	1 896	2 238	2 614
9									485	627	799	1 004	1 242	1 513	1 817
10										326	434	571	738	938	1 173
11											204	282	384	514	676
12												117	168	238	332
13													60	90	133
14														26	41
15															9

时间	16	17	18	19	20	21	22	23	24	25	26	27	28	29	30
1															
2															
3															
4	10 225	11 650	13 274	15 124	17 231	19 633	22 370	25 487	29 040	33 087	37 699	42 953	48 940	55 761	63 532
5	7 574	8 631	9 834	11 204	12 766	14 545	16 572	18 882	21 514	24 512	27 928	31 821	36 256	41 309	47 067
6	5 608	6 393	7 285	8 300	9 457	10 775	12 277	13 988	15 938	18 159	20 690	23 574	26 860	30 603	34 869
7	4 142	4 731	5 395	6 149	7 006	7 983	9 095	10 363	11 807	13 453	15 328	17 464	19 899	22 672	25 832
8	3 028	3 483	3 987	4 552	5 190	5 914	6 738	7 677	8 747	9 966	11 356	12 938	14 742	16 796	19 137
9	2 152	2 519	2 918	3 356	3 839	4 380	4 992	5 688	6 480	7 383	8 413	9 585	10 921	12 443	14 177
10	1 441	1 742	2 072	2 429	2 815	3 234	3 696	4 214	4 801	5 470	6 232	7 101	8 091	9 218	10 503
11	873	1 105	1 373	1 672	1 997	2 346	2 717	3 117	3 557	4 052	4 617	5 261	5 994	6 829	7 781

续表

时间	16	17	18	19	20	21	22	23	24	25	26	27	28	29	30
12	455	612	806	1 039	1 308	1 608	1 931	2 270	2 624	3 002	3 420	3 897	4 440	5 059	5 764
13	195	280	395	546	738	972	1 246	1 551	1 873	2 202	2 534	2 887	3 290	3 748	4 270
14	65	100	151	226	331	476	666	905	1 190	1 506	1 830	2 139	2 437	2 777	3 164
15	15	25	42	68	108	170	263	398	587	837	1 144	1 484	1 805	2 057	2 344
16	2	4	7	13	22	39	66	112	187	307	492	763	1125	1 524	1 736
17	0	0. 37	0. 60	1	2	4	8	15	28	53	100	189	359	679	1 286
18		0	0	0	0	0	0	0	0	0	0	0	0	0	0
19			0	0	0	0	0	0	0	0	0	0	0	0	0
20				0	0	0	0	0	0	0	0	0	0	0	0
21						0	0	0	0	0	0	0	0	0	0
22							0	0	0	0	0	0	0	0	0
23								0	0	0	0	0	0	0	0
24									0	0	0	0	0	0	0
25										0	0	0	0	0	0
26											0	0	0	0	0
27												0	0	0	0
28													0	0	0
29														0	0
30															0

由表6－17可以得出，待估海岛的期权价值为：

$$C = 1\,912 \times (P/F, 6\%, 3) = 1\,604(\text{万元})$$

（三）结果与方法的比较

1. 评估结果比较分析

用DCF法计算的海岛价值为－1 261万元，布莱克－舒尔斯模型评估的海岛价格为1 639万元，二项树模型评估的海岛价格为1 604万元。通过比较可以看出，两种实物期权模型计算的结果非常接近，两种模型起到了相互检验的作用，并说明二叉树模型法在海岛评估中的可行性与正确性。两种模型所得的海岛价值分别大于DCF法所得的海岛价值2 900万元和2 865万元。这说明DCF法不能体现海岛项目不确定性带来的收益水平，低估了海岛价值，而实物期权法充分考虑了海岛开发项目估的各种不确定因素，从而较真实地反映了海岛包括期权价值在内的整体价值水平。

2. 评估方法比较分析

由于海岛开发商具有开发选择权、规模选择权以及管理决策权等多种权利，管理灵活性可以对有利的状态加以利用，对不利的状态加以规避，从而使海岛使用者拥有更大价值的灵活性，而 DCF 法不能反映这种管理的灵活性，导致利用 DCF 法评估的海岛价值可能出现负值，这种评估结果明显与事实不符。而 Black – Scholes 模型和二叉树模型都能较好地考虑海岛项目开发的不确定性，并能够体现管理灵活性带来的价值，评估结果比 DCF 法更加科学、可靠。

由于 Black – Scholes 不能全面地反映投资项目各个环节的不确定性，计算过程需要依赖大量参数，有一定的局限性。用二叉树模型来评估海岛价值更加直观和灵活，更能表现出每个单位时间内环境和各参数的变化。在对无居民海岛价值的评估计算和分析过程中，由于海岛开发项目时间周期长，面临的环境变化和项目开发者所具有的灵活性对海岛期权价值的影响很大，二叉树模型可以根据需要，在构造海岛价值变化树形图时，改变每个时间段内复制组合计算中所采用的无风险利率，简单方便；同时，二叉树模型保留了现金流折现分析的外观形式，列出了不确定性和或有决策的各种结果，便于分析每个节点上的期权价值。因此二叉树模型比 Black – Scholes 模型更具优势。

第七章 海岛估价程序

任何一项资产评估或资源价格评估都是一项系统工程，要求评估机构和人员按照系统性工作步骤执行价值评估业务。对于无居民海岛估价而言，海岛估价程序是指海岛估价机构和人员执行海岛估价业务、形成海岛估价结论所履行的系统性工作步骤，是对海岛价格评估活动实施和执行情况的一种控制性约束。在各类资产评估领域都有类似的程序规范，目的是规范评估行为，提高资产评估业务质量，维护海岛评估服务公信力，确保评估机构和评估人员能够严格遵循制度要求，按照规范的程序进行评估，以便获得合理、可靠的评估结果。评估程序由具体的工作步骤组成，不同的性质的评估业务，由于评估对象、评估目的、评估资料收集情况等相关条件的差异，可能需要执行不同的评估具体程序和工作步骤，但评估基本程序的实施是相同或相通的，可以适用各种类型的资产评估业务。

海岛兼具土地和海域的双重属性，其估价业务的复杂性与特殊性要求在开展评估工作时，就必须有一个合理的程序安排。评估师通过估价程序促进意见疏通、扩大选择范围、排除外部干扰，保证最终评估结论的成立和合理性，旨在达到维护社会公共利益和评估各方当事人合法权益的最终目的。

第一节 海岛估价程序的模式比较

从理论上讲，资源价格评估没有固定的模式，应该是针对不同的资源特征、不同的资源类型、不同的评估方法，采用不同的评估程序和操作规程。但在实际的评估过程中，有一个相对合理的程序模式作为参考，可以规范评估行为，相对降低评估误差，尤其对于小型评估机构具有更重要的现实意义。海岛估价管理部门应以现代评估理论为基础，借鉴国外价值评估程序模式的科学思想，依据我国相关评估法规制度规定，结合国内评估行业的现状，制定出海岛价格评估程序。

一、国际评估程序

由于历史的原因，各国关于资产估价程序的研究极不均衡。目前国际上比较权威的全球通用的一般性评估准则是《国际评估准则》。此外国外评估业的发展模式主要是以英国为代表的不动产评估单一体制和以美国为代表的综合性评估体系，前者主要包括英国、其他英联邦国家及前英国殖民地，后者则主要包括美国及一些受美国评估业影响较大的国家。我国资产估价程序体系受英国体系的影响较大，一般注重经验与技术。

（一）《国际评估准则》

目前在国际评估界发挥着主导的作用是国际评估委员会（International Valuation Standards Committee，IVSC），其制定和努力推广的《国际评估准则》（International Valuation Standards，IVS），是最具影响力的国际性评估专业准则。

但国际评估准则没有指定单独的评估程序准则，其相关内容散存于国际评估准则框架、通用准则的 IVS101——工作范围、IVS102——评估实施和 IVS103——评估报告等具体准则之中。

有关程序的具体要求体现在 IVS101——工作范围中：①评估师的鉴定和标准；②委托方和其他使用者的鉴定；③评估目的；④被评估资产或负债的鉴定；⑤评估依据；⑥评估基准日；⑦调查范围；⑧信息的性质和来源可靠；⑨假设和特殊假设；⑩使用、发行或出版社的限制；⑪确认按照 IVS 进行估值；⑫评估报告说明。

在 IVS102——评估实施中对现场调查、收集评估资料、评估方法选取、评定估算、评估记录等程序提出详细要求。IVS103——评估报告则是对提供的评估报告的程序进行了规范。

（二）《RICS 估价标准》

《RICS 估价标准》（红皮书）由英国皇家特许测量师学会（RICS）全体估价理事颁布。它于 1980 年首次发表，其后经过了多次更新。目前的版本（第 6 版）于 2008 年 1 月 1 日起生效。该红皮书包含适用于在世界范围承办不动产和其他有形固定资产估价的所有 RICS 会员的强制性规定和最佳执业惯例指南。该红皮书包含的标准符合由国际评估标准委员会发表的《国际评估标准》。

英国 RICS 没有设立独立的评估程序准则，相关的程序要求在该准则中的“第 3 部分——执行规范”中予以明确，其中包括：①对遵守标准及道德要求的规范，如（会员）行为规则要求、估价师的资格、知识和技能、独立性与客观性、对遵守本估价标准的监督以及机密性、对独立性和客观性的威胁以及利益冲突等；②对约定条款协议的规范，要求评估机构要与委托方签订约定条款的协议，协议内容包含约定条款的确认、特殊假设、市场限制和强制销售、受限制的信息、未经勘查的重新估价、评判性复查以及附录中对约定条款、假设和特殊假设的说明；③对价值基准的规范，明确了市场价值、市场租金、所有值（投资价值）、公平价值四种价值类型及其各自的性质、定义和应用范围；④对估价中相关准则的应用，如用于根据国际财务报告标准准备的财务报表的估价应遵守国际估价标准委员会《国际估价标准》等；⑤对调查程序的规范，在勘察和调查方面，要求必须始终将勘察和调查进行到必要的程度以便做出有适当专业水准的估价；在信息的验证方面，会员必须采取合理的步骤来验证估价准备过程中所依赖的信息，如果尚未达成协议，必须向客户阐明将依赖的任何必要的假设等；⑥对估价报告的规范，要求估价报告必须以一种不模棱两可、不误导或造成错误印象的方式清晰准确地做出一个估价结论，并不得将按照本标准所准备的一份估价报告称为证书或声明等。

二、国内评估程序

我国价格评估领域管理体系比较复杂，主要有以中国资产评估协会为代表的第三方评估机构管理模式以及以国土资源局为代表的政府管理模式，前者的资产评估主要是对发生产权变动、资产流动和企业重组等特定行为的企业资产进行评定估算；后者主要是对土地、房地产、农用地、矿产、森林、海域等国有产权的公共资源进行估价。因此相应的评估程序在规范形式上有很大差别。前者通常以准则的形式公布，后者则以国家标准或行业标准以及政府规范性文件的形式公布实施。受管理模式的影响，土地、房地产、农用地、森林、矿产权、海域等估价领域在评估程序、理念上与资产评估存在很大的不同，而土地、房地产、农用地、森林、矿产权、海域等资源特征差异导致这些资源估价程序中的技术处理方法既有相似性又有一定区别。

（一）资产评估准则

为规范注册资产评估师执行资产评估业务，维护社会公共利益和资产评估各方当事人合法权益，根据《资产评估准则——基本准则》，中国资产评估协会制定了程序具体准则，包括《资产评估准则——评估程序》《资产评估准则——业务约定书》《资产评估准则——工作底稿》，对评估程序作了具体、明确、全面的规范。《资产评估准则——评估程序》基本框架包括总则、基本要求、评估程序要求和附则。

1. 总则

总则中明确了评估程序准则制定目的和依据、评估程序的定义以及使用范围。

2. 基本要求

基本要求中要求注册资产评估师执行资产评估业务，应当遵守法律、法规和资产评估准则的相关规定，履行适当的评估程序，并对基本评估程序的内容、具体评估步骤、评估程序受限情况及其对评估结论产生的影响、相关指导和记录等做出明确规范。

3. 评估程序要求

评估人员应当遵守《资产评估准则——评估程序》等相关规定，通常应执行下列基本评估程序，并不得随意删减基本评估程序：①明确评估业务基本事项；②考量专业胜任能力、独立性和业务风险；③签订业务约定书；④编制评估计划；⑤现场调查、收集评估资料；⑥形成评定估算依据、选择评估方法、形成初步评估结论；⑦编制评估报告；⑧内部审核；⑨沟通；⑩提交评估报告；⑪整理归档。

4. 附则

附则中规定了准则生效日期。

此外，还规定了：评估人员在执行评估业务过程中，由于受到客观限制，无法或者不能完全履行评估程序，且当采取必要措施仍无法弥补程序缺失并对评估结论产生重大影响时，应按照本单位内部规章制度，逐级汇报批准，由项目负责人协商委托方终止评估业务。

评估人员履行评估程序，应按照本单位内部规章制度及本规程的要求，逐级汇报、审批。评估人员应当将评估程序的履行情况记录于工作底稿中，并将其执行情况在评估报告书中披露。

（二）其他估价规范

与资产评估管理模式不同，土地、房地产、农用地、森林以及海域等资源性资产的估价由各资源行政主管部门负责管理，其中土地、农用地和矿产资源的估价管理归属中华人民共和国国土资源部（矿产资源的估价相关准则、规范、应用指南、指导意见等由中国矿业权评估师协会发布，该协会业务主管单位是国土资源部），房地产估价管理归属中华人民共和国住房和城乡建设部，森林资产评估归属中华人民共和国国家林业局，海域资源估价管理归属于中华人民共和国国土资源部的国家海洋局。目前对政府部门各自管辖的资源估价分别执行《城镇土地估价规程》（GB/T 18508—2014）、《农用地估价规程》（GBT 28406—2012）、《〈中国矿业权评估准则〉体系框架》及《矿业权评估技术基本准则》（CMVS 00001—2008）系等列准则规范、《房地产估价规范》（GB/T 50291—2015）、《森林资源资产评估技术规范》（LY/T 2407—2015）、《海域评估技术指引》等国家标准、行业标准及规范性文件。

以上各种评估规范中，除矿产权估价以外，其他资源产权估价均与无居民海岛使用权估价关系密切。现以土地、房地产、森林和海域为例，对比分析各领域估价程序（农用地估价程序框架与土地基本一致，不重复累述）。

1. 《城镇土地估价规程》（GB/T 18508—2014）

关于宗地估价程序的规范模式如下。

① 确定估价基本事项。主要确定估价目的、待估宗地、估价期日、价格内涵、估价日期等。估价目的由委托方提出，需在委托协议中明确，并合法；明确待估宗地的物质实体状况和权益状况，并应有明确的依据和理由；估价期日应根据估价目的确定，需在委托协议中明确，采用公历表示，具体到年、月、日；价格内涵应根据估价目的确定，地价定义中应说明价格类型、权利特征、估价期日、土地利用条件、开发程度（实际和设定）、用途（证载、实际、设定）；明确估价师从开始作业到完成报告的持续时间。

② 拟订估价作业方案。在明确估价基本事项的基础上，拟订估价技术路线和初步

选择估价方法；拟订资料收集的清单和渠道；预计所需时间、人员和经费；拟订作业步骤和时间进度安排。

③ 收集估价所需资料。包括宗地自身资料、价格影响因素资料、土地交易资料以及其他类型资料。需要收集的图件资料主要包括级别（或区域）基准地价图、宗地图、宗地建筑平面图等。

④ 实地查勘。实地查勘待估宗地及相关案例资料，充分了解和掌握待估宗地及评估所用案例的坐落位置、四至、形状、土地利用状况、基础设施条件、道路交通及周边环境状况，并做好记录。

⑤ 选定估价方法、试算价格。估价人员应熟知、理解并正确运用宗地估价方法。对同一估价对象应选用两种以上的估价方法进行估价，得出试算价格。

⑥ 确定估价结果。估价人员应从估价资料、估价方法、估价参数指标等的代表性、适宜性、准确性方面，对各试算价格进行客观分析，并结合估价经验对各试算价格进行判断调整，确定估价结果。

⑦ 撰写并提交评估报告书。宗地地价评估完成后应撰写评估报告书，并编制估价技术报告（评估工作底稿）。

2.《房地产估价规范》（GB/T 50291—2015）

自接受估价委托至估价项目完成，房地产估价应按下列程序进行。

① 明确估价基本事项。包括明确估价目的、价值日期、估价对象、价值类型。估价目的应由估价委托人提出；价值日期应根据估价目的确定，采用公历表示，精确到日；估价对象应在估价委托人指定的基础上根据估价目的确定，估价对象范围应全面、客观，不得遗漏、虚构；价值类型应根据估价目的确定，包括价值的名称、定义或内涵；在明确估价基本事项时应与估价委托人共同商议，最后应征得估价委托人的认可。

② 制定估价作业方案。在明确估价基本事项的基础上，应对估价项目进行初步分析，制定估价作业方案。估价工作内容包括拟采用的估价技术路线和估价方法，拟搜集的估价所需资料及其来源渠道等；估价工作质量要求及措施；估价作业步骤、时间进度、人员安排和经费预算。

③ 搜集估价所需资料。房地产估价机构和注册房地产估价师应经常搜集估价所需的通用资料，估价时还应针对估价项目搜集估价所需的资料，并对所搜集的资料进行核实、分析、整理。包括反映估价对象状况的资料；估价对象及类似房地产的交易、收益、成本等资料；对估价对象所在地区房地产价格有影响的信息资料；对房地产价格有普遍影响的信息资料。

④ 实地查勘估价对象。每个估价项目至少有一名负责该项目的注册房地产估价师必须亲自到估价对象现场，观察、检查估价对象状况，并做好实地查勘记录。实地查勘记录应包括查勘对象、查勘内容、查勘结果、查勘人员和查勘日期等。注册房地产估价师及辅助查勘人员应在实地查勘记录上签字。

其他程序还包括选定估价方法计算并确定估价结果、撰写估价报告、审核估价报告以及交付估价报告，这些程序规定与土地估价程序类似。此外还规定完成并出具估价报告后，应对有关该估价项目的一切必要资料进行整理、分类和妥善保存。估价档案的保存期限自估价报告出具之日起不得少于10年。

3.《森林资源资产评估技术规范》（LY/T 2407—2015）

《森林资源资产评估技术规范》（LY/T 2407—2015）中对评估程序规范如下。

① 明确评估业务基本事项，签订评估业务约定书。评估约定书的内容应包括：委托方、产权持有者和委托方以外的其他评估报告使用者；评估目的；评估对象和评估范围；价值类型；评估基准日；评估报告使用限制；评估报告提交时间及方式；评估服务费总额、支付时间和方式。

② 评估委托应提交森林资产清单和相关资料。森林资产林权证书；林业基本图、林相图、作业设计调查图；作业设计每木检尺记录；有特殊经济价值的林木种类、数量和质量材料；当地森林培育、森林采伐和基本建设等方面的技术经济指标；林木培育的账面历史成本资料；有关的小班登记表复印件；按照评估目的必须提交的其他材料。

③ 编制评估工作计划。评估计划的内容涵盖现场调查、收集评估资料、评定估算、编制和提交评估报告等评估业务实施全过程；同时还包括评估的具体步骤、时间进度、人员安排和技术方案等内容。

④ 现场调查。对森林资产清单标注的内容进行核查确认，并编制森林资产核查报告。

⑤ 收集评估资料。营业生产技术标准、定额及有关成本费用资料；木材生产、销售等定额及有关成本费用资料；评估基准日各种规格的木材、林副产品市场价格，及其销售过程中税、费征收标准；当地及附近地区的林地使用权出让、转让和出租的价格资料；当地及附近地区的林业生产投资收益率；各树种的生产过程表、生产模型、收获预测等资料；使用的立木材积表、原木材积表、材种出材率表、立地指数表等测树经营数表资料等。

其他评估程序还包括评定估算；编制和提交评估报告；工作底稿归档。

4.《海域评估技术指引》

《海域评估技术指引》中对海域价格评估程序规范为以下六个步骤。

① 确定评估基本事项。根据委托方的要求，确定评估目的、评估对象、评估基准日等基本事项。

② 收集相关资料。对评估对象的社会、经济和自然环境条件进行现场调访和勘测，收集评估对象及其周边海域的基本情况、相关的生产经营与财务状况、交易实例和海域市场发展现状等资料，并核验资料的完整性和可靠性。

③ 选择评估方法。根据评估目的、评估对象所属的用海类型、评估对象开发利用

状态和海域市场现状等，选择确定适用的评估方法。

④ 确定修正系数和评估参数。分析海域价格影响因素及其影响程度，确定必要的价格修正内容和系数，并根据社会平均投资效益、用海类型和产业类型的投资风险差异等，确定海域投资回报率、海域还原利率等参数。

⑤ 测算和确定海域价格。利用经核验的有效资料，采用选定的评估方法和评估参数，评定海域价格。多种方法测算海域价格的，可用加权平均等方法评定最终结果。

⑥ 编制海域价格评估报告。对整个评估工作的成果进行总结整理，编制完成海域价格评估报告，并提交给委托方。

三、评估程序的比较评价

从国际上看，自20世纪70年代以来，全球评估行业有了长足发展。目前，全球资产评估已经全面进入规范化、系统化时代。但由于不同国家评估发展极其不平衡，评估基础理论和实践缺乏一致性，各国家和相关国际性评估准则在内容和形式上有很大差异；从国内看，我国经济组织模式复杂，估价管理多样化，行业管理和政府管理的性质不同，决定了各自价格评估领域的要求不同，规范方式也不同。

（一）国际准则与国内准则比较

1. 不同之处

国际上评估行业发展较为成熟的以英国、美国为代表的发达国家，对评估程序的研究已经十分深入，评估程序的划分、思路更加科学合理。国际评估界高度重视评估程序问题，只是把评估程序的要求分散表述于具体的评估准则之中，很少有独立的程序性具体准则，有关程序执行的要求均在一般准则和其他准则中一并规范，如《国际评估准则》、美国《专业评估执业统一准则》、英国的RICS都没有设立独立的评估程序准则。这是因为美国和英国认为，作为资产评估的基本问题，评估程序的要求应当在准备成为估价师的过程中了解和把握，而不是取得估价师执业资格以后再学习的内容。例如，美国评估学会的评估教材早就将评估程序单独作为一章进行评估准则说明，要求评估师在获取执业资格时掌握评估程序的划分、思路等内容。

我国的资产评估准则在借鉴国外评估准则经验的同时，较多地考虑了我国的执业环境和行业现状，突出强调评估程序的规范性和职业道德的重要性，经过不断发展，资产评估准则体系已日渐完善，建立了基本准则、具体准则、评估指南、指导意见在内的覆盖主要领域评估执业程序各个环节的评估业务准则体系，内容全面，结构完整。特别是资产评估程序性准则对评估执行过程中重大环节分别制定了独立的准则，包括《资产评估准则——评估程序》《资产评估准则——业务约定书》《资产评估准则——工作底稿》《资产评估准则——评估报告》，涵盖了评估业务全过程，使评估人员各个评估环节的操作更加规范。我国评估程序准则主要是从整个项目的组织与操作入手，规范注册资产评估师的职业行为，涉及的内容是原则性的、反应整体项目操作的规范。

也就是说，我国的评估程序采取的是独立设置模式，评估程序准则与相关准则的结构具有内在的有机联系，互为补充，共同构筑评估准则的科学体系。但这种单独制定模式也表明我国的评估行业起步比较晚，受长期国有资产评估影响，评估机构和评估人员对评估程序的把握能力不强，遵守行政指令的成分较多，尊重评估服务专业特点较少。

2. 相同之处

① 规范主体及目的一致。中外评估程序均以保障评估师及评估机构为规范主体；中外评估准则制定的目的都是为了保证评估业务质量评估各方当事人的合法权益。

② 对专业胜任能力与职业道德要求一致。中外评估程序准则均要求评估师应该具备与所评估资产相适应的专业胜任能力，否则应当做出声明或采取补救措施，以弥补任何事实上或理论上的专业缺陷。

③ 基本要求一致。均要求评估师应当明确评估对象及其业务条件，并签订业务约定书；格外强调现场调查与核实，中外评估准则及实践表明，现场勘查是必须操作的评估程序之一。

其他的程序要素以及阶段划分也基本一致，如都有对程序受限时的考虑和制度设计、工作底稿、强化风险控制程序等内容的要求。

（二）估价规范与评估准则比较

1. 不同之处

资产评估准则是中国资产评估协会制定并发布，属于行业自律管理模式，作为第三方评估机构，其独立性、专业性的要求明显高于其他政府管理模式的评估机构，因此资产评估准则的程序规范更加系统化、细致化，每一个与评估程序密切相关的重大环节均有独立程序性准则引导，其目的不但要保证评估质量，还更多地考虑到评估风险的防范，而政府管理的评估机构对评估程序的规范主要以提高评估质量为目的，对评估风险的防范要求没有第三方中介机构严格，因此考虑较少。从评估程序内容上看，相比之下，政府管理模式下的土地、房地产、农用地、森林、海域等领域的价格评估程序通常不会单独设置，仅在各自的估价规范中统一做出要求。矿产权评估有所不同，矿产权的评估准则体系较其他资源估价体系更加完整，融合了资源估价规范和资产评估准则体系的模式，建立了矿产权估价的基本准则、应用指南，还对评估程序、评估方法、业务约定书、评估报告等评估行为分别提出规范化要求。也可以说，资产评估的程序性准则是指广义的评估程序，开始于承接资产评估业务前的明确资产评估基本事项环节，终止于资产评估报告书提交后的资产评估文件归档管理；资源产权估价规范中是狭义的评估程序，开始于评估机构和人员接受委托，终止于向委托人或相关当事人提交估价报告书。

2. 相同之处

从资产评估准则和资源产权价格评估规范关于评估程序的描述来看，二者的评估程序规范范围基本一致，均覆盖了评估活动的主要环节；评估程序框架内容基本一致，都包括明确评估业务基本事项；签订业务约定书或业务委托书；编制评估计划；现场调查；收集评估资料；评定估算；编制和提交评估报告等内容。

此外，土地、房地产、农用地、森林、矿产权、海域的估价规范或规程的估价程序要求差别不大，只是在具体描述过程中，分别结合了各自资源评估的特点。海域估价方面，由于目前国家尚未出台统一的估价规范标准，仅以《海域评估技术指引》作为评估行为的依据，其中的程序规范要求比较笼统，还需进一步细化。

第二节　海岛估价程序的步骤设计

无居民海岛估价程序是专业估价机构和估价人员执行无居民海岛估价业务应当履行的工作步骤。借鉴土地、房地产、农用地、森林、海域等与无居民海岛估价相关的其他领域估价规范中对估价程序的要求，结合资产评估行业规则，明确无居民海岛估价程序，是提高海岛估价质量的必要保证。

一、海岛估价程序的操作内容

狭义的海岛估价程序开始于海岛估价机构和人员接受委托，终止于向委托人和相关当事人提交海岛估价报告书。然而，作为一种专业性很强的中介业务，为保证海岛估价业务质量、提高海岛估价业务水平，以便更好地服务委托人、保障海岛使用人的利益，海岛估价程序应当从承接海岛估价业务前的明确海岛评估基本事项开始，直到海岛估价报告书提交后的文件归档整理终止。

（一）海岛估价基本程序

不同资源类型评估业务的评估程序可以有不同的划分方法。评估程序或工作步骤的划分取决于评估机构和人员对各评估工作步骤共性的归纳，评估业务的性质、复杂程度也是影响评估程序的重要因素。在无居民海岛估价业务活动中，应当履行以下程序：明确评估基本事项；签订业务委托书；拟订评估作业计划；收集调研及实地勘察资料；分析整理相关资料；试算待估海岛价格；确定待估海岛最终价格；编制和提交评估报告；资料归档。

上述程序也可以按照海岛估价活动的时间顺序归纳为：估价前期程序、估价中期程序、估价后期程序（图 7－1）。

（二）海岛估价具体程序

1. 明确评估基本事项

无居民海岛价格评估需明确的基本事项如下。

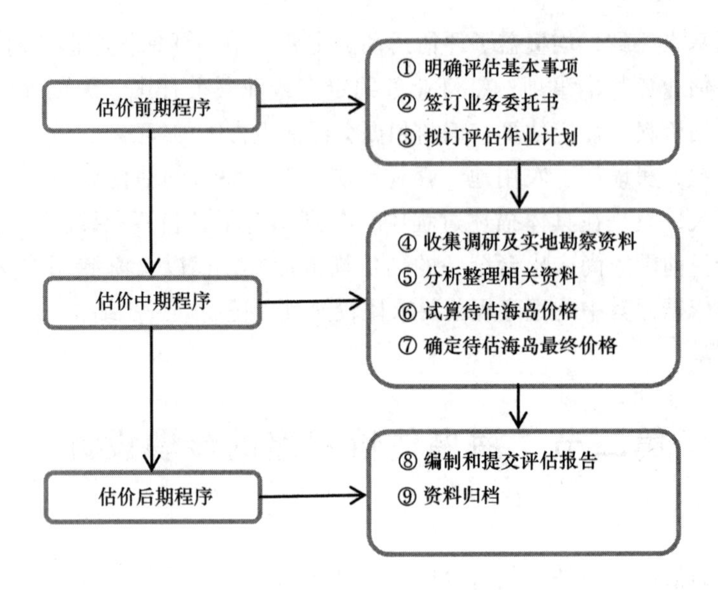

图 7－1　海岛估价程序框架

① 相关利益者：委托方、产权持有者和委托方以外的其他评估报告使用者。

② 估价对象：明确待估海岛的区位、范围、界址点、用岛类型、权利状况等。

③ 估价目的：明确估价目的。

④ 估价期日：确定估价基准日。

⑤ 估价结果：明确估价报告提交方式与日期。

⑥ 估价费用：确定估价服务费。

⑦ 估价风险：评价业务风险。

⑧ 其他有关事项。

2. 签订业务委托书

估价机构应当与估价委托人签订业务委托书，明确估价机构与委托方及相关当事方的权利和义务，明确估价业务范围及其他约定事项，维护估价各方当事人的合法权益。

3. 拟订评估作业计划

评估作业计划主要包括下列内容。

① 确定估价项目性质和工作量。

② 拟订调查收集资料及实地勘察方案。

③ 确定拟采用估价技术路线和估价方法。

④ 预计估价所需时间。

⑤ 拟订作业步骤、作业进度和成果组成。

4. 收集调研及实地勘察资料

（1）收集方式

可选择文案调查、问卷调查、访谈调查以及实地勘察等多种方式，但必须实地踏勘待估海岛，亲自了解掌握待估海岛的外貌特征、开发程度及周边环境。具体要求如下。

① 估价人员必须实地踏勘待估海岛，亲自了解掌握待估海岛区位、形状、利用状况、基础设施条件、道路交通状况以及周边海域的生态保护状况等。

② 招标、拍卖、挂牌、抵押等海岛价格资料以人民币元为单位，精确到小数点后一位。

③ 调查资料必须填入相应的调查表格。

④ 海岛利用效益等经济指标要求不少于近期连续 3 年的数据。

（2）收集范围

待估海岛及周边区域。

（3）收集内容

与待估海岛价格相关的各种要素资料，包括计算海岛价格所需的项目收益资料、成本费用资料、交易实例资料、各种估价参数、指标资料以及各种经济、自然、生态环境影响因素资料。具体包括以下资料。

① 估价对象权属资料。

② 估价对象目前和历史状况及相应的证明材料：供水、供电、交通等基础设施条件以及生态环境、区域经济发展状况等资料。

③ 地质勘察类资料：实地测量或勘察的地质地貌等自然地理条件资料。

④ 无居民海岛开发可行性研究、初步设计、开发利用方案资料：无居民海岛开发利用项目的审批报告、可行性报告或设计方案。

⑤ 财务会计及生产经营资料：企业及行业收益、经营成本、利息成本、开发成本、收益率水平资料及其他生产经营资料。

⑥ 相关法律、法规及规范性文件。

⑦ 行业信息、市场询价、数据分析等资料：无居民海岛使用权招标、拍卖或挂牌出让、转让、出租、抵押等交易实例资料或估价对象既往估价和交易情况。

⑧ 其他专业报告等。

⑨ 估价人员认为需要调查的其他事项。

（4）收集形式

包括数据、文字、图件等形式，其中需要调查的图件资料主要有海岛位置图、分类型界址图、建筑物和设施布置图等。

5. 分析整理相关资料

（1）估价资料的核实与剔除

用于无居民海岛估价的资料数据需要严格核实，来源可靠，数据真实，无显著差异。对明显不符合要求和特殊极值数据允许做剔除处理。

（2）估价资料的整理

对现有资料进行初步整理，并判断是否满足本次估价的要求，对不完整、不可靠资料做好记录，以便进行补充调查。

（3）估价资料的分析

对整理后的相关资料进行分析，优先选择定量分析方法确定各种影响因素对海岛价格的影响程度，如定量分析受限制，应采用定量与定性相结合或定性方法确定影响程度。

6. 试算待估海岛价格

估价人员应当根据估价目的、海岛等别、用岛类型、开发利用状态和市场现状等，选用适当的估价方法对待估海岛价格进行试算。对同一待估海岛应选用两种以上的估价方法进行估价，得出待估海岛的试算价格。

7. 确定待估海岛最终价格

估价人员应从估价资料、估价方法、估价参数指标等的代表性、适宜性、准确性等方面，对各试算价格进行客观分析，并结合估价经验对各种方法的试算价格进行判断调整，确定最终估价结果。

8. 编制和提交评估报告

（1）编制报告

无居民海岛价格评估报告包括估价结果报告及估价技术报告，估价人员应按照规范要求撰写估价报告，报告书格式分为文字式和表格式。

（2）提交备案

估价报告完成后应及时提交给委托方，并按规定送交主管部门备案。

9. 资料归档

对所用估价依据、估价过程、估价结果等相关资料，按照工作底稿的要求进行分类整理和归档保管，以备查用。

二、海岛估价程序的执行要求

海岛估价是实践性和技术性都要求很高的工作，为保证评估质量，估价师既要遵循海岛估价的原理、理论和方法，又要结合评估业务具体情况，根据评估对象、评估范围、业务规模制定并执行适当的具体估价程序。

（一）程序执行的基本要求

1. 明确评估基本事项

评估师在业务开始阶段首先要明确是否存在委托方以外的其他报告使用者。第三方委托评估机构一般应事先通知产权持有者、资产管理者或征得资产管理者的同意，这是执行评估业务的先决条件。委托方能较好地协调评估机构与被评估单位之间的关系，也是评估师履行评估程序的保障。前期明确报告使用者群体，有利于规避不必要的报告使用风险。

与委托方沟通明确评估目的是由评估的特定经济行为所决定的，对价值类型、评估方法、评估结论等有重要影响，应尽量细化评估目的和用途，如海岛出让、海岛转让等。了解的目的主要是最大限度地把握潜在风险和个性要求。

与委托方沟通评估对象和评估范围。评估目的、评估对象、评估范围存在一定的逻辑关系，经济行为决定评估目的，也决定了评估对象，同时确定了评估范围。从顺序上讲，评估范围应服从于评估对象的选择。

评估基准日是评估基本原则“时点原则”在评估事务中的具体体现。基准日的选择要尽量接近经济行为的实现日，以有效服务于评估目的为根本。

评估报告提交时间受到多方约束，如委托方资料提供时间等，因此评估报告的提交时间不宜确定具体的日期，一般确定为委托方提供必要资料并开始现场工作后的一定期限内。

评估机构应根据自身专业胜任能力、独立性以及外部因素等方面来分析评估业务风险。根据业务的复杂性判断本机构和评估人员是否有专业胜任能力及相关经验，判断是否有来自执业能力不足的风险；判断与委托方及相关当事方是否存在现实或潜在的利害关系；判断包括来自委托方风险、来自产权持有者的风险、评估报告使用中的风险；等等。

与委托方约定的其他事项，如是否需要委托方与被评估企业协调沟通、与当地有关部门沟通信息进行协调等，是否有明确的时间要求、特殊后续服务要求等。

2. 签订业务委托书

评估机构在决定承接评估业务后，应当与委托方签订业务委托书。评估目的、评估对象、评估基准日，或者评估范围发生重大变化，评估机构应当与委托方签订补充协议或重新签订业务委托书。

评估行业是风险较大的服务行业，签订业务委托书是从事评估业务的首要前提。为规范行业秩序，维护海岛估价各方当事人的权益，应将签订业务委托书作为一项基本程序。

3. 拟订评估作业计划

① 拟订的评估计划应涵盖现场调查、收集评估资料、评定估算、编制和提交评估报告等业务实施的全过程。

② 评估计划的拟订一般包括具体的评估步骤、工作进度安排、专业人员调配、时间安排、费用预算和重点关注事项等内容。具体的执行要求：一是应明确评估项目的背景，包括评估目的、对象、价值类型，参与本项目的中介机构；二是应明确资产清查的工作重点及具体要求；三是要明确评估方法；四是大型项目应明确与审计、律师

等其他中介机构对接要求及注意事项。

③ 估价人员可以根据评估业务的性质和复杂程度等因素确定评估计划的繁简程度。拟订评估计划的另一个目的是控制成本。

估价人员拟订的评估计划，应当根据评估业务实施过程中的情况变化进行必要调整。由于拟订评估计划往往在项目开始前，此时评估师对企业的了解比较粗浅，因此往往需要根据评估业务实施过程中情况的变化，对评估计划进行调整。评估计划的调整可以归纳为以下两大类。

一是评估工作本身遇到了障碍。如前期资料收集不全，现场调查受到限制，工作推进后发现需要补充资料和增加现场工作时间等，因此需要对原评估计划进行调整。

二是评估业务内容发生了变化。如重组方案发生了重大变化，导致评估范围的调整、评估基准日的后延，这类调整通常是较大幅度的调整。调整计划时评估师要为评估工作争取更多的工作时间。

4. 收集调研及实地勘察资料

估价人员应当要求委托方提供涉及评估对象和评估范围的详细资料。估价人员应当要求委托方或产权持有者对填制的评估明细表及相关证明材料以签字盖章或者其他方式进行确认。

委托方提供有关评估对象的相关基础资料是评估的最基本环节。在我国国有资产评估的大量实践中，委托方和产权持有者不是同一个企业或组织时，根据国有资产管理的有关规定，产权持有者有义务提供相关资料并保证资料的真实、合法和完整，委托方也有义务督促产权持有者提供相关资料。产权持有者必须对评估对象进行清查核实，填写资产清查评估申报明细表，评估师要给予必要的指导，并提出具体要求。为明确法律责任，应要求委托方或产权持有者对提供的有关基础资料加以盖章确认。需要盖章确认的资料一般为评估对象或评估范围明细表、有关证明材料等。委托方和相关当事方不应当转移向评估师提供资料真实性、合法性、完整性的责任。

评估师执行海岛评估业务，应当根据具体情况对评估对象进行必要的现场调查。对评估对象的现场调查和资产勘察，不仅仅是基于评估人员勤勉、尽责、尽职的要求，同时也是海岛估价程序和操作的必经环节。现场调查是评估师为获得被评估对象的基础资料，核实评估对象的存在性和完整性，勘查评估对象的品质和使用状况，查验评估对象的法律权属资料等一系列的工作。

评估师通常应对评估业务涉及的主要资产进行资产勘察。要根据重要性原则确定现场调查的重点及勘查盘点数量。在无法取得有效期内国家质检部门的检测报告，也无法实施资产查勘的情形下，评估师应考虑所受限制是否会对评估结论构成重大影响，是否能采取必要的措施弥补不能实施调查的缺失，从而决定是继续执行还是中止评估业务。

估价人员应当根据评估业务需要和评估业务实施过程中的情况变化及时补充或调

整现场调查工作。一般当出现以下情况时必须补充或调整现场调查：① 评估师发现按原有计划无法达到预期和满意的调查结果，并可能对评估结论产生实质性影响；② 调查中发现存在大量账外资产、不良资产等事先未预计到的情况；③ 发生评估基准日调整、评估对象数量改变、评估范围改变、资产特征发生较大变化等情况。

5. 分析整理相关资料

对评估资料的分析是对收集的资料去粗取精、去伪存真的加工过程；对评估资料的调整是通过分析，由收集的间接资料得出评估所需直接资料的过程。

信息源的可靠性分析主要通过如下观察判断：①该渠道过去提供的信息质量；②该渠道提供信息的动因；③该渠道是否被通常认为是该类信息合理的提供者。

按照信息资源的来源可以划分为：①一级信息，指从信息源获得未经处理的事实，如政府资料、评估师的直接观察信息、上市公司年报等；②二级信息，指变动过的信息，如报纸、杂志、学术论文、行业出版物、投资分析报告等。

6. 试算待估海岛价格

海岛估价人员应当根据评估对象、价值类型、评估资料收集情况等相关条件，分析市场比较法、收益还原法和成本逼近法等各种评估基本方法的适用性，恰当选择评估方法，估算海岛价格。

① 估价人员应当熟知、理解并恰当运用估价方法。执行无居民海岛估价业务，应当根据估价目的、估价对象、资料收集情况等相关条件，结合估价方法的适用范围和前提条件，恰当选择估价方法，形成合理估价结论，并确保得出的估价结论满足估价目的的需要。

② 估价人员应当理解估价方法与估价参数的对应关系，以及参数内涵与计算口径的对应关系，并按照估价参数确定指导意见，确定与估价目的相适应的、估价方法所必需的估价参数。

③ 估价人员执行无居民海岛估价业务，可以根据委托方的特殊要求或具体估价对象的特殊情况，选择其他估价方法，但应当确信所采用该估价方法的合理性，并在估价报告中明确说明方法的原理、来源、选取理由。

7. 确定待估海岛最终价格

对一种评估方法做出的初步结论进行分析，判断评估结论的合理性。

① 应当对评估资料的全面性、客观性及适时性，参数选取的合理性及适时性，计算公式的正确性，计算表格链接的正确性等进行分析。

② 将评估结论再次核实是否与本次的评估目的及价值类型相匹配。相关增减值分析判断是否可以说明评估结论的合理性。

当采用多种方法评估时，估价人员应当对各种评估方法所得出的价值结论进行比较，在分析所适用评估资料、数据、参数质量等因素的基础上，综合考虑不同方法和初步评估结论的合理性，分析可能存在的问题并做出调整，最终确定出合理的评估结果。

确定估价结果可视待估海岛情况选用以下调整方法：a. 简单算术平均法；b. 加权算术平均法；c. 综合分析法。估价人员应当在估价报告中明确说明调整试算价格的方法及理由，并确信所采用调整方法具有最佳合理性。待估海岛最终价格不得低于无居民海岛使用权出让的最低价标准。

8. 整理评估成果

（1）整理报告

海岛估价人员应当在执行评定估算程序后，根据法律、法规和估价规范的要求编制评估报告。仅从履行程序的角度，评估报告应由估价人员编制并由其所在的评估机构出具。

（2）整理附件

附件包括委托方的委托估价函和相关当事方的承诺函、无居民海岛产权证书复印件或产权证明材料、海岛位置图、海岛建筑物和设施布置图、估价对象照片、有关背景材料、估价机构资质证书及营业执照复印件、估价人员资格证书复印件等。

（3）整理工作底稿

无居民海岛估价工作底稿是估价人员执行无居民海岛估价业务中形成的，反映估价程序履行情况、支持估价结论的相关依据、记录和资料。

估价人员执行无居民海岛估价业务，应当遵守法律、法规和资产估价准则的相关规定，编制能够支持估价结论的工作底稿；估价人员应当根据估价业务的性质和复杂程度等相关因素，决定工作底稿的繁简程度，并确保真实地反映和记录估价业务全过程；工作底稿内容应当真实完整、重点突出、结论明确，形式应当要素齐全、格式规范、标识一致、记录清晰；估价人员应当在估价业务完成后将工作底稿分类，与估价报告等一起归入估价业务档案，并由所在估价机构按照国家有关档案管理的法律、法规及本准则的规定妥善管理。估价业务档案自估价报告日起至少保存10年，国家法律法规另有规定的，从其规定；估价机构和估价人员不得在规定的保存期内对已完成归档的估价业务档案进行删改或销毁。

① 工作底稿的分类。工作底稿通常分为管理类工作底稿和操作类工作底稿。管理类工作底稿是指估价人员在执行估价业务过程中，为规划、安排、控制和管理整个估价业务所形成的工作记录及相关资料；操作类工作底稿是指估价人员在履行现场调查、收集估价资料和评定估算程序时，所形成的工作记录及相关资料。

② 工作底稿的内容。管理类工作底稿通常包括估价业务基本事项的记录、业务约定书、估价计划及估价业务风险评价记录、估价过程中重大问题处理记录、估价报告的审核记录。操作类工作底稿通常包括实地勘察记录，如海岛实地测量、勘察记录等；收集的估价资料，如市场调查记录、历史收益和预测资料等与估价相关的财务及审计资料、询价记录、函证记录、其他专家鉴定及专业人士报告；评定估算过程记录，如

价值分析、计算、判断过程记录，重要参数的选取和形成过程记录等。

③ 工作底稿的编制。估价人员应当根据工作底稿的类别和顺序，编制索引号和页次，并通过使用交叉索引和备注说明等形式反映工作底稿间的勾稽关系；委托方和相关当事方提供的与估价业务相关的资料，应当由提供方盖章确认或能够可靠地追索其来源；工作底稿应当反映复核过程，复核人在复核工作底稿时，应当书面表示复核意见并签名；估价人员应当根据估价业务具体情况合理选择工作底稿的形式。电子或其他介质形式的重要工作底稿，应当同时形成纸质文件。

（二）程序执行的其他要求

1. 程序执行的记录

专业评估人员应当按照无居民海岛评估程序规范要求执行评估业务，并将评估程序的履行情况在评估工作底稿中完整记录。

2. 履行程序受限制的情形

专业评估人员在执行评估业务过程中，由于受到客观限制不能履行既定评估程序，可以决定继续履行或终止履行业务委托书。当评估程序执行中受到限制时，评估师应关注以下几点。

（1）分析所受限制的性质（主观限制、客观限制）

客观限制的情况通常表现为：①有关方面不配合，如养殖的水产、分期收款发出商品等；②评估对象无法勘查。如海底管网、资产在有危险的地带、海轮泊在国外、关系国家安全保密需要，少数股权投资在国外等；③主要的资料、证明无法取得。

（2）处理方式

①终止评估业务，如所受限制对评估报告目的下评估结论的合理性产生重大影响；②继续履行评估业务，在特别事项说明和评估报告使用限制中做出相应说明。评估师通过采取必要措施弥补评估程序的缺失，认为对评估结论不会产生重大影响时可继续执行评估程序，同时在特别事项中披露执行评估程序中受到的限制、无法履行的评估步骤和采取的必要措施，以及对评估结论的影响。

当无法采取必要措施弥补评估程序缺失时，首先应与委托方充分沟通，如继续执行评估业务，评估师应采取如下措施。

第一，在特别事项中予以披露，评估程序执行中受到的限制、无法履行的评估步骤和采取的必要措施，对评估结论的影响。专业评估人员执行无居民海岛评估业务，根据评估业务具体情况，采用不同评估程序时，应当在评估报告中明确说明实际履行的具体程序及理由，并确信所采用具体评估程序足以支持评估结论。由于委托方的特殊要求不能履行既定评估程序，应当要求委托方出具书面说明，并在评估报告中对未履行的评估程序和对评估结论造成的可能影响予以披露。

第二，在评估报告的使用限制说明中，明确限定评估报告使用者仅为委托方，且仅限于双方商定的评估目的。

3. 提交正式评估报告前的沟通

评估师提交正式评估报告前，可以在不影响对最终评估结论进行独立判断的前提下，与委托方或委托方许可的相关当事方就评估报告有关内容进行必要沟通。在提交正式评估报告前，可以与委托方及相关当事方就评估报告有关内容进行必要沟通，听取他们对评估结论的反馈意见，并引导委托方、产权持有者等合理理解和使用海岛价格评估结论。

4. 提交报告的方式

评估师完成上述评估程序后，由其所在评估机构出具评估报告并按业务约定书的要求向委托方提交评估报告。要求按照业务约定书约定的方式提交报告（当面提交或特快专递提交）。一般要有委托方接受评估报告的书面凭证。

第三节　海岛估价程序的价值评价

无居民海岛评估程序是指海岛评估机构和估价人员执行无居民海岛评估业务、形成海岛估价结论所履行的系统性工作步骤，同时也是提高无居民海岛价格评估业务质量的保障。这也说明，评估程序不是简单的评估工作步骤，而是通过规范海岛估价评估行为，维护和提升评估服务公信力的重要保证，体现了评估程序的重大作用和价值，这种价值反映了在评估作业过程中产生的积极社会效果。海岛估价程序蕴含并实现的价值是目的价值与工具价值构成的有机系统，工具性价值是目的性价值的手段与实现方式，而目的性价值统领、整合着程序的动态运作，反映其本质特征。

一、估价程序的工具性价值①

估价程序的工具性价值是指作为评估行为规范能够实现评估程序对评估质量的保障作用而产生的价值。客观、效率与安全是程序价值具体体现。由于对海岛评估行为有了明确的规范，估价人员执行相关评估程序，就可以做到公平、公正、客观地估算评估结果，提高评估效率，并确保评估行为合理性、合法性、合规性。

（一）估价程序的客观性

海岛估价程序的客观性体现在海岛估价程序的系统性和严谨性，是指海岛估价程序可以排除恣意因素，保证结论的公平合理。“估价人员不得随意删减基本评估程序”的程序性限制，使得海岛估价人员专业判断减少了随意性和盲目性，有利于维护海岛

① 此观点引自：王顺林，史晓宁．论资产评估程序性准则的工具性价值与目标性价值．南京财经大学学报，2012，6：87－90。

评估行业的信誉和评估体系的完整性。估价程序规定的内容在很大程度上是一种角色规范，是保证分工执行顺利实现的条件设定。

（二）估价程序的效率性

估价程序的效率性体现在海岛估价程序的科学性和合理性，依照规定程序执行评估，能够寻求最适判断和最佳处理方案。海岛估价程序的科学性使得估价过程的各个环节紧密衔接，没有冗余步骤，提高评估效率；评估程序的合理化原则要求把理性和经验结合起来，是程序效率的保障。它要求程序的安排能使阻碍和浪费最小化，效果和支持最大化。

（三）估价程序的安全性

估价程序的安全性体现在海岛估价程序安排上的谨慎性，依靠估价程序对评估风险起到防范与控制作用。评估师只有恰当地履行必要的评估程序，才能保证评估的质量，至少在程序上避免重大的遗漏或疏忽。充分、适当地履行估价程序，就使海岛估价报告使用者在制度上失去了在实体与程序两方面表示不满的机会，从而使结果获得正当性。因此，恰当履行无居民海岛估价程序是海岛估价机构以及估价人员防范执业风险的主要手段，也是在产生纠纷或诉讼后，合理保护自身权益、合理抗辩的重要手段。

二、估价程序的目的性价值①

海岛估价程序的目的性价值问题历来是西方程序法学者关注的焦点。海岛估价程序不仅仅是注重客观、效率与安全的评估工作步骤，还有其本身的目的性，其核心价值取向目标为可持续发展。

（一）估价程序的内在性

无居民海岛估价程序有其本身的独立价值和内在品质。海岛估价过程中，关注估价程序本身是极其重要的，程序细节往往决定估价结果，一旦某一重要估价环节的安排缺失或存在漏洞，可想而知，将给海岛估价结果带来严重的不确定性，在一定条件下便演变成程序形式主义，甚至造成估价结果报告使用者不信任的后果。这也意味着估价人员并不需要为自己所做的评估结果负责。因此必须承认程序本身的内在价值。

（二）估价程序的涵盖性

估价程序的目的性价值是一个能涵盖其工具性价值目标，集中反映体现估价程序自身特质与精神的范畴。评估实务中对估价程序的理解经常要离开规则而求助于目的，在估价程序基本功能的作用下，引导出其对工具性的需求，估价程序中对估价行为每一个环节的制度安排决定了估价程序的目的性价值将覆盖程序的工具性价值。这是因

① 此观点引自：王顺林，史晓宁．论资产评估程序性准则的工具性价值与目标性价值．南京财经大学学报，2012，6：87－90。

为，程序性规范的目的性价值是本质，工具性价值是其目的性价值的实现手段。

（三）估价程序的持续性

估价程序的可持续性由估价程序在评估规范体系中的地位与根本任务决定，估价程序的目的性价值应该是可持续发展。可持续发展目标已经给中国资产评估行业的远景规划及政策的制定与实施带来了全面而且深刻的影响。可持续发展对程序性准则的影响是一种长期的、根本性的、整体性的影响。无居民海岛估价的基础工作刚刚展开，相关制度性建设还不完善，海岛估价规范建设以及估价程序制定显得尤为迫切，规范、有效的海岛估价程序能够使海岛估价高效有序进行，并提高估价的持续能力。

第八章　海岛估价报告

估价报告是估价行业生产的产品，是对估价全过程的记述，对估价结果的反映，是专业性、技术性估价一系列活动的最终成果和体现。无论是咨询型报告还是鉴证性报告一旦出现质量问题就会使很多委托人对估价师的职业操守产生怀疑，对估价的科学性、技术性有异议，资产受让方有可能认为所购资产性价比偏低产生不满。估价报告质量的缺陷还影响估价人员的形象，影响估价机构的行业竞争力，甚至会使人员和机构承担法律责任，使估价行业失信于社会。如果是为委托人或其之外的第三人提供价格证明的鉴证性报告（如为银行提供抵押贷款参考的抵押价值、为征收人确定补偿金额征收价值、为防止国家税收流失的课税价值等）一旦结果有失客观公正，必然会影响相关当事人的切身利益，甚至影响国家和社会的公共利益。

在无居民海岛估价领域，海岛估价报告是海岛评估体系的重要组成部分，海岛估价报告的作用来源于海洋资源价值评估领域三种因素的影响：其一，近年来海岛使用权招标、拍卖已成为市场机制配置国有海洋资源的重要方式，反映估价成果的海岛估价报告随之成为政府海洋管理部门招标、拍卖海岛使用权的基础；其二，市场配置机制强调海岛使用权转移过程透明、公开，进而要求记录估价对象、过程及结果的估价报告清晰、完整；其三，海岛估价行业主管部门对估价报告中有关海岛估价结果备案及承担的责任等问题存在监管要求。

第一节　海岛估价报告的基本要求

一般而言，形式为内容服务，不同目的、内容的报告，可以有不同的结构格式。但是，作为海岛使用权转让定价重要技术文件的海岛评估报告，其基本结构应体现规范性、严谨性，具备先后有序、主次分明、详略得当、联系紧密、层层深入的特征，便于更好地描述估价对象，记述估价过程，反映估价成果。

一、海岛估价报告的基本内容

基本内容是海岛估价报告的核心部分，应系统说明估价要素和海岛的估价程序，描述估价方法的科学性和估价结果的客观合理性，反映海岛价格形成的客观规律，体现出估价报告的质量水平和估价人员的职业操守。

（一）海岛估价报告概述

1. 海岛估价报告

海岛估价报告是估计机构出具的关于估价对象价值的专业意见，是估价机构提供给委托人的最终成果；是估价机构履行估价委托合同、给予委托人关于估价对象价值的正式答复；也是记述估价过程、反映估价成果的文件及关于估价对象价值的分析报告。海岛估价报告是估价人员对待估价对象的估价目的、估价过程中采用的原则、依据、方法、程序、估价结果等进行详细而完整的记载，反映估价成果的文件。海岛估价报告在估价业务中具有重要的作用。

2. 海岛估价报告内容

（1）总述

即估价的基本事项，说明委托估价人、估价项目名称、估价日期、估价人员及估价对象区位和状况、估价说明、假设与限制条件、估价目的、估价期日、岛上建筑物和构筑物权利状况等。其主要作用是将需要验证的内容集中在一起说明。

（2）估价对象及其背景条件

包括无居民海岛自然资源因素、其所在区域经济、环境影响因素、规划要求与税收影响、海岛个别因素、估价对象所属行业特殊因素、岛上建筑物、构筑物以及附着物状况等。其主要作用是对影响估价的因素进行分析，作为估价的基础。

（3）价格评估过程与结果

包括无居民海岛经营项目、估价依据、估价方法、估价价格调整与结果、估价人员资质与资历等。其主要作用是对估价报告的主体说明。

（4）需要说明的特殊事项

包括产权瑕疵，或有事项、引用专业报告或利用专家协助工作、不确定因素对估价结论的影响、对受客观条件限制或超出估价专业范畴而未履行必要估价程序所采取的有关措施、委托方的特殊要求等事项，以及其他可能影响估价结论但非估价人员执业水平和能力所能完成的事项，在无居民海岛估价报告中进行客观说明，重点提请估价报告使用者关注其可能对估价结论产生的影响。

（5）估价报告的使用限制

包括报告的所有权人、报告的使用人、报告的服务目的及保密约定等限制性说明。

（6）附件

对估价对象、估价方法及估价基础的补充性说明材料。

（二）海岛估价报告的文本格式

海岛估价报告应包括工作报告和技术报告。其中工作报告需提供文字式和表格式两种形式的海岛估价报告。海岛估价报告规范格式（一般格式）的基本内容应包括：《无居民海岛估价报告》（文字式）、《无居民海岛估价报告》（表格式）、《无居民海岛估价技术报告》，每一份报告都由封面和正文组成。

1. 无居民海岛估价工作报告（文字式）

（1）封面

封面内容和格式如下：

无居民海岛估价报告

［封面标题］

项目名称：［说明估价项目的全称，内容可包括估价目的及估价对象价格类型（无居民海岛使用权或其他）等字样］

委托估价单位：［说明委托估价的单位或个人］

受托估价单位：［说明进行该项估价并符合估价资质的机构名称，可同时列出合作估价机构］

无居民海岛估价报告编号：［说明估价机构对该项目的编号，含有“（地名）估价机构简称（年度）（估）字第××号”等字样，其中年度为提交无居民海岛估价报告日期所在年度］

提交估价报告日期：［说明无居民海岛估价报告提交的具体日期］

（2）正文

正文内容和格式如下：无居民海岛估价报告

［正文标题］

第一部分　摘要

［分标题］

一、估价项目名称［同《无居民海岛估价报告》文字式封面］

二、估价目的［说明该项估价是为了满足委托方的何种需要及其估价依据、估价结果的应用方向等，对估价依据则应注明文号、批准单位及批准日期等］

三、估价基准日［说明估价结果对应的具体日期，样式为××××年××月××日］

四、估价日期［说明该项估价工作的起止日期，样式为××××年××月××日至××××年××月××日］

五、价格定义［无居民海岛价格定义应注明估价海岛价格的内涵是指在估价基准日、现状利用或规划利用条件下、设定的开发程度与用途、法定最高年限内一定年期

的无居民海岛使用权（或包括其他内容）价格]

六、估价结果［说明本次估价最终确定的海岛总价格、单位价格，须以人民币表示，总海岛价格附大写金额，并附无居民海岛估价结果一览表。如需用外币表示的，应标明估价基准日外币与人民币的比价]

七、估价人员签字［由参加估价及符合估价资质的估价机构中的至少 2 名无居民海岛估价人员签字，并注明无居民海岛估价人员资格证书号]

八、估价机构［由签字海岛估价人员所在的估价机构法人代表签字，并加盖公章，其中至少 1 个为符合海岛估价资质的估价机构]

估价机构负责人签字：　　　（机构公章）

××××年××月××日

第二部分　估价对象界定

［分标题]

一、委托评估方［说明该项评估的委托单位及其隶属关系、委托单位与海岛使用者之间的关系、主营业务范围等以及单位地址、法人代表、联系人等，或委托的个人、联系地址、联系人等]

二、评估对象［说明估价对象的具体范围，指出评估的是无居民海岛还是包括其他内容，并具体说明估价对象的面积、无居民海岛使用者、用途等]

三、估价对象概况

1. 无居民海岛登记状况［说明估价对象的来源及历史沿革，无居民海岛使用权人、无居民海岛地理位置、四至、用岛类型、用岛面积、海岛等别、海岛权属性质及权属变更、无居民海岛使用权证书编号、无居民海岛使用金缴纳情况、海籍图号、海岛号等]

2. 无居民海岛权利状况［说明海岛使用权取得时间、批准使用年限和剩余使用年限、无居民海岛设立抵押权、租赁权、权利纠纷等情况]

3. 无居民海岛利用状况［说明海岛开发利用现状、沿革及岛上构筑物建设、林木覆盖情况。无居民海岛利用变迁包括估价对象的不同利用历史、规划利用、最佳利用等情况，对有规划条件的，应说明规划条件的批准机关及批准日期、具体规划条件等]

四、影响无居民海岛价格的因素说明

1. 自然资源因素［指反映海岛区域内自然资源禀赋的空间资源状况、生态资源、旅游资源丰度以及港口开发适宜性等因素]

2. 社会经济因素［指反映海岛地区经济社会发展水平的交通条件、区域发展水平、用岛规划限制等因素]

3. 生态环境因素［指反映海岛地区生态环境条件、生态环境质量、生态环境灾害、

附

无居民海岛估价结果一览表

估价机构： **估价报告编号：** **估价基准日：** **估价基准日的无居民海岛使用权性质：**

估价基准日的无居民海岛使用者	无居民海岛编号	无居民海岛名称	无居民海岛使用证编号	无居民海岛位置	估价基准日的实际用途	估价设定的用途	估价基准日的无居民海岛实际开发程度	估价设定的无居民海岛开发程度	无居民海岛使用权年限（年）	面积（公顷）	单位面积价格（万元/公顷）	无居民海岛总价（万元）	备注
合 计													

一、上述无居民海岛估价结果的限定条件

1. 无居民海岛权利限制：[说明有否影响无居民海岛价格的海岛权利限制及具体内容]

2. 规划限制条件：[说明有否影响无居民海岛价格及海岛利用的规划限制条件以及具体内容]

3. 影响无居民海岛价格的其他限定条件：[说明有否影响无居民海岛价格的其他限定条件及具体内容]

二、其他需要说明的事项[参照估价报告中“其他需要特殊说明的事项”]

估价机构：(加盖公章) 年 月 日

人类活动影响等因素]

第三部分 无居民海岛估价结果及其使用
[分标题]

一、评估依据[说明该项评估所依据的国家有关法律、法规、行政规章以及评估对象所在沿海省、自治区、直辖市的有关法律规定，采用的技术规程，委托方提供的有关资料，受托评估方掌握的有关资料和评估人员实地勘察、调查所获取的资料等。评估依据披露应当准确、清晰]

[上述评估依据应与评估过程相一致，对评估过程中方法选择、有关参数确定所依据的主要文件应列出]

二、无居民海岛估价

1. 估价原则[简要说明该项估价所遵循的主要原则]

[上述评估原则可根据评估对象特点与评估目的有所选择]

2. 估价方法[简要说明评估中采用的主要方法（收益还原法、成本逼近法、剩余法、市场比较法、邻地比价法、使用金参照法、条件价值法、实物期权法）、方法选择的依据。估价方法应根据估价目的和估价对象特点等选定，并与估价原则和估价依据衔接一致][要求所选估价方法不少于2种]

3. 估价结果[说明每种估价方法的估价结果、最终估价结果的确定方法及依据，以人民币表示的海岛总价格和单位价格]

三、估价结果和估价报告的使用

1. 估价的前提条件和假设条件[说明进行本次评估及估价报告与估价结果成立的前提条件（如估价依据的可靠性、市场的客观性、无居民海岛价格内涵、无居民海岛的持续利用等）、假设条件（如评估对象的用途设定、年期设定、评估基准日设定等）]

2. 估价结果和估价报告的使用

[包括以下内容：

（1）估价报告和估价结果发生效力的法律依据。说明进行本次评估所依据的主要法律、法规，注明估价报告和估价结果依照法律、法规的有关规定发生法律效力。

（2）本报告和估价结果使用的方向与限制条件。说明估价报告和估价结果在一定估价目的下使用，注明海岛估价报告仅供委托方和送交海洋行政主管部门审查用，海岛估价技术报告不提供给委托方。

（3）海岛估价报告的有效期。估价报告的有效期自估价基准日起不超过1年。

（4）申明估价报告和估价结果的使用权归委托方所有，估价机构对估价结果有解释权。

（5）违规使用海岛估价报告和估价结果的法律责任。提请报告使用者应根据国家

法律法规的有关规定，正确理解并合理使用估价报告，否则评估机构和注册评估师不承担相应的法律责任。］

3. 需要特殊说明的事项

［说明：

（1）产权瑕疵。

（2）或有事项（包括未决事项、法律纠纷等）。

（3）引用专业报告（或专业意见）、利用专家协助工作。

（4）评估假设以及评估依据资料的真实性、完整性和合法性对评估结论影响。

（5）调查过程中，有关资料来源及未经实地确认或无法实地确认的资料和评估事项。

（6）对评估结果和评估工作可能产生影响的变化事项（如用岛类型、设定用途、开发程度等）以及采取的相应措施。

（7）评估对象的特殊性、评估中未考虑的因素及采取的特殊处理，必要时说明原因或依据。

（8）委托方要求执行的、超出评估规范要求和评估师专业范畴的工作。

（9）其他需要特殊说明的事项。］

第四部分　附件

［分标题］［应包括委托方的委托评估函和相关当事方的承诺函、评估对象海岛使用权证书复印件或无居民海岛产权证明材料（附调查图）（出让海岛需附出让合同或协议）、海岛位置图、海岛分类型界址图、海岛建筑物和设施布置图等图件、评估对象照片（从不同角度体现海岛上主要建构筑物、用途及利用特点）、有关背景材料（如评估项目的有关批准文件等，如为规划利用应提交规划利用的项目建议书、可行性研究报告、用岛规划许可证、用岛工程规划许可证或审定设计方案通知书等规划文件）、评估对象如设定他项权利时有关权利人证明材料、评估机构资质和营业执照复印件、签字海岛评估师证书复印件、委托方营业执照复印件等］

［在提交有关评估对象海岛产权证明材料时，评估人员必须对海岛产权证明原件（如无居民海岛使用权证书等）进行验对核实后，在复印件上加盖评估机构公章］

2. 无居民海岛估价报告（表格式）

（1）封面

封面内容和格式如下：

无居民海岛估价报告

［封面标题］

项目名称：［同《无居民海岛估价报告》文字式］
委托评估单位：［说明委托评估的单位或个人］
受托评估单位：［同《无居民海岛估价报告》文字式］
无居民海岛评估报告编号：［同《无居民海岛估价报告》文字式］
提交评估报告日期：［同《无居民海岛估价报告》文字式］
（2）正文
正文内容和格式如下：

无居民海岛估价报告

［正文标题］

第一部分　概述

［分标题］

1. 评估项目名称＿＿＿＿＿＿＿＿＿＿＿＿＿＿＿＿＿＿＿＿
2. 委托评估方＿＿＿＿＿＿＿＿＿＿＿＿＿＿＿＿＿＿＿＿
联系地址＿＿＿＿＿＿＿＿＿＿＿＿＿＿＿＿＿＿＿＿
联系电话＿＿＿＿＿＿＿＿＿＿＿＿＿＿＿＿＿＿＿＿
法人代表＿＿＿＿＿＿＿＿＿＿＿＿＿＿＿＿＿＿＿＿
联系人＿＿＿＿＿＿＿＿＿＿＿＿＿＿＿＿＿＿＿＿
3. 受托评估方＿＿＿＿＿＿＿＿＿＿＿＿＿＿＿＿＿＿＿＿
联系地址＿＿＿＿＿＿＿＿＿＿＿＿＿＿＿＿＿＿＿＿
联系电话＿＿＿＿＿＿＿＿＿＿＿＿＿＿＿＿＿＿＿＿
法人代表＿＿＿＿＿＿＿＿＿＿＿＿＿＿＿＿＿＿＿＿
联系人＿＿＿＿＿＿＿＿＿＿＿＿＿＿＿＿＿＿＿＿
4. 评估基准日××××年××月××日＿＿＿＿＿＿＿＿＿＿
5. 评估日期××××年××月××日至××××年××月××日
6. 评估目的＿＿＿＿＿＿＿＿＿＿＿＿＿＿＿＿＿＿＿＿
［如为出让目的，应注明出让方式：拍卖、招标或挂牌］
7. 无居民海岛价格定义＿＿＿＿＿＿＿＿＿＿＿＿＿＿＿＿
8. 无居民海岛评估结果
评估对象总面积＿＿＿＿＿＿＿＿＿＿＿＿＿＿＿＿＿＿＿＿
单位面积无居民海岛价格＿＿＿＿＿＿＿＿＿＿＿＿万元/公顷

无居民海岛总价格____
大写____

9. 无居民海岛评估师签字

评估师姓名　　　　　评估师证书号　　　　　签字

__________　　　　__________　　　　__________

__________　　　　__________　　　　__________

__________　　　　__________　　　　__________

10. 无居民海岛估价机构____________________________________

____

估价机构负责人签字：　　（机构公章）

××××年××月××日

第二部分　估价对象界定

［分标题］

一、估价对象描述

1. 权属登记状况

1.1　无居民海岛位置______________________________________

1.2　无居民海岛来源及其变革______________________________

1.3　无居民海岛权属性质及其权属变更状况__________________

1.4　海岛名称______________　1.5 海岛代码________________

1.6　海岛等别______________　1.7 用岛类型________________

1.8　海岛面积______________公顷

2. 权利状况

2.1　无居民海岛所有者__________________________________

2.2　无居民海岛使用者__________________________________

2.3　无居民海岛使用证编号______________________________

2.4　共有无居民海岛使用者______________________________

共有使用权分摊面积____________________________________

2.5　他项权利类型______________________________________

他项权利权利人__________　他项权利义务人__________

其他____

2.6　无居民海岛使用权取得方式__________________________

无居民海岛取得时间______________批准机关__________

无居民海岛批准使用年限__________已使用年限________

剩余年限______________

3. 利用状况

3.1　规划利用说明

规划批准文件______________

3.2　实际利用说明______________

3.3　建筑物状况______________

3.4　构筑物状况______________

3.5　无居民海岛利用的特殊说明______________

二、影响无居民海岛价格因素说明

1. 自然资源因素

1.1　海岛空间资源状况

用岛面积______________

海岛滩涂面积______________

岸线长度______________

1.2　海岛生态资源

水产资源指数______________

岛陆经济生物资源丰度______________

森林资源蓄积量______________

淡水资源缺水率______________

1.3　海岛旅游资源丰度

旅游资源多样性______________

旅游资源稀缺性______________

适游时间______________

1.4　可再生能源状况

可再生能源综合指数______________

2. 社会经济因素

2.1　交通条件

离岸距离______________

2.2　区域发展水平

区域人均 GDP ______________

依托地区星级酒店的床位数______________

滨海旅游人数______________

单位面积基础设施建设费______________

2.3　行政管制

用岛规划限制______________

3. 生态环境因素

3.1　生态环境条件
地形坡度________________________
海水浴场健康指数________________________
海岛观光指数________________________
海岛休闲活动指数________________________
植被覆盖率________________________
3.2　生态环境灾害
海洋灾害发生频次________________________
海洋灾害发生强度________________________
3.3　生态环境质量
海岛环境质量指数________________________
海水质量指数________________________
3.4　生态系统影响
海岸侵蚀________________________
湿地面积退化率________________________
3.5　人类活动影响
工程建设影响程度________________________

第三部分　无居民海岛估价结果及其使用
[分标题]

一、估价依据
1. ________________________
2. ________________________
3. ________________________
……
二、估价原则
1. ________________________
2. ________________________
3. ________________________
……
三、无居民海岛估价
1. 评估基本事项
1.1　海岛等别________________________
1.2　用岛类型________________________
1.3　离岸距离________________________

1.4　无居民海岛使用权出让最低价标准________________

……

2. 估价方法

2.1　估价方法______________________________________

2.2　估价方法选择依据______________________________

3. 估价程序

3.1　评估前期准备工作______________________________

3.2　现场评估阶段__________________________________

3.3　评估汇总阶段__________________________________

3.4　提交报告阶段__________________________________

4. 估价结果

估价对象总面积____________________________________

单位面积价格______________________________ 万元/公顷

总价格____

大写____

四、估价结果和估价报告的使用

1. 评估的前提条件__________________________________

假设条件____

2. 估价结果和估价报告的使用

2.1　估价报告和估价结果的主要法律依据______________

2.2　估价报告和估价结果的使用方向__________________

2.3　估价报告和估价结果的限制条件__________________

2.4　估价报告的有效期限______________________________

3. 其他需要特殊说明的事项__________________________

第四部分　附件

［分标题］

［同《无居民海岛估价报告》文字式］

3. 无居民海岛估价技术报告

（1）封面

封面内容和格式如下：

无居民海岛估价技术报告

[封面标题]

项目名称：[说明估价项目的全称，内容可包括估价目的及估价对象价格类型（无居民海岛使用权或其他）等字样。估价项目全称后加括号注明评估对象所在县（市、区）全名，如“××县（市、区）”字样]

委托评估单位：[同《无居民海岛估价报告》文字式]

受托评估单位：[同《无居民海岛估价报告》文字式]

无居民海岛估价报告编号：[同《无居民海岛估价报告》文字式]

无居民海岛估价技术报告编号：[说明估价机构对该项目的技术编号，含有“（地名）估价机构简称（年度）（技）字第××号”等字样，其中年度为提交无居民海岛估价报告日期所在年度]

提交估价报告日期：[同《无居民海岛估价报告》文字式]

（2）正文

正文内容和格式如下：

无居民海岛估价技术报告

[正文标题]

第一部分　总述

[分标题]

一、评估项目名称[同《无居民海岛估价技术报告》封面]

[如一个项目涉及两个以上县（市、区）时，应分县（市、区）分别出具无居民海岛估价技术报告]

二、委托评估方[同《无居民海岛估价报告》文字式]

三、受托评估方[说明该项评估的受托估价机构、机构地址、估价机构资质级别、资格证书获得时间、评估资格有效期、资格证书编号、法人代表等]

四、评估目的[同《无居民海岛估价报告》文字式]

五、评估依据[同《无居民海岛估价报告》文字式]

六、评估基准日[同《无居民海岛估价报告》文字式]

七、评估日期[同《无居民海岛估价报告》文字式]

八、价格定义[同《无居民海岛估价报告》文字式]

九、需要特殊说明的事项[同《无居民海岛估价报告》文字式]

十、无居民海岛评估师签字[同《无居民海岛估价报告》文字式]

十一、无居民海岛估价机构[同《无居民海岛估价报告》文字式]

估价机构负责人签字： （机构公章）

××××年××月××日

第二部分 估价对象描述及无居民海岛价格影响因素分析

［分标题］

一、估价对象描述

1. 无居民海岛登记状况［同《无居民海岛估价报告》文字式］

2. 无居民海岛权利状况［同《无居民海岛估价报告》文字式］

3. 无居民海岛利用状况［同《无居民海岛估价报告》文字式］

［上述内容中，无居民海岛登记和权利状况以无居民海岛登记、无居民海岛使用权证书和无居民海岛使用权出让合同中的有关内容为准，无居民海岛利用状况以实际勘察与调查的内容为准。］

［无居民海岛权利状况中他项权利限制以及无居民海岛利用限制等对无居民海岛价格造成影响的，应说明影响趋势及影响程度。］

二、无居民海岛价格影响因素分析［说明影响评估对象海岛价格水平的因素］

1. 自然资源因素［同《无居民海岛估价报告》文字式］

2. 社会经济因素［同《无居民海岛估价报告》文字式］

3. 生态环境因素［同《无居民海岛估价报告》文字式］

［上述因素分析与《无居民海岛估价报告》中的因素说明有所区别，《无居民海岛估价报告》的影响因素说明侧重于对有关影响因素的陈述，这里则侧重于对无居民海岛价格影响因素进行分析，其中对无居民海岛价格影响大的重要因素必须分析，与本次评估相关性小或无关的因素仅为参照。因无居民海岛的特殊用途或其他原因而影响价格的特殊因素，要在这里说明并进一步详细分析。］

［在对无居民海岛价格影响因素进行分析时，通过定性和定量分析，着重分析这些因素对无居民海岛价格可能产生的影响程度及影响趋势，并与无居民海岛评估过程中有关方法选择、参数确定、因素分析和比较内容等相对应，要求对无居民海岛价格影响因素的分析要与评估结果的确定联系起来，做到分析合理、参数有据、评估得当，不能前后矛盾。］

［无居民海岛价格影响因素的分析，必须做到客观描述，用语规范，内涵准确，能够定量反映的必须用定量数据表述。］

第三部分 无居民海岛估价

［分标题］

一、估价原则［同《无居民海岛估价报告》文字式］

二、估价方法与评估过程［要求说明估价方法选择依据和每种方法的评估过程］

［应根据估价对象特点及项目的实际情况，选取适宜的估价方法（收益还原法、成本逼近法、假设开发法、市场比较法、邻地比价法、使用金参照法、条件价值法、实物期权法）。要求在一项评估中所选方法不少于 2 种，并说明估价方法选择的依据。］

（一）收益还原法

［应用此方法评估，要按照规定程序和方法进行，技术报告中应对以下内容予以明确说明。

1. 具体说明实际总收益和客观总收益及评估时采用的收益额和相应的条件，采用市场比较法、假设开发法等求算收益时，应根据各自方法的有关要求列出计算步骤和计算过程。

2. 总费用中涉及的项目和各项标准，要具体说明其确定的依据、确定方法和各项参数的选取标准，依据涉及有关法律、法规的，要说明批准机关、批准时间、文号及内容等。

3. 说明海岛纯收益的计算依据和方法。

4. 明确说明还原利率的确定方法、依据和具体标准。

5. 说明海岛使用年限、收益还原法公式选取和收益价格确定。］

（二）成本逼近法

［应用此种方法评估，要求按照规定程序和方法进行，并需明确以下有关内容。

1. 要详细说明海岛取得费的各组成项目及费用标准，并说明其确定的依据。有文件依据的，应首先符合国家法律、法规等，不合理收费不应作为依据。同时要说明所依据文件的名称、批准机关、批准时间及文件中有关费用标准；没有文件依据的，如属当地一般规定，要有沿海省、自治区、直辖市海洋行政主管部门或有关的政府部门证明，涉及当地不同区域的费用标准，要在对评估对象所在区域实际情况进行充分调查的基础上，分析后确定客观取得费用，并说明原因。

2. 明确评估对象的开发期限、开发状况和相应的开发费用标准，并说明依据。有文件依据的，说明文件的批准机关、批准时间及内容等，没有文件依据的，应通过市场调查取得海岛开发费用，确定的开发费用能反映当地的平均开发水平。

3. 有关税费、贷款利息、投资回报率的确定，要在技术报告中说明依据的资料及其来源、分析计算过程及结果。

4. 说明成本价格基础上的海岛增值标准的确定方法和依据。

5. 说明海岛价格的确定方法和结果。］

（三）剩余法

[应用此方法评估，要按照规定程序和方法进行，技术报告中应对以下内容予以明确说明。

1. 通过分析评估对象条件、利用现状等，考虑到规划利用及管理等限制条件，确定海岛的最佳利用方式。

2. 明确评估对象开发完成后的利用方式及依据目前市场状况评估的总价，并说明评估方法及依据。

3. 对开发周期、利息、税费、手续费和开发者利润等要说明其选择依据和标准。

4. 说明计算公式、计算过程和结果。]

（四）市场比较法

[应用此种方法评估，要按照规定，选择相似比较实例，进行因素比较修正后，确定待估海岛的价格。对比较实例选择、比较因素选择、因素条件的比较及因素修正有以下具体要求。

1. 比较实例选择。要求比较实例至少有 3 个，选择的实例与评估对象应属于同一供需圈、类型相同或相近、交易时间与评估基准日相差不超过 3 年的海岛，所选实例应是实际交易实例，并具体说明实例的位置、面积、海岛等别、用岛类型、无居民海岛利用情况、无居民海岛开发程度、交易时间、无居民海岛使用年限、交易方式、交易情况和交易价格等。

2. 因素选择。评估时选择的比较因素应包括影响无居民海岛价格的全部主要因素，主要是自然资源因素、社会经济因素、生态环境因素。不同类型用岛的具体影响因素选择应有所不同。以上因素要与报告第二部分所分析的无居民海岛价格影响因素相一致，不得漏掉重要因素，必要时应说明因素选择的依据。

3. 因素条件说明。具体说明评估对象和比较实例的各因素条件，列表如下。

表一　比较因素条件说明

评估对象与比较实例 / 比较因素	评估对象	实例一	实例二	实例三	实例四	…
交易时间						
交易情况						
交易方式						
无居民海岛使用年限						
无居民海岛主导用途						

续表

比较因素 \ 评估对象与比较实例		评估对象	实例一	实例二	实例三	实例四	…
自然资源因素	用岛面积						
	海岛滩涂面积						
	岸线长度						
	岛陆经济生物资源丰度						
	森林资源蓄积量						
	景观资源多样性						
	景观资源稀缺性						
	适游时间						
	⋮						
社会经济因素	区域人均 GDP						
	滨海旅游人数						
	依托地区星级酒店床位数						
	毗邻地区房价						
	毗邻工业用地价格						
	毗邻商业用地价格						
	全社会建筑业增加值						
	⋮						
生态环境因素	地形坡度						
	海岛休闲活动状况						
	植被覆盖率						
	海岛环境质量指数						
	海水质量指数						
	海洋灾害发生频次						
	海岛面积变化率						
	工程建设影响程度						
	⋮						

表一中所列因素应根据不同类型，并结合实际调查情况和评估对象的特点确定，因素描述的应是比较因素的具体条件和具体内容，尽量不使用相同、较好、接近、较差等无具体含义的用语，能量化的一定要使用量化指标，如用岛面积应注明具体面积为多大；无法量化的指标，也必须具体描述。

评估对象和比较实例的各项条件说明要客观、具体，其中评估对象的因素条件说明要与第二部分影响无居民海岛价格的因素分析相一致，不能前后矛盾。

4. 编制比较因素条件指数表。为在因素指标量化的基础上进行比较因素修正，必须将因素指标差异折算为反映价格差异的因素条件指数，并编制比较因素指数表。除期日、交易情况、年期外，应以评估对象的各因素条件为基础，相应指数为100，将比较实例相应因素条件与评估对象相比较，确定出相应的指数，并说明确定的依据。在说明确定依据时，应以海岛市场情况（如市场交易实例、海岛市场发展水平、市场变化趋势等）和评估对象特点为基础，根据评估人员的合理分析或依据有关法律、法规等确定条件指数，有法律、法规等规定的，应说明批准机关、批准内容、文号及批准时间等。列表如下。

表二　比较因素条件指数

比较因素 \ 评估对象与比较实例		评估对象	实例一	实例二	实例三	实例四	…
交易时间							
交易情况							
交易方式							
无居民海岛使用年限							
无居民海岛主导用途							
自然资源因素	用岛面积						
	海岛滩涂面积						
	岸线长度						
	岛陆经济生物资源丰度						
	森林资源蓄积量						
	景观资源多样性						
	景观资源稀缺性						
	适游时间						
	⋮						
社会经济因素	区域人均 GDP						
	滨海旅游人数						
	依托地区星级酒店床位数						
	毗邻地区房价						
	毗邻工业用地价格						
	毗邻商业用地价格						
	全社会建筑业增加值						
	⋮						

续表

比较因素 \ 评估对象与比较实例		评估对象	实例一	实例二	实例三	实例四	…
生态环境因素	地形坡度						
	海岛休闲活动状况						
	植被覆盖率						
	海岛环境质量指数						
	海水质量指数						
	海洋灾害发生频次						
	海岛面积变化率						
	工程建设影响程度						
	⋮						

5. 因素修正。在各因素条件指数表的基础上，进行比较实例评估基准日修正、交易情况、因素修正及年期修正，即将评估对象的因素条件指数与比较实例的因素条件进行比较，得到各因素修正系数，列表如下。

表三 比较因素修正系数

比较因素 \ 评估对象与比较实例		评估对象	实例一	实例二	实例三	实例四	…
交易时间							
交易情况							
交易方式							
无居民海岛使用年限							
无居民海岛主导用途							
自然资源因素	用岛面积						
	海岛滩涂面积						
	岸线长度						
	岛陆经济生物资源丰度						
	森林资源蓄积量						
	景观资源多样性						
	景观资源稀缺性						
	适游时间						
	⋮						

续表

比较因素 \ 评估对象与比较实例		评估对象	实例一	实例二	实例三	实例四	…
社会经济因素	区域人均 GDP						
	滨海旅游人数						
	依托地区星级酒店床位数						
	毗邻地区房价						
	毗邻工业用地价格						
	毗邻商业用地价格						
	全社会建筑业增加值						
	⋮						
生态环境因素	地形坡度						
	海岛休闲活动状况						
	植被覆盖率						
	海岛环境质量指数						
	海水质量指数						
	海洋灾害发生频次						
	海岛面积变化率						
	工程建设影响程度						
	⋮						

注：表中所列比较因素、因素说明及修正系数仅表示修正方向，具体内容及修正幅度需依照相关规定和相应分析确定。

6. 实例修正后的无居民海岛价格计算。经过比较分析，采用各因素修正系数连乘法，求算各比较实例经因素修正后达到评估对象条件时的比准价格，再按照无居民海岛价格评估方法，最后确定评估对象的价格。]

（五）邻地比价法

[应用此方法进行评估，应按照规定的程序和方法进行。在技术报告中应对如下事项予以明确说明。

1. 具体说明采用的邻近乡镇土地基准价的公布（或制定）时间、批准文号、批准机关、利用邻近乡镇土地基准价计算海岛价格的公式等。

2. 比较对象的选择。说明选定的作为比价的邻近乡镇土地的最低等级、用途、基准地价及选择依据。

3. 因素选择。修正因素的选取应体现待估海岛与邻近乡镇土地价格形成因素的差别。不同类型用岛的具体影响因素选择应有所不同，必要时应说明进行因素选择的依据。

4. 说明估价对象的各项因素具体条件、比较分值、因素权重应按邻地价格修正系数表的内容具体列出，并注明来源及依据。不同类型用岛的因素权重确定应有所不同。具体形式可参见邻地价格修正系数表。

表一 邻地比价修正系数

<table>
<tr><th colspan="2">评估对象
修正因素</th><th>条件说明</th><th>比较分值</th><th>因素权重</th><th>修正系数</th><th>备注</th></tr>
<tr><td colspan="2">评估基准日</td><td></td><td></td><td></td><td></td><td></td></tr>
<tr><td colspan="2">邻近乡镇土地使用年限</td><td></td><td></td><td></td><td></td><td></td></tr>
<tr><td colspan="2">无居民海岛使用年限</td><td></td><td></td><td></td><td></td><td></td></tr>
<tr><td rowspan="9">自然资源因素</td><td>用岛面积</td><td></td><td></td><td></td><td></td><td></td></tr>
<tr><td>海岛滩涂面积</td><td></td><td></td><td></td><td></td><td></td></tr>
<tr><td>岸线长度</td><td></td><td></td><td></td><td></td><td></td></tr>
<tr><td>岛陆经济生物资源丰度</td><td></td><td></td><td></td><td></td><td></td></tr>
<tr><td>森林资源蓄积量</td><td></td><td></td><td></td><td></td><td></td></tr>
<tr><td>景观资源多样性</td><td></td><td></td><td></td><td></td><td></td></tr>
<tr><td>景观资源稀缺性</td><td></td><td></td><td></td><td></td><td></td></tr>
<tr><td>适游时间</td><td></td><td></td><td></td><td></td><td></td></tr>
<tr><td>⋮</td><td></td><td></td><td></td><td></td><td></td></tr>
<tr><td rowspan="8">社会经济因素</td><td>区域人均 GDP</td><td></td><td></td><td></td><td></td><td></td></tr>
<tr><td>滨海旅游人数</td><td></td><td></td><td></td><td></td><td></td></tr>
<tr><td>依托地区星级酒店床位数</td><td></td><td></td><td></td><td></td><td></td></tr>
<tr><td>毗邻地区房价</td><td></td><td></td><td></td><td></td><td></td></tr>
<tr><td>毗邻工业用地价格</td><td></td><td></td><td></td><td></td><td></td></tr>
<tr><td>毗邻商业用地价格</td><td></td><td></td><td></td><td></td><td></td></tr>
<tr><td>全社会建筑业增加值</td><td></td><td></td><td></td><td></td><td></td></tr>
<tr><td>⋮</td><td></td><td></td><td></td><td></td><td></td></tr>
<tr><td rowspan="9">生态环境因素</td><td>地形坡度</td><td></td><td></td><td></td><td></td><td></td></tr>
<tr><td>海岛休闲活动状况</td><td></td><td></td><td></td><td></td><td></td></tr>
<tr><td>植被覆盖率</td><td></td><td></td><td></td><td></td><td></td></tr>
<tr><td>海岛环境质量指数</td><td></td><td></td><td></td><td></td><td></td></tr>
<tr><td>海水质量指数</td><td></td><td></td><td></td><td></td><td></td></tr>
<tr><td>海洋灾害发生频次</td><td></td><td></td><td></td><td></td><td></td></tr>
<tr><td>海岛面积变化率</td><td></td><td></td><td></td><td></td><td></td></tr>
<tr><td>工程建设影响程度</td><td></td><td></td><td></td><td></td><td></td></tr>
<tr><td>⋮</td><td></td><td></td><td></td><td></td><td></td></tr>
<tr><td colspan="2">综合修正系数</td><td colspan="4"></td><td></td></tr>
</table>

5. 确定评估对象各因素修正系数和综合修正系数。列表如下。

6. 说明评估基准日、邻近乡镇土地使用年限、无居民海岛使用年限及其他影响无居民海岛价格因素相应的修正系数。

7. 对邻地基准价修正得到无居民海岛价格。]

（六）使用金参照法

[应用此方法进行评估，应按照规定的程序和方法进行。在技术报告中应对如下事项予以明确说明。

1. 具体说明采用无居民海岛使用金征收使用管理相关文件的公布（或制定）时间、批准文号、批准机关、无居民海岛使用权出让最低价标准及其利用无居民海岛使用权出让最低价标准计算海岛价格的公式等。

2. 说明无居民海岛等别、用岛类型、离岸距离及评估对象使用权出让最低价标准。

3. 说明评估对象各项因素、条件说明、分值、权重等应按使用金修正系数表的内容具体列出，并注明来源及依据。不同用岛类型的具体影响因素选择、条件说明、分值及权重确定应有所不同。具体形式可参见使用金修正系数表。

表一　使用金修正系数

修正因素＼评估对象		条件说明	比较分值	因素权重	修正系数	备注
评估基准日						
无居民海岛使用年限						
自然资源因素	用岛面积					
	海岛滩涂面积					
	岸线长度					
	岛陆经济生物资源丰度					
	森林资源蓄积量					
	景观资源多样性					
	景观资源稀缺性					
	适游时间					
	⋮					
社会经济因素	区域人均 GDP					
	滨海旅游人数					
	依托地区星级酒店床位数					
	毗邻地区房价					
	毗邻工业用地价格					
	毗邻商业用地价格					
	全社会建筑业增加值					
	⋮					

续表

修正因素＼评估对象		条件说明	比较分值	因素权重	修正系数	备注
生态环境因素	地形坡度					
	海岛休闲活动状况					
	植被覆盖率					
	海岛环境质量指数					
	海水质量指数					
	海洋灾害发生频次					
	海岛面积变化率					
	工程建设影响程度					
	⋮					
综合修正系数						

4. 确定评估对象各因素修正系数和综合修正系数。

5. 说明评估基准日、无居民海岛使用年限及其他影响无居民海岛价格因素相应的修正系数。

6. 对使用金修正得到无居民海岛价格。]

（七）条件价值法

[应用此方法进行评估，应按照规定的程序和方法进行。在技术报告中应对如下事项予以明确说明。

1. 具体说明采用条件价值法的必要性和可行性，以及该方法对评估结果可能产生的影响。

2. 说明调查范围、调查对象、样本量选择的依据和方法。

3. 说明问卷设计的内容、问卷发放和回收情况，按照有关要求列示问卷统计分析和检验的过程和结果。

4. 明确说明条件价值法评估的无居民海岛价格结果。]

（八）实物期权法

[应用此方法进行评估，应按照规定的程序和方法进行。在技术报告中应对如下事项予以明确说明。

1. 具体说明采用实物期权法的必要性和可行性，以及该方法对评估结果可能产生的影响。

2. 说明实物期权估价模型选择的依据和结果。

3. 说明相关参数的来源、可靠性、计算方法及计算结果。

4. 明确说明实物期权法评估的无居民海岛价格结果。]

三、无居民海岛价格的确定

1. 无居民海岛价格确定的方法［要求说明对不同评估方法结果进行增值或减值调整的原因。对采用众数、平均值或以其中某一价格等为最终海岛价格的，要解释其方法选择的依据。］

2. 评估结果［应注明无居民海岛价格种类、海岛总价格、单位价格（每亩海岛价格和每公顷海岛价格）、海岛价格单位，海岛总价格需用中文大写表示。如用外币表示海岛价格，应注明评估基准日外币与人民币的比价。］

第四部分　附件

［分标题］

［同《无居民海岛估价报告》文字式］

（三）海岛估价报告制作与文字要求

1. 纸张

应采用幅面为209毫米×295毫米规格的纸张（相当于A4纸张规格）

2. 字体与字号

（1）封面

①“无居民海岛估价报告”“无居民海岛估价技术报告”字体应为二号标宋。

② 其他内容应为三号楷体。

③“无居民海岛估价报告”和“无居民海岛估价技术报告”应居中排列，其他内容左端对齐后居中排列。

（2）正文

①“无居民海岛估价报告”“无居民海岛估价技术报告”及各部分标题字体应为三号标宋。

② 其他内容字体应为四号仿宋。

③ 正文内容两端对齐后居中排列。

3. 无居民海岛估价报告的制作与出具

《无居民海岛估价报告》供评估机构提交给委托方使用，《无居民海岛估价技术报告》供评估机构提交县级以上地方人民政府海洋行政主管部门进行审查用，《无居民海岛估价报告》可以采用文字式或表格式，《无居民海岛估价技术报告》只能采用文字式。

每个评估项目只能有一个《无居民海岛估价报告》，但可以有多个《无居民海岛估价技术报告》。当评估项目涉及多个县（市、区）时，应以各县（市、区）为单位出具《无居民海岛估价技术报告》。

委托评估方在向海岛所在县级以上地方人民政府海洋主管部门申请对无居民海岛价格进行审核时，可提交《无居民海岛估价报告》，但必须提交《无居民海岛估价技术报告》；报请国务院海洋行政主管部门进行无居民海岛价格确认时，则必须同时提交《无居民海岛估价报告》和《无居民海岛估价技术报告》。无居民海岛估价机构对评估过程中采用的有关技术依据应单独整理成册，供无居民海岛估价结果的确认机构备查。

4. 文字要求

《无居民海岛估价报告》和《无居民海岛估价技术报告》中对估价对象的描述和分析应客观、公正，不得带有任何恭维、诱导性或与估价过程无关的言论。

《无居民海岛估价报告》和《无居民海岛估价技术报告》应以中文撰写打印，并分别以中文格式提交委托方和县级以上地方人民政府海洋主管部门审查用。如需以外文出具《无居民海岛估价报告》的，其内容应与中文报告一致，并在报告中注明以中文格式为准。

二、海岛估价报告的质量要求

海岛估价报告是海岛评估项目的最终成果，综合体现了海岛估价人员的专业劳动，集中反映了估价人员和评估机构的综合执业能力和专业水准。通过编制估价报告可以系统检查估价程序的履行情况。海岛估价报告质量影响到海岛估价任务是否能够圆满完成，是否能使报告所有人满意，进而影响到海岛估价机构和估价人员的信誉。

（一）海岛估价报告合法性要求

无居民海岛的估价活动必须依法进行，海岛估价报告的合法性是估价报告有效的前提，这就要求估价机构和估价人员的估价过程和依据符合国家相关法律、行政法规、地方性规章要求，进行估价活动。目前我国无居民海岛估价主要依据是《海岛保护法》以及各地方无居民海岛开发与保护的相关管理制度。

1. 估价报告合法性内涵

估价报告的合法性是指海岛估价报告必须遵循合法原则，符合相关法律、法规和政策的规定。

合法原则要求海岛估价结果是在估价对象依法制定的权益下的价值，不仅要依据国家的《宪法》《物权法》《海岛保护法》等法律以及估价对象所在地区的地方法规规章和政策，而且要考虑到《无居民海岛使用金征收使用管理办法》等有关文件。为了规范海岛估价行为，国家通过相关法律形式制定了规范海岛估价行为的相关法律规范文件，这些法律规范文件从法律关系的主体、客体及行为内容等方面提出了估价机构和估价人员在估价过程中应遵守的一个标准或尺度，同时对法律主体行为的法律后果做出了规定。估价机构与估价人员应严格遵照执行，依法评估。

2. 估价报告合法性的内容

首先要求估价主体合法，参加海岛估价的机构和人员应符合国家相关法律要求，估价机构具备执业许可，估价人员具备执业资格；其次要求估价客体合法，即估价对象的产权界定、用途界定、权益处分符合法律法规的有关规定，估价对象的产权界定在依法判定其权属类型和归属方面应以海岛权属证书为依据；用途界定应以待估海岛的使用管制为依据；权益处分应以法律、法规、政策以及相关合同等文件的处分方式为依据。最后是估价行为合法，即海岛估价机构的法人行为和估价人员的评估行为都应在遵守法律法规的前提下进行，做到依法评估。

（二）海岛估价报告规范性要求

无居民海岛估价报告规范性应遵循与海岛相关的估价规范。但目前我国尚未建立完善的无居民海岛价格评估体系，国内也没有统一的海岛估价规范，短期内只能参照与无居民海岛估价活动类似或相关的《城镇土地估价规程》《农用地估价规程》《房地产估价规范》《森林资源资产评估技术规范》《海域评估技术指引》等国家、行业标准。待国家出台海岛价格评估规范等相关标准以后，海岛估价机构和估价人员应当遵照执行。

1. 估价报告规范性的内涵

估价报告的规范性是指估价报告符合约定俗成或明文规定的有关标准，即与海岛估价相关的国家、行业、地方标准或规范性文件。

海岛估价报告是估价师提供给委托方的“产品”，是具有一定法律效力的文件。估价报告的作用，首先是结束估价委托，向委托方说明估价工作已经完成，待估海岛的价格是多少。这是双方最关心的敏感问题；其次，在估价报告中有关估价结果的说明，既表明了估价结果成立的前提，更限定了估价结果的应用条件，也明确了估价机构和估价人员的责任界限，具有重要的风险防范作用。此外，对估价过程、资料的搜集与分析、估价方法的选择与测算、估价结果的确定等方面加以详细记载，体现出估价结果的科学性，增强可信度，并且一旦发生估计结果争议，可作为估价机构的申诉依据。

2. 估价报告规范性的内容

海岛估价报告应当在估价对象的界定、估价时点、估价目的、估价假设和限制条件、应用范围说明、估价师声明、估价报告的有效时限等方面规范表达。

形式上规范：主要指根据现行的统一规范、规程和报告格式要求，一方面，估价报告的内容应全面，格式应完整、统一；另一方面，估价报告的内容文字表达、排版和外观应规范、美观。

主要内容的规范性：根据重要性原则，按照现行统一的规范、规程和报告格式要求，估价报告需对估价结果的理解、使用有主要影响的部分进行规范性表达，对其他内容的表达可不做规范要求。根据规范、规程关于估价报告内容的有关要求和上述估价报告规范性的基本要求，估价报告内容方面的规范性主要取决于估价目的、价值定义、估价对象的界定、价格影响因素及分析等主要构成内容是否符合规范性要求。

（三）海岛估价报告合理性要求

海岛估价报告应当满足整体结构完整、思路清晰、符合逻辑、结果正确的要求。但由于形成估计结果的过程和影响估计结果准确性的因素非常复杂，确保估价报告的合理性也就十分困难。

1. 估价报告合理性的内涵

估价报告的合理性最终追求结果合理，由于估价结果是否合理，与估价目的和价格对应的条件相关，因此，“合理”应指在估价时点，在相关假设符合逻辑的条件下，估价结果在满足估价目的时相应价值的合理水平。从估价结果形成的过程看，要获得合理的估价结果，首先必须要通过科学合理的估价技术路线，运用正确的估价方法，同时在估价过程中，能够获取来源可靠、正确的基础数据和合理的技术参数，估算逻辑正确，最终才能得到合理的估价结果。

2. 估价报告合理性的要求

估价报告的合理性取决于估价过程的合理性，而估价结果合理是估价报告合理的核心。因此，根据估价结果的形成过程，估价报告合理性应要求。

（1）估价假设和限制条件合理

估价假设和限制条件应符合估价目的，在合法性前提下设定，不能为了使估价结果满足委托方不合理的要求，或者为了逃避自身责任而滥用假设和限制条件，使估价结果脱离合理的价格内涵和客观价值水平。无论委托方是政府、法人还是个人，都应遵循独立、客观、公正的原则，科学合理地进行假设和限制条件的设置。

（2）估价过程合理

合理的估价过程是合理估价结果的保障，需要科学性和艺术性的结合。在具体操作上，就是要求估价过程符合规范、规程或相关规定，并能结合实际，做到估价过程中影响价格结果的各个环节、要素均合理，从而保障得到一个合理的估价结果。

（3）估价结果合理

如果前期能够做到估价假设和限制条件合理、估价过程合理，能够顺利得到合理的估价结果。估价结果合理一方面要求估价结果与估价目的、价值定义一致；另一方面要求估价结果符合客观价值水平。

第二节　海岛估价报告质量影响因素

海岛估价报告质量不但反映估价人员采用的估价方法是否科学，估价结果是否客观、合理、公正，而且在一定程度上对社会经济活动会产生正面或负面影响。剖析海岛估价报告质量的影响因素，能够为控制报告质量提供技术支撑，便于职能机构监管、提高海岛估价报告的合法性、公平性，提升估价机构的知名度乃至信誉水平，促进海岛估价行业的可持续发展。

一、估价人员因素

海岛估价，既是一项社会经济生活中的公正性活动，同时又是一项有偿服务活动，具有明显的商业性。海岛估价人员的专业素质、职业道德水平等因素对估价活动的公正性与商业性产生直接影响。

（一）能力因素

海岛估价是一项涉及多学科多领域的活动。由于完成一项海岛估价业务需要估价人员完成从资料搜集一直到报告审核等多项工作，即使是撰写估价报告，也需要估价人员具备一定的建筑、经济、环境、规划、统计以及工业、港口、渔业、旅游业等各行各业各方面的专业知识。要求估价人员不仅要有扎实的理论知识还应具备丰富的实践经验。如果估价师自身能力有限，因对海岛管理基础知识和估价基本理论的认识偏差或对估价目的、估价对象状况等问题的认识偏差等，往往会导致估价报告的质量出现问题。

（二）态度因素

海岛估价工作内容多、评估环境复杂，评估时间长。在长期艰苦的评估过程中，由于估价师的工作态度不严谨，疏忽大意，经常造成一些报告前后数据不统一，或计算或书写方面的错误，将影响到估价报告的质量。

（三）违规因素

海岛估价过程中如果存在估价师故意违规操作行为，将严重影响估价报告质量。相关规范、规程对估价师在估价过程中应遵守的事项需要做出相应要求，但少数估价师在实际操作时也可能为了某种原因故意违反要求，导致估价报告出现质量问题。如估价过程中不到待估海岛现场进行实地查勘，而只是在互联网上查看电子地图及相关图片，而网络上信息的时效性、真实可靠性均无法保障。此外，如果估价师为了迎合委托人使估价结果高估或低评，在测算时往往会编造虚构数据和重要参数，这样估算出来的结果是不可能客观合理的。

二、估价机构因素

海岛估价行业属于高风险行业，估价机构责任重大，估价机构的编制技术、质量监控和管理体系建设以及估价师的执业能力是保证估价报告质量、保护估价机构利益的核心影响因素。

（一）技术因素

估价报告编制的技术手段落后，将影响估价报告的质量。目前绝大多数估价机构都自行设计估价报告模板。当就某一具体的估价项目撰写报告时，利用现有模板，补充填写某些具体内容就可以了。这样操作虽然可以提高工作效率，但有碍于个性化海岛估价报告的表达。由于待估海岛多样、复杂，不同估价目的、不同估价时点、不同海岛状况选用的估价方法以及选用参数、调整修正的数值等都将有所不同，这些都要求每一份估价报告应该有很强的针对性。而由于采用了统一的模板，就会使报告中很多地方的分析、描述缺乏针对性，且一旦模板本身存在有些技术缺陷，那这一硬伤就会在机构内的所有报告中普遍存在。

（二）管理因素

估价机构内部管理制度不健全，将影响估价报告的质量。对于估价师评估过程中出现的失误，如果没有相应的处理措施，就会在机构内部形成负面影响。估价机构如果没有一整套科学合理的激励约束管理机制，将使机构内部估价师的整体能力素质都在下降，质量总复核人的工作量增加，总效率不断下降，估价报告出现问题的概率则会增加。

（三）人为因素

评估过程中估价人员个人因素将影响估价报告的质量。如人为缩短估价作业期等。海岛估价活动要经历从接受委托开始到出具估价报告的各个环节，包括拟订估价作业方案、搜集估价所需资料、对估价对象进行现场查勘、求取估价对象价值、估价报告撰写、估价报告内部审核、出具估价报告等，每一项工作都需要一定合理的时间才能完成，因此估价作业期应有一个合理的范围。如果估价机构为了满足委托人的要求，或是以“提高工作效率”为名，将所有工作在极短时间内完成，将使得估价应有的作业期得不到保障，那么带来的后果就是低质量。

三、外部环境因素

外部环境因素是海岛估价机构和海岛估价师不能直接控制的、但又可能导致估价结果发生重大偏差或错误的影响因素，主要包括估价信息、市场竞争、外部干预以及行业监管等方面因素。特别是在市场机制不完善的阶段，海岛估价比较容易受到外部环境因素的干扰。

（一）估价信息因素

海岛估价所需的资料和估价信息的质量、完备程度直接影响估价报告质量。估价所需资料一部分是委托人提供，一部分是估价师实地查勘获取，还可以通过官方渠道获得数据信息。海岛估价信息包括待估海岛所在区域市场过去、现实状况以及未来发展趋势；开发项目收益、开发成本资料；相关法规政策等。目前海岛估价信息采集渠道较少，信息不宽泛，且缺少指导性的参考标准类信息，如报酬率的参考标准，成本的规范项目、造价信息等。在运用收益还原法、成本逼近法估价时，还原率、报酬率的确定是一个难点，1%的差别，就可能导致估价结果发生成百上千万的差别。特别是在缺乏比较实例的情况下，需要预测值来确定数据参数，更增加了估价信息的不确定性。

（二）同业竞争因素

估价市场的竞争是十分激烈的，可能会导致估价机构为了争取业务不惜采取给予回扣或降低评估费用等不正当竞争手段。估价机构为了获取业务如果自行将评估费降至国家标准以下，估价报告的质量自然没有保障。虽然海岛估价刚刚起步，但这种现象在其他成熟估价市场中已比较明显和普遍存在。

（三）外部干预因素

无居民海岛的市场化配置还处于一级市场的出让阶段，海岛所有人即现阶段的委托人主流是代表国家利益的各级政府，行政干预比较明显。海岛市场交易成熟以后，对于不同身份的估价委托人来说，更多人需要的只是估价结果，并不关心估价过程，为此，他们也会通过各种方式干预估价，而估价机构为了生存迫于某种压力或势力不得不想尽一切办法使估价结果与委托人的“心理价位”相一致，估价报告尤其是技术报告必然错误百出，将影响估价报告的质量。

此外，海岛估价报告的质量能否得到保障，与估价行业监管密切相关。独立、完善的行业监管制度，有利于督促估价机构和估价人员自觉履行评估义务，严格执行规范评估程序，确保估价报告的质量；反之，如果没有建立健全行业监督管理，或者主管部门监管不力，将会降低评估主体的自觉性，影响评估质量。

第三节　海岛估价报告质量控制措施

由于各种主、客观原因，可能造成海岛估价报告存在诸多问题，一定程度上降低了报告的可信度。因此，通过提高估价人员素质、完善内部管理制度、加强行业监督管理等手段可以有效地解决评估中的问题，提高海岛估价报告的质量。虽然目前无居民海岛评估案例不多，但也应未雨绸缪，做好事前控制。

一、提高估价人员素质

海岛估价业务是估价机构接受委托人的委托后委派估价师去完成的。既然如此，估价质量的高低很大程度上取决于估价人员的知识、能力和道德，为此应加强估价师的素质能力建设，包括业务素质和工作能力，要求估价人员不但要有良好的多元化学科基础、掌握一定的评估技巧、具有丰富的评估经验，还要遵守评估行业的职业道德，具备认真负责的敬业精神。

（一）估价人员自觉学习

提升估价报告质量关键在于提升估价人员的业务能力和素质水平，需要估价人员将理论知识、实践经验和职业道德融为一体。这些如果靠外力的强制和强加是实现不了的，必须依靠估价人员的自觉自愿。估价人员应通过：第一，自觉参加各种培训进修，通过学习评估领域特别是无居民海岛估价领域国内外先进、前沿的理论方法，补偿、更新本专业知识及相关专业知识、法律法规；第二，尽可能多地参与、关注估价项目实施，特别是一些特殊目的的估价业务，积累实践经验；第三，自觉遵守职业道德，诚实正直、勤勉尽责、独立客观、态度认真、作风正派、行为规范。

（二）估价机构组织培训

估价机构组织估价人员系统培训非常重要。估价机构的发展需要估价人员整体素质能力的不断提升，因此估价机构应积极地组织培训，激励全体估价人员共同进步。估价机构应当定期如每周一次或每半月一次组织估价人员学习估价专业及相关专业知识，并开展灵活多样的学习活动，如针对某些估价热点难点问题进行讨论、总结反馈前段时间报告审核的问题、共同搜集估价信息扩充机构信息库等。建立完备的考核机制，定期对估价人员进行理论知识测试，对估价人员出具的估价报告进行质量评估，分析问题、找出原因，不断提高估价人员的业务能力，提高海岛估价报告质量。

（三）行业协会同步促进

无居民海岛估价领域还没有建立行业协会管理，需要不断完善。行业协会是不以盈利为目的的估价行业组织，既不是政府的管理部门也不是经营者，主要功能是为估价机构服务，沟通估价行业与政府、社会之间的关系，监督行业内各评估单位行为。为提高海岛估价行业的社会地位和社会公信力，无居民海岛估价协会建立以后，应本着为估价机构服务的目的，除定期组织安排估价人员继续教育外，还要积极组织开展估价理论、估价方法体系以及估价信息搜集整理等方面的培训；开展经济、环境、建筑、工业、旅游、港口等各领域的相关专业知识培训；开展估价师讨论会，将海岛估价报告常出现的错误作为案例进行沟通探讨；组织估价人员交流考察，到国内外学习交流先进估价方法技能；组织估价师搞课题研究，共同攻克行业难题。通过开展以上活动，提升估价队伍整体业务能力，进而促进无居民海岛估价报告质量和水平的提高。

二、完善内部管理制度

内部管理制度既是海岛估价报告质量的根本保障，也是其估价机构评估活动整体工作质量的重要保证。建立健全海岛估价机构内部审核机制和绩效考核制度，可以使海岛评估机构改善经营管理，规避执业风险，确保评估结果准确和估价报告质量提升。

（一）提升估价负责人的责任意识

估价机构负责人的责任意识、管理水平在很大程度上决定了该机构出具的估价报告质量。国家海洋局已于2013年确定了《海岛使用金评估推荐单位名单》，从推荐名单中可以看出，目前有资格承担无居民海岛价格评估业务的单位80%来自于海洋监测管理及海洋科研院所等事业单位，少部分来源于沿海地区资产评估机构。事业单位属性的评估机构没有市场机制约束，负责人往往缺少风险意识，相对社会评估机构而言，内控意识薄弱，在主观上认为内部控制制度仅是在企业实施的一种管理制度。这种主观意识指导下，由于缺乏必要的权力限制和监督，容易造成估价机构负责人忽视制度建设，严重影响估价报告质量。因此，有必要强化无居民海岛估价机构负责人的责任意识，加强估价机构负责人的重视程度，使海岛估价报告质量从源头得到有效控制。

（二）建立估价机构内部审核机制

完善的内部控制机制是海岛估价报告质量的重要保障。海岛估价机构内部应当实行估价报告三级审核制度，包括估价报告项目估价师自审、部门主任二级审核、部门经理三级审核。针对经常性估价业务，视具体情况可划定为二级审核；由部门经理决定是否采用二级、三级审核。对于出让估价、抵押估价、拆迁安置补偿估价、估价金额重大及估价报告涉及两个以上使用方的估价项目，必须实行三级审核。估价机构同时应该全面加强内部管理，建立估价报告的全程跟踪、估价报告的审核制度和估价师的奖惩制度，层层把关，最大限度地保证估价报告的质量。

（三）完善估价机构绩效考核制度

海岛估价机构应建立合理的绩效考核制度，设立正确的工作评价指标体系，将报告内部审核以及外部审核成绩作为重要考核指标。应当建立激励与约束机制并存的考核方式，将估价人员的收入与其业绩考核成绩挂钩。对考核成绩优秀、工作任劳任怨的估价人员实施奖励；对估价报告出现质量问题、业绩考核差的估价人员实施适当程度的处罚，并同时告知其问题、原因所在以及如何防范和改进提高。这样才能使贡献突出的估价人员有成就感和满足感，能进一步提高其工作的积极性，也能使出现失误的估价人员很好地接受教训，不断完善，不断进步，最终达到估价机构整体素质提高的目的。这种激励约束机制能够有效引导估价人员认清自身评估工作的可取行为，形成良性的竞争氛围。估价报告在内部被其他估价师和总复核人审核出了问题，也要追究当事人的责任；估价报告在外审，即协会、管理部门等审核出了问题，要追究所有内部审核人员的责任，这种内审追究当事人，外审“连带”的惩罚方式，会在一定程度上加强海岛估价报告生产和检查的认真程度。

三、加强外部监督管理

海岛估价报告质量还与机构外部监管力度密切相关。对于无居民海岛估价而言，外部的监管动力来自于政府管理部门、海岛估价行业协会以及海岛使用人，这种外部监督约束有利于海岛估价机构自觉履行和遵守估价规则，以海岛估价报告质量为核心开展无居民海岛价格评估业务。

（一）海岛管理部门的审查

完善海岛管理部门对海岛估价报告的审核、确认和备案制度。对于涉及海岛使用权出让、划拨补交出让金、转让等涉及国家收益或税收的项目，海岛管理部门应加强对估价报告的审核和确认力度。

各级海洋行政主管部门要切实转变对海岛估价的管理方式，实行海岛估价机构和海岛估价报告的备案制度；建立抽查制度，在省级海洋行政主管部门备案的机构，由省级海洋行政主管部门组织抽查，进一步加强对海岛估价机构的监管。各地要定期对海岛评估机构和海岛估价报告进行随机检查，组织有关专家对被抽查的机构和报告进行集体评议，对违法违规的机构或个人进行处罚，并将抽查结果和处罚决定向社会公布。

对在抽查评议中发现海岛估价报告和业绩清单不按规定备案、拒不接受主管部门检查、不遵守海岛估价技术规范、弄虚作假评估的机构或个人，要视情节轻重，分别给予通报、警告、降低资质等级、吊销海岛估价机构资质证书和海岛估价师资格证书等处罚。

（二）海岛估价协会的自律

由于海岛估价行业自身受托性、服务性、规范性、鉴证性等特点的影响，对无居民海岛估价行业的监管应实行全方位、多角度、系统性、长效性监管。这需要充分发挥海岛估价师协会等行业组织的自律作用，建立海岛估价行业协会监管制度，协助政府海洋管理部门，加强海岛估价管理。

首先，以行业自律的方式，加强海岛估价行业的诚信监管。海岛估价由专业人员完成，估价结果客观合理，具有较强的社会公信力。且在海岛开发经济活动中，海岛估价报告主要起价格鉴证作用，其必须具有公正性。行业协会可以促进海岛估价机构的品牌建设，提高估价行业的持续发展。其次，通过行业协会可以使海岛估价市场秩序得到整顿，保证价格鉴证性评估业务履行规范的程序，避免受到过多的行政干扰，保证估价机构出具客观、公正的估价报告。

另外，还可以通过海岛估价协会加强海岛估价全过程的监督。虽然海岛估价过程大部分工作不是在公开场合下进行的，行政主管部门无法监控估价全过程，但为了保障估价报告的质量，必须对估价过程中的关键环节进行监控，如实地查勘估价对象，撰写估价报告、审核估价报告等环节。

（三）海岛使用人的监督

无居民海岛使用人最关心的是海岛估价机构做出的最终估价结果。海岛使用人为了获得无居民海岛使用权要按照估价报告结果付出一定代价，这将涉及用岛单位未来的盈利水平。海岛使用人由此对估价报告结果产生预期，本质上希望估价机构站在公平、客观、公正的立场上，通过科学合理的估价程序，评估海岛价格。如果海岛使用人获知估价机构出具的估价结果有失公允，则有权提出质疑，从海岛估价机构的角度，也可以说是估价机构的评估风险。海岛估价机构为避免海岛使用人的质疑，必须采取风险规避措施，保证估价结果的公正合理。这也使得海岛使用人的预期成为估价报告质量的监督手段。

第九章　海岛估价管理

随着海洋经济的快速发展，海洋资源开发利用的需求日益增加，海岛作为海洋经济中重要的资源要素备受关注，无居民海岛的规划开发活动越来越多，对其价格评估的需求也愈加迫切。无居民海岛估价要求估价人员按照一定的原则、程序和方法，对特定无居民海岛的价格进行评定，无居民海岛估价的目的是揭示海岛在正常条件下的价格水平，维护无居民海岛国家所有权和用岛单位使用权的利益，强化国家运用经济手段进行海岛资产管理，保证国家海岛所有权在经济上实现，为海岛使用权招标、拍卖、挂牌、抵押等行为提供技术支撑，促进无居民海岛有偿使用制度改革。无居民海岛使用权价格的评估和确定是海岛市场化配置的前提，没有无居民海岛估价，招、拍、挂的底价就没有了依据和参考。将无居民海岛评估价格作为招、拍、挂的底价有利于体现无居民海岛资源的市场价值，完善无居民海岛的市场优化配置制度，促进无居民海岛使用权市场化交易进程，有效实现国有资产的保值增值。

全面、系统、科学、合理的估价体系是正确评估海岛价格的基础和保证。全方位设计和建立无居民海岛估价活动的整体框架，并逐步细化各个分支体系的支持基础，自上而下不断完善，才能确保无居民海岛价格评估的准确性和可靠性。

第一节　海岛估价管理体系构建

我国目前尚未建立系统的海岛资源价格评估体系，使得对无居民海岛估值认定缺乏规范性，进而影响估价的准确性。因此，为体现自然资源的市场价值，促进海岛使用权市场化交易进程，亟须建立无居民海岛资源估价制度，从评估管理、评估理论、评估技术三个层面构建我国无居民海岛资源估价体系框架，为无居民海岛使用权有偿出让提供支持和保障。

一、海岛估价理论研究与实践进程

无居民海岛估价的理论研究处于探讨阶段，主要借鉴土地评估及其他自然资源价值估算的理论和方法，研究成果虽然为海岛价格评估方法的规范和体系的构建奠定了基础，但传统估价管理模式和方法不能完全适用于无居民海岛价格评估。真正的无居民海岛使用权交易市场属于萌芽阶段，评估实践甚至尚未起步，给无居民海岛使用权价格评估活动带来极大的障碍。

（一）海岛估价理论研究

海洋资源有偿使用制度是世界沿海国家的惯例，国外对海域有偿使用制度、自然资源价值评价、生态服务价值评价等方面的研究成果较多，而极少有对无居民海岛价格评估方法和体系的研究；国内在海岛估价方面研究也极少见，刘容子、齐连明等（2006）构建了无居民海岛价值评估的指标体系，为无居民海岛的合理保护与开发利用提供了理论依据和技术支持；吴姗姗、幺艳芳、齐连明（2010）以传统的资源价值评估方法为基础，探讨了各种方法在无居民海岛价值评估中的适用性；幺艳芳，齐连明（2010）通过阐述海岛使用权相关概念，对无居民海岛使用权估价的可行性和现存问题进行了分析，并提出相应的对策和建议；冯友建等（2012）将无居民海岛土地与相邻乡镇土地的自然条件相比较，提出了工业用岛价格评估的新思路。

国内对海岛资源价格评估的研究主要借鉴土地评估及其他资源价值估算的理论和方法，尚处于探索阶段，但上述研究成果为海岛价格评估方法的规范和体系的构建奠定了基础，是极有价值的学术积累。

（二）海岛估价实践进程

无居民海岛估价的需求源于无居民海岛所有权与使用权分离以及无居民海岛使用权出让的市场化交易。浙江省海洋管理部门于2013年出台了无居民海岛开发利用的规范性文件，标志着无居民海岛使用权出让全面进入市场化。国家海洋局2011年4月公布的176个首批开发利用无居民海岛名录中入选最多的是广东省（60个海岛入选），其次是福建省（50个）、浙江省（31个），另外还有辽宁、山东等其他沿海省份的海岛。到目前为止，全国仅浙江省宁波象山的大羊屿是通过“招、拍、挂”方式出让的，无居民海岛估价实践尚未全面开展，评估的实际操作案例极为鲜见。

二、海岛估价管理的现存问题

完善的海岛价格评估体系是规范无居民海岛市场化配置的关键。无居民海岛使用权的评估价格可以作为招、拍、挂底价，但国内目前尚没有明确的无居民海岛评估管理制度，给无居民海岛使用权价格评估活动带来极大的障碍，也影响了无居民海岛使用权交易的市场化进程，亟须对无居民海岛价格评估方法、评估程序以及评估机构和人员资质、法律责任等方面做出统一的规范。

（一）海岛估价的规章制度不完善

国内尚未建立系统完整的海岛估价规章制度，对评估程序、评估资质、评估内容、法律责任等方面没有统一的规范。

首先，无居民海岛价格评估原则上应准循《中华人民共和国资产评估法（草案）》（以下简称“资产评估法”），但《资产评估法》是对所有资产评估机构、人员以及评估行为的一般规范，对于海岛这种特殊资源的评估活动未出台其他配套文件，致使无居民海岛价格评估缺乏相应的管理办法，评估活动无明确规章制度可循。

其次，国家海洋局于2013年3月公布了海岛使用金评估推荐单位名单（国海岛字〔2013〕126号文），其中规定“对无居民海岛使用权出让价款进行预评估的，应当从《海岛使用金评估推荐单位名单》中选择评估单位”。这些单位大部分为海洋勘察或监测单位、资产评估机构、高校及各类研究院所等，三大类型的“评估单位”各有专长。由于海岛资源属性复杂、价格构成多元性以及评估内容的综合性，致使任何一类单位都难以独立完成全部评估任务。

最后，海岛评估人员的资格认证制度还没有建立。注册资产评估师资格认证由人事部、财政部共同负责；土地估价师资格认证由国土资源部负责；房地产估价师资格认证由国家建设部与人事部共同负责。而目前国土资源部还没有建立海域海岛评估资格考试和认证制度，使得这一领域从业人员的胜任能力无从考量。

（二）海岛估价的技术性规范文件缺失

目前能够借鉴和参照的评估领域技术性规范包括：一是评估准则系列，如《资产评估准则——基本准则》《资产评估准则——无形资产》《资产评估准则——森林资源资产》等；二是估价标准系列，如《城镇土地估价规程》《农用地估价规程》《房地产估价规程》等。

无居民海岛及其相邻水域蕴藏着丰富的生物、港口、矿产、化工、旅游等宝贵的稀缺资源，这些资源有着特殊的经济属性、社会属性和生态属性，价值类型复杂，其使用权价格评估必然是一项综合的系统工程，现行的评估准则和估价标准显然不能给予明确的技术性指导，简单直接地按照土地估价规程、无形资产评估准则等执行，将导致评估方法的合理性、评估结果的可靠性受到影响，甚至受到质疑。因此，现阶段亟须出台专门用于无居民海岛使用权价格评估的标准或规范性文件，使海岛价格评估具有可操作性。

（三）海岛估价技术难题尚未解决

技术难题尚未解决，是无法出台无居民海岛使用权评估标准或规范的重要原因。无居民海岛价格影响因素因子指标体系和无居民海岛使用权价格评估的专门方法是海岛估价的关键，目前这两方面都没有得到很好解决，成为海岛估价的最大障碍。

1. 海岛价格影响因素指标体系不健全

无居民海岛价格结构理论体系的复杂性决定了其价格影响因素及其因子指标的多元性，由于无居民海岛价格构成的理论依据尚未理顺清楚，使得其影响因素因子指标体系还不够健全。现有的相关讨论基本以城镇土地价格影响因素为主导，主要考虑一般因素、区域因素、个别因素等，影响土地价格的这些因素及其因子指标不能直接替代海岛这种特殊资源的价格影响因素，不能诠释无居民海岛使用权价格水平，无居民海岛价格除受上述因素影响外还与海岛本身的资源类型及所处海域的自然环境、生态系统相关，特别是不同功能不同资源类型用岛的生态破坏及补偿因素还未被纳入指标体系。

目前国家公布的无居民海岛使用金征收标准即根据海岛等别、用岛类型、离岸距离等因素制定，其中不同等别海岛的使用金价格差异反映了海岛地理位置、自然环境、区域社会经济发展水平等因素影响；不同类型用岛的使用金价格差异是因为考虑了对生态环境补偿因素；离岸距离造成的海岛使用金价格差异则属于个别因素。因此，海岛价格影响因素因子指标体系还需进一步完善，该指标体系不健全将直接导致评估价格不准确。

2. 现有评估方法的局限性

评估领域中，收益还原法、市场比较法和成本逼近法被广泛应用，此外土地评估中还有剩余法（假设开发法）、基准价修正法等也比较常用。由于海岛地理位置固定且分散，同一区域内可开发利用无居民海岛数量极为有限，因此不存在基准价，基准价修正法不适用于海岛价格评估，其他四种常规方法也各有其局限性。

收益还原法。明显缺陷一是计算时需要两个主要数据——未来净收益、还原利率，目前无居民海岛还没有全面完整的开发经营案例，不能获得各类型用岛开发项目的收益资料；二是海岛项目开发周期长，投资巨大，不确定性高，收益水平和还原利率难以估计。

市场比较法。土地估价中市场比较法的约束条件是“选取三个以上的比较实例。比较实例应选择与估价期日最接近，与估价宗地用途相同，土地条件基本一致，属同一供需圈内相邻地区或类似地区的正常交易实例”。海岛估价中达不到这样的要求。无居民海岛有偿使用制度刚刚建立，市场交易实例相当少见，样本交易不具备代表性，更无法提供全部类型用岛的交易实例。

成本逼近法。适用于成交实例少、市场不发达，无法使用收益还原法、市场比较法的评估环境，本应该最适合目前的海岛价格评估市场，但这种方法以取得及开发成本为基数，不能反映区位条件带来的价格差异；同时海岛价格主要取决于效用而非成本，故采用成本逼近法有时可能会与市场产生偏差。

剩余法。该方法在计算时需要估计开发后预期价值、合理开发成本及利润，这些资料数据的可获得性和准确性难以把握。

此外，上述四种方法都未考虑生态补偿价值，因此不能直接、简单地将这些方法应用到海岛估价中，需要进一步完善及创新更适合海岛估价的创新评估方法。

三、海岛估价体系的基本框架

估价体系是指用来评估待估对象价格的一个系统，有狭义、广义之分。狭义的估价体系仅指价格评估的技术标准，如评估原则、程序、方法等，广义的估价管理体系则指为了完成评估活动建立的一整套法律法规制度以及具有可操作性的评估技术指导等。本书所指“无居民海岛使用权价格评估体系框架”即指广义的估价体系。对于我国刚刚起步的无居民海岛使用权估价领域，各方面都不尽完善，亟须从全方位多角度出发，构建一个完整的海岛估价体系框架，管理和指导评估活动。

无居民海岛使用权估价体系应当包括制度体系、理论体系、技术体系三大主体体系，每个主体体系还需要各自的分支体系支撑，完整的体系结构框架如图 9 - 1 所示。

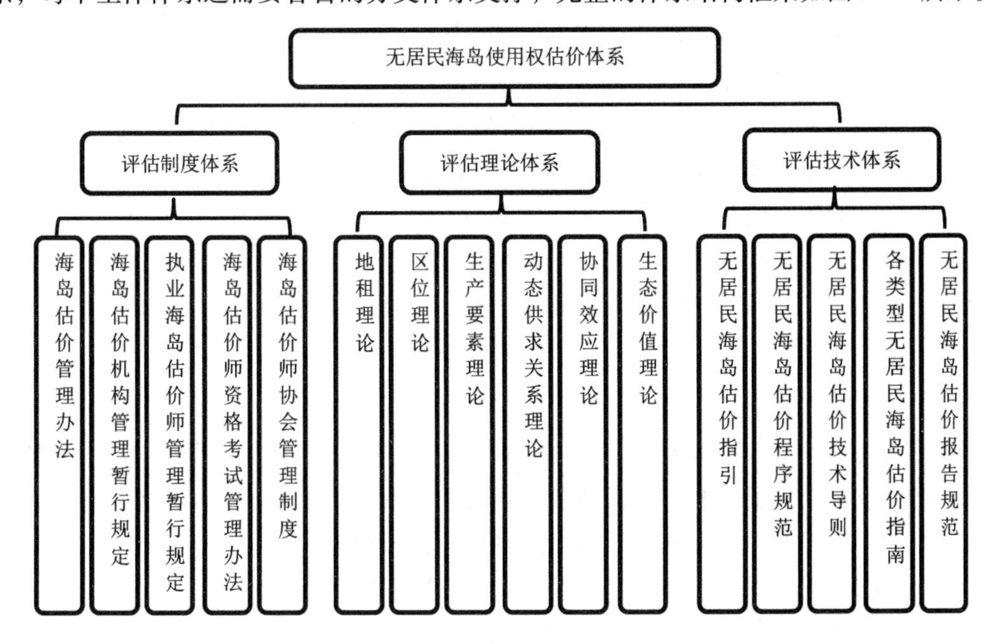

图 9 - 1　无居民海岛使用权估价体系

（一）评估制度体系

无居民海岛估价行为应纳入海岛开发活动进行统一管理，依照海岛开发管理的法律、规章、办法，建立健全无居民海岛估价的管理制度，加强海岛评估活动的约束力，确保评估结果的可靠性。

海岛估价管理办法：为规范海岛估价管理，完善海岛估价制度，维护海岛估价市场秩序，促进海岛估价行业健康发展，国土资源部（国家海洋局）应根据《海岛保护法》《中华人民共和国资产评估法》《无居民海岛使用金征收使用管理办法》等法律法规制定相关办法，对海岛估价机构、人员及行业协会进行总体规范，对海岛估价活动实施监督管理。

海岛估价机构管理暂行规定：为加强海岛估价机构的管理，保证海岛评估机构独立、客观、公正执业以及海岛估价成果的科学性、公正性、权威性，根据当前海岛估价工作的需要及国家有关政策，制定海岛评估机构管理暂行规定，对海岛估价机构的资格认定制度、申请条件、申请（设立、合并、分立、变更、终止）程序、业务范围、工作规则、法律责任等事宜予以规范。

执业海岛估价师管理暂行规定：为规范海岛估价师执业行为，保障海岛估价活动当事人合法权益，国土资源部（国家海洋局）根据有关法律、法规、政策规定，结合海岛估价市场和行业发展的实际，制定执业海岛估价师管理暂行规定，对执业海岛估价师的登记制度、登记条件、执业资格、权利义务、后续教育等事宜予以明确，加强对执业海岛估价师的日常监督管理。

海岛估价师资格考试管理办法：为规范海岛估价师资格考试秩序，加强海岛估价专业队伍建设，提高海岛估价人员素质和执业水平，国家管理部门应根据相关法律法规，实行注册海岛估价师管理制度，制定海岛估价师资格考试管理办法，对考试制度、报名条件、考试考务要求及法律责任做出明确规定。

海岛估价师协会管理制度：为提高海岛评估服务质量，约束估价师的职业道德，需加强海岛评估行业的自律与监督，建立行业协会监督制度。设立海岛估价协会组织，制定协会章程，对协会宗旨、职责、业务范围、会员管理、协会人事及资产管理等事宜做出规定。

（二）评估理论体系

无居民海岛评估理论体系是制定估价原则和确定估价方法的依据，应综合考虑资源价值的共性和海岛资源的个性，确立清晰的无居民海岛使用权估价理论依据。无居民海岛估价活动除遵循与土地估价相同的自然资源价值论、地租地价理论、功能区位理论、生产要素理论以外，还应遵循无居民海岛特有的动态供求关系理论、协同效应理论、生态系统服务价值理论以及外部性理论。

（三）评估技术体系

无居民海岛评估技术体系是指国家层面颁布的评估的具体规范、标准、意见、指导等。我国目前可遵循的规范性文件有国家海洋局公布的《无居民海岛使用测量规范》,《海岛调查规范》作为海洋行业标准正在征求意见过程中，尚未正式颁布，而在评估技术层面上还没有出台国家统一的评估规范文件或标准。评估技术体系应包括《无居民海岛估价指引》《无居民海岛估价程序规范》《无居民海岛估价技术导则》《各类型无居民海岛估价指南》《无居民海岛估价报告规范》。上述评估技术体系需要解决两个重要技术细节问题：一是无居民海岛使用权价格影响因素指标体系；二是无居民海岛使用权价格评估方法。

不同类型用岛应建立不同的价格影响因素指标体系。无居民海岛根据其功能划分为15种用岛类型，经营性用岛有10种：土石开采用岛、房屋建设用岛、工业建设用岛、仓储建筑用岛、港口码头用岛、景观建筑用岛、游览设施用岛、观光旅游用岛、种养殖业用岛、林业用岛。由于各种类型用岛的价格影响因素不同，同一因素在不同类型用岛中的影响程度不同，因此应针对不同类型用岛分别建立不同的价格影响因素指标体系。

注重各种评估方法的综合应用以及创新性评估方法的研究。无居民海岛使用权价格评估方法应结合各类用岛特征，参考土地、矿产、森林等成熟的估价方法，依据动态供求关系、协同效应以及生态价值等理论，研究创新独特的适合海岛的估价方法。根据海岛交易市场的完善程度，在保留收益还原法、市场比较法、成本逼近法、剩余法等传统评估方法基础上，尝试采用邻地比价法、使用金参照法、条件价值法以及实物期权法等，同时应允许估价师在遵循一定原则的前提下，采用其他合理方法进行评估。

第二节 海岛估价机构监督管理

在市场经济条件下，海岛评估是海洋经济发展过程中不可或缺的经济中介服务。评估机构一方面为代表无居民海岛出让方的国家政府服务，确保海岛使用权的有偿使用和保值增值，另一方面为海岛受让方即海岛使用人服务，确保海岛估价合理，为使用人提供经济价值空间。因此，必须建立无居民海岛估价机构管理制度，严格规范管理，保证海岛估价活动健康、有序、持续发展。

一、海岛估价机构的设立运行

目前我国无居民海岛评估机构还没有进入市场化管理阶段，无居民海岛价格评估业务的资格由国家海洋局确定，操作模式是省级地方推荐与国家海洋局审查相结合的方式。制度层面上尚未建立无居民海岛估价机构的设立标准，随着无居民海岛市场化进程的推进，有待逐步建立。

（一）发展背景

沿海各地在以申请审批方式出让、出租无居民海岛使用权时，无居民海岛使用金的征收主要执行财政部、国家海洋局统一制定的无居民海岛使用金征收标准。这些征收标准是依据无居民海岛所在等别、用岛类型、离岸距离等因素制定无居民海岛使用权最低价，而事实上不同海岛的区位价值、资源条件等因素都存在差异，就特定海岛而言，其实际价值一般都高于这一征收标准。因此，从长远来看，为了全面实施海岛有偿使用制度，确保无居民海岛使用权出让的公平、公正，实现国有资产保值增值，需要通过开展海岛价格评估，为海岛管理提供决策依据。同时，开展海岛评估也有利于发展和培育海岛使用权市场，维护海岛使用权人合法权益。根据无居民海岛在质量、区位和使用效益上的差异性，对无居民海岛使用权价值进行评定和估算，是海岛市场机制有效运行的关键和基础。无居民海岛一级市场的招标、拍卖，海岛二级市场的转让、抵押、出租和作价入股等市场经营活动都需要通过评估确定无居民海岛使用权合理的价格。

但目前无居民海岛评估工作基础较薄弱。海岛管理作为一种行政行为，需要多方面的技术支撑。海岛使用论证、海岛动态监视监测目前都已具备较好的工作基础，形成了一整套管理制度、技术标准和队伍体系，为海岛管理提供了有效的技术支撑。但海岛价格评估工作基础还较为薄弱，已经成为海岛管理技术支撑体系建设的“短板”，在一定程度上制约了海岛管理工作的深入开展。为了提高海岛管理精细化水平，需要加快建立海岛评估队伍，推进海岛评估业务。

2013 年 3 月，国家海洋局着手开展海岛评估管理制度和专业队伍建设。为探索积累海岛使用金评估工作经验，进一步推动海岛使用金评估工作，国家海洋局在沿海省级海洋主管部门推荐的基础上，按照单位资历、设备配置、技术条件、管理能力等相关条件，对拟从事海岛使用金评估业务的单位进行了审查、筛选，确定了《海岛使用金评估推荐单位名单》。对无居民海岛使用权出让价款进行预评估的，应当从《海岛使用金评估推荐单位名单》中选择评估单位。海岛使用金评估推荐单位，应当依据相关法律法规和技术规范开展评估工作，并对评估结果负责。国家海洋局将根据海岛使用金评估单位工作业绩和沿海各地海岛使用金评估业务需求情况对《海岛使用金评估推荐单位名单》做相应调整。

（二）资质许可

1. 建立分级制度

我国目前还没有明确出台海岛估价机构管理办法，但参考土地、房地产、海域等领域估价机构管理办法，海岛估价机构资质等级应分为一级、二级、三级。一级应由国务院海洋行政主管部门负责认定海岛估价机构资质许可；二级、三级应由沿海省、自治区、直辖市人民政府海洋行政主管部门负责海岛估价机构资质许可，并接受国务院海洋行政主管部门的指导和监督。

2. 健全审批手续

申请核定一级海岛估价机构资质的，应当向沿海省、自治区、直辖市人民政府海洋行政主管部门提出申请，沿海省、自治区、直辖市人民政府海洋行政主管部门审查完毕后，将初审意见和全部申请材料报国务院海洋行政主管部门。二级、三级海岛估价机构资质由设区的市人民政府海洋行政主管部门初审，具体许可程序及办理期限由沿海省、自治区、直辖市人民政府海洋行政主管部门依法确定，沿海省、自治区、直辖市人民政府海洋行政主管部门应当在做出资质许可决定后，将准予资质许可的决定报国务院海洋行政主管部门备案。

海岛估价机构资质应设定一定年限的有效期。资质有效期届满，海岛估价机构需要继续从事海岛估价活动的，应当在资质有效期届满前向资质许可机关提出资质延续申请。资质许可机关应当根据申请做出是否准予延续的决定。准予延续的，有效期续延。

（三）机构变更

海岛估价机构的名称、法定代表人或者执行合伙人、注册资本或者出资额、组织形式、住所等事项发生变更的，应当在工商行政管理部门办理变更手续后，到资质许可机关办理资质证书变更手续；海岛估价机构合并的，合并后存续或者新设立的海岛估价机构可以承继合并前各方中较高的资质等级，但应当符合相应的资质等级条件；海岛估价机构分立的，只能由分立后的一方海岛估价机构承继原海岛估价机构资质，但应当符合原海岛估价机构资质等级条件。承继原海岛估价机构资质的一方由各方协商确定；其他各方按照新设立的中介服务机构申请海岛估价机构资质。

海岛估价机构的工商登记注销后，其资质证书失效。

二、海岛估价机构的政府监管

保护和合理利用海洋资源是政府管理之本，这是海洋经济时代资源的稀缺性对政府管理的根本要求。但由于缺乏宏观指导和协调，海洋资源开发管理体制不够完善，海洋和海岛开发秩序混乱等问题普遍存在，特别是海域海岛的市场化配置处于初级发展阶段，迫切需要政府部门管理制定并完善海洋公共政策，加强国家对海洋经济发展的调控、指导和服务，[①] 无居民海岛估价机构的建设和规范管理也是这一系列政策中的极为重要的一个环节。

（一）政府综合管理

海洋经济时代，对于传统的政府管理带来了很大的挑战。这集中体现在海洋经济是资源型经济、高技术经济、开放型经济和综合性经济。海洋经济管理的本质是在国家公共政策和有关法律、法规的指导下，政府对海洋资源、环境及其开发利用活动进行计划、组织、协调和控制。以海洋综合管理为特征的现代海洋管理，要求政府在海洋管理活动中转换角色，以更积极的方式强势介入。[①]

相对于陆地经济而言，海洋经济的主体和本质是海洋资源开发。海洋管理的复杂性和综合性体现于它的内涵外延在不同时期总处于流动化过程中，经济发展外部环境变革和内部变化对政府海洋管理提出了新的挑战。海洋资源开发具有较强的多行业、多学科性，这一特点要求国家必须正确处理海洋经济多属性对象的统一协调问题，走综合集成创新发展之路。目前，我国海洋管理实行的是综合管理与行业（部门）管理相结合的管理体制，这导致了我国综合管理功能太弱、调控乏力、协调机制不健全，这就要求政府进一步加强宏观调控，加强国际合作，共同应对复杂的海洋开发新

① 此观点引自：崔旺来，李百齐．海洋经济时代政府管理角色定位．中国行政管理，2009，294（12）：55－57。

形势。[①]

无居民海岛的评估机构建设恰逢海洋资源大力开发利用的发展初期，海岛评估的特殊性要求海洋政府管理部门综合协调资源开发与环境保护的关系，平衡国家出让海岛与海岛使用者的利益，引导海岛估价机构建立健全内部机制，完成海岛评估任务。同时在估价机构业务范围方面应给与明确约束，如要求估价机构应当依法取得海岛估价资质，在不同的资质等级下，受托执行不同许可范围的海岛估价业务；应当由海岛估价机构统一接受委托，统一收取费用，不得以个人名义承揽估价业务，分支机构应当以设立该分支机构的海岛估价机构名义承揽估价业务等。

（二）政府柔性监督

政府为社会提供公共产品，并不意味着一定要由政府亲自进行生产、计划安排，或者说政府是唯一的提供者，是指在政府参与下，由政府和企业、个人共同来提供。政府在其中起着组织、协调和监督的作用。根据治理理论，“治理是政府与社会力量通过面对面合作方式组成的网络管理系统”。政府可以利用自身优势，通过制定一定的政策，一方面鼓励企业、个人积极参与海洋管理活动，另一方面采取各种措施合理配置资源，防止由于利润最大化的市场原则造成对海洋环境的损害。[②] 政府涉海部门应当将自身职能切实落到提供者的定位上，积极探索如何更好地在生产与消费中间发挥组织、管理和规制功能。

对无居民海岛估价机构而言，政府海洋部门的柔性监督体现在三个方面。一是运行模式双轨制。估价机构的运行管理模式可采用双轨制，即采用政府投资和社会主体并行的投资方式。鉴于无居民海岛具有国家所有权的权属特征，价值巨大，管理复杂，为了便于规范管理，海岛估价机构应主要由从事海洋事业的组织出资设立，如果不能满足市场估价需要，再考虑选择优秀的社会第三方评估机构参与评估。二是统一与分散相结合。对一级、二级、三级资质在经营服务场所、内部管理制度、估价工作规范性等方面应有统一要求；对经营时间及其业务量、注册资本、专职注册海岛估价师的人数及其工作年限等方面应分别设定不同的要求。三是信用约束与定期检查相结合。建立海岛估价机构信用档案，记录海岛估价机构的基本情况、业绩、良好行为、不良行为等内容，将违法行为、被投诉举报处理、行政处罚等情况作为海岛估价机构信用约束手段；建立定期检查制度，沿海县级以上人民政府海洋行政主管部门应当对海岛估价机构和分支机构的设立、估价业务及执行海岛估价规范和标准的情况实施监督检查，并将监督检查的处理结果向社会公布。

---

① 此观点引自：崔旺来，李百齐．海洋经济时代政府管理角色定位．中国行政管理，2009，294（12）：55－57。

② 此观点引自：崔旺来，李百齐．政府在海洋公共产品供给中的角色定位．经济社会体制比较，2009，146（6）：108－113。

三、海岛估价机构的发展趋势

海岛估价行业与其他评估行业相比，起步较晚、起点高、发展快，面对的新机遇和新挑战也很多，海岛估价行业发展体现出估价体系日益完善、追求估价技术的创新、高度重视风险防范机制建设等特征，以便适应全球评估行业市场化、国际化、专业化、综合化和规范化的要求。

（一）加速完善海岛估价体系

估价机构为提高估价行业的道德水准，培养估价人员高尚的职业素养，可以从以下几方面入手，加快估价体系建设：建立估价机构现代管理制度；建立完备的海岛估价法律法规体系；建立新的海岛估价从业人员道德规范，培养海岛估价人员的职业道德意识；加强海岛评估行业准则和规范建设，逐步完善海岛估价体系。由于无居民海岛自身属性的特殊性和复杂性，海岛估价机构各种管理制度都将比土地、房地产、海域等资源更丰富、更综合，估价体系的构成也将与国际估价惯例接轨，向专业化和规范化方向发展，以便适应现代评估行业的发展需要。

（二）不断创新海岛估价技术

在加强对国际不动产估价惯例和国外不动产估价先进方法、技术学习的基础上，估价技术将迅速与国际接轨。全球经济一体化极大地拓展了中国估价行业的服务空间，与国际估价机构的互动为我们发展先进估价理论和实际操作规范提供了有利条件。从目前估价行业的现状来看，从业人员普遍感觉估价技术在实践中的可操作性较差，特别是传统的评估技术不适用于无居民海岛价格评估。海岛具有独特的自然和经济属性，是比较特殊的不动产。海岛评估需对海岛资源要素、环境容量和生态功能所具有的经济价值进行综合评估，具有较强专业性和技术性。准确评估海岛使用权价值，评估人员不仅要掌握经济、管理、法律等理论知识，还要具有一定的海洋自然科学和海洋工程等方面的基础。我们应以现有知识和理论为基础，不断丰富海岛估价技术手段，创立新的技术理论。

（三）高度重视海岛估价风险

海岛估价风险体现在由于估价机构管理不当或估价人员操作不当导致的评估结果出现偏差，使委托人和海岛使用人对评估结果不能接受的后果，这将使海岛估价机构无法全面完成估价任务，并在评估行业造成恶劣影响，甚至涉及法律诉讼。海岛估价风险产生的原因，主要有两个方面：一是执业估价师自身以外的原因；二是估价师和估价机构本身的原因。具体来说，包括以下几个方面：体制原因（不确定的法律或政策环境）；技术原因（日益专业化的业务要求）；职业道德和工作作风；评估公司内部管理制度等。面对无居民海岛相对复杂的评估环境，为了防范和规避可能发生不良后果，海岛估价机构将越来越高度重视海岛估价风险，建立健全海岛估价的风险管理和防范机制将成为未来的发展趋势。

第三节　海岛估价人员资格认定

开发海洋、拓展生存和发展空间已经成为当今世界的潮流，海洋经济发展需要海洋领域专门人才。但是目前擅长海岛评估管理的人才稀缺，海岛估价的专业技术人员更是十分匮乏，要通过海洋教育制度的改革和培训体系的完善，使海洋劳动力的技能和素质在总量和结构上都能与海洋经济发展的需要相适应。① 特别是在海域、海岛等海洋资源估价领域，亟须建立专业估价人员的准入制度，加大评估技能教育和培训力度，快速培养一批海洋领域估价管理人才和专业技术人才。

海岛估价人员是无居民海岛估价活动的执行主体，其业务能力和职业道德决定了海岛评估质量，也影响到估价机构的社会声誉，因此加强海岛估价人员的管理，从海岛估价行业的从业人员准入制度入手，完善后续职业技能的培养以及加强职业道德教育，将有效提升估价人员的整体素质。

一、海岛估价人员的认证制度

海岛估价人员的认证制度是确保从业人员高素质、高水平的制度源头，建立公开、透明的市场化选拔机制，有利于体现估价管理的规范性和公正性，同时也为海岛估价行业吸引社会优秀评估人才提供了机会和渠道。

（一）发展背景

由于我国海岛开发利用刚刚起步，海岛估价业务尚未展开，国家目前没有制定海岛估价人员的准入制度。参考其他评估领域的估价师管理制度和办法——《矿业权评估师执业资格制度暂行规定》《注册资产评估师注册管理办法（试行）》《土地估价师注册办法》及《注册房地产估价师管理办法》，政府海洋管理部门应根据《中华人民共和国海域使用管理法》《中华人民共和国行政许可法》和《浙江省海域使用管理办法》等有关法律、行政法规，建立海岛估价人员注册执业管理制度，以便加强对注册海岛估价师的管理，完善海域使用权价值评估制度和海岛使用权价值评估人员资格认证制度，规范注册海岛估价师行为，维护公共利益和海岛估价市场秩序，并对海岛估价师的注册、执业、继续教育和监督管理做出规定。

（二）准入制度

专业估价人员应实行注册执业管理制度。只有通过全国海岛估价师执业资格考试

① 此观点引自：崔旺来，周达军，刘洁，等．浙江省海洋产业就业效应的实证分析．经济地理，2011，31（8）：1 258－1 263。

或者资格认定、资格互认，取得中华人民共和国海岛估价师执业资格（以下简称执业资格），并符合注册条件要求，取得中华人民共和国海岛估价师注册证书（以下简称注册证书），才能从事海岛估价活动。申请注册的相关人员，应当向聘用单位或者其分支机构工商注册所在地的沿海省、自治区、直辖市人民政府海洋行政主管部门提出注册申请，受理申请审查完毕后，将申请材料和初审意见报国务院海洋行政主管部门，最终由国务院海洋行政主管部门受理并做出决定。注册证书是注册海岛估价师的执业凭证，应设定注册有效期。

国务院海洋行政主管部门对全国注册海岛估价师注册、执业活动实施统一监督管理。沿海省、自治区、直辖市人民政府海洋行政主管部门对本行政区域内注册海岛估价师的注册、执业活动实施监督管理。沿海市、县、市辖区人民政府海洋行政主管部门根据授权，负责本行政区域内注册海岛估价师的执业活动实施监督管理。

取得执业资格的人员，应当受聘于一个具有海岛估价机构资质的单位，经注册后方可从事海岛估价执业活动。注册海岛估价师可以在全国范围内开展与其聘用单位业务范围相符的海岛估价活动。注册海岛估价师从事执业活动，由聘用单位接受委托并统一收费。在海岛估价过程中给当事人造成经济损失，聘用单位依法应当承担赔偿责任的，可依法向负有过错的注册海岛估价师追偿。

二、海岛估价人员的后续教育

海岛估价人员的职业后续教育，是指海岛估价人员对职业道德、估价规范、专业知识、专业技能、相关法规及规章的后续学习和研究，是提高海岛估价人员专业素质不可缺少的重要一环，同时也是整个海岛评估行业持续健康发展的有力保证。对估价人员来说，接受并完成规定的职业后续教育任务，既是其法定义务，也是法定权利。海岛估价人员必须将职业后续教育看成是自身的内在需要，是贯穿于整个执业生涯的重要内容之一。海岛估价人员继续教育，由沿海省、自治区、直辖市人民政府海洋行政主管部门负责组织。估价人员在每一注册有效期内应当达到国务院海洋行政主管部门规定的继续教育要求。经继续教育达到合格标准的，颁发继续教育合格证书。

（一）后续教育的必要性

1. 有利于提高海岛估价人员素质

持续后续教育是提高海岛估价人员的业务能力的保障。海岛估价人员的专业胜任能力是在取得专业知识基础上，通过职业后续教育，在评估实践中发展起来的。估价人员的综合素质是由知识教育、资格考试和后续教育三方面共同决定。尤其在当今知识经济时代，知识更新的步伐日益加快，海岛估价人员只有通过持续不断的系统化、制度化的职业后续教育，才能及时掌握和熟练运用新知识、新技能、新法规，学习先进的评估方法和经验，了解行业发展的新动态，确保并且不断提高执业所必需的专业能力与水平，只有这样，才能更好地完成委托业务。

2. 有利于提升估价行业服务质量

海岛估价行业是一个服务性的中介行业，同时又是一个以人为本的行业，对估价人员的要求较高。估价人员不仅要掌握海岛估价的方法、程序等知识，还应当熟知会计、法律、房地产、环境、经济等专业领域的知识。随着业务范围的不断扩大，过去知识结构相对陈旧单一的评估人员已经不能胜任，因此海岛估价人员只有通过后续教育来不断地更新，更好地掌握这些知识，充实新业务的相关执业知识和技能，在专业上保证服务的质量。

3. 有利于降低评估执业风险

众多的不确定性因素给海岛估价带来很大风险，随着评估行业的发展和评估作用的不断提高，海岛使用人对估价结果的预期也越来越高，可能会因为实际结果与原来预期的偏差导致对海岛估价人员的不满。海岛估价人员必须增强风险意识，采取切实有效的措施把风险降到最低。其中关键的一点就是要不断地加强学习，提高专业胜任能力和执业水平，保持良好的职业道德，严格遵循专业标准的要求执行业务、出具报告，对于海岛估价人员避免法律诉讼具有无比的重要性。海岛估价行业的从业人员要熟悉、掌握并及时更新、遵守海岛估价人员行业从业所必须具有的法律、法规和准则、规则的知识，才能规避法律责任。因此，持续不断地接受职业后续教育才是最有效的途径。

（二）后续教育的完善措施

1. 建立多层次的后续教育培训体系

海岛评估协会应强化其宏观管理职能，应进行后续教育市场需求调查研究，并根据调查结果，提出课程开发方案，制订年度培训指导计划；检查地方各级评估协会实施结果；建立IC卡数字化后续教育注册登记、考试考核系统，确保海岛估价人员后续职业教育质量；建立海岛估价人员职业后续教育师资库，并负责后续教育远程教育系统的建设和维护工作。各级评估协会还需要承担各个地区其他海岛估价人员的集体培训任务，此外，根据各个地区的特殊情况，制订各个地区的培训计划并组织实施。各评估机构应结合本所实际情况制订有效的职业后续教育计划，监督、催促本机构海岛估价人员按时完成后续教育计划。

2. 建立完善的后续教育课程体系

海岛估价人员职业后续教育的内容不仅要有针对性，还要有系统性，主要包括两个方面内容。一方面，是估价准则、执业规范、评估理论及其他与资产评估业务相关的知识与技能。具体地说，除了与评估直接相关的理论与实务外，海岛估价人员不仅要了解国家最新的财会、金融、经济法规，国家当前的经济形势和宏观政策，还要掌握在信息社会生存所必需的计算机网络知识和操作技能。另一方面，要加强海岛估价人员的职业道德教育。海岛估价人员作为特殊的从业人员，既要有较高的专业业务素质，又要有较强的观念和职业道德水平。对一名合格的海岛估价人员而言，两个方面相辅相成，缺一不可。

3. 探索后续教育的有效形式

改进后续教育方法，以案例教学为主。案例法能够充分调动学员学习的积极性，增强学员的独立思考和独立解决问题的能力，使学员能将所学的知识更好地用于实际工作中。具体来说，案例法用典型案例对理论进行必要的阐述，是后续教育的有效方法。

采用高层次的研讨会形式。与培训班相比，参加后续教育的海岛估价人员的参与意识会大大加强，通过与专家学者、同行的面对面双向信息交流，会极大地调动起自身的学习热情。而且研讨会前参与人员都要做好充分准备，研讨会上大家集思广益，运用集体的智慧，开阔思路，会收到良好的培训效果。

大力发展以网络为基础的远程教育系统。远程教育方便、成本低廉、层次高、节约时间、速度快等优点非常突出，是后续教育的重要形式。海岛估价后续教育远程教育系统一旦建立，将从根本上解决我国海岛估价人员后续教育培训中存在的诸多问题，可以实现培训教育上由传统方式向现代化方式的转变。

三、海岛估价人员的职业道德

海岛估价行业发展的初级阶段，准入门槛低，部分机构滥竽充数，评估行业的执业人员质量较低，如果评估行业对违规行为的处罚和整治力度不够，可能致使部分估价人员的不道德行为得不到遏制，将严重影响海岛估价行业发展，加强估价人员职业道德建设是一项非常紧迫的工作。

（一）估价行业职业道德现状

评估行业中，不同领域的评估活动管理部门对各自的评估体系均进行了评估机构和评估人员的职业道德规范，如《资产评估职业道德准则——基本准则》中对注册资产评估师职业道德行为进行了规范；《中国土地估价师执业行为准则》阐明了土地评估机构和土地估价师应具有的职业道德观念和遵守职业道德的行为规范。估价人员职业道德建设取得了一定的成就，但是在估价实践发展的过程中，职业道德方面仍然存在很多问题，比如，有的估价人员缺乏敬业精神和对社会公众负责的意识，缺乏执业风险意识，采取不正当手段招揽客户，接受自己能力范围之外的委托，为谋求个人私利而泄漏客户的商业秘密、压价竞争等。

（二）海岛估价职业道德建设

海岛估价的职业道德是从事海岛估价的从业人员和估价机构应遵守的行为准则或规范。海岛估价是一项社会经济生活中的公正性活动，同时又是一项有偿服务活动，具有明显的商业性。公正性与商业性不可避免的排斥性要求海岛估价人员具有高水准的职业道德水平。职业道德是一个涉及社会生活方方面面的问题，对于经济发展和社会进步有着巨大的影响，在市场化商品经济大发展的今天，海岛估价机构能否出具一份正确及合理的估计报告，这对海岛估价人员的职业道德提出了不小的挑战。为了规范海岛估价从业人员职业道德行为，提高职业道德素质，维护职业形象，政府海洋管理部门应制定《海岛估价人员职业道德守则》，在职业操守和胜任能力等方面予以约束。

第四节　海岛估价协会组织建设

海岛估价协会应当是海岛评估行业的自律性组织，参考资产评估、土地、房地产、矿产权等成熟估价行业的管理模式，可以考虑设立海岛估价协会，对海岛估价人员和估价机构进行自律管理，引导海岛估价人员依法执业，遵守专业守则和估价规范，规范海岛估价行为。

一、评估行业协会的现状

我国评估行业按照主管部门不同，分别成立了不同的行业自律组织。规模较大的主要行业协会有中国资产评估协会、中国土地估价师协会、中国房地产估价师与房地产经纪人学会。这些行业组织的成熟经验可供海岛估价行业参考。

（一）中国资产评估协会

中国资产评估协会成立于1993年12月，是资产评估行业的全国性自律组织，依法接受财政部和民政部的指导、监督。中国资产评估协会的宗旨是加强行业自律管理，指导、监督会员规范执业；维护会员合法权益和社会公众利益，服务于会员、服务于行业、服务于市场经济；帮助会员提高专业技能和职业道德素养，提高行业的社会公信力；协调行业内外关系，扩大行业国内外影响力；全面促进行业持续健康发展。

中国资产评估协会的主要职责是制定行业发展目标和规划，并负责组织实施；制定资产评估执业准则、规范和行业自律管理规范，并负责组织实施、监督和检查；负责组织注册资产评估师及分专业全国统一考试；负责注册资产评估师注册和会员登记管理；负责对会员执业资格、执业情况进行检查、监督，对会员执业责任进行鉴定，实施自律性惩戒，规范执业秩序；组织开展资产评估理论、方法、政策的研究，负责资产评估行业教育培训工作；编辑出版协会刊物，组织编写、出版与行业发展相关的书籍、资料，对资产评估行业和评估专业进行宣传；负责向政府各界和市场主体反映会员意见、建议及有关需求，维护会员合法权益；为会员提供专业技术支持和信息服务；协调行业内外关系，改善外部执业环境；代表行业开展对外交流、国际交往；参与行业有关的法律、法规、规章和规范性文件的研究、起草工作；推动行业文化建设，组织行业党建工作；指导地方协会工作，领导本会专业分会及地方派出机构；办理法律、法规规定和国家机关授权或委托的有关工作；承办其他应由本会办理的事项。

随着我国资产评估行业的发展以及影响的不断扩大，1995 年，经外交部批准，中国资产评估协会代表中国资产评估行业加入了国际评估准则委员会；1999 年中国资产评估协会当选为国际评估准则委员会常务理事，并成为其专业技术委员会的委员。2005 年，经外交部批准，中国资产评估协会加入世界评估组织联合会并成为其常务理事。

（二）中国土地估价师协会

中国土地估价师协会于 1994 年 5 月在北京正式成立，现业务主管部门为中华人民共和国国土资源部，同时接受中华人民共和国民政部的监督管理。中国土地估价师协会是由具有土地估价资格和从事土地估价工作的组织和个人自愿结成，依法登记成立的、全国非营利性的行业自律性社会团体法人。协会的宗旨是联合全国土地估价组织和土地估价人员，进行自律管理；引导从业人员遵守国家的法律、法规，遵守土地估价执业道德，执行专业守则和估价规范，规范从业人员执业行为；促进土地估价师专业知识及专长技能的发展和深造；保障从业人员独立、客观、公正执业，维护支持中国土地估价师独特的专业特点、地位及利益；增进行业交流；调解执业中产生的争议；维护国家、企业和个人在土地方面的权益，为社会主义市场经济服务。

中国土地估价师协会先后在原国家土地管理局和国土资源部的支持与指导下，在配合土地使用制度改革、促进土地资源的集约合理利用、推进土地市场建设中发挥了重要作用。2003 年年底，国务院办公厅下发的《关于加强和规范评估行业管理意见》的通知，明确规定土地估价师是国家根据社会主义市场经济发展需要设置的六类资产评估专业资格之一，这是国务院对土地估价行业改革与发展的充分肯定。

（三）中国房地产估价师与房地产经纪人学会

中国房地产估价师与房地产经纪人学会的前身是成立于 1994 年 8 月的中国房地产估价师学会，2004 年 7 月变更为现名。中国房地产估价师与房地产经纪人学会是由从事房地产估价或房地产经纪活动的专业人士、机构及有关单位自愿组成的全国性行业组织，也是在房地产估价、房地产经纪领域唯一的全国性行业组织，依法接受中华人民共和国建设部的业务指导，中华人民共和国民政部的监督管理。团结和组织从事房地产估价与房地产经纪活动的专业人士、机构及有关单位，开展房地产估价与房地产经纪方面的研究、教育和宣传；拟订并推行房地产估价与房地产经纪执业标准、规则；加强自律管理及国际间的交流与合作；提高房地产估价与房地产经纪专业人员和机构的服务水平，并维护其合法权益；促进房地产估价、经纪行业规范、健康、持续发展。

二、海岛估价协会的建设

海岛估价协会是无居民海岛估价管理体系的重要组成部分，海岛估价协会的设立有助于海岛估价活动的有序开展，有助于海岛估价活动的过程管理和自律，实现海岛估价机构和人员整体素质提升，圆满完成海岛价格评估任务，促进海岛估价行业持续发展。

（一）海岛估价协会的设立

海岛估价协会是由具有海岛估价资格、从事海岛估价工作的组织和个人自愿组成，依法登记成立的、非营利性的全国行业自律性社会团体。

估价协会的宗旨是：联合全国海岛估价人员，开展自律管理；制订海岛估价行业发展目标和规划，指引海岛估价行业发展；引导海岛估价从业人员遵守国家的法律、法规，遵循执业道德、执行专业守则和海岛估价规范，规范执业行为；促进海岛估价人员专门知识及专长技能的发展和提升；保障从业人员独立、客观、公正执业，发挥政府、社会与会员之间的桥梁、纽带作用，维护会员的合法权益，维护海岛估价人员的专业特点、地位及利益；促进行业交流；调解执业中产生的争议；维护国家、企业和个人的权益，为社会主义市场经济服务。

海岛估价协会应当接受业务主管单位国土资源部海洋管理部门业务指导和监督管理。

（二）海岛估价协会的业务范围

① 制定、实施海岛估价行业执业规范和职业道德守则，建立各项自律性管理制度，形成完善有效的行业自律性管理约束机制。

② 承担海岛估价中介机构和人员执业资格认定，以中介机构执业注册、海岛估价人员执业登记的方式实行市场准入，实施行业自律管理。

③ 负责会员的管理及组织联络，维护会员的合法权益，反映会员的意见和要求，维护行业利益，提升行业地位，保障海岛估价人员依法执业的权利，代表会员向有关部门反映诉求。

④ 组织海岛估价理论、方法和政策的研究与交流，制定海岛估价专业技术指南，为会员提供专业技术支持和信息服务，开展业务培训和考核，向社会提供专业咨询服务，提升行业的整体技术水平和综合服务能力。

⑤ 根据全国海岛估价人员资格考试委员会的安排与要求，具体组织实施海岛估价人员资格考试和实践考核工作。

⑥ 协同业务主管单位开展对海岛估价中介机构和人员执业质量的监督检查，并按有关程序对违反海岛估价行业执业规范和职业道德守则的协会会员进行相应处理或处罚。

⑦ 受理海岛估价业务活动中发生纠纷的调解和裁定。

⑧ 建立海岛估价人员和海岛估价中介机构信用档案。

⑨ 编辑印发海岛估价书刊、资料，开展与国内外各相关组织的合作、交流与宣传工作。

⑩ 建立交流合作平台，协调相关单位会员合作开展涉及全行业的自律工作。

⑪接受业务主管单位委托的其他工作。

参考文献

艾伦·科特雷尔.1981. 环境经济学［M］. 北京：商务印书馆.
安晓明.2004. 论自然资源价格的构成和量定［J］. 税务与经济，134（3）.
曹辉，陈平留.2003. 森林景观资产评估 CVM 法研究［J］. 福建林学院学报，23（1）.
曹珊.2011. 我国滩涂和海岛开发利用与保护的相关法律问题研究［A］. 第八届长三角法学论坛［C］.
陈彬，俞炜炜.2006. 海岛生态综合评价方法探讨［J］. 台湾海峡，4.
陈烈.2004. 无居民海岛生态旅游发展战略研究——以广东省茂名市放鸡岛为例［J］. 经济地理，24（3）.
陈明健.2003. 自然资源与环境经济学：理论基础与本土案例分析［M］. 台北：双叶书廊有限公司.
陈伟.1992. 岛国文化［M］. 上海：文汇出版社.
陈贤，吴兴恩，杨德，等.2008. 主成分权重法在番茄果实商品性综合评价上的应用探讨［J］. 吉林农业科学，33（4）.
陈星.2007. 自然资源价格论［D］. 中共中央党校，博士学位论文.
程功舜.2010. 无居民海岛使用权若干问题分析［J］. 海洋开发与管理，27（1）.
崔旺来，李百齐.2009. 海洋经济时代政府管理角色定位［J］. 中国行政管理，294（12）.
崔旺来，李百齐.2009. 政府在海洋公共产品供给中的角色定位［J］. 经济社会体制比较，146（6）.
崔旺来，等.2011. 浙江省海洋科技支撑力分析与评价［J］. 中国软科学，（2）.
崔旺来，等.2011. 浙江省海洋产业就业效应的实证分析［J］. 经济地理，31（8）.
戴淑芬，陈翔.2005. 实物期权理论与传统投资决策理论的对比研究［J］. 科技管理研究，1.
段志霞.2008. 海洋资源性资产的保值增值问题研究［D］. 青岛：中国海洋大学，博士学位论文.
董洁霜，范炳全.2003. 现代港口发展的区位势理论基础［J］. 世界地理研究，12（2）.
冯友建.2012. 工业用无居民海岛价格评估方法研究［J］. 海洋开发与管理，7.
封志明.2004. 资源科学导论［M］. 北京：科学出版社.
高惠漩.2005. 应用多元统计分析［M］. 北京：北京大学出版社.
桂静.2005. 海岛的权属管理问题［J］. 海洋信息，（1）.
郭化林.2012. 中外资产评估准则比较研究［M］. 上海：立信会计.
郭晓燕.2011. 我国注册资产评估师继续教育的战略分析［J］. 邢台学院学报，26（2）.
郭院.2006. 海岛法律制度比较研究［M］. 青岛：中国海洋大学出版社.

哈肯，郭治安 . 1989. 高等协同学［M］. 北京：科学出版社.
韩广福，刘淑青，杨冬君，等 . 2013. 土地评估程序及注意事项［J］. 科技视界，30.
韩小孩，张耀辉，孙福军，等 . 2013. 基于主成分分析的指标权重确定方法［J］. 四川兵工学报，33（10）.
贺义雄，吕亚慧，张晓旖 . 2013. 无居民海岛价值评估理论与方法初探［J］. 海洋信息，（4）.
胡吕银 . 2005. "出卖"海岛的法律问题探析［J］. 甘肃政法学院学报，20（4）.
黄萍 . 2013. 自然资源使用权制度研究［M］. 上海：上海社会科学院出版社.
黄湘，李卫红 . 2006. 生态系统服务价值评价［A］. 北京：气象出版社，自然地理学与生态建设［C］，7.
姜文来，杨瑞珍 . 2003. 资源资产论［M］. 北京：科学出版社.
姜玉东 . 2008. 实物期权定价理论及其在中国的适用性分析［J］. 中国经济评论，8（2）.
金建君，王玉梅，刘学敏 . 2008. 耕地资源非市场价值及其评估方法分析［J］. 生态经济，11.
金相郁 . 2004. 20 世纪区位理论的五个发展阶段及其评述［J］. 经济地理，24（3）.
李金克，王广成 . 2004. 海岛可持续发展评价指标体系的建立与探讨［J］. 海洋环境科学，23（1）.
李蕊爱 . 1998. 浅议资产评估工作也应采用谨慎性原则［J］. 生产力研究，（6）.
李松青，刘异玲 . 2010. 矿业权价值评估：基于实物期权理论［M］. 北京：社会科学文献出版社.
李铁峰 . 2005. 基于实物期权方法的土地开发问题［J］，赣南师范学院学报，6.
李亚楠，苗丽娟 . 2009. 海域资源性资产价值评估初探［J］. 海洋环境科学，28（6）.
李杨帆，朱晓东，刘青松 . 2003. 我国无人岛保护与持续利用途径研究：生境更新的方法及应用［J］. 农村生态环境，19（2）.
李杨帆，朱晓东，刘青松 . 2003. 我国无人岛保护与可持续利用途径研究［J］. 农村生态环境，19（2）.
梁慧星 . 2002. 中国物权法研究［M］. 北京：法律出版社.
刘伯恩 . 2004. 无居民海岛土地资源开发与合理利用的法律思考［J］. 国土资源，1.
刘家明 . 2000. 国内外海岛旅游开发研究［J］. 华中师范大学学报（自然科学版），34（3）.
刘锦添 . 1990. 淡水河水质改善的经济效益评估：封闭式假设市场评价法之应用［J］. 经济论文，18（2）.
刘君强，李无为 . 2012. 论矿产资源开发外部性的经济法规制——基于鄂尔多斯的调查［J］. 当代教育理论与实践，4（6）.
刘吕红 . 2012. 自然资源价格成本构成分析［J］. 四川大学学报（哲学社会科学版），（3）.
刘容子，齐连明 . 2006. 我国无居民海岛价值体系研究［M］. 北京：海洋出版社.
刘晓虹 . 2014. 成本逼近法的再认识［J］. 企业技术开发，33（17）.
刘妍 . 2011. 基于实物期权的海域使用权交易模式［J］. 科技与管理，1.
卢昆 . 2010. 海岛旅游开发的特殊性及策略探析［J］. 社会科学家，159（7）.
卢新海，黄善林 . 2010. 土地估价［M］. 上海：复旦大学出版社.
卢新海，张竹青，张修芬 . 1999. 潜江市土地估价程序及应用分析［J］. 湖北农学院学报，19（3）.
娄俊启 . 2014. 出让国有土地使用权中成本逼近法测算地价应用探讨［J］. 吉林农业，12，3（1）.
栾维新，李佩瑾 . 2007. 我国海域评估的理论体系及海域分等的实证研究［J］. 地理科学进展，（2）.
栾维新，王海壮 . 2005. 长山群岛区域发展的地理基础与差异因素研究［J］. 地理科学，25（5）.

罗冉 . 2012. 旅游用无居民海岛价格评估方法与实证研究——以象山县无居民海岛为例［D］. 杭州：浙江大学，硕士学位论文 .

马得懿 . 2011. 无居民海岛国家所有权之考察［J］. 中国政法大学学报，26（6）.

苗丰民，赵全民 . 2007. 海域分等定级及价值评估的理论与方法［M］. 北京：海洋出版社 .

穆治霖 . 2007. 从海岛生态系统和自然资源的特殊性谈海岛立法的必要性［J］. 海洋开发与管理，（2）.

穆治霖 . 2009. 无居民海岛所有权辨析［J］. 环境保护，（27）.

倪伟 . 2014. 基准地价在土地估价中的作用［J］. 福建建材，10.

潘开灵，白烈湖 . 2006. 管理协同理论及其应用［M］. 北京：经济管理出版社 .

彭静，朱竑 . 2006. 海岛文化研究进展及展望［J］. 人文地理，88（2）.

乔俊果 . 2006. 海洋资源过度利用的经济学分析及其对策探讨［J］. 渔业经济研究，2.

任海，李萍，周厚成，等 . 2001. 海岛退化生态系统的恢复［J］. 生态科学，20（1，2）.

任淑华，蔡克勤 . 2010. 舟山海岛旅游资源开发评价与旅游业可持续发展研究［M］. 北京：海洋出版社 .

任小波，吴园涛，向文洲，等 . 2009. 海洋生物质能研究进展及其发展战略思考［J］. 地球科学进展，24（4）.

石洪华，郑伟，丁德文，等 . 2009. 典型海岛生态系统服务及价值评估［J］. 海洋环境科学，28（6）.

石杰，赵睿 . 2008. 实物期权研究的回顾［J］. 北京工商大学学报（社会科学版），23（1）.

疏震娅 . 2008. 试论我国海岛立法的必要性［J］. 政府法制，15.

苏广实 . 2007. 自然资源价值及其评估方法研究［J］. 学术论坛，195（4）.

孙丽，谭勇华，王德刚，等 . 2010. 可利用无居民海岛开发价值及风险分析［A］. 2010 年海岛可持续发展论坛论文集［C］. 浙江省海洋学会，10.

谭柏平 . 2008. 论我国海岛的保护与管理——以海岛立法完善为视角［J］. 中国地质大学学报（社会科学版），8（1）.

唐欣，尉京红，姜俊臣 . 2002. 我国无形资产评估准则与国际资产评估准则的比较探讨［J］. 河北农业大学学报（农林教育版），4（1）.

唐增，徐中民 . 2008. 条件价值评估法介绍［J］. 开发研究，1.

田军，张朋柱，王刊良，等 . 2004. 基于德尔菲法的专家意见集成模型研究［J］. 系统工程理论与实践，1.

王爱东，王冬雪 . 2008. 企业并购协同效应的计量模型［J］. 中国管理信息化，11（1）.

王海宁，陶冶 . 2008. 可再生能源是解决海岛能源动力问题的有效途径［J］. 阳光能源，3.

王茳，何广顺，高中文 . 2004. 关于海洋资源的资产属性与资产化管理［J］. 海洋环境科学，23（2）.

王丽英 . 2012. 房地产估价主观风险分析［J］. 上海房地，6.

王明舜 . 2009. 我国海岛经济发展的根本模式与选择策略［J］. 中国海洋大学学报社会科学版，4.

王顺林，史晓宁 . 2012. 论资产评估程序性准则的工具性价值与目标性价值［J］. 南京财经大学学报，6.

王思义 . 2013. 基于生态系统服务价值理论的土地整治生态效益评价［D］. 武汉：华中师范大学，硕士学位论文.
王晓慧.2014. 我国无居民海岛使用权综合估价体系框架的研究[J]. 浙江海洋学院学报（人文科学版），6.
王秀东，王淑珍，赵邦宏.2002. 资产评估风险防范与控制[J]. 河北农业大学学报（农林教育版），（1）.
王彧.2012. 关于土地估价报告的内部审核制度[J]. 黑龙江科技信息，27.
王泽宇，韩增林.2007. 海岛土地资源可持续利用战略研究——以辽宁省长海县为例[J]. 海洋开发与管理，3.
吴俊文，郑崇荣，董炜峰，等.2009. 海洋功能区划与海岸带综合利用和保护规划的协同效应[J]. 国土与自然资源研究，（1）.
吴珊珊.2012. 无居民海岛评估的必要性与特殊性分析[J]. 海洋开发与管理，7.
吴姗姗，幺艳芳，齐连明. 2010. 无居民海岛空间资源价值评估技术探讨[J]. 海洋开发与管理，27（3）.
肖佳媚.2007. PSR模型在海岛生态系统评价中的应用[J]. 厦门大学学报（自然科学版），46（1）.
许丽忠，吴春山，王菲凤，等.2007. 条件价值法评估旅游资源非使用价值的可靠性检验[J]. 生态学报，7（10）.
许启望，张玉祥. 1994. 海洋资源核算[J]. 海洋开发与管理，3.
徐胜，李振华.2011. 我国海陆经济发展的协同效应分析[J]. 中国集体经济，（15）.
徐爽，李宏瑾.2007. 土地定价的实物期权方法：以中国土地交易市场为例[J]. 世界经济，8.
玄永生，王建中，梁海鸥.2011. 中外资产评估准则发展之比较[J]. 财会月刊（下），2.
杨新华，陈小丽.2002. 湛江市东海岛防护林林场的生存与发展策略[J]. 防护林科技，12.
杨文鹤.2000. 中国海岛[M]. 北京：海洋出版社.
晏丽.2012. 加强土地估价行业的职业道德和诚信建设[J]. 黑龙江科技信息，24.
幺艳芳.2010. 无居民海岛使用权估价可行性及相关问题浅析[J]. 海洋开发与管理，27（5）.
于波，张峰，陆文彬.2009. 对于环境资源价值评估方法——条件价值评估法的综述[J]. 科技信息，（27）.
于连生，孙达，王菊.2004. 自然资源价值论及其应用[M]. 北京：化学工业出版社.
俞明轩，侯忠艳.2003. 加强房地产估价师职业道德建设[J]. 中国房地产估价师，6.
于青松，齐连明.2006. 海域评估理论研究[M]. 北京：海洋出版社.
赵菊勤.2009. 条件价值评估法的有效性和可靠性研究——以评估兰州市四城区大污染总经济价值为例[D]. 西安：西北师范大学，硕士学位论文.
赵军，杨凯，刘兰岚，等.2007. 环境与生态系统服务价值的WTA/WTP不对称[J]. 环境科学学报，27（5）.
赵晟，洪华生，张珞平，等.2007. 中国红树林生态系统服务的能值价值[J]. 资源科学，29（1）.
赵占元，王建瑞.1993. 关于自然资源的价值、价格问题[J]. 河北地质学院学报，16（3）.
张庆松.2012. 无居民海岛使用权制度的构建[J]. 法制与社会，（3）.
张所地.2005. 不动产静态与动态评估方法[M]. 北京：中国科学技术出版社.
张统生，魏希亮，李东林.2005. 土地估价机构的风险与防范[J]. 中国土地，3.
张耀光，胡宜鸣.1995. 辽宁海岛旅游资源开发研究[J]. 海洋开发与管理，12（3）.

张耀光，刘锴，郭建科，等 . 2013. 中国海岛港口现状特征与类型划分［J］. 地理研究，32（6）.

张翼飞，刘宇辉 . 2007. 城市景观河流生态修复的产出研究及有效性可靠性检验——基于上海城市内河水质改善价值评估的实证分析［J］，中国地质大学学报（社会科学版），7（2）.

张翼飞，赵敏 . 2007. 意愿价值法评估生态服务价值的有效性与可靠性及实例设计研究［J］. 地球科学进展，22（11）.

张元和，苗永生，孔梅，等 . 2000. 关注无人岛——浙江省无人岛的开发与管理［J］. 海洋开发与管理，17.

张岳军，张宁 . 2014. 基于 CVM 的宗教文化资源非使用价值评估研究——以福建三平寺为例［J］. 中国林业经济，128（5）.

张志强 . 2012. 评估期权把握未来——实物期权评估指导意见（试行）的基本精神［J］. 中国资产评估，10.

张志强，徐中民，程国栋 . 2003. 条件价值评估法的发展与应用［J］. 地球科学进展，18（3）.

张志卫，赵锦霞，丰爱平，等 . 2015. 基于生态系统的海岛保护与利用规划编制技术研究［J］. 海洋环境科学，34（2）.

郑庆杰，王继尧，李仲富 . 2007. 土地估价报告常见问题分析（一）［J］. 黑龙江国土资源，2.

郑庆杰，王继尧，李仲富 . 2007. 土地估价报告常见问题分析（二）［J］. 黑龙江国土资源，3：4.

周珂 . 2011. 中国资产评估协会 . 实物期权评估指导意见（试行）［Z］.

周学锋 . 2010. 无居民海岛物权制度探析［J］. 浙江海洋学院学报，27（4）. 106.

朱晓东，旌丙文 . 1998. 21 世纪的海洋资源及其分类新论［J］. 自然杂志，1.

朱仁友，崔太平 . 2001. 国外学者关于农地估价中何运用收益还原法理论的考察评析［J］. 商业研究，1.

朱中彬 . 2003. 外部性理论及其在运输经济中的应用分析［M］. 北京：中国铁道出版社.

Apostolopoulos Y, Gayle D J. 2002. Island Tourism and Sustainable Development: Caribbean, Pacific, and Mediterranean Experiences [M]. New York: Praeger Publishers.

Ayres R. 2002. Cultural Tourism in Small – Island States: Contradictions and Ambiguities Island Tourism and Sustainable Development [M]. New York: Praegor Publishers.

Carson R T, Mitchell R C. 1993. The Value of Clean Water: The Public's Willingness to Pay for Boatable, Fishable and Swimmable Quality Water [J]. Water Resources Research, 29 (7).

Carson R T, Mitchell R C, Hanemann M, et al. 2003. Contingent valuation and lost passive use: damages from the exxon valdez oil spill [J]. Environmental & Resource Economics, 25 (3).

Cummings R G, Brookshire D S, Schulze W D. 1986. Valuing environmental goods: a state of the art assessment of the contingent valuation method [M]. Totowa, N. J., USA: Row man & Allan held.

Dixit A K, Pindyck R S. 1994. Investment under uncertainty [M]. Princeton: Princeton University Press.

Gossling S. 2001. The consequences of tourism for sustainable water use on a tropical island: Zanzibar, Tanzania [J]. Joumal of Environmental Management, 61.

Harding J S. 1997. Winterbourn M. J. An Ecoregion Classification ofthe South Island, New Zealand [J]. Journal of Environmental Management, 51.

Kemsley E K. 1996. Disctiminant analysis of high——dimensional data [J]. Chemometrics and Intelligent Laboratory Systems, 33 (1).

Ledoux L, Turner R K. 2002. Valuing ocean and coastal resources: a review of practical examples and issues for further action [J]. Ocean &Coastal Management, 45.

Moberg F, Folke C. 1999. Ecological goods and services of coral reef ecosystems [J]. Ecological Economics, 29 (99).

Moberg F, Ronnbacck P. 2003. Ecosystem services of the tropical seascape: interactions, substitutions and restoration [J]. Ocean & Coastal Management, 46: 27-46.

Myers S C. 1997. Determinants of Corporate Borrowing [J]. Journal of Financial Economics, 5.

Ryan C. 2002. Tourism and cultural proximity examples from New Zealand [J]. Annals of Tourism Research, 29 (4).

Smith V, et al. 1997. Hosts and Guests: The Anthropology of Tourism [M]. Philadelphia: University of Pennsylvania Pros.

Walker J L, Mitchell B, Wismer S. 2000. Impacts duning project anticipation in Molas, Indonesia: Implications for social impact assessment [J]. Environmental Impact Assessment Review, 20 (5).

Wang X H, Peng B. 2015. Determining the value of the port transport waters: based on improved topsis model by multiple regression weighting [J]. Ocean & Coastal Management, 107.

GB/T 12763.2—2007.2007. 海洋调查规范　第2部分：海洋水文观测［S］. 北京：中华人民共和国国家质量监督检验检疫总局，中国国家标准化管理委员会.

GB/T 12763.3—2007.2007. 海洋调查规范　第3部分：海洋气象观测［S］. 北京：中华人民共和国国家质量监督检验检疫总局，中国国家标准化管理委员会.

GB/T 18508—2014.2014. 城镇土地估价规程［S］. 北京：中华人民共和国国家质量监督检验检疫总局，中国国家标准化管理委员会.

GB/T 18972—2003.2003. 旅游资源分类、调查与评价［S］. 北京：中华人民共和国国家质量监督检验检疫总局.

GB/T 28058—2011.2011. 海洋生态资本评估技术导则［S］. 北京：中华人民共和国国家质量监督检验检疫总局，中国国家标准化管理委员会.

GB/T 28406—2012.2012. 农用地估价规程［S］. 北京：中华人民共和国国家质量监督检验检疫总局，中国国家标准化管理委员会.

GB/T 50291—2015.2015. 房地产估价规范［S］. 北京：中华人民共和国住房城乡建设部.

GB 15618—2008.2008. 土壤环境质量标准［S］. 北京：环境保护部，国家质量监督检验检疫总局.

GB 18668—2002.2002. 海洋沉积物质量［S］. 北京：中华人民共和国国家质量监督检验检疫总局.

GB 3097—1997.1997. 海水水质标准［S］. 北京：国家环境保护局.

HY/T 127—2010.2010. 滨海旅游度假区环境评价指南［S］. 北京：国家海洋局.

JTJ 212—2006.2007. 河港工程总体设计规范［S］. 北京：中华人民共和国交通部.

LY/T 2407—2015.2015. 森林资源资产评估技术规范［S］. 北京：中华人民共和国国家林业局.

国家海洋局. 2013. 海域评估技术指引［Z］.

附录

附录一　无居民海岛使用金征收使用管理办法

财政部　国家海洋局关于印发《无居民海岛使用金征收使用管理办法》的通知

财综〔2010〕44号

辽宁、河北、天津、山东、江苏、上海、浙江、福建、广东、广西、海南省（自治区、直辖市）财政厅（局）、海洋厅（局）：

为加强和规范无居民海岛使用金的征收、使用管理，促进无居民海岛的有效保护和合理开发利用，根据《中华人民共和国海岛保护法》和《中华人民共和国预算法》等法律规定，我们制定了《无居民海岛使用金征收使用管理办法》，现印发给你们，请遵照执行。

财　政　部
海　洋　局
二〇一〇年六月七日

无居民海岛使用金征收使用管理办法

第一章　总　则

第一条　为了加强和规范无居民海岛使用金的征收、使用管理，促进无居民海岛的有效保护和合理开发利用，根据《中华人民共和国海岛保护法》和《中华人民共和国预算法》等法律规定，制定本办法。

第二条　国家实行无居民海岛有偿使用制度。

单位和个人利用无居民海岛，应当经国务院或者沿海省、自治区、直辖市人民政府依法批准，并按照本办法规定缴纳无居民海岛使用金。未足额缴纳无居民海岛使用金的，海洋主管部门不得办理无居民海岛使用权证书。

无居民海岛使用金，是指国家在一定年限内出让无居民海岛使用权，由无居民海岛使用者依法向国家缴纳的无居民海岛使用权价款，不包括无居民海岛使用者取得无居民海岛使用权应当依法缴纳的其他相关税费。

第三条　无居民海岛使用权可以通过申请审批方式出让，也可以通过招标、拍卖、挂牌的方式出让。其中，旅游、娱乐、工业等经营性用岛有两个及两个以上意向者的，一律实行招标、拍卖、挂牌方式出让。

未经批准，无居民海岛使用者不得转让、出租和抵押无居民海岛使用权，不得改变海岛用途和用岛性质。

第四条　无居民海岛使用权出让实行最低价限制制度。

无居民海岛使用权出让最低价标准由国务院财政部门会同国务院海洋主管部门根据无居民海岛的等别、用岛类型和方式、离岸距离等因素，适当考虑生态补偿因素确定，并适时进行调整。

无居民海岛的等别划分、用岛类型界定和无居民海岛使用权出让最低价标准分别参见附件1、附件2和附件3。

第五条　无居民海岛使用权出让价款不得低于无居民海岛使用权出让最低价。

无居民海岛使用权出让最低价的计算公式为：

无居民海岛使用权出让最低价 = 无居民海岛使用权出让面积 × 使用年限 × 无居民

海岛使用权出让最低价标准

公式中无居民海岛使用权出让面积以无居民海岛使用批准文件确定的开发利用面积为准。

第六条　无居民海岛使用权出让前应当由具有资产评估资格的中介机构对出让价款进行预评估，评估结果作为政府决策的参考依据。有关评估管理规定由国务院财政部门会同国务院海洋主管部门制定。

第七条　无居民海岛使用金属于政府非税收入，由省级以上财政部门负责征收管理，由省级以上海洋主管部门负责具体征收。

第八条　无居民海岛使用金实行中央地方分成。其中20%缴入中央国库，80%缴入地方国库。地方分成的无居民海岛使用金在省（自治区、直辖市，以下简称省）、市、县级之间的分配比例，由沿海各省级人民政府财政部门确定，报省级人民政府批准后执行。

第九条　无居民海岛使用金纳入一般预算管理，主要用于海岛保护、管理和生态修复。

第二章　征　收

第十条　无居民海岛使用金按照批准的使用年限实行一次性计征。

应缴纳的无居民海岛使用金额度超过1亿元的，无居民海岛使用者可以提出申请，经批准用岛的海洋主管部门商同级财政部门同意后，可以在3年时间内分次缴纳。

分次缴纳无居民海岛使用金的，首次缴纳额度不得低于总额度的50%。在首次缴纳无居民海岛使用金后，由国务院海洋主管部门或者省级海洋主管部门依法颁发无居民海岛使用临时证书；全部缴清无居民海岛使用金后，由国务院海洋主管部门或者省级海洋主管部门依法换发无居民海岛使用权证书。

无居民海岛使用者申请分次缴纳无居民海岛使用金的申请和批准程序，按照本办法规定的免缴无居民海岛使用金的申请和核准程序执行。

第十一条　国务院批准用岛的，无居民海岛使用金由国务院海洋主管部门负责征收。

省级人民政府批准用岛的，无居民海岛使用金由海岛所在地省级海洋主管部门负责征收。

第十二条　无居民海岛使用金实行就地缴库办法。

省级以上海洋主管部门征收无居民海岛使用金，应当向无居民海岛使用者开具《无居民海岛使用金缴款通知书》，通知无居民海岛使用者按照有关要求，填写“一般缴款书”，在无居民海岛所在市、县就地缴纳无居民海岛使用金。省级以上海洋主管部门应将《无居民海岛使用金缴款通知书》以及“一般缴款书”第四联复印件报送财政部驻当地财政监察专员办事处备查。填写“一般缴款书”时，“财政机关”填写“财政部门”，“预算级次”填写“中央地方分成”，“收款国库”填写实际收纳款项的国库名称，“备注”栏注明中央地方分成比例。

《无居民海岛使用金缴款通知书》应当明确用岛面积、适用的征收等别、征收标准、应缴纳的无居民海岛使用金数额、缴纳无居民海岛使用金的期限、缴库方式、适用的政府收支分类科目等相关内容。无居民海岛使用者应当在收到《无居民海岛使用金缴款通知书》一个月之内，按要求缴纳无居民海岛使用金。

无居民海岛使用金收入列《政府收支分类科目》“1030708 无居民海岛使用金收入”（新增），并下设01 目“中央无居民海岛使用金收入”和02 目“地方无居民海岛使用金收入”。

第十三条　无居民海岛使用者未按规定及时足额缴纳无居民海岛使用金的，按日加收1‰的滞纳金。

滞纳金随同无居民海岛使用金按规定分成比例和科目一并缴入相应级次国库。

第三章　免　缴

第十四条　下列用岛免缴无居民海岛使用金：

（一）国防用岛；

（二）公务用岛，指各级国家行政机关或者其他承担公共事务管理任务的单位依法履行公共事务管理职责的用岛；

（三）教学用岛，指非经营性的教学和科研项目用岛；

（四）防灾减灾用岛；

（五）非经营性公用基础设施建设用岛，包括非经营性码头、桥梁、道路建设用岛，非经营性供水、供电设施建设用岛，不包括为上述非经营性基础设施提供配套服务的经营性用岛；

（六）基础测绘和气象观测用岛；

（七）国务院财政部门、海洋主管部门认定的其他公益事业用岛。

第十五条　免缴无居民海岛使用金的，应当依法申请并经核准。

符合本办法第十四条规定情形的项目用岛，申请人应当在收到《无居民海岛使用金缴款通知书》之日起30 日内，按照下列规定提出免缴无居民海岛使用金的书面申请，逾期不予受理：

（一）申请人申请免缴国务院审批项目用岛应缴的无居民海岛使用金，应当分别向国务院财政、海洋主管部门提出书面申请。

（二）申请人申请免缴省级人民政府审批项目用岛应缴的无居民海岛使用金，应当分别向项目所在地的省级财政、海洋主管部门提出书面申请。

第十六条　申请人申请免缴无居民海岛使用金，应当提交下列相关资料：

（一）免缴无居民海岛使用金的书面申请，包括免缴理由、免缴金额、免缴期限等内容；

（二）能够证明项目用岛性质的相关证明材料；

（三）省级以上财政、海洋主管部门认为应当提交的其他相关材料。

第十七条　国务院财政、海洋主管部门原则上应当在收到申请人的申请后60日内，由国务院海洋主管部门对免缴无居民海岛使用金的合法性提出初审意见，经同级财政部门审核同意后，由国务院财政部门会同同级海洋主管部门以书面形式批复申请人。

省级财政、海洋主管部门原则上应当在收到申请人的申请后60日内，由省级海洋主管部门对免缴无居民海岛使用金的合法性提出初审意见，经同级财政部门审核同意后，由省级财政部门会同同级海洋主管部门以书面形式批复申请人。

第十八条　经依法核准免缴无居民海岛使用金的用岛项目，申请转让无居民海岛使用权或者改变海岛用途和用岛性质的，应当按照有关规定重新履行无居民海岛使用金免缴申请和报批手续。

第十九条　省级以上财政、海洋主管部门应当严格按照本办法规定权限核准免缴无居民海岛使用金。其他任何部门和单位均不得核准免缴无居民海岛使用金。

第四章　使　用

第二十条　无居民海岛使用金的具体使用范围如下：

（一）海岛保护。包括海岛及其周边海域生态系统保护、无居民海岛自然资源保护和特殊用途海岛保护，即保护海岛资源、生态，维护国家海洋权益和国防安全。

（二）海岛管理。包括各级政府及其海岛管理部门依据法律及法定职权，综合运用行政、经济、法律和技术等措施对海岛保护和合理利用进行的管理和监督。

（三）海岛生态修复。包括依据生态修复方案，通过生物技术、工程技术等人工方法对生态系统遭受破坏的海岛进行修复，并对修复效果进行追踪的工作。

（四）省级以上财政、海洋主管部门确定的其他项目。

第二十一条　当年缴入国库的无居民海岛使用金由财政部门在下一年度支出预算中安排使用。

第二十二条　中央分成的无居民海岛使用金支出预算，按照国务院财政部门关于部门预算管理的规定进行编报、审核和下达；地方分成的无居民海岛使用金支出预算，按照本地区关于部门预算管理的规定执行。中央分成的无居民海岛使用金在用于中央本级支出有结余时，可以视情况安排补助地方无居民海岛使用金支出预算，或者由国务院财政部门统筹安排。

第二十三条　无居民海岛使用金的支付按照财政国库管理制度的规定执行。资金使用中涉及政府采购的，按照《中华人民共和国政府采购法》及政府采购的有关规定执行。

无居民海岛使用金支出列《政府收支分类科目》220类02款17项“无居民海岛使用金支出”科目（新增）。

第二十四条　无居民海岛使用金项目资金应当纳入单位财务统一管理，分账核算，确保专款专用。严禁将无居民海岛使用金项目资金用于支付各种罚款、捐助、赞助、投资等。

第二十五条　跨年度执行的项目在项目未完成时形成的年度结转资金，结转下一年度按规定继续使用。项目因故终止的，结余资金按照国务院财政部门关于财政拨款结余资金的有关规定办理。

第五章　监督检查与法律责任

第二十六条　各级财政、海洋主管部门应当加强对无居民海岛使用金征收、使用情况的管理，定期或不定期地开展无居民海岛使用金征收、使用情况的专项检查。

第二十七条　拒不缴纳无居民海岛使用金的，由依法颁发无居民海岛使用权证书的海洋主管部门无偿收回无居民海岛使用权。

第二十八条　无居民海岛使用金项目承担单位未按照批准的用途使用无居民海岛使用金的，由县级以上财政部门会同同级海洋主管部门依据职权责令限期改正；逾期不改正的，项目承担单位应将无居民海岛使用金按原拨款渠道退回批准预算的财政部门，并给予5年内不得申请无居民海岛使用金项目的处理。

第二十九条　单位和个人有下列行为之一的，依照《财政违法行为处罚处分条例》（国务院令第427号）等国家有关规定追究法律责任：

（一）不按规定征收无居民海岛使用金的；

（二）不按规定及时足额缴纳无居民海岛使用金的；

（三）违反本办法规定核准免缴无居民海岛使用金的；

（四）申请人不如实提供有关资料，弄虚作假，骗取免缴无居民海岛使用金的；

（五）截留、挤占、挪用无居民海岛使用金的。

第六章 附 则

第三十条 沿海地区省级财政部门会同同级海洋主管部门根据本办法，可以结合本地区实际情况，制定本地区无居民海岛使用金的具体征收使用管理办法，并报国务院财政、海洋主管部门备案。

第三十一条 本办法由国务院财政部门会同国务院海洋主管部门负责解释。

第三十二条 本办法自2010年8月1日起施行。

附件：1. 无居民海岛等别划分

2. 无居民海岛用岛类型界定

3. 无居民海岛使用权出让最低价标准

附件 1

无居民海岛等别划分

一等：

上海：宝山区 浦东新区

山东：青岛市（市北区 市南区 四方区）

福建：厦门市（湖里区 思明区）

广东：广州市（番禺区 黄埔区 萝岗区 南沙区）深圳市（宝安区福田区 龙岗区 南山区 盐田区）

二等：

上海：奉贤区 金山区

天津：滨海新区

辽宁：大连市（沙河口区 西岗区 中山区）

山东：青岛市（城阳区 黄岛区 崂山区 李沧区）

浙江：宁波市（海曙区 江北区 江东区）温州市（龙湾区 鹿城区）

福建：泉州市丰泽区 厦门市（海沧区 集美区）

广东：东莞市 汕头市（潮阳区 澄海区 濠江区 金平区 龙湖区）中山市 珠海市（斗门区 金湾区 香洲区）

三等：

上海：崇明县

辽宁：大连市甘井子区 营口市鲅鱼圈区

河北：秦皇岛市（北戴河区 海港区）

山东：即墨市 胶州市 胶南市 龙口市 蓬莱市日照市（东港区 岚山区 ）荣成市 威海市环翠区 烟台市（福山区 莱山区 芝罘区）

浙江：宁波市（北仑区 鄞州区 镇海区）台州市（椒江区 路桥区）舟山市定海区

福建：福清市 福州市马尾区 晋江市 泉州市（洛江区 泉港区）石狮市 厦门市（同安区 翔安区）

广东：惠东县 惠州市惠阳区 江门市新会区 茂名市茂港区汕头市潮南区 湛江市（赤坎区 麻章区 坡头区 霞山区）

海南：海口市（龙华区 美兰区 秀英区）三亚市

四等：

辽宁：长海县 大连市（金州区 旅顺口区） 葫芦岛市（连山区 龙港区）绥中县 瓦

房店市 兴城市 营口市（西市区 老边区）

河北：秦皇岛市山海关区

山东：莱州市 乳山市 文登市 烟台市牟平区

江苏：连云港市连云区

浙江：慈溪市 海盐县 平湖市 嵊泗县 温岭市 玉环县 余姚市 乐清市 舟山市普陀区

福建：长乐市 惠安县 龙海市 南安市

广东：恩平市 南澳县 汕尾市城区 台山市 阳江市江城区

广西：北海市（海城区 银海区）

五等：

辽宁：东港市 盖州市 普兰店市 庄河市

河北：抚宁县 滦南县 唐海县 唐山市丰南区 乐亭县

山东：长岛县 东营市（东营区 河口区）海阳市 莱阳市 潍坊市寒亭区 招远市

江苏：大丰市 东台市 海安县 海门市 启东市 如东县 南通市通州区

浙江：岱山县 洞头县 奉化市 临海市 宁海县 瑞安市 三门县 象山县

福建：连江县 罗源县 平潭县 莆田市（城厢区 涵江区 荔城区 秀屿区）漳浦县

广东：电白县 海丰县 惠来县 揭东县 雷州市 廉江市 陆丰市 饶平县 遂溪县 吴川市 徐闻县 阳东县 阳西县

广西：北海市铁山港区 防城港市（防城区 港口区）钦州市钦南区

海南：澄迈县 儋州市 琼海市 文昌市

六等：

辽宁：大洼县 凌海市 盘山县

河北：昌黎县 海兴县 黄骅市

山东：昌邑市 广饶县 垦利县 利津县 寿光市 无棣县 沾化县

江苏：滨海县 赣榆县 灌云县 射阳县 响水县

浙江：苍南县 平阳县

福建：东山县 福安市 福鼎市 宁德市蕉城区 霞浦县 仙游县 云霄县 诏安县

广西：东兴市 合浦县

海南：昌江县 东方市 临高县 陵水县 万宁市 乐东县

我国管辖的其他区域的海岛

附件2

无居民海岛用岛类型界定

类型编码	类型名称	界　定
1	填海连岛用岛	指通过填海造地等方式将海岛与陆地或者海岛与海岛连接起来的行为用岛
2	土石开采用岛	指以获取无居民海岛上的土石为目的的用岛
3	房屋建设用岛	指在无居民海岛上建设房屋以及配套设施的用岛
4	仓储建筑用岛	指在无居民海岛上建设用于存储或堆放生产、生活物资的库房、堆场和包装加工车间及其附属设施的用岛
5	港口码头用岛	指占用无居民海岛空间用于建设港口码头的用岛
6	工业建设用岛	指在无居民海岛上开展工业生产及建设配套设施的用岛
7	道路广场用岛	指在无居民海岛上建设道路、公路、铁路、桥梁、广场、机场等设施的用岛
8	基础设施用岛	指在无居民海岛上建设除交通设施以外的用于生产生活的基础配套设施的用岛
9	景观建筑用岛	指以改善景观为目的在无居民海岛上建设亭、塔、雕塑等建筑的用岛
10	游览设施用岛	指在无居民海岛上建设索道、观光塔台、游乐场等设施的用岛
11	观光旅游用岛	指在无居民海岛上开展不改变海岛自然状态的旅游活动的用岛
12	园林草地用岛	指通过改造地形、种植树木花草和布置园路等途径改造无居民海岛自然环境的用岛
13	人工水域用岛	指在无居民海岛上修建水库、水塘、人工湖等用岛
14	种养殖业用岛	指在无居民海岛上种植农作物、放牧养殖禽畜或水生动植物的用岛
15	林业用岛	指在无居民海岛上种植、培育林木并获取林产品的用岛

附件3

无居民海岛使用权出让最低价标准

单位：元/（hm² · a）

等别	用岛类型	离岸距离（km）				
		≤0.3	>0.3，≤2	>2，≤8	>8，≤25	>25
一等	填海连岛用岛	240 000	200 000	120 000	40 000	20 000
	土石开采用岛	120 000	100 000	60 000	20 000	10 000
	房屋建设用岛	72 000	60 000	36 000	12 000	6 000
	仓储建筑用岛	20 000	16 667	10 000	3 333	1 667
	港口码头用岛	16 000	13 333	8 000	2 667	1 333
	工业建设用岛	18 000	15 000	9 000	3 000	1 500
	道路广场用岛	6 000	5 000	3 000	1 000	500
	基础设施用岛	5 500	4 583	2 750	917	458
	景观建筑用岛	10 000	8 333	5 000	1 667	833
	游览设施用岛	11 000	9 167	5 500	1 833	917
	观光旅游用岛	3 000	2 500	1 500	500	250
	园林草地用岛	4 000	3 333	2 000	6 673	33
	人工水域用岛	4 500	3 750	2 250	750	375
	种养殖业用岛	2 000	1 667	1 000	333	167
	林业用岛	1 000	833	500	167	83
二等	填海连岛用岛	180 000	150 000	90 000	30 000	15 000
	土石开采用岛	90 000	75 000	45 000	15 000	7 500
	房屋建设用岛	54 000	45 000	27 000	9 000	4 500
	仓储建筑用岛	15 000	12 500	7 500	2 500	1 250
	港口码头用岛	12 000	10 000	6 000	2 000	1 000
	工业建设用岛	13 500	11 250	6 750	2 250	1 125
	道路广场用岛	4 500	3 750	2 250	750	375
	基础设施用岛	4 125	3 438	2 063	688	344
	景观建筑用岛	7 500	6 250	3 750	1 250	625
	游览设施用岛	8 250	6 875	4 125	1 375	688
	观光旅游用岛	2 250	1 875	1 125	375	188
	园林草地用岛	3 000	2 500	1 500	500	250
	人工水域用岛	3 375	2 813	1 688	563	281
	种养殖业用岛	1 500	1 250	750	250	125
	林业用岛	750	625	375	125	63

续表

等别	用岛类型	离岸距离（km）				
		≤0.3	>0.3，≤2	>2，≤8	>8，≤25	>25
三等	填海连岛用岛	139 200	116 000	69 600	23 200	11 600
	土石开采用岛	69 600	58 000	34 800	11 600	5 800
	房屋建设用岛	41 760	34 800	20 880	6 960	3 480
	仓储建筑用岛	11 600	9 667	5 800	1 933	967
	港口码头用岛	9 280	7 733	4 640	1 547	773
	工业建设用岛	10 440	8 700	5 220	1 740	870
	道路广场用岛	3 480	2 900	1 740	580	290
	基础设施用岛	3 190	2 658	1 595	532	266
	景观建筑用岛	5 800	4 833	2 900	967	483
	游览设施用岛	6 380	5 317	3 190	1 063	532
	观光旅游用岛	1 740	1 450	870	290	145
	园林草地用岛	2 320	1 933	1 160	387	193
	人工水域用岛	2 610	2 175	1 305	435	218
	种养殖业用岛	1 160	967	580	193	97
	林业用岛	580	483	290	97	48
四等	填海连岛用岛	100 800	84 000	50 400	16 800	8 400
	土石开采用岛	50 400	42 000	25 200	8 400	4 200
	房屋建设用岛	30 240	25 200	15 120	5 040	2 520
	仓储建筑用岛	8 400	7 000	4 200	1 400	700
	港口码头用岛	6 720	5 600	3 360	1 120	560
	工业建设用岛	7 560	6 300	3 780	1 260	630
	道路广场用岛	2 520	2 100	1 260	420	210
	基础设施用岛	2 310	1 925	1 155	385	193
	景观建筑用岛	4 200	3 500	2 100	700	350
	游览设施用岛	4 620	3 850	2 310	770	385
	观光旅游用岛	1 260	1 050	630	210	105
	园林草地用岛	1 680	1 400	840	280	140
	人工水域用岛	1 890	1 575	945	315	158
	种养殖业用岛	840	700	420	140	70
	林业用岛	420	350	210	70	35

续表

等别	用岛类型	离岸距离（km）				
		≤0.3	>0.3，≤2	>2，≤8	>8，≤25	>25
五等	填海连岛用岛	60 000	50 000	30 000	10 000	5 000
	土石开采用岛	30 000	25 000	15 000	5 000	2 500
	房屋建设用岛	18 000	15 000	9 000	3 000	1 500
	仓储建筑用岛	5 000	4 167	2 500	833	417
	港口码头用岛	4 000	3 333	2 000	667	333
	工业建设用岛	4 500	3 750	2 250	750	375
	道路广场用岛	1 500	1 250	750	250	125
	基础设施用岛	1 375	1 146	688	229	115
	景观建筑用岛	2 500	2 083	1 250	417	208
	游览设施用岛	2 750	2 292	1 375	458	229
	观光旅游用岛	750	625	375	125	63
	园林草地用岛	1 000	833	500	167	83
	人工水域用岛	1 125	9 385	631	88	94
	种养殖业用岛	500	417	250	83	42
	林业用岛	250	208	125	42	21
六等	填海连岛用岛	40 800	34 000	20 400	6 800	3 400
	土石开采用岛	20 400	17 000	10 200	3 400	1 700
	房屋建设用岛	12 240	10 200	6 120	2 040	1 020
	仓储建筑用岛	3 400	2 833	1 700	567	283
	港口码头用岛	2 720	2 267	1 360	453	227
	工业建设用岛	3 060	2 550	1 530	510	255
	道路广场用岛	1 020	850	510	170	85
	基础设施用岛	935	779	468	156	78
	景观建筑用岛	17 001	417	850	283	142
	游览设施用岛	1 870	1 558	935	312	156
	观光旅游用岛	510	425	255	85	43
	园林草地用岛	680	567	340	113	57
	人工水域用岛	765	638	383	128	64
	种养殖业用岛	340	283	170	57	28
	林业用岛	170	142	85	28	14

注：离岸距离，指无居民海岛离大陆海岸线的距离。

附录二

第一批开发利用无居民海岛名录

2011年4月12日，国家海洋局公布了我国第一批开发利用无居民海岛名录

序号	名称	省	市	县	坐标	面积（km^2）	主导用途	备注
1	猪岛	辽宁省	大连市	市辖区	39°05′N,121°09′E	0.96	旅游娱乐用岛	
2	大笔架山岛	辽宁省	锦州市	凌海市	40°48′N,121°04′E	0.12	旅游娱乐用岛	
3	小笔架山岛	辽宁省	锦州市	凌海市	40°50′N,121°05′E	0.023	旅游娱乐用岛	
4	吊龙蛋岛	辽宁省	葫芦岛市	绥中县	39°59′N,119°54′E	0.002 3	旅游娱乐用岛	
5	蛤蜊岛	辽宁省	大连市	庄河市	39°38′N,123°01′E	1	旅游娱乐用岛	
6	青鱼坨子岛	辽宁省	大连市	庄河市	39°32′N,123°02′E	0.04	旅游娱乐用岛	
7	好坨子岛	辽宁省	大连市	瓦房店市	39°41′N,121°29′E	0.13	旅游娱乐用岛	
8	鹿岛	辽宁省	大连市	金州新区	39°11′N,121°34′E	1.2	旅游娱乐用岛	
9	财神岛（葫芦岛）	辽宁省	大连市	长海县	39°12′N,123°18′E	0.44	旅游娱乐用岛、渔业用岛	
10	鹁鸽坨子岛	辽宁省	大连市	瓦房店市	39°23′N,121°19′E	0.005	旅游娱乐用岛、渔业用岛	
11	线麻坨子岛	辽宁省	大连市	瓦房店市	39°20′N,121°31′E	0.0617	渔业用岛	
12	担子岛	山东省	烟台市	市辖区	37°34′N,121°28′E	0.081	旅游娱乐用岛、科研用岛	
13	褚岛	山东省	威海市	市辖区	37°34′N,122°04′E	0.17	旅游娱乐用岛	

续表

序号	名称	省	市	县	坐标	面积（km^2）	主导用途	备注
14	宫家岛	山东省	威海市	乳山市	36°48′N,121°42′E	0.7	旅游娱乐用岛	
15	牛岛	山东省	青岛市	市辖区	35°55′N,120°10′E	0.1	旅游娱乐用岛	
16	大岛（三平岛）	山东省	青岛市	即墨市	36°29′N,120°59′E	0.153 5	旅游娱乐用岛、科研用岛	
17	秦山岛	江苏省	连云港市	赣榆县	34°52′N,119°16′E	0.142	旅游娱乐用岛	
18	竹岛	江苏省	连云港市	连云区	34°46′N,119°20′E	0.136 2	旅游娱乐用岛	
19	马岛	浙江省	宁波市	宁海县	29°29′N,121°32′E	0.057 1	公共服务用岛	海岛志上原名马屿
20	大羊屿	浙江省	宁波市	象山县	29°24′N,121°58′E	0.252 8	旅游娱乐用岛	
21	牛栏基岛	浙江省	宁波市	象山县	29°13′N,121°59′E	0.830 4	旅游娱乐用岛	
22	内长屿	浙江省	温州市	瑞安市	27°36′N,121°12′E	0.031 4	渔业用岛	
23	外长屿	浙江省	温州市	瑞安市	27°36′N,121°12′E	0.021 1	渔业用岛	
24	小门南礁	浙江省	温州市	瑞安市	27°36′N,121°12′E	0.004 4	渔业用岛	海岛志上为2902号无名岛
25	外长南屿	浙江省	温州市	瑞安市	27°36′N,121°14′E	0.016 5	渔业用岛	海岛志上为2906号无名岛
26	大竹峙岛	浙江省	温州市	洞头县	27°49′N,121°13′E	0.453 2	旅游娱乐用岛	海岛志上原名大竹屿
27	小瞿岛	浙江省	温州市	洞头县	27°48′N,121°05′E	0.153 2	旅游娱乐用岛	
28	前屿山屿	浙江省	温州市	苍南县	27°26′N,120°39′E	0.026 6	旅游娱乐用岛	海岛志上原名前屿山
29	担峙岛	浙江省	舟山市	定海区	29°59′N,122°10′E	0.167 2	旅游娱乐用岛	海岛志上原名西担峙
30	团鸡山岛	浙江省	舟山市	定海区	29°58′N,122°05′E	0.229 9	公共服务用岛	海岛志上原名团鸡山
31	盐仓枕头屿	浙江省	舟山市	定海区	29°59′N,122°02′E	0.041 9	旅游娱乐用岛	海岛志上原名枕头山
32	茶山岛	浙江省	舟山市	定海区	29°58′N,122°11′E	0.120 8	旅游娱乐用岛	海岛志上原名蛇山

续表

序号	名称	省	市	县	坐标	面积（km^2）	主导用途	备注
33	癞头圆山屿	浙江省	舟山市	普陀区	29°56′N,122°14′E	0.003 6	工业用岛	海岛志上原名癞头圆山
34	小癞头礁	浙江省	舟山市	普陀区	29°43′N,122°01′E	<0.000 5	交通运输用岛	
35	大瓦窑门屿	浙江省	舟山市	岱山县	30°12′N,122°10′E	0.011 9	交通运输用岛	海岛志上原名瓦窑门山
36	明礁	浙江省	舟山市	岱山县	30°12′N,122°10′E	<0.000 5	交通运输用岛	
37	外马廊山岛	浙江省	舟山市	嵊泗县	30°40′N,122°28′E	0.175 5	旅游娱乐用岛	海岛志上原名外马廊山
38	里马廊山屿	浙江省	舟山市	嵊泗县	30°40′N,122°28′E	0.024 9	旅游娱乐用岛	海岛志上原名里马廊山
39	西猪腰岛	浙江省	台州市	椒江区	28°28′N,121°51′E	0.059 7	工业用岛	海岛志上原名猪腰屿
40	东猪腰岛	浙江省	台州市	椒江区	28°28′N,121°52′E	0.055 9	工业用岛	海岛志上为 2255 号无名岛
41	缸爿岛	浙江省	台州市	椒江区	28°28′N,121°52′E	0.012 6	工业用岛	海岛志上原名缸片岛
42	西笼岛	浙江省	台州市	路桥区	28°33′N,121°39′E	0.186 5	工业用岛	海岛志上原名西廊岛
43	鹁鸪嘴屿	浙江省	台州市	路桥区	28°33′N,121°38′E	0.021 2	工业用岛	海岛志上原名裴古嘴岛
44	双鼓一礁	浙江省	台州市	临海市	28°40′N,121°47′E	0.002	工业用岛	海岛志上原名双鼓礁 -1
45	双鼓二礁	浙江省	台州市	临海市	28°40′N,121°47′E	0.001 2	工业用岛	海岛志上原名双鼓礁 -2
46	小龟屿	浙江省	台州市	温岭市	28°24′N,121°43′E	0.004 2	仓储用岛	
47	二蒜岛	浙江省	台州市	温岭市	28°13′N,121°39′E	0.24	旅游娱乐用岛	
48	黄门岛	浙江省	台州市	玉环县	28°03′N,121°15′E	0.635 7	渔业用岛	海岛志上原名黄门山岛
49	南排岛	浙江省	台州市	玉环县	28°03′N,121°17′E	0.543 9	旅游娱乐用岛	海岛志上原名南排山
50	宫屿	福建省	宁德市	福鼎市	27°13′N,120°19′E	0.006 376	工业用岛	
51	赤土屿	福建省	宁德市	福鼎市	27°13′N,120°19′E	0.002 48	工业用岛	

续表

序号	名称	省	市	县	坐标	面积（km^2）	主导用途	备注
52	小岁屿	福建省	宁德市	市辖区	26°44′N,119°38′E	0.081 2	交通运输用岛	
53	樟屿	福建省	宁德市	福安市	26°44′N,119°38′E	0.436 5	交通运输用岛	
54	乌山岛	福建省	宁德市	福安市	26°54′N,119°38′E	0.780 8	旅游娱乐用岛	
55	竹岐山	福建省	宁德市	市辖区	26°39′N,119°37′E	0.012	城乡建设用岛	
56	青屿尾岛	福建省	宁德市	霞浦县	26°42′N,119°50′E	0.006 958	工业用岛	
57	牛姆屿	福建省	宁德市	霞浦县	26°43′N,120°01′E	0.008 486	工业用岛	
58	铁屿仔	福建省	宁德市	霞浦县	26°42′N,119°49′E	0.000 958	工业用岛	
59	月爿屿	福建省	宁德市	霞浦县	26°39′N,119°52′E	0.012 6	工业用岛	
60	元宝屿	福建省	宁德市	霞浦县	26°39′N,119°52′E	0.047 8	工业用岛	
61	纱帽屿	福建省	宁德市	市辖区	26°36′N,119°44′E	0.004 223	交通运输用岛	
62	洋屿	福建省	福州市	连江县	26°22′N,119°58′E	0.225 1	旅游娱乐用岛	
63	目屿岛	福建省	福州市	连江县	26°14′N,119°43′E	0.188 4	旅游娱乐用岛	
64	黄官岛	福建省	福州市	福清市	25°37′N,119°32′E	0.050 77	旅游娱乐用岛	
65	西洛岛	福建省	福州市	长乐市	25°45′N,119°39′E	0.062 1	交通运输用岛	
66	长屿	福建省	福州市	连江县	26°23′N,119°46′E	0.013 7	交通运输用岛	
67	小长屿(1)	福建省	福州市	连江县	26°23′N,119°46′E	0.002 084	交通运输用岛	
68	小长屿(2)	福建省	福州市	连江县	26°23′N,119°46′E	0.004 423	交通运输用岛	
69	园屿	福建省	福州市	连江县	26°23′N,119°46′E	0.014 116	交通运输用岛	
70	蛤沙青屿	福建省	福州市	连江县	26°17′N,119°44′E	0.009 36	旅游娱乐用岛	

续表

序号	名称	省	市	县	坐标	面积（km^2）	主导用途	备注
71	洋屿	福建省	福州市	罗源县	26°32′N,119°47′E	0.011 5	工业用岛	
72	倪礁	福建省	福州市	罗源县	26°26′N,119°48′E	0.002 776	城乡建设用岛	
73	南青屿	福建省	福州市	福清市	25°28′N,119°38′E	0.091 76	交通运输用岛	
74	北限岛	福建省	福州市	平潭县	25°40′N,119°37′E	0.042	交通运输用岛	
75	姜山岛	福建省	福州市	平潭县	25°26′N,119°48′E	0.396 3	旅游娱乐用岛	
76	大屿岛	福建省	福州市	平潭县	25°27′N,119°40′E	0.249 4	旅游娱乐用岛	
77	大嵩岛	福建省	福州市	平潭县	25°39′N,119°48′E	0.281 6	旅游娱乐用岛	又名“大墩岛”
78	东甲岛	福建省	福州市	平潭县	25°17′N,119°45′E	0.728 5	旅游娱乐用岛	
79	石岛	福建省	莆田市	秀屿区	25°11′N,119°01′E	0.048 2	交通运输用岛	
80	黄干岛	福建省	泉州市	惠安县	25°02′N,119°01′E	0.544 9	交通运输用岛	
81	蟹屿	福建省	泉州市	惠安县	25°12′N,118°58′E	0.040 9	交通运输用岛	
82	洋屿	福建省	泉州市	惠安县	25°11′N,118°58′E	0.059 3	工业用岛	
83	奎屿	福建省	泉州市	南安市	24°35′N,118°25′E	0.006 042	旅游娱乐用岛	
84	大山屿	福建省	泉州市	晋江市	24°47′N,118°45′E	0.007 957	旅游娱乐用岛	
85	大佰屿	福建省	泉州市	南安市	24°34′N,118°27′E	0.059 9	旅游娱乐用岛	又名“大百屿”
86	小佰屿	福建省	泉州市	南安市	24°34′N,118°26′E	0.035 1	旅游娱乐用岛	又名“小百屿”
87	大坠岛	福建省	泉州市	惠安县	24°49′N,118°46′E	0.489 8	旅游娱乐用岛	
88	火烧屿	福建省	厦门市	市辖区	24°30′N,118°04′E	0.245 741	旅游娱乐用岛	
89	大兔屿	福建省	厦门市	市辖区	24°29′N,118°03′E	0.063 226	旅游娱乐用岛	

续表

序号	名称	省	市	县	坐标	面积（km^2）	主导用途	备注
90	小兔屿	福建省	厦门市	市辖区	24°29′N,118°03′E	0.004 645	旅游娱乐用岛	
91	宝珠屿	福建省	厦门市	市辖区	24°32′N,118°04′E	0.002 71	旅游娱乐用岛	
92	大离埔屿	福建省	厦门市	市辖区	24°33′N,118°09′E	0.021 83	旅游娱乐用岛	又名“大离浦屿”
93	林进屿	福建省	漳州市	漳浦县	24°11′N,118°01′E	0.081 3	旅游娱乐用岛	
94	南屿	福建省	漳州市	东山县	23°43′N,117°31′E	0.034	旅游娱乐用岛	
95	浯垵岛	福建省	漳州市	龙海市	24°19′N,118°07′E	0.138 1	旅游娱乐用岛	又名“浯安岛”
96	破灶屿	福建省	漳州市	龙海市	24°22′N,118°05′E	0.060 9	旅游娱乐用岛	
97	小破灶屿	福建省	漳州市	龙海市	24°22′N,118°05′E	0.010 8	旅游娱乐用岛	
98	东门屿	福建省	漳州市	东山县	23°43′N,117°33′E	0.636 7	旅游娱乐用岛	又名“塔屿”
99	退屿	福建省	宁德市	福安市	26°48′N,119°42′E	0.012 5	交通运输用岛	
100	开礁	广东省	潮州市	饶平县	23°34′N,117°08′E	0.0004 5	交通与工业用岛	
101	龙屿	广东省	潮州市	饶平县	23°34′N,117°08′E	0.052 3	交通与工业用岛	
102	小屿	广东省	潮州市	饶平县	23°33′N,117°06 ′E	0.005 6	交通与工业用岛	
103	大礁屿	广东省	潮州市	饶平县	23°33′N,117°05′E	0.008 9	交通与工业用岛	
104	R_3	广东省	汕头市	澄海区	23°25′N,116°52′E	0.000 7	旅游娱乐用岛	
105	凤屿	广东省	汕头市	南澳县	23°28′N,116° 55′E	0.316	旅游娱乐用岛	
106	官屿	广东省	汕头市	南澳县	23°23′N,117° 06′E	0.117	旅游娱乐用岛	
107	猎屿	广东省	汕头市	南澳县	23°29′N,117° 06′E	0.373	旅游娱乐用岛	
108	龟屿	广东省	汕头市	市辖区	23°20′N,116° 38′E	0.007	交通与工业用岛	

续表

序号	名称	省	市	县	坐标	面积（km^2）	主导用途	备注
109	龟山岛	广东省	汕头市	市辖区	23°16′N,116° 44′E	0.028	旅游娱乐用岛	
110	龙舌礁(一)	广东省	揭阳市	惠来县	22°58′N,116° 31′E	0.004	交通与工业用岛	
111	龙舌礁(二)	广东省	揭阳市	惠来县	22°58′N,116° 31 ′E	0.003	交通与工业用岛	
112	外梗	广东省	揭阳市	惠来县	22°57′N,116° 30′E	0.001 4	交通与工业用岛	
113	中梗	广东省	揭阳市	惠来县	22°57′N,116° 30′E	0.003	交通与工业用岛	
114	下牛母礁	广东省	揭阳市	惠来县	22°59′N,116° 31′E	0.000 5	交通与工业用岛	
115	大堆尾	广东省	揭阳市	惠来县	22°56′N,116° 23′E	0.000 4	交通与工业用岛	
116	渔翁礁	广东省	汕尾市	陆丰市	22°45′N,115° 50′E	0.009	交通与工业用岛	
117	眠礁	广东省	汕尾市	陆丰市	22°45′N,115° 50′E	0.008	交通与工业用岛	
118	大辣甲	广东省	惠州市	惠阳区	22°35′N,114° 39′E	1.816 8	旅游娱乐用岛	
119	纯洲	广东省	惠州市	惠阳区	22°43′N,114° 35′E	0.678 9	交通与工业用岛	
120	锅盖洲	广东省	惠州市	惠阳区	22°41′N,114° 39′E	0.052 9	交通与工业用岛	
121	宝塔洲	广东省	惠州市	惠阳区	22°46′N,114° 39′E	0.066 1	旅游娱乐用岛	
122	蛇仔洲	广东省	惠州市	惠阳区	22°40′N,114° 31′E	0.146 6	旅游娱乐用岛	
123	坪峙仔	广东省	惠州市	惠东县	22°44′N,114° 44′E	0.019 4	旅游娱乐用岛	
124	桑洲	广东省	惠州市	惠东县	22°35′N,114° 43′E	0.568 2	旅游娱乐用岛	
125	洲仔	广东省	深圳市	市辖区	22°36′N,114° 19′E	0.007 5	旅游娱乐用岛	
126	大铲岛	广东省	深圳市	市辖区	22°31′N,113° 51′E	0.65	交通与工业用岛	
127	小铲岛	广东省	深圳市	宝安区	22°33′N,113° 50′E	0.189 6	交通与工业用岛	

续表

序号	名称	省	市	县	坐标	面积（km^2）	主导用途	备注
128	大蠔沙	广东省	广州市	黄浦区	23°05′N,113° 28′E	1	旅游娱乐用岛	
129	大虎岛	广东省	广州市	番禺区	22°50′N,113° 35 ′E	1. 065 5	旅游娱乐用岛	
130	上横挡	广东省	广州市	番禺区	22°48′N,113° 36′E	0. 079	旅游娱乐用岛	
131	下横挡	广东省	广州市	番禺区	22°47′N,113° 36′E	0. 067	旅游娱乐用岛	
132	凫洲	广东省	广州市	番禺区	22°45′N,113° 37′E	0. 02	旅游娱乐用岛	
133	舢板洲	广东省	广州市	番禺区	22°43′N,113° 40′E	0. 012 5	公共服务用岛	
134	二洲岛	广东省	珠海市	越秀区	22°00′N,114° 11′E	8. 099 6	旅游娱乐用岛	
135	小蜘洲	广东省	珠海市	市辖区	22°06′N,113° 52′E	0. 735 7	旅游与交通用岛	
136	三角岛	广东省	珠海市	市辖区	22°09′N,113° 43′E	0. 653 3	旅游与交通用岛	
137	大九洲	广东省	珠海市	市辖区	22°15′N,113° 37′E	0. 182	旅游娱乐用岛	
138	杧仔岛	广东省	珠海市	市辖区	21°54′N,113° 07′E	0. 057 7	交通与工业用岛	
139	三角山岛	广东省	珠海市	市辖区	21°57′N,113° 10′E	0. 756 2	交通与工业用岛	
140	大三洲	广东省	珠海市	市辖区	22°05′N,113° 33′E	0. 010 9	旅游娱乐用岛	
141	小三洲	广东省	珠海市	市辖区	22°05′N,113° 33′E	0. 007 5	旅游娱乐用岛	
142	墨斗洲	广东省	江门市	台山市	21°36′N,112° 44′E	0. 078 2	旅游娱乐用岛	
143	坪洲	广东省	江门市	台山市	21°36′N,112° 39′E	0. 813 1	旅游娱乐用岛	
144	神灶岛	广东省	江门市	台山市	21°49′N,112° 28′E	0. 002 5	旅游娱乐用岛	
145	独崖岛	广东省	江门市	台山市	22°05′N,113° 01′E	0. 077 9	旅游娱乐用岛	
146	二崖岛	广东省	江门市	台山市	22°03′N,113° 01′E	0. 050 5	旅游娱乐用岛	

续表

序号	名称	省	市	县	坐标	面积（km^2）	主导用途	备注
147	王府洲	广东省	江门市	台山市	21°36′N,112° 35′E	1.853 1	旅游娱乐用岛	
148	黄麖洲	广东省	江门市	台山市	21°42′N,112° 41′E	1.106 2	公共服务用岛	
149	葛洲	广东省	阳江市	阳东县	21°44′N,112° 13′E	0.207 2	公共服务用岛	
150	小葛洲	广东省	阳江市	阳东县	21°44′N,112° 14′E	0.027 8	公共服务用岛	
151	小放鸡	广东省	茂名市	电白县	21°24′N,111° 13′E	0.062 9	旅游娱乐用岛	
152	罗斗沙	广东省	湛江市	徐闻县	20°22′N,110° 35′E	2.667 5	旅游娱乐用岛	
153	白母沙	广东省	湛江市	徐闻县	20°36′N,110° 29′E	2.012 5	农林渔业用岛	
154	雷打沙	广东省	湛江市	徐闻县	20°39′N,110°29′E	1.66	农林渔业用岛	
155	三墩	广东省	湛江市	徐闻县	20°14′N,110°06′E	0.054 5	旅游娱乐用岛	
156	水头岛	广东省	湛江市	徐闻县	20°39′N,110°22′E	0.069 5	农林渔业用岛	
157	赤豆寮岛	广东省	湛江市	雷州市	20°46′N,109°45′E	0.412 2	旅游娱乐用岛	
158	娘子墩	广东省	湛江市	雷州市	20°47′N,109°45′E	0.028 8	旅游娱乐用岛	
159	鲎沙	广东省	湛江市	市辖区	20°54′N,110°32′E	0.329	旅游娱乐用岛	
160	独山背岛	广西区	钦州市	市辖区	21°50′N,108°36′E	0.008 551	城乡建设用岛	
161	小墩	广西区	钦州市	市辖区	21°46′N,108°37′E	0.002 713	旅游娱乐用岛、交通运输用岛	
162	擦人墩	广西区	钦州市	市辖区	21°45′N,108°33′E	0.023 377	旅游娱乐用岛、交通运输用岛	
163	樟木环岛	广西区	钦州市	市辖区	21°45′N,108°34′E	0.115 386	旅游娱乐用岛、交通运输用岛	
164	鬼仔坪岛	广西区	钦州市	市辖区	21°45′N,108°34′E	0.181 75	旅游娱乐用岛、交通运输用岛	
165	虎墩	广西区	钦州市	市辖区	21°45′N,108°35′E	0.008 163	旅游娱乐用岛、交通运输用岛	

续表

序号	名称	省	市	县	坐标	面积（km^2）	主导用途	备注
166	旱泾长岭	广西区	钦州市	市辖区	21°45′N,108°34′E	0.181 378	旅游娱乐用岛、交通运输用岛	
167	大娥眉岭	广西区	钦州市	市辖区	21°45′N,108°35′E	0.039 468	旅游娱乐用岛、交通运输用岛	
168	小娥眉岭	广西区	钦州市	市辖区	21°45′N,108°35′E	0.019 552	旅游娱乐用岛、交通运输用岛	
169	背风墩	广西区	钦州市	市辖区	21°45′N,108°35′E	0.002 962	旅游娱乐用岛、交通运输用岛	
170	抄墩	广西区	钦州市	市辖区	21°42′N,108°50′E	0.071 287	旅游娱乐用岛、交通运输用岛	
171	东锣岛	海南省	三亚市	市辖区	18°19′N,108°59′E	0.131 6	旅游娱乐用岛	
172	西鼓岛	海南省	三亚市	市辖区	18°19′N,108°57′E	0.056	旅游娱乐用岛	
173	蜈支洲岛	海南省	三亚市	市辖区	18°18′N,109°45′E	1.052 1	旅游娱乐用岛	
174	小青洲	海南省	三亚市	市辖区	18°13′N,109°29′E	0.023 9	旅游娱乐用岛	
175	加井岛	海南省	万宁市		18°39′N,110°17′E	0.14	旅游娱乐用岛	
176	洲仔岛	海南省	万宁市		18°38′N,110°21′E	0.475	旅游娱乐用岛	

后记

伴随着无居民海岛市场化配置进程的推进，无居民海岛价格评估需求不断增加。但由于我国海岛开发活动起步较晚，海岛估价制度不健全，海岛评估技术规范缺失，评估方法不具有针对性，专业评估机构和人员管理薄弱，限制了招、拍、挂过程中底价、海岛增值收益以及海岛使用权收回赔偿金额的确定，导致海岛估价结果参差不齐，也使得无居民海岛使用权价格评估整体上不够规范。我们在参与国家科技支撑计划课题“海岛生态系统监测及保护关键技术研究与示范（2012BAB16B02）、海洋公益性行业科研专项经费项目子任务”“岛群综合开发风险评估与景观生态保护技术及示范应用”（20134180009－3）的基础上，承接了浙江省海洋与渔业局2013年海域海岛管理项目“浙江省海岛使用权价值评估指标体系与方法研究”，开始研究无居民海岛估价体系及估价方法，首次对国内外有关无居民海岛价格评估的理论与实践进行了全面系统的梳理，提出了市场不同发展阶段无居民海岛估价的适当方法和技术。历时两年时间，完成了本书的写作。

浙江海洋大学海域海岛使用权储备交易科研创新团队负责人崔旺来教授，精心制定了本书的写作计划并组织实施，写作过程中提出了大量思路，拟订了各章节框架，进行了多次修改，最后审校定稿。崔旺来教授是海洋管理领域的专家，不但有着丰富的海域、海岛价格评估研究经验，而且知识渊博、治学严谨、为人谦和，令人钦佩。在此书完成之际，谨向崔旺来教授表示由衷的感谢。

本课题研究期间，在崔旺来教授的亲自带领下，课题组成员先后到浙江、辽宁、海南、福建等沿海省份、沿海城市进行了走访，对宁波的大羊屿和牛栏基岛、舟山的大瓦窑门屿、厦门的大兔屿、海南的蜈支洲岛以及台州、温州等地大大小小20多个无居民海岛进行了实地调研，与企业家、专家学者、海岛管理部门交流、座谈，了解当地经济发展状况、用岛需求与海岛市场化建设水平等，获得了大量的第一手资料，为课题的顺利完成奠定了基础。同时课题组成员通过各级图书馆，查阅了大量的文献资料，建立了课题研究所需要的信息数据库。在课题研究的关键阶段，课题组成员经常利用个人休息时间，研讨课题的重点和难点问题，提供研究思路和解决方案。在此对课题组成员深表感谢。

本书在出版之际，首先要感谢浙江省海洋与渔业局陈畅副局长、海岛管理处朱华潭处长和袁声明副处长，对本课题的关注、支持和指导，并组织相关实践部门的专家亲临浙江海洋大学对本课题提出建设性意见；其次要感谢课题组彭勃教授、顾波军博士、钟海玥博士对书稿进行的修改和补充；最后要感谢我们“海岛规划与综合管理”的三位研究生应晓丽、刘超、俞仙炯对书稿写作提供了相关资料。正是他们的支持，使得本书能够以较高质量出版。

感谢各位专家学者的学术专著、期刊论文、网络文献，为本书提供了丰富的文献参考；感谢海洋出版社领导的支持以及编辑的辛苦劳动，使本书得以顺利出版；感谢为本书提供帮助的社会各界人士，感谢本书的阅读者。

同时，还要感激家庭的温馨与和谐，感谢家人的体贴、理解、鼓励和帮助，正是家人在精神上、物质上和时间上的大力支持，使笔者能够全身心地投入到研究和写作当中，潜精积思，专心致志，最终完成书稿的写作。

由于笔者学识有限，能力尚浅，书中疏漏和错误在所难免，恳请广大读者和各位专家学者不吝批评指正，提出宝贵的意见和建议。

浙江海洋大学　王晓慧

2015年8月31日